普通高等教育"十四五"系列教材

电工技术与应用

U0278656

主编 ◎ 杨格　　石宗银　　谢红

电子课件

华中科技大学出版社
http://www.hustp.com
中国·武汉

内 容 简 介

　　"电工技术与应用"是一门理实一体的课程,内容选编符合教育部制定的《高职高专教育电工技术基础课程教学基本要求》。全书包括 MF-47 型指针式万用表安装与调试、住宅与住宅小区照明电路安装与调试、电子镇流器与声光延时控制器安装与调试、变压器和交流异步电动机结构分析与测试、电动升降卷闸门控制电路安装与调试等五个学习情境。内容包括电路基础理论和初、中级电工基本技能。电路基础理论部分包括电路基本概念与定律、直流稳态电路分析、正弦交流稳态电路分析、磁路与耦合电感分析、变压器与异步电动机工作原理、谐振电路分析、一阶线性动态电路分析等电路基础知识;电工基本技能部分包括常用电工工具的使用、手工焊接技术、MF-47 型指针式万用表、钳形电流表、绝缘电阻表、数字示波器等仪器仪表的使用,单相电能表、三相电能表、交流互感器等电工测量仪器与设备的选择安装,常用低压控制、保护电器的选择安装,电气安装工程识图,交、直流电路安装调试、运行参数检测及故障分析与排除,变压器和交流异步电动机绕组连接极性检测、运行参数测量,继电器控制电路设计安装及故障分析与排除,安全用电及保护措施等电工技能。通过典型的电路理论知识和实施任务完成过程,巩固学生所学知识,培养学生职业技能和专业素养,激发学生的学习兴趣。本书另配有教学课件和习题参考答案。在编写的过程中,参考了同类学科教材及相关文献,在此谨向文献的作者表示衷心的感谢。

　　本教材可作为高职高专电子信息、机电等电类专业教学用书,也可作为初、中级电工技能培训参考教材,供从事电工电子技术工作的工程人员参考。

　　为了方便教学,本书还配有电子课件等资料,任课教师可以发邮件至 hustpeiit@163.com 索取。

图书在版编目(CIP)数据

电工技术与应用/杨格,石宗银,谢红主编.—武汉:华中科技大学出版社,2022.8
ISBN 978-7-5680-8340-9

Ⅰ.①电…　Ⅱ.①杨…②石…③谢…　Ⅲ.①电工技术-高等职业教育-教材　Ⅳ.①TM

中国版本图书馆 CIP 数据核字(2022)第 149533 号

电工技术与应用
Diangong Jishu yu Yingyong
　　　　　　　　　　　　　　　　　　　　　　　　杨格　石宗银　谢红　主编

策划编辑:康　序
责任编辑:狄宝珠
封面设计:苞　子
责任监印:朱　玢
出版发行:华中科技大学出版社(中国·武汉)　　　　电话:(027)81321913
　　　　　武汉市东湖新技术开发区华工科技园　　　　邮编:430223
录　　排:武汉三月禾文化传播有限公司
印　　刷:武汉市籍缘印刷厂
开　　本:787mm×1092mm　1/16
印　　张:23
字　　数:583 千字
版　　次:2022 年 8 月第 1 版第 1 次印刷
定　　价:58.00 元

前言

PREFACE

"电工技术与应用"课程是电子信息、机电等电类专业的基础课程。该课程早期有"电路基础理论"和"电工技术技能"两部分内容,且独立开展教学,其中"电路基础理论"教学因理论性强,缺乏实践和技术应用支持,导致学生学习困难逐渐丧失学习兴趣和积极性;"电工技术技能"教学又因缺乏电路理论的指导,学生知其然,不知其所以然,特别是在电路调试和故障检排时更是无从着手。"电工技术与应用"通过对"电路基础理论"和"电工技术技能"的有机融合,形成这门理实一体的课程,使学生全面掌握基本电路理论和初、中级电工技能。

教材特色是以学习情境为引领,任务实施为驱动,理论学习与技能实训相结合。运用电路理论知识指导技能实训,在实训操作中验证电路基本理论,使学生能熟练掌握相关电路理论与基本技能。电路理论方面,重新组织并合理安排教学内容的次序,尽量突显理论知识间的内在联系,突出理论知识的工程应用。力图做到概念准确清晰、基本原理阐述精炼简洁、电路分析方法实用高效。例题丰富典型,并集中安排于知识节点之后,方便学习查询。电工技术技能方面,以实施项目为载体,集中介绍与项目实施相关联的设备结构及工作原理、技能规范与要求,安装调试的工具及电工仪表的使用方法。通过实训操作、项目考核强化学生技能训练,并通过电路运行状态参数的测量,分析计算结果验证电路理论,巩固学生理论学习成果,并利用电路理论指导分析电路故障原因与位置、排除故障,做到理论与实践相结合。教学内容具有实效性与前瞻性,工程应用事例注重与身边日常生活、生产中的应用事例相结合,并与后续电子技术课程教学内容相结合。

本教材由杨格老师编写"MF-47型指针式万用表安装与调试""住宅与住宅小区照明电路安装与调试""电子镇流器与声光延时控制器安装与调试""变压器与交流异步电动机结构分析与测试"四个学习情境;石宗银老师编写"电动升降卷闸门控制电路设计安装与调试"情境。全书由谢红老师统稿审核,曾洪兵老师参编部分章节的课后习题。本书内容丰富,每个学习情境均配有习题、教学课件等,以满足教学需要。

本教材主要供高职高专电子信息、机电等电类专业教学使用,也可供其他专业涉及电路基础及电工技能的教学使用,还可供有学习电路及电工基本技能需要的读者参考。

为了方便教学,本书还配有电子课件等资料,任课教师可以发邮件至 hustpeiit@163.com 索取。

由于编者水平有限,本教材难免有疏漏和不妥之处,恳请各位读者提出宝贵意见并指正,以便修订时改进。

编者

2022 年 4 月

目录

CONTENTS

MF-47型 指针式万用表 安装与调试

【资讯目标】

● 理解并能复述电路的基本组成及电路的功能和种类;

● 理解并能复述电路主要物理量的含义;

● 能建立简单电气设备元件模型与电路模型;

● 理解并能复述电阻件、电容件、电感、电源等元件的主要参数及基本特性;

● 熟悉并能复述电路三种状态的特点及电气设备三种工作状态;

● 理解并能复述欧姆定律与基尔霍夫定律;

● 能分析计算电阻串联、并联、Y-△电路参数;

● 能使用电源等效变换、叠加定理、戴维南(诺顿)定理等等效分析法分析计算电路参数;

● 能使用支路电流法、网孔电流法、节点电压法等网络分析方法分析计算电路参数。

【实施目标】

● 熟悉电路连接的基本原则和安全规程,培养良好的职业素养和规范的操作习惯;

● 会识读简单电路图,并能根据电路图正确进行实验电路接线;

● 会正确使用万用表测量直流电路中的电流和电压;

● 能认识常用电路元件,会正确使用万用表检测电阻阻值、电容容量、电池电压等;

● 能理解并复述指针式万用表直流电压、直流电流、交流电压和电阻挡的工作原理;

● 能手工绘制指针式万用表直流电压、直流电流、交流电压和电阻挡的电路原理图;

● 能正确安装、调试指针式万用表;

● 能正确分析指针式万用表电路故障原因,判断故障位置并排除故障。

1.1 直流电路基本概念与分析

◆ 1.1.1 电路的组成及作用

一、电路的组成及功能

在现代生活、工农业生产、科研和国防等各个方面有着各种各样的电路。电路一般都是由电源、负载、传输与控制设备按一定方式连接起来，以形成电流的通路。例如，日常生活中使用的手电筒电路就是一个最简单的电路，它由干电池（电源）、灯泡（负载）、手电筒壳（传输）、开关（控制）等电气设备组成。

电路的功能与应用主要包括两大类：第一类是用来实现电能的传输和转换。其电路示意框图如图 1-1-1(a)所示，如电力系统中的输配电电路，发电机将热能、水能、核能转化为电能，经变压器、输电线传输，分配给负载（如电灯、电动机、电炉等），负载再将电能转换成光能、热能、机械能等其他形式的能量。手电筒电路虽简单，但属于第一类电路。这类电路关注重点在于传输和转换过程中尽可能地减少电能损耗以提高电路效率。

第二类是实现信号的传递和处理。如扩音机电路，电话通信、计算机间信息的交流、收音机、电视机电路等。其电路示意框图如图 1-1-1(b)所示。这类电路主要处理的是微弱的电子信号，不能直接推动负载工作，所以都需通过中间环节放大器来放大电信号；同时为不失真传递信号，还需经过诸如调谐、变频、检波等中间信号处理环节。这类电路关注重点是对信号处理的质量（如要求准确、不失真等）和负载如何获取最大功率（如阻抗匹配、功率匹配等）。

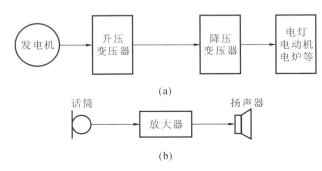

图 1-1-1 电路功能示意图

二、电路模型

组成实际电路的电气设备及电器元件种类很多（如发电机、变压器、电动机、电池、电阻器、电感器和电容器等），在工作时的电磁性质比较复杂。例如，电炉的电阻丝是一个绕成稀疏状的线圈，除了将电能转换成热能，具有电阻特性外，当电流通过线圈时还会产生磁场，还兼有电感的性质。电路分析时，如考虑电气设备和电器元件的所有电磁特性，电路分析会十分困难。为了使问题得以简化，便于探讨电路的普遍规律，在分析电路时，对实际的电路设备与器件，一般忽略其次要性质，而用一个或多个能足以表征其主要电磁关系的理想电路元件或多个理想电路元件的组合连接来构建电气设备或电器元件模型。

电路原理中,根据电气设备或电器元件工作时其主要电磁关系用几个理想化的电路元件来表示。如具有消耗电能性质的电磁关系,用"电阻元件"表示(如白炽灯);具有储存磁场能量性质的电磁关系,用"电感元件"表示(如电感线圈);具有储存电场能量性质的电磁关系,用"电容元件"表示(如风扇启动电容器);具有将其他形式的能量转换为电能性质的电磁关系,用"电源元件"表示(如电池、发电机等)。

常用理想电路元件(简称电路元件)包括电阻元件 R、电感元件 L、电容元件 C、理想电压源 U_s 和理想电流源 I_s 等五种二端元件。如表 1-1-1 所示为电路原理中常用五种理想二端电路元件。

其他理想电路元件还包括理想变压器、受控电压源和受控电流源等三种四端元件。电路元件表示一般包括图形符号、文字符号和编号三部分。

表 1-1-1　常用理想(二端)电路元件

元 件 名 称	图 形 符 号	文 字 符 号	电 磁 关 系
电　阻	▭	R	将电能转变为热能
电　感	⊣⊢	C	储存电场能
电　容	⌇⌇⌇	L	储存磁场能
电压源	⊖	U_s	将其他形式的能量转换为电能
电流源	⊖	I_s	

如上所述,在一定条件下,用抽象的理想元件及其组合近似地替代实际电路元件,便构成了与实际电路相对应的电路模型。电路原理所分析的对象都是指电路模型,电路图就是用理想电路元件图形符号表示的电路模型。例如,手电筒电路中,用电阻元件 R 作为灯泡的模型,而干电池的模型则由电压源元件 U_s 和电阻元件 R_s(反映电池的内阻)串联组成。即手电筒工作原理用电路模型表示为如图 1-1-2 所示的电路图。

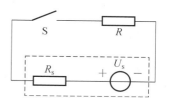

图 1-1-2　手电筒电路模型

电路模型的复杂程度取决于所分析问题的精度和重点。如手电筒电路中,如结果要求的精度不高,则电源内阻 R_s 可忽略不计,因此,电池的电路模型相对简单,只需用一个理想电压源 U_s 表示即可;如对结果要求的精度高或问题侧重点在于研究电池内阻 R_s 对负载电压的影响,则电源内阻 R_s 不可忽略,则电池电路模型就复杂一点,要用一个理想电压源 U_s 与内阻 R_s 相串联来表示。

◆　1.1.2　电路的基本物理量

描述电路的基本物理量有电流、电压、电位、电动势和功率等。其中电流、电压和功率为电路的三个主要物理量。

一、电流

电荷的定向运动形成电流。单位时间内通过导体横截面的电量为电流强度,用以衡量电流的大小。电流强度也简称为电流,即

$$i = \frac{dq}{dt} \text{ 或 } I = \frac{Q}{t}$$

$$(1-1-1)$$

当电流大小和方向都随时间变化,称为变动电流,其中,呈周期变化,且一个周期内电流平均值为零的变动电流称为交流电流,简称为交流(AC),用小写字母 i 表示;若电流的大小和方向不随时间变化,则这种电流称为恒定电流或直流电流,简称直流(DC),用大写字母 I 表示。

在国际单位制(SI制)中,电流的基本单位是安培(简称安),符号为 A。电流常用的单位还有千安(kA)、毫安(mA)、微安(μA)等,它们之间的换算关系为

$$1\ kA = 10^3 A = 10^6 mA = 10^9 \mu A$$

$$1\mu A = 10^{-3} mA = 10^{-6} A = 10^{-9} kA$$

电流不但有大小,而且有方向。物理学上规定正电荷定向运动的方向为电流的方向。电流的方向是客观存在的,但在分析复杂电路时,电流的实际方向往往难以确定。为了解决这一问题,电路分析时引入了参考方向这一概念。

① 考方向是任意假设的方向。

② 参考方向一经选定,电流就成为一个代数量,有正、负之分。物理学规定:如电流为正值($I>0$)时,表明电流的参考方向与实际方向一致;若电流为负值($I<0$)时,表明电流的参考方向与实际方向相反;若电流为零值($I=0$)时,电路相当于开路。

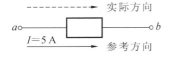

图 1-1-3　电流参考方向

③ 在分析计算电路时,必须标出电流参考方向,否则电流的正、负值没有意义。

④ 电路中常用带箭头的直线段(如图 1-1-3)或带双下标的文字符号(I_{ab})标识电流方向。

二、电位、电压与电动势

1. 电位

从物理学可知,带电体的周围存在着电场,电场对处在场内的电荷有电场力的作用。电场力使电荷移动时,电场力就对电荷做功。电位就是在电场力作用下,单位正电荷从某点移动到参考点所做的功。

在工程技术中,通常选择大地、电气设备的外壳(将外壳接地)为参考点,用接地符号"⊥"表示,并规定参考点电位为 0 V。一般在电子线路中常选择元件的交汇处,通常也是电源的某个电极作为参考点。

例如,选择电场中某点(O 点)为参考点,将正电荷从另一点(a 点)移动到参考点的电位为

$$U_a = \frac{W_{a0}}{Q} \tag{1-1-2}$$

式中:U_a 是 a 点的电位;W_{a0} 是电场力将正电荷从 a 点移动到 O 点做的功;Q 是电场中点电荷的电荷量。

电路中各点电位都是针对参考点而言的。参考点选择不同,电位的值也不同;参考点一经确立,则电路中各点电位值唯一确定,称为电位的单值性原理。

通常规定参考点的电位为零($U=0$),称为零电位点。低于参考点的电位是负电位($U<0$),高于参考点的电位是正电位($U>0$)。电场力移动单位正电荷至参考点所做的功越多,表明正电荷所处的点的电位越高,反之电位越低。这就是电位高低的含义。

如果功的单位为焦耳(J),电荷的单位为库仑(C),则电位的基本单位就是伏特(简称伏),符号为 V。除伏特外,常用单位还有千伏(KV)、毫伏(mV)、微伏(μV),其换算关系为

$$1 \ \text{kV} = 10^3 \text{V} = 10^6 \text{mV} = 10^9 \mu\text{V}$$

$$1\mu\text{V} = 10^{-3} \text{mV} = 10^{-6} \text{V} = 10^{-9} \text{kV}$$

2.电压

电压是描述电场力将单位正电荷从 a 点移动到 b 点所做功能力大小的物理量,定义为电场中任意两点间的电位差。例如,电场中 a、b 两点之间电压表示为

$$U_{ab} = U_a - U_b = \frac{W_{ab}}{Q} \tag{1-1-3}$$

当$U_{ab}=U_a-U_b>0$ 时,则表示 a 点电位U_a高于 b 点电位U_b;

当$U_{ab}=U_a-U_b<0$ 时,则表示 a 点电位U_a低于 b 点电位U_b;

当$U_{ab}=U_a-U_b=0$ 时,则表示 a、b 两点电位相等,即$U_a=U_b$,电路相当于短路。

同一电路,选取参考点不同,同一点的电位值将不同,但两点间的电压不变,与参考点位置无关,这一性质称为电位的相对性和电压的绝对性。

电压的单位与电位相同。在国际单位制中电压的基本单位也是伏特(V)。

如果电压大小和方向都随时间变化,称为变动电压,其中,一周期内电压平均值为零的变动电压,称为交流电压(AC),用小写字母 u 表示;若电压的大小和方向不随时间变化,则称为恒定电压或直流电压(DC),用大写字母 U 表示。

电压同电流一样,具有方向。电压的实际方向习惯上规定为电位降低(从高电位到低电位)的方向。由于电路中电压的实际方向往往不能预先确定,因此,同样需要为其假设参考方向。电压参考方向的表示方法可以用箭头表示,箭头指向表明电压方向从高电位指向低电位。或者用"＋、－"极性表

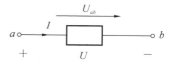

图 1-1-4　电压参考方向

示,"＋"表示高电位端,"－"表示低电位端,如图 1-1-4 所示。也可以用双下标表示,例如 U_{ab} 表示电压的参考方向是由 a 指向 b。

电压参考方向一经选定,电压就成为一个代数量。如电压为正值($U>0$),则表明电压的实际方向与参考方向一致;若电压为负值($U<0$),则表明电压的实际方向与参考方向相反;若电压为零值($U=0$),则电路相当于短路。在电路的分析计算中,必须标出电压参考方向,否则电压的正、负没有意义。

3.电压与电流的关联与关联参考方向

在进行电路分析时,由于电路元件的电流参考方向和电压参考方向是分别独立地假定的,因此,电压与电流的参考方向可能相同,也可能相反。如电流、电压参考方向相同时,称为关联参考方向,如图 1-1-5(a)所示。反之,称为非关联参考方向,如图 1-1-5(b)所示。

为分析计算方便,对于同一电路元件通常假定其电压和电流为关联参考方向时,可降低计算的复杂程度,减少出现错误的概率。

在关联参考方向下,各种表达式右侧符号为正,可省略。如:

部分电路欧姆定理表达式写成:

$$U = IR$$

功率计算表达式写成:

$$P = UI$$

反之,在非关联参考方向下,各种表达式右侧符号为负,如:

部分电路欧姆定理表达式写成:

$$U = - IR$$

功率计算表达式写成:

$$P = - UI$$

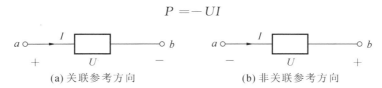

(a) 关联参考方向　　　　　　　(b) 非关联参考方向

图 1-1-5　电流和电压关联与非关联参考方向

4. 电动势

电源是将非电能转换为电能的装置。衡量电源转换能力大小的物理量称为电源的电动势。电路中能维持一定的电流,电源内部必须有一种电源力(在电池中为化学力;在发电机中为电磁力等),能持续不断地将正电荷从电源的负极(低电位端)移送到电源的正极(高电位端),以保持两极具有一定的电位差。

电路原理中将电源力作用下,单位正电荷从电源负极经电源内部移到正极所做的功,称为电源的电动势,用字母 e 表示,即

$$e = \frac{\mathrm{d}w}{\mathrm{d}q} \tag{1-1-4}$$

当电源电动势大小和方向都随时间作周期性变化,且一个周期内平均值为零时,称为交流电源,用小写字母 e 表示;若电源电动势的大小和方向不随时间变化,则称为稳恒直流电源,用大写字母 E 表示。

电动势的单位与电压相同,基本单位也是伏特(V)。

电动势的实际方向习惯上规定为电源力将正电荷从低电位移到高电位的方向,即电位升高的方向。由此可知,电动势与电压的实际方向相反。对于一个实际电(压)源来说,若没有电流流过,则内部没有电能消耗,此时,其电动势 E 和端电压 U_s 在数值必定相等。即

$$E = - U_\mathrm{s} \tag{1-1-5}$$

三、电功与电功率

1. 电功

把电能转换为其他形式的能量的过程(例如热能、光能)是电流做功的过程,电流所做的功叫作电功,也是负载在一定时间 t 内消耗的电能,用字母 W 表示,即

$$W = P \cdot t = UIt \tag{1-1-6}$$

电功的单位为焦耳(J)。在实际工程中,常用单位为千瓦·小时(kW·h),也称为"度"。生活中经常说的 1 度电就是 1 千瓦·小时。负载消耗的电功的多少,可以用电度表来测量。

2. 电功率

电流在单位时间内做的功定义为电功率,简称功率,用字符 p 表示,即

$$p = \frac{\mathrm{d}w}{\mathrm{d}t} \tag{1-1-7}$$

电功率的单位为瓦特,简称瓦(W)。常用的单位还有千瓦(kW)、毫瓦(mW),它们之间的换算关系为

$$1 \text{ kW} = 10^3 \text{ W} = 10^6 \text{ mW}$$

$$1 \text{ mW} = 10^{-3} \text{ W} = 10^{-6} \text{ kW}$$

当元件的电流与电压为关联参考方向时,由电压和电流的定义式可得出功率与电压和电流的计算式为

$$p = \frac{\mathrm{d}w}{\mathrm{d}t} = u \frac{\mathrm{d}q}{\mathrm{d}t} = ui \tag{1-1-8}$$

或

$$P = UI \text{(在直流情况下)}$$

当元件的电流与电压为非关联参考方向时,可得到功率的计算式为

$$p = -ui \tag{1-1-9}$$

或

$$P = -UI \text{(在直流情况下)}$$

无论电流与电压参考方向关联和非关联,若计算所得功率为正值,即 $P > 0$ 时,则元件吸收(或消耗)功率,为电阻或电源(被充电)元件;功率为负值,即 $P < 0$ 时,则元件发出(或提供)功率,为电源元件。

电路中所有元件吸收或发出功率的代数和为零,称为电路功率平衡原理。即

$$\sum P = 0 \tag{1-1-10}$$

日常生活中,通常所说微波炉 1000 W、空调 1500 W、白炽灯 40 W 等数量,都是指的这些电器的消耗功率。

四、典型例题

例 1-1-1 如图 1-1-6 所示,图中方框表示一个二端元件(如一个电阻或电源)或一个二端网络。a、b 是元件或网络的两个引出端。电流参考方向及强度如图 1-1-6 所示。试说明电流实际方向及强度。

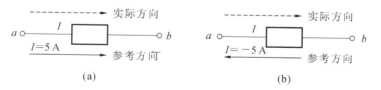

图 1-1-6 例 1-1-1 图

解:图 1-1-6(a)所示两端元件电流的实际方向与参考方向一致,则电流强度为 5 A;图 1-1-6(b)所示二端元件电流的实际方向与参考方向相反,电流强度为 -5 A。

例 1-1-2 如图 1-1-7 所示电路,若 $R_1 = 5\ \Omega$,$R_2 = 10\ \Omega$,$R_3 = 15\Omega$,$U_{S1} = 180\text{V}$,$U_{S2} = 80\ \text{V}$,电流参考方向如图 1-1-7 所示,且 $I_1 = 12\ \text{A}$,$I_2 = -4\ \text{A}$,$I_3 = 8\ \text{A}$。若以点 B 为参考点,试求 A、B、C、D 四点的电位 V_A、V_B、V_C、V_D,同时求出 C、D 两点之间的电压 U_{CD},若改用点 D 作为参考点,再求 V_A、V_B、V_C、V_D 和 U_{CD}。

解:① 若以点 B 为参考点,则 $V_B = 0$,且

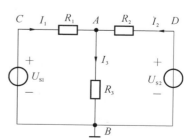

图 1-1-7 例 1-1-2、例 1-1-3 图

$$V_A = I_3 R_3 = 8 \times 15 \text{ V} = 120 \text{ V}$$

或

$$V_A = -I_1 R_1 + U_{S1} = (-12 \times 5 + 180) \text{V} = 120 \text{ V}$$
$$V_C = U_{S1} = 180 \text{ V}$$
$$V_D = U_{S2} = 80 \text{ V}$$
$$U_{CD} = V_C - V_D = 180 \text{ V} - 80 \text{ V} = 100 \text{ V}$$

② 若以点 D 为参考点,则 $V_D = 0$,且

$$V_A = -I_2 R_2 = -(-4) \times 10 \text{ V} = 40 \text{ V}$$

或

$$V_A = I_3 R_3 - U_{S2} = (8 \times 15 - 80) \text{V} = 40 \text{ V}$$
$$V_B = -U_{S2} = -80 \text{ V}$$
$$U_C = I_1 R_1 - I_2 R_2 = [12 \times 5 - (-4) \times 10] \text{ V} = 100 \text{ V}$$
$$U_{CD} = V_C - V_D = (100 - 0) \text{V} = 100 \text{ V}$$

由例 1-1-2 可以看出:参考点选取不同,电路中各点的电位也不同,且电路中某点电位大小与路径选择无关,但任意两点间的电压不变。

例 1-1-3 如图 1-1-7 所示电路,各电路元件、支路电流参考方向和参数与例1-1-2相同。试求各电路元件的功率,并验证电路功率平衡原理。

解: 各电阻元件功率分别为

$$P_1 = I_1^2 R_1 = 122^2 \times 5 \text{ W} = 720 \text{ W} \quad (P_1 > 0, \text{吸收功率})$$
$$P_2 = I_2^2 R_2 = (-4)^2 \times 10 \text{ W} = 160 \text{W} \quad (P_2 > 0, \text{吸收功率})$$
$$P_3 = I_3^2 R_3 = 8^2 \times 15 \text{ W} = 960 \text{W} \quad (P_3 > 0, \text{吸收功率})$$

各电源元件功率分别为

$$P_{US1} = -I_1 U_{S1} = -12 \times 180 \text{ W} = -2160 \text{ W} \quad (P_{US1} < 0, \text{发出功率})$$
$$P_{US2} = -I_2 U_{S2} = -(-4) \times 80 \text{ W} = 320 \text{W} \quad (P_{US2} > 0, \text{吸收功率})$$

功率平衡原理验证:

电阻元件R_1、R_2、R_3和电压源U_{S2}共同吸收总功率为

$$P_X = P_1 + P_2 + P_3 + P_{US2} = (720 + 160 + 960 + 320) \text{W} = 2160 \text{ W}$$

电路中,只有电压源U_{S1}发出功率,其发出总功率为

$$P_F = P_{US1} = -2160 \text{ W}$$

电路吸收、发出总功率为

$$\sum P = P_X + P_F = 0$$

由例 1-1-3 可知,电压源U_{S1}发出功率,U_{S2}吸收功率,即多电源复杂电路中并不是所有电源都对外发出功率,有些电源可能会被充电而吸收功率。同时,电路中各电路元件功率的代数和为零,即电路功率平衡。

1.1.3 电气设备额定值与电路工作状态

电气设备能否实现相应电气功能,与所处电路工作状态和电气设备工作状态密切相关。

一、电气设备额定值

1. 电气设备类型

根据电气设备消耗电能而产生的其他能量的形式,可以把设备分为三大类:

第一类是动力设备,如电动机、变压器等,利用电磁转换原理进行工作的电气设备;

第二类是电阻设备,如白炽灯、电阻器等,将电能转变成光能或热能;

第三类是电热设备,如电炉、电烙铁等,将电能转变成热能。

第一、二类电气设备一般要求设备的温升越低越好,应限制电流的热效应;第三类电气设备要求温升越高越好,应充分利用电流的热效应。

各种电气设备规定的电压、电流额定值有所不同,任何电气设备在使用时,都应注意不要超过它的额定值。还应注意,额定值的大小随工作条件和环境温度的改变而变化,同样的电气设备在高温环境下工作时,就要适当减小工作电压、电流。

金属导线通过电流时也会发热。因此,对各种规格的导线也规定了安全载流量(容许负荷电流)。同一规格的导线在不同的工作环境下安全载流量不同,如明线敷设比穿管敷设散热条件好,安全载流量较大。具体可查阅《电工手册》。

2.电气设备额定值

各种电气设备或元器件的电压、电流及功率都规定了一个限额,这个限额值就称为电气设备的额定值,包括额定电压、额定电流和额定功率,分别用U_N、I_N、P_N表示。

额定值是制造厂家为了使电气设备安全、经济运行而规定的容许值。由于功率、电压和电流之间有一定的关系,所以在给出额定值时,除动力设备外,没有必要全部给出。例如对灯泡、电烙铁等通常只给出额定电压U_N和额定功率I_N,而电阻器除电阻值外,只给出额定功率P_N。

根据电气设备电压、电流和功率实际值与其额定值的大小关系,电气设备可能有三种运行状态:

(1)当电压、电流和功率的实际值小于其额定值时,称电气设备为欠载(或轻载)运行状态。此时,电气设备得不到充分利用,功耗增大,效率降低。

(2)当电压、电流和功率的实际值大于其额定值时,称电气设备为过载(或超载)运行状态。此时,电气设备的温度升高,严重时可使绝缘材料过热,绝缘性能下降,甚至电压过高有可能击穿绝缘材料。

(3)当电压、电流和功率的实际值等于其额定值时,称电气设备为满载运行状态(或额定工作状态)。电气设备只有在额定状态下工作,才最经济合理、安全可靠。

二、电路工作状态

电路在工作时有三种工作状态,分别是通路、短路、断路。

1.通路(有载工作状态)

如图 1-1-8 所示,当开关 S 闭合,电源U_S经负载R_L形成闭合回路,电路便处于有载通路状态。电路中有电流,电源处于有载运行工作状态,各主要物理量关系为

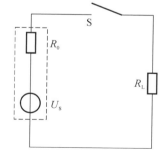

$$I = \frac{U_S}{R_0 + R_L}$$

$$U = IR_L = U_S - IR_0$$

$$P_L = UI = P_S - P_0$$

图 1-1-8 通路(断路)状态

在实际电路中,负载大都采用并联方式,用R_L代表所有负载总等效电阻。电路中投入运行的电气设备数量是由用户控制的,而且是经常变动的。当并联的运行电气设备增多时,总等效电阻R_L就会减小,而电源电动势U_S通常为一恒定值,且内阻R_0很小,电源端电压 U 变化

很小,则电源输出电流 I 和负载功率 P_L 将随之增大,这时称为电路的负载增大。当并联的用电器减少时,等效负载电阻 R_L 增大,电源输出的电流 I 和功率 P_L 将随之减小,这种情况称为负载减小。

所以,所谓负载增大或负载减小,是指增大或减小负载电流,而不是增大或减小电阻值。即指电气设备从电源吸收功率的增大或减小。

根据负载大小,电路通路状态又分为三种工作状态,当电气设备的电流等于额定电流时称为满载工作状态;当电气设备的电流小于额定电流时,称为轻载工作状态;当电气设备的电流大于额定电流时,称为过载工作状态。

2.断路

断路,也称开路,就是电源与负载没有构成闭合回路。在图 1-1-8 所示电路中,当 S 断开时,电路即处于断路状态。断路状态的特征是负载电阻无穷大,电路电流为零,即

$$R_L = \infty, I_L = 0$$

电源内阻、负载消耗功率为零,即

$$P_S = 0, P_L = 0$$

开路端电压(U_{OC})为电源电动势,即

$$U_{OC} = U_S$$

此种情况,也称为电源的空载。

3.短路

所谓短路,就是电源未经负载而直接由导线接通成闭合回路,如图 1-1-9 所示。图中折线是指明短路点的符号。短路的特征是负载电阻、负载电压及负载消耗功率均为零,即

$$R_L = 0, U_L = 0, P_L = 0$$

电源短路电流及电源内阻消耗功率很大,即

$$I_{CS} = U_S / R_0, P_S = I_{CS}^2 R_0$$

因为电源内阻 R_0 一般都很小,所以短路电流 I_{CS} 总是很大。如果电源短路事故未迅速排除,极大的短路电流将会烧毁电源、导线及电气设备等,所以,电源短路是一种严重事故,应严加防范。

为了防止发生短路事故,以免损坏电源,常在电路中采取串接熔断器、自动断路器等保护设备予以保护,如图 1-1-10 所示。电路中装设熔断器后,一旦电路短路,串联在电路中的熔丝将因发热而迅速熔断,从而起到保护电源及负载设备的目的。

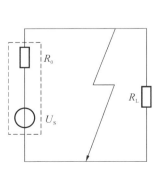

图 1-1-9 短路状态

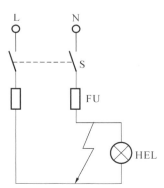

图 1-1-10 有熔断器的电路

三、典型例题

例 1-1-4 如有额定功率分别为 100 W、40 W 的白炽灯各一只,额定电压均为 220 V。

① 将两只并联于电源电压为 220 V 的电路中,则其实际功率各为多少? 哪只白炽灯较亮?

② 如将两只白炽灯串联后,接于电源电压为 220 V 的电路中,则其实际功率各为多少? 哪只白炽灯较亮?

解:① 因为两只白炽灯额定电压均为 220 V,且并联于电源电压 220 V 电路中,则两只白炽灯工作于额定状态。两只白炽灯实际功率均为其额定功率。所以额定功率为 60 W 的白炽灯较亮。

② 两只白炽灯串联时:

$$R_1 = \frac{U_N^2}{P_1} = \frac{220^2}{100}\ \Omega = 484\ \Omega$$

$$R_2 = \frac{U_N^2}{P_2} = \frac{220^2}{40}\ \Omega = 1210\ \Omega$$

$$I = \frac{U_s}{R_1 + R_2} = \frac{220}{484 + 1210}\ A \approx 0.13\ A$$

$$P_1 = I^2 R_1 = 0.13^2 \times 484\ W \approx 8.2\ W$$

$$P_2 = I^2 R_2 = 0.13^2 \times 1210\ W \approx 20.4\ W$$

因 $P_2 > P_1$,所以额定功率为 40 W 的白炽灯较亮。但两只白炽灯的实际功率均分别小于各自的额定功率,所以,两只白炽灯均处于欠载的工作状态,其亮度均小于其正常亮度,甚至因实际功率太低而不能发光。

1.1.4 电阻元件与电阻连接

在诸多电气设备与电路中都存在将电能转化成热能的电磁关系,即电流的热效应。所以电阻是众多电气设备与电路中不可或缺的元件。

一、电阻与电阻元件

导体对电子运动呈现的阻碍作用,称为导体的电阻。用符号 R 表示,其国际 SI 单位为欧姆(Ω)。电阻单位还有千欧($k\Omega$)、兆欧($M\Omega$)等。其换算关系为

$$1\ M\Omega = 10^3\ k\Omega = 10^6\ \Omega$$

$$1\ \Omega = 10^{-3}\ k\Omega = 10^{-6}\ M\Omega$$

由具有电阻作用的材料制成的电阻器、白炽灯、电烙铁、电加热器等电气设备,当其内部有电流流过时,就要消耗电能,并将电能转换为热能、光能等能量。电路原理中将对电流具有阻碍作用,消耗电能特征的电磁关系,集中化、抽象化为一种理想电路元件,即电阻元件。电阻的大小与材料、导体长度和横截面有关,而与电压、电流无关。即

$$R = \frac{\rho L}{S} \tag{1-1-11}$$

式中:ρ 是导体材料电阻率;L 是导体长度;S 是导体截面积。

电阻的倒数称为电导,用符号 G 表示,即

$$G = \frac{1}{R} \tag{1-1-12}$$

电导是反映材料导电能力的一个参数。电导的国际 SI 单位是西门子,简称西,其符号为 S。

二、欧姆定律

1. 无源(部分)电路欧姆定律

电阻元件是一种理想电路元件,在电路图中的图形符号如图 1-1-11 所示。若有电阻电流 I,则电阻两端有电压 U,电压 U 与电流 I 的比值为一个常数,这个常数大小就是电阻 R 的值,即 $R = U/I$,此为部分电路欧姆定律。当电压 U 与电流 I 为关联参考方向,其表达式可表示为

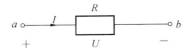

图 1-1-11　电阻元件

$$U = RI \tag{1-1-13}$$

当 U、I 为非关联参考方向,则欧姆定律表示为

$$U = -RI \tag{1-1-14}$$

当然,欧姆定律也可用电导表示为

$$I = GU \quad (U、I \text{ 为关联参考方向}) \tag{1-1-15}$$

或

$$I = -GU \quad (U、I \text{ 为非关联参考方向}) \tag{1-1-16}$$

式(1-1-13)~式(1-1-16)反映了电阻元件本身所具有的规律,也就是电阻元件对其电压、电流的约束关系,即伏安关系。

根据电阻值的大小,电路中有两种特殊工作状态:

当 $R = 0$ 时,根据欧姆定律 $U = RI$,无论电流 I 为何有限值,电压 U 都恒等于零,电阻的这种工作状态为短路。

当 $R = \infty$ 时,根据欧姆定律 $I = U/R$,无论电压 U 为何有限值,电流 I 都恒等于零,电阻的这种工作状态为开路。

如果把电阻元件上的电压取作横坐标,电流取作纵坐标,画出电压与电流的关系曲线,则这条曲线称为该电阻元件的伏安特性曲线。若电阻元件的伏安特性曲线为一条经过原点的直线,则称其为线性电阻,如图 1-1-12(a)所示;否则为非线性电阻,如图 1-1-12(b)所示。

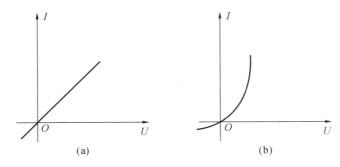

(a) (b)

图 1-1-12　电阻伏安特性

严格来说,电阻器、白炽灯、电烙铁、电加热器等实际电路元件的电阻或多或少都是非线性的。但在一定范围内,若电阻值基本不变,可当作线性电阻来处理。线性电阻在实际电路

中应用最为广泛,电路原理中如无特别说明,均为线性电阻。

　　2. 全电路欧姆定律

　　含有电源的闭合回路称为全电路,如图 1-1-13 所示。图中虚线框部分表示电源,U_S 为电源电压,R_0 为电源的内电阻。

　　电路中电流 I 与电源电压 U_S 成正比;与电源的内阻 R_0 与负载电阻 R_L 之和成反比,即

$$I = \frac{U_S}{R_0 + R_L} \tag{1-1-17}$$

　　又可写成

$$U_S = I(R_0 + R_L) = U_0 + U_L \tag{1-1-18}$$

式中:U_0 为电源内阻上的电压降;U_L 为负载电阻两端的电压,也即电源两端的电压。故全电路中电源电动势 U_S 等于电源内阻电压降 U_0 与负载端电压 U_L 之和。

三、电阻连接

　　1. 电阻的串联

　　若干个电阻按顺序地连接成一条无分支的电路,称为串联电路,如图 1-1-14 所示。

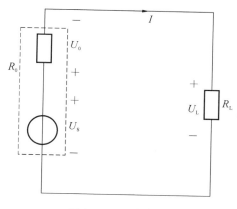

图 1-1-13　全电路

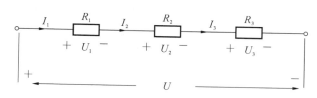

图 1-1-14　串联电路

电阻元件串联有以下几个特点:

　　(1)流过串联电阻的电流相等,即

$$I_1 = I_2 = I_3 \tag{1-1-19}$$

　　(2)串联电路等效总电阻等于各分电阻之和,即

$$R = R_1 + R_2 + R_3 \tag{1-1-20}$$

　　(3)串联电阻端口总电压等于各电阻电压之和,即

$$U = U_1 + U_2 + U_3 \tag{1-1-21}$$

　　(4)串联电路总功率等于各电阻功率之和,即

$$P = P_1 + P_2 + P_3 \tag{1-1-22}$$

　　(5)电阻串联具有分压作用,各电阻电压与其电阻值成正比,即

$$U_1 = \frac{R_1}{R_1 + R_2 + R_3}U = \frac{R_1}{R}U \tag{1-1-23}$$

$$U_2 = \frac{R_2}{R_1 + R_2 + R_3}U = \frac{R_2}{R}U \tag{1-1-24}$$

$$U_3 = \frac{R_3}{R_1 + R_2 + R_3}U = \frac{R_3}{R}U \tag{1-1-25}$$

在实际中,利用串联分压的原理:① 可以扩大电压表的量程;② 可以制成电阻分压器;③ 串联电阻可分压限流。

2.电阻的并联

将几个电阻元件都接在两个共同端点之间的连接方式称之为并联。图 1-1-15 所示电路是由三个电阻并联组成的。

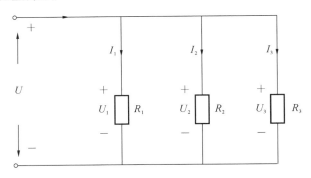

图 1-1-15　并联电路

并联电路的基本特点:

(1)并联电阻各支路电压相等,即

$$U = U_1 = U_2 = U_3 \tag{1-1-26}$$

(2)并联电阻干路总电流等于各支路电流之和,即

$$I = I_1 + I_2 + I_3 \tag{1-1-27}$$

(3)并联电阻总电阻的倒数等于各支路电阻倒数之和,即

$$\frac{1}{R} = \frac{1}{R_1} + \frac{1}{R_2} + \frac{1}{R_3} \tag{1-1-28}$$

或总电导等于各支路电导之和。即

$$G = G_1 + G_2 + G_3 \tag{1-1-29}$$

若只有两个电阻并联,其等效电阻 R 可用下式计算

$$R = R_1 \parallel R_2 = \frac{R_1 R_2}{R_1 + R_2} \tag{1-1-30}$$

式中:符号"∥"表示电阻并联。

(4)并联电阻总功率等于各支路电阻功率之和,即

$$P = P_1 + P_2 + P_3 \tag{1-1-31}$$

(5)并联电阻电路具有分流作用,即各支路电流与各支路电阻成反比,与各支路电导成正比。

$$I_1 = \frac{R}{R_1}I = \frac{G_1}{G}I \tag{1-1-32}$$

$$I_2 = \frac{R}{R_2}I = \frac{G_2}{G}I \tag{1-1-33}$$

$$I_3 = \frac{R}{R_3}I = \frac{G_3}{G}I \tag{1-1-34}$$

在实际应用中,利用并联电阻特点:① 利用电阻并联的分流作用,可扩大电流表的量程;② 具有相同电压等级的用电设备并联在同一电路中,以保证它们都在规定的额定电压下正常工作。

3.电桥平衡条件与特性

当电阻之间的连接关系既不是简单的串联,也不是并联时,如图 1-1-16(c)所示,平衡电桥和 Y-△变换就成为化简复杂连接电阻网络的有效手段。

如图 1-1-16(a)所示电路,经常称之为"电桥"。根据前述串并联电路特点可知,电路中 A、B 两点的电压分别为

$$U_A = \frac{R_2}{R_1 + R_2} U_S, U_B = \frac{R_4}{R_3 + R_4} U_S \tag{1-1-35}$$

当 $U_A = U_B$ 时,称为电桥平衡,此时,即有

$$R_1 R_4 = R_2 R_3 \tag{1-1-36}$$

式(1-1-36)称为电桥平衡条件。电路中,如果断开的两点的电位相同,即两点间电压为 0 V,即使用电阻元件、导线将 A、B 两点连接起来不会对电路中其他支路电流、电压产生任何影响。同理,如果电路中有某个支路电压、电流为零,将该支路断开不会对电路中其他支路电流、电压产生任何影响。

因此,在满足式(1-1-36)的条件时,无论 A 和 B 间是开路、短路,还是连接任何二端元件或网络,如图 1-1-16(a)、(b)、(c)所示,都不会改变电路中其他支路电流、电压。称这种状态为电桥平衡,这种电路称为平衡电桥。

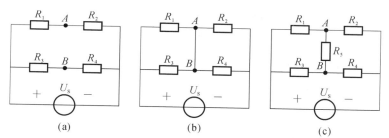

图 1-1-16 平衡电桥及等效电路

应用电桥平衡,有时可以方便地分析如图 1-1-16(c)所示电路,如 $R_1 R_4 = R_2 R_3$,电路为平衡电桥时,将 R_5 支路开路($I_{AB} = 0$)或短路($U_{AB} = 0$)分别等效为如图 1-1-16(a)、(b)所示电路,简化分析计算。也可以利用电桥测量电阻,测量方法可自行参考相关资料。

4.电阻的 Y-△ 转换

电阻的连接方式中,还有一种更复杂的连接,即无源三端连接形式,如图 1-1-17 所示。其中图 1-1-17(a)为三端三角形连接,简称△形连接。图 1-1-17(b)为三端星形连接,简称 Y 形或 T 形连接。这种 Y、△电路不能简化为简单的串、并联连接关系,只能用 Y-△电路等效转换来简化电路的计算。

△形连接和 Y 形连接都是通过三个端钮与外电路相连,要使两个电路等效,应遵循外部等效原理,即当两种电路对应端钮间的电压相等时,流入对应端钮的电流也必须分别相等。

根据上述原则,在△形和 Y 形两种连接方式中,当第三端钮断开时,两种电路中每一对

相对应的端钮间的等效电阻也是相等的。在图 1-1-17(a)中,将对应端钮 3 断开,则两种电路中端钮 1、2 间的等效电阻必然相等,即

$$\frac{R_{12}(R_{23} + R_{31})}{R_{12} + R_{23} + R_{31}} = R_1 + R_2$$

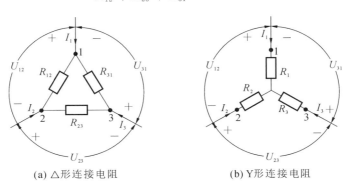

(a) △形连接电阻　　　　　　(b) Y形连接电阻

图 1-1-17　△-Y 连接电阻变换

同理

$$\frac{R_{23}(R_{31} + R_{12})}{R_{12} + R_{23} + R_{31}} = R_2 + R_3$$

$$\frac{R_{31}(R_{12} + R_{23})}{R_{12} + R_{23} + R_{31}} = R_3 + R_1$$

将 Y 形连接等效变换为△形连接,就是把 Y 形连接电路中的 R_1、R_2、R_3 作为已知量,把△形连接电路中的 R_{12}、R_{23}、R_{31} 作为待求量,即用 Y 形连接电路中的 R_1、R_2、R_3 表示△形连接电路中的 R_{12}、R_{23}、R_{31}。联立以上三式求解,可得 Y 形连接等效变换为△形连接的公式:

$$\begin{cases} R_{12} = \dfrac{R_1 R_2 + R_2 R_3 + R_3 R_1}{R_3} = R_1 + R_2 + \dfrac{R_1 R_2}{R_3} \\[2mm] R_{23} = \dfrac{R_1 R_2 + R_2 R_3 + R_3 R_1}{R_1} = R_2 + R_3 + \dfrac{R_2 R_3}{R_1} \\[2mm] R_{31} = \dfrac{R_1 R_2 + R_2 R_3 + R_3 R_1}{R_2} = R_1 + R_3 + \dfrac{R_3 R_1}{R_2} \end{cases} \tag{1-1-37}$$

将△形连接等效变换为 Y 形连接,就是把△形连接电路中的 R_{12}、R_{23}、R_{31} 作为已知量,把 Y 形连接电路中的 R_1、R_2、R_3 作为待求量,即用△形连接电路中的 R_{12}、R_{23}、R_{31} 表示 Y 形连接电路中的 R_1、R_2、R_3。联立上述三式求解,可得△形连接等效变换为 Y 形连接的公式:

$$\begin{cases} R_1 = \dfrac{R_{12} R_{31}}{R_{12} + R_{23} + R_{31}} \\[2mm] R_2 = \dfrac{R_{23} R_{12}}{R_{12} + R_{23} + R_{31}} \\[2mm] R_3 = \dfrac{R_{31} R_{23}}{R_{12} + R_{23} + R_{31}} \end{cases} \tag{1-1-38}$$

在电阻的 Y-△转换中,若当△形连接的三个电阻相等,即 $R_{12} = R_{23} = R_{31} = R_\triangle$ 或当 Y 形连接的三个电阻相等,即 $R_1 = R_2 = R_3 = R_Y$ 时,则有

$$R_\triangle = 3 R_Y \tag{1-1-39}$$

四、典型例题

例 1-1-5 如图 1-1-18 所示为一个固定三挡分压器。已知输入电压 $U_i = 12$ V,试求:开关 S 分别置于 1、2、3 时的输出电压 U_o。

解:当开关 S 置于位置 1 时,输出电压等于输入电压,故

$$U_o = U_i = 12 \text{ V}$$

当开关 S 置于位置 2 时,根据分压原理,得

$$U_o = \frac{2+3}{1+2+3} \times 12 \text{ V} = 10 \text{ V}$$

当开关 S 置于位置 3 时,根据分压原理,得

$$U_o = \frac{3}{1+2+3} \times 12 \text{ V} = 6 \text{ V}$$

例 1-1-6 如图 1-1-19 所示,一个内阻 R_g 为 1 kΩ,电流 I_g 灵敏度为 10 μA 的表头,若要将其改装为 10 V 的电压表,问需串联一个多大的电阻?

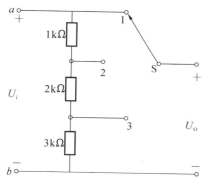

图 1-1-18 例 1-1-5 图

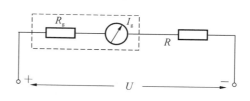

图 1-1-19 例 1-1-6 图

解:如图 1-1-19 所示,有

$$U = I_g(R + R_g)$$
$$R = \frac{U}{I_g} - R_g = \frac{10}{10 \times 10^{-6}} \text{ Ω} - 1000 \text{ Ω} = 999 \text{ kΩ}$$

例 1-1-7 如图 1-1-20 所示,一个内阻 R_g 为 1 kΩ,电流 I_g 灵敏度为 10 μA 的表头,若要将其改装为 100mA 的电流表,问需并联一个多大的电阻 R?

解:如图 1-1-20 所示,有

$$I_g R_g = I_R R$$
$$R = \frac{I_g R_g}{I_R} = \frac{I_g R_g}{I - I_g}$$
$$= \frac{10 \times 10^{-6} \text{ A} \times 1000 \text{ Ω}}{100 \times 10^3 \text{ A} - 10 \times 10^{-6} \text{ A}} \approx 0.1 \text{ Ω}$$

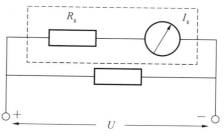

图 1-1-20 例 1-1-7 图

例 1-1-8 如图 1-1-21(a)所示,求电路的等效电阻 R_{ab}。

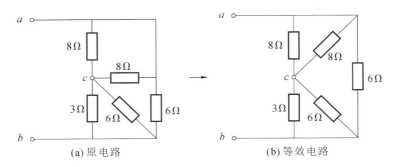

图 1-1-21　例 1-1-8 图

解：如电路连接形关系不明显时，则可用诸如观察法、节点移动法、拉伸法等方法，先将电路元件重新排列后，再进行分析计算。如图 1-1-21(b)所示电路为图 1-1-21(a)所示电路整理后的等效电路。则电路等效电阻R_{ab}为

$$R_{ab} = [(8//8)+(3//6)]//6 \ \Omega = (4+2)//6 \ \Omega = 3 \ \Omega$$

■ 例 1-1-9　　如图 1-1-22(a)所示，求电路中的支路电流 I_{bc}。

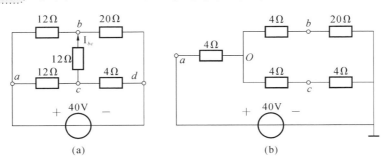

图 1-1-22　例 1-1-9 图

解：因为这是一个电桥不平衡复杂的电路，不能用简单的串、并联进行等效变换，只能用 Y-△ 转换来进行等效变换。因为 abc 三角形的三个电阻相等，所以将 abc 三角形转为星形较为简单。如图 1-1-22(b)所示，等效变换后可得

$$R_Y = \frac{1}{3} R_\Delta = \frac{1}{3} \times 12 \ \Omega = 4 \ \Omega$$

$$R_{ad} = \{4+[(4+20) \parallel (4+4)]\}\Omega$$

$$= \left[4 + \left(\frac{24 \times 8}{24+8}\right)\right]\Omega = 10 \ \Omega$$

$$I_{a0} = \frac{40 \ \text{V}}{10 \ \Omega} = 4 \ \text{A}$$

$$I_{0b} = \frac{8}{24+8} \times 4 \ \text{A} = 1 \ \text{A}$$

$$I_{0c} = \frac{24}{24+8} \times 4 \ \text{A} = 3 \ \text{A}$$

$$U_{bd} = I_{ab} \times 20 = 1 \times 20 \ \text{V} = 20 \ \text{V}$$

$$U_{cd} = I_{ad} \times 4 = 3 \times 4 \ \text{V} = 12 \ \text{V}$$

以 d 点为参考点，得

$$U_{bc} = U_{bd} - U_{cd} = 20\text{V} - 12\text{V} = 8\text{V}$$

所以,电流 I_{bc} 的大小为

$$I_{bc} = \frac{U_{bc}}{12\ \Omega} = \frac{8\ \text{V}}{12\ \Omega} \approx 0.67\ \text{A}$$

◆ 1.1.5 电源元件与电源定理

电路中由电源(如电池、发电机、蓄电池、光电池等)持续不断地向电路提供能量。电路原理中将各种电源发出电能的电磁特性抽象为电压源元件和电流源元件。

一、电压源

1. 理想电压源

电路中有的电源是以输出电压的形式向负载供电,且电源输出电压基本是稳定的或是一时间的函数(如干电池、蓄电池、发电机、直流稳压电源等),这类电源称为理想电压源元件,简称理想电压源(恒压源)。

理想电压源的电路符号如图 1-1-23(a)所示。在 U-I 平面上,理想电压源的伏安特性曲线如图 1-1-23(b)所示,是平行于横轴的一条直线。

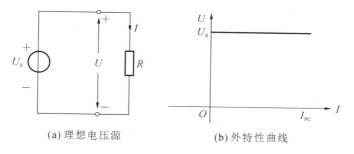

(a) 理想电压源　　　　　(b) 外特性曲线

图 1-1-23　理想电压源电路与外特性

由此可知,理想电压源的基本性质:

(1)理想电压源输出电压对直流电路为恒定值 U_s;对交流电路是一时间函数 $u_{s(t)}$,均与输出的电流无关。

(2)理想电压源输出电流由与之相连接的外电路来决定。

2. 实际电压源

理想电压源虽有重要理论价值和实际意义,但理想电压源在实际电路中并不存在。因为任何实际电源总存在内阻。一个实际电压源都可以用一个理想电压源与一个电阻串联的电路模型来表示,如图 1-1-24(a)虚线框所示。图中 U_s 为电压源的恒定电压,其参考极性如图中所示;R_0 为电压源的内阻。当电压源的 a、b 端接负载时,电压源输出电压 U 的大小为

$$U = U_s - IR_0$$

(1-1-40)

表达式(1-1-40)为实际电压源的伏安特性(或称为外特性)。它的伏安特性曲线如图 1-1-24(b)所示。实际电压源的伏安特性表明了输出电压 U 随着负载电流 I 变化的关系。当负载电流 I 增大时,实际电压源输出电压 U 降低;反之,输出电压 U 增大。即实际电压源的输出特性为输出电压随输出电流的增大而降低。

若实际电压源内阻 R_0 越小,R_0 分压作用越小,电压源输出电压 U 越大;反之,输出电压 U 越小。当实际电压源内阻 $R_0 \to 0$ 时,输出电压 $U = U_s$,与理想电压源等效。

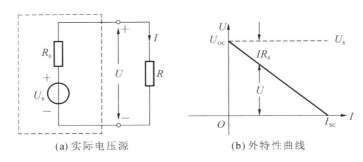

(a) 实际电压源　　　　　　　(b) 外特性曲线

图 1-1-24　实际电压源与外特性

含实际电压源的电路的三种工作状态：

① 负载：此时 $U=U_s-IR_0$。

② 开路：此时 $I=0$，实际电压源的端电压 $U=U_s$，称为开路电压 U_{oc}。

③ 短路：此时 $U=0$，实际电压源的电流 $I=U_s/R_0$，称为短路电流 I_{sc}。

因实际电压源内阻 $R_0\to 0$ 很小，短路时，短路电流 I_{sc} 很大，易烧坏电压源。所以，实际应用中，实际电压源不允许短路。

电流可以不同的方向流过电压源，当电流由"＋"极流出电压源时，发出功率，对外电路提供电能；当电流由"＋"流入电压源时，吸收功率，从外电路吸收能量。因此电压源是一种有源电路元件。

二、电流源

1. 理想电流源

电路中有的电源是以输出电流的形式向负载供电，且电源输出电流基本是稳定的或为一时间的函数（如光电池、电子恒流器等），这类电源称为理想电流源元件，简称理想电流源（恒流源）。

理想电流源的电路符号如图 1-1-25(a) 所示。在 $U\text{-}I$ 平面上，理想电流源的伏安特性曲线如图 1-1-25(b) 所示，是平行于横轴的一条直线。

由此可知，理想电流源的基本性质：

（1）理想电流源输出电流对直流电路为恒定值 I_s；对交流电路是一时间函数 $i_s(t)$，与电流源输出电压无关。

（2）理想电流源输出电压由与之相连接的外电路来决定。

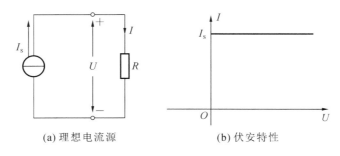

(a) 理想电流源　　　　　　　(b) 伏安特性

图 1-1-25　理想电流源电路符号与伏安特性

电压可以不同的方向加于电流源两端，当电压方向与电流方向相反时，发出功率，对外电路提供电能;当电压方向与电流方向相同时,吸收功率,从外电路吸收电能。因此电流源同电压源一样是有源电路元件。

2. 实际电流源

同理想电压源一样,理想电流源在实际电路中并不存在。因为任何实际电流源也存在内阻。因此,一个实际电流源都可以用一个理想电流源与一个电阻并联的电路模型来表示,如图 1-1-26(a)虚线框所示。图中 I_s 为恒定电流源电流,其参考方向如图中所示;R'_0 为电流源的内电阻。当电流源的 a、b 端接负载时,电流源输出电流 I 的大小为

$$I = I_s - \frac{U}{R'_0} \tag{1-1-41}$$

表达式(1-1-41)为实际电流源的伏安特性(或称为外特性)。它的伏安特性曲线如图 1-1-26(b)所示。实际电流源的伏安特性表明了输出电流 I 随着负载电压 U 变化的关系。当负载电压 U 增大时,实际电流源输出电流 I 降低;反之,输出电流 I 增大。即实际电流源的输出特性为输出电流随输出电压的增大而减少。

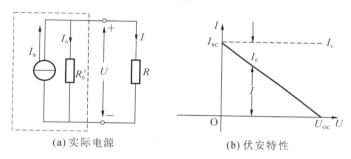

(a) 实际电源   (b) 伏安特性

图 1-1-26 实际电流源与外特性

若实际电流源内阻 R'_0 越小,R'_0 分流作用越大,电流源输出电流 I 越小;反之,输出电流 I 越大。当实际电流源内阻 $R'_0 \rightarrow \infty$ 时,输出电流 $I = I_s$,与理想电流源等效。

含实际电流源的电路的三种工作状态:

① 负载:此时 $I = I_s - U/R'_0$。

② 开路:此时 $I = 0$,实际电流源端电压 $U = I_s R'_0$,对外输出最大电压,此电压又称为开路电压 U_{OC}。

因电流源内阻 R'_0 很大,开路时,电流源内部电压最大,易烧坏电流源。所以,实际应用中电流源不允许开路。

③ 短路:此时 $U = 0$,实际电流源输出电流 $I = I_s$,对外输出最大电流,此电流又称为短路电流 I_{SC}。

三、实际电压源与实际电流源等效变换

如图 1-1-27 所示为实际电压源和实际电流源模型。其外部特性(伏安特性)均为一条下倾斜线。对外电路而言,只要两种电源模型外部特性一致,则它们对外电路的作用是一样的,即负载上获得的电流 I、电压 U 相同,两种电源模型对外电路来说是等效的。因此,实际电源就既可以用实际电压源模型来表示,也可以用实际电流源模型来表示,即两种实际电源模型可进行等效变换。

如图 1-1-27(a)所示,实际电压源伏安特性为

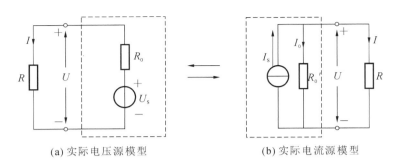

(a) 实际电压源模型　　　　　　　　(b) 实际电流源模型

图 1-1-27　两种实际电源模型

$$U = U_\mathrm{S} - IR_0 \tag{1-1-42}$$

如图 1-1-27(b)所示,实际电流源伏安特性为

$$U = I_\mathrm{S} R'_0 - IR'_0 \tag{1-1-43}$$

根据两种实际电源模型等效的定义,若要图 1-1-27(a)、(b)所示两电源模型等效,两者外特性必须一致,比较式(1-1-42)与式(1-1-43),可得两种电源模型等效条件为

$$I_\mathrm{S} = \frac{U_\mathrm{S}}{R_0}(\text{或}U_\mathrm{S} = I_\mathrm{S} R'_0),R'_0 = R_0 \tag{1-1-44}$$

在应用上式进行等效变换时要注意:

① U_S 和 I_S 参考方向的关系:I_S 的参考方向与 U_S 从"—"极指向"＋"的方向一致。

② 两种电源模型等效变换仅对外电路成立,对电源内部电路是不等效的。

③ 对于理想电压源和理想电流源,因其不具备相同的伏安特性,因此不能进行等效变换。

四、电源连接与等效

n 个电压源相串联,对外可等效为一个电压源,其等效电压为各个电压源电压的代数和,即

$$U_\mathrm{S} = \sum_{k=1}^{n} U_{\mathrm{S}k} \tag{1-1-45}$$

各电压源电压 $U_{\mathrm{S}k}$ 的参考方向与等效电压源 U_S 的参考方向一致取"＋",反之取"—"。如图 1-1-28(a)所示的两个电压源相串联,其等效电压源如图 1-1-28(b)所示,其中 $U_\mathrm{S} = U_{\mathrm{S}1} - U_{\mathrm{S}2}$。

n 个电流源相并联,对外可等效为一个电流源,其电流为各个电流源电流的代数和,即

$$I_\mathrm{S} = \sum_{k=1}^{n} I_{\mathrm{S}k} \tag{1-1-46}$$

各电流源电流 $I_{\mathrm{S}k}$ 的参考方向与等效电流源电流 I_S 的参考方向一致取"＋",反之取"—"。如图 1-1-28(c)所示的两个电流源相并联,其等效电流源如图 1-1-28(d)所示,其中 $I_\mathrm{S} = I_{\mathrm{S}1} - I_{\mathrm{S}2}$。

理想电压源只有电压相等、极性一致才允许并联,否则违背 KVL 定律。其等效电压源为其中任一电压源,但是这个并联组合向外提供的电流在各个电压源之间如何分配则无法确定,所以理想电压源并联并无实际意义。但实际电压源因内阻的存在可并联使用。

理想电流源只有电流相等、方向一致才允许串联,否则违背 KCL 定律。其等效电流源为其中任一电流源,但是这个串联组合的总电压如何在各个电流源之间分配则无法确定。

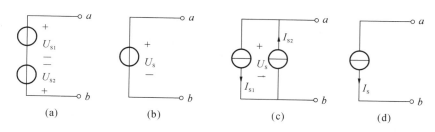

图1-1-28　电压源串联与电流源并联

所以理想电流源串联并无实际意义。同样,实际电流源因内阻的存在可串联使用。

一个电流源I_S与电压源U_S或电阻R相串联,对外就等效为一个电流源,等效电流源的电流为I_s,等效电流源的电压不等于替代前的电流源的电压U_S而等于外部电压U,如图1-1-29(a)所示。

一个电压源U_S与电流源I_S或电阻R相并联,对外就等效为一个电压源,等效电压源的电压为U_S,等效电压源中的电流不等于替代前的电压源的电流而等于外部电流I,如图1-1-29(b)所示。

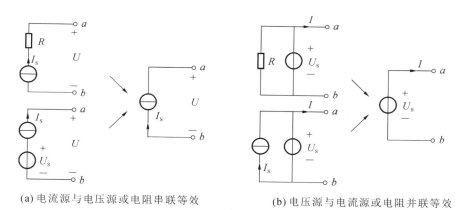

(a)电流源与电压源或电阻串联等效　　　　　(b)电压源与电流源或电阻并联等效

图1-1-29　电源与支路的连接

五、有源二端网络与等效电源定理

1. 有源二端网络

电路分析时,常常把由多个电路元件组成的局部电路作为一个整体看待。若局部电路对其他电路只有两个端子与之相连,则称其为二端网络或单端口网络,如图1-1-30所示。其中图1-1-30(a)是一般二端网络。

在二端网络中,不含有电源元件称为无源二端网络,如图1-1-30(b)所示;含有电源元件称为有源二端网络,如图1-1-30(c)所示。

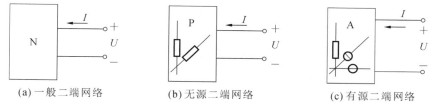

(a)一般二端网络　　　　(b)无源二端网络　　　　(c)有源二端网络

图1-1-30　二端(单端口)网络

二端网络的端子电流称为端口电流，两个端子间的电压称为端口电压。一个二端网络的特性由网络端口电压 U 与端口电流 I 的关系（即伏安关系）来描述。两个内部结构完全不同的二端网络，如端口具有相同的伏安关系，则两个二端网络对同一负载（或外电路）是等效的，即互为等效网络。两个等效二端网络对外电路的影响是完全相同的，也就是说"等效"是指"对外等效"。

2. 戴维南定理

由前述可知，无源二端网络的等效电路仍然是一条无源支路，支路中的电阻等于二端网络内所有电阻化简后的等效电阻。如电阻连接中的串、并联电阻的等效，即为二端网络的等效变换。

那么，有源二端网络又如何等效呢？不难理解，有源二端网络对无源二端网络来说，就相当于实际电源。所以，有源二端网络可等效为前述实际电压源或实际电流源模型。

戴维南定理就是解决如何将有源二端网络等效为实际电压源的方法；诺顿定理就是解决如何将有源二端网络等效为实际电流源的方法；戴维南定理和诺顿定理统称为等效电源定理。

一个线性有源二端电阻网络，对外电路来说，可以用一个理想电压源和电阻串联的模型（实际电压源模型）来代替。该理想电压源的电压 U_S 等于有源二端网络的开路电压 U_{OC}，电阻等于该网络中所有电源置零（即电压源短路、电流源开路）时的等效电阻 R_0，如图 1-1-31 所示，这就是戴维南定理。

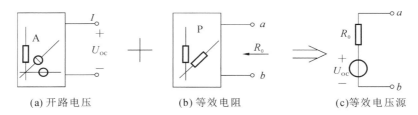

(a) 开路电压　　　　　(b) 等效电阻　　　　　(c) 等效电压源

图 1-1-31　戴维南定理

戴维南定理常用在只需要分析电路中某一支路的电流或电压场合。应用戴维南定理分析电路的步骤如下：

① 将所求电流或电压的待求支路与电路的其他部分断开，得到一个有源二端网络。

② 求有源二端网络的开路电压 U_{OC}。

③ 求有源二端网络的等效电阻 R_0。将有源二端网络中的所有电源置零（电压源短路、电流源开路）后，得一无源二端网络，求得无源二端网络的等效电阻即为有源二端网络的等效电阻 R_0。

④ 画出戴维南等效电压源电路，并与待求支路相连，得到一个无分支闭合电路，再求待求电流或电压。画戴维南等效电路时，应注意电压源的极性必须与开路电压的极性保持一致。

等效电压源的参数 U_{OC}、R_0 均可用分析计算和实验测量两种方法获得。

有源二端网络的开路电压 U_{OC} 测量，可以用电压表直接测得，如图 1-1-32（a）所示。等效电阻 R_0 可用欧姆表直接测等效无源二端网络等效电阻，也可用电流表先测出短路电流 I_{SC}，如图 1-1-32（b）所示，再计算出 R_0。

$$R_0 = \frac{U_{\text{OC}}}{I_{\text{SC}}} \tag{1-1-47}$$

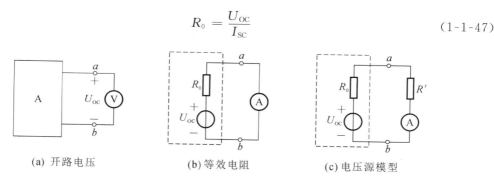

(a) 开路电压   (b) 等效电阻   (c) 电压源模型

图 1-1-32　戴维南定理参数测量

若二端网络不能短路,可外接一保护电阻R',再测出电流I'_{SC}。如图 1-1-32(c)所示,此时有

$$R_0 = \frac{U_{\text{OC}}}{I'_{\text{SC}}} - R' \tag{1-1-48}$$

3.诺顿定理

由于电压源与电阻串联可等效为电流源与电阻并联。因此,一个线性有源二端网络也可以用一个电流源与电阻并联的等效电路代替,如图 1-1-33 所示,这就是诺顿定理,其等效电路称为诺顿等效电路。

电流源的电流等于有源二端网络端口短路电流I_{SC},如图 1-1-33(a)所示;电阻等于该网络中所有电源置零(电压源短路、电流源开路)时的等效电阻R_0,如图 1-1-33(b)所示。

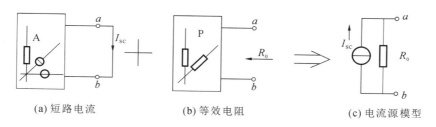

(a) 短路电流   (b) 等效电阻   (c) 电流源模型

图 1-1-33　诺顿定理

利用电路的等效变换可以把结构较复杂的电路用一个较为简单的等效电路代替,简化电路分析和计算,它是电路分析中常用的分析方法。如电阻连接中的串、并联电阻的等效变换二端网络的等效变换;电阻 Y-△变换为三端口网络的等效变换。但要注意的是,若要分析计算被等效的复杂电路中内部的电压和电流时,必须回到原电路中去计算。

六、典型例题

例 1-1-10　如图 1-1-34 所示电路,$R = 5\ \Omega$,$U_{\text{s}} = 10\ \text{V}$,$I_{\text{s}} = 2\ \text{A}$。求电路中各元件的电功率。

解:设电阻 R 电压U_R参考方向与I_{s}关联,所以电阻 R 功率为

$$P_R = I_{\text{s}}^2 R = 2^2 \times 5\ \text{W} = 20\ \text{W}$$

电压源电压U_{s}与通过其中的电流I_{s}方向相同,为关联参考方向,所以,电压源功率P_{V}为

$$P_{\text{V}} = U_{\text{s}} I_{\text{s}} = 10 \times 2\ \text{W} = 20\ \text{W}$$

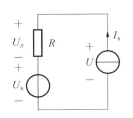

图 1-1-34　例 1-1-10 图

电流源两端电压 U 为

$$U = U_{\mathrm{S}} + U_R = (10 + 2 \times 5)\mathrm{V} = 20\ \mathrm{V}$$

电流源电压 U 与电流 I_{S} 参考方向相反,是非关联参考方向,所以电流源功率 P_I 为

$$P_I = -U I_{\mathrm{SC}} = -20 \times 2\ \mathrm{W} = -40\ \mathrm{W}$$

由此可见,电阻功率和电压源功率均大于零,吸收功率;电流源功率小于零,发出功率,且 $P_R + P_{\mathrm{V}} + P_I = 20\ \mathrm{W} + 20\ \mathrm{W} - 40\ \mathrm{W}$ $= 0$,功率平衡。

例 1-1-11　如图 1-1-35 所示电路,$U_1 = 12\ \mathrm{V}$,$R_1 = 6\ \Omega$,$I_2 = 10\ \mathrm{A}$,$R_2 = 12\ \Omega$,$R = 4\ \Omega$,求电阻 R 的电流 I。

解:将电压源 U_1 与电阻 R_1 串联的实际电压源模型等效变换为电流源 I'_1 与电阻 R'_1 并联的实际电流源模型。

$$I'_1 = \frac{U_1}{R_1} = \frac{12\ \mathrm{V}}{6\ \Omega} = 2\ \mathrm{A}$$

$$R'_1 = R_1 = 6\ \Omega$$

等效电路如图 1-1-36(a)所示。

将实际电流源模型 I'_1、I_2 等效为一个实际电流源 I_{S} 模型。

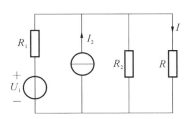

图 1-1-35　例 1-1-11 图

$$I_{\mathrm{S}} = I'_1 + I_2 = 2\ \mathrm{A} + 10\ \mathrm{A} = 12\ \mathrm{A}, R_0 = \frac{R'_1 \times R_2}{R'_1 + R_2} = \frac{6\ \Omega \times 12\ \Omega}{6\ \Omega + 12\ \Omega} = 4\ \Omega$$

其等效电路如图 1-1-36(b)所示。

则电阻 R 的电流 I:

$$I = \frac{R_0 \times R_2}{R_0 + R_2} \times I_{\mathrm{S}} = \frac{4\ \Omega \times 4\ \Omega}{4\ \Omega + 4\ \Omega} \times 12\ \mathrm{A} = 6\ \mathrm{A}$$

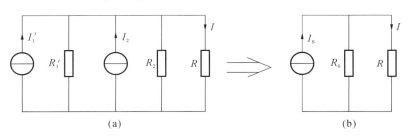

(a)　　　　　　　　　　　　　(b)

图 1-1-36　例 1-1-11 等效电路图

同理,可将电流源 I_2 与电阻 R_2 并联的实际电流源模型等效变换为电压源 U'_2 与电阻 R'_2 串联的实际电压源模型进行求解电流。大家可自行求解。

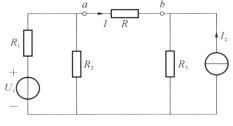

图 1-1-37　例 1-1-12 图

例 1-1-12　如图 1-1-37 所示电路,已知 $U_1 = 60\ \mathrm{V}$,$R_1 = 20\ \Omega$,$R_2 = 40\ \Omega$,$I_2 = 2\ \mathrm{A}$,$R_3 = 10\ \Omega$,$R = 16.7\ \Omega$,利用戴维南定理,求解电阻 R 的电流 I。

解:抠去待求电流支路 ab,得一有源二端网络,如图 1-1-38(a)所示。则其开路电压 U_{OC} 为

$$U_{OC} = V_a - V_b$$

$$= \frac{R_2}{R_1 + R_2} \times U_1 - I_2 R_3$$

$$= \frac{40\ \Omega}{20\ \Omega + 40\ \Omega} \times 60\ V - 2\ A \times 10\ \Omega$$

$$= 40\ V - 20\ V = 20\ V$$

其等效电阻R_0等效电路如图 1-1-38(b)所示,则

$$R_0 = \frac{R_1 \times R_2}{R_1 + R_2} + R_3 = \frac{20\Omega \times 40\Omega}{20\Omega + 40\Omega} + 10\Omega = 23.3\Omega$$

利用戴维南定理,并连回电流支路ab后的等效电路如图 1-1-38(c)所示,电阻R的电流I为

$$I = \frac{U_{OC}}{R_0 + R} = \frac{20V}{23.3\Omega + 16.7\Omega} = 0.5A$$

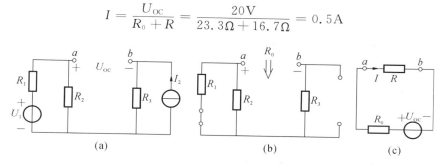

图 1-1-38　例 1-1-12 等效电路图

例 1-1-13　如图 1-1-39(a)所示电路,已知$U_s = 10\ V$,$I_s = 2\ A$,$R_1 = 1\ \Omega$,$R_2 = 2\ \Omega$,$R_3 = 5\ \Omega$,$R = 2\ \Omega$。求电阻R中的电流I。

解:如图 1-1-39(a)所示,将与电压源U_s并联的电阻R_3断开,并不影响电压源U_s的电压,将与电流源I_s串联的电阻R_2短路,并不影响电流源I_s的电流,这样简化后得到如图 1-1-39(b)所示电路。而后将电压源支路(U_s, R_1)等效变换为电流源支路(I_{S1}, R_1),得到如图 1-1-39(c)所示的电路,其中

$$I_{S1} = \frac{U_s}{R_1} = \frac{10\ V}{1\ \Omega} = 10\ A$$

将该图中两个并联电流源合并,利用电阻并联的分流公式可得

$$I = \frac{R_1}{R_1 + R}(I_{S1} + I_s) = \frac{1\ \Omega}{1\ \Omega + 2\ \Omega} \times (10\ A + 2\ A) = 4\ A$$

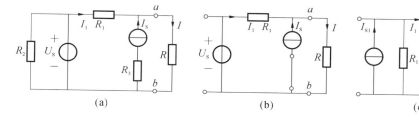

图 1-1-39　例 1-1-13 图

1.1.6　基尔霍夫定律与支路电流法

一、几个概念

1. 支路

电路中每一段不再另外分支的部分电路,称为支路,如图 1-1-40 所示电路中 ab、bc、cd、

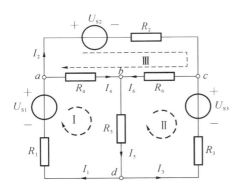

图 1-1-40　复杂电路实例

da、bd、ac 等均为支路。电路的支路数用字符 b 表示,该电路共有 6 个支路,即 $b=6$。

2. 节点

电路中三条或三条以上支路相交的点,称为节点,如图 1-1-40 所示电路中 a、b、c、d 等均为节点。电路的节点数用字符 n 表示,该电路共有 4 个节点,即 $n=4$。

3. 回路

电路中任一闭合路径,称为回路。如图 1-1-40 所示电路中 $abca$、$abda$、$bcdb$、$acda$、$adbca$、$abdca$ 等均为回路。

4. 网孔

电路中任一不包含其他支路的闭合路径,称为网孔。如图 1-1-40 所示电路中只有 $abda$、$bcdb$、$abca$ 等为网孔。电路的网孔数用字符 m 表示,该电路共有 3 个网孔,即 $m=3$。

二、基尔霍夫定律

1. 基尔霍夫电流定律(KCL)

在电路中,任意时刻对于任一节点而言,流入节点电流之和等于流出节点电流之和,即

$$\sum I_i = \sum I_o \tag{1-1-49}$$

或在电路中,任意时刻对于任一节点而言,流入节点电流的代数之和等于零,即

$$\sum I_i = 0 \tag{1-1-50}$$

应用 KCL 定律时,先假定各支路电流参考方向,如图 1-1-40 所示,当电流参考方向为流入节点时代数符号取"+"号,当电流参考方向为流出节点时代数符号取"-"号;也可做相反的假定。

以下为如图 1-1-40 所示电路中各节点基尔霍夫电流定律(KCL)方程,简称节点电流方程或节点 KCL 方程:

节点 a:

$$I_1 - I_2 - I_4 = 0 \cdots\cdots\cdots\cdots\cdots\cdots ①$$

节点 b:

$$I_4 - I_5 + I_6 = 0 \cdots\cdots\cdots\cdots\cdots\cdots ②$$

节点 c:

$$I_2 + I_3 - I_6 = 0 \cdots\cdots\cdots\cdots\cdots\cdots ③$$

节点 d:

$$-I_1 - I_3 + I_5 = 0 \cdots\cdots\cdots\cdots\cdots\cdots ④$$

但其中任何一个方程均可由其他三个方程导出,所以四个节点电流(KCL)方程中,只有三个是独立方程。即对有 n 个节点的复杂电路来说,只能写 $n-1$ 个独立节点电流(KCL)方程。

KCL 的节点可以扩展成一个闭合曲面,流入该曲面的电流之和等于流出该曲面的电流之和。由此可得出如下两个推论:

推论一:二端网络的两端电流大小相等,方向相反,如图 1-1-41(a)所示。

推论二:如两个电路网络有且只有一根导线相连时,该连接导线中电流为零,如图 1-1-41(b)所示。

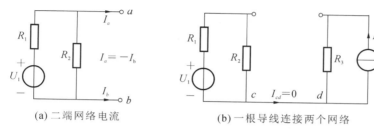

(a) 二端网络电流   (b) 一根导线连接两个网络

图 1-1-41   KCL 拓展应用

2. 基尔霍夫电压定律(KVL)

任意时刻,沿任一回路绕行一周,回路中所有电动势 E 的代数和等于所有电阻压降的代数和,即

$$\sum E = \sum IR \tag{1-1-51}$$

或任意时刻,沿任一回路绕行一周,回路中所有电路元件电压的代数和等于零,即

$$\sum U = 0 \tag{1-1-52}$$

应用 KVL 定律时,先假定回路绕行方向和电路元件电压参考方向,当电压参考方向与绕行方向一致时,则此电压代数符号取"+"号,反之取"−"号;当电阻元件上的电流参考方向与电压参考方向一致(关联)时,$U=IR$,反之 $U=-IR$。为减少不必要的错误,一般电流、电压取关联参考方向。

由于复杂电路回路较多,并非所有回路电压方程均是独立方程,但网孔电压方程却一定是回路电压独立方程。

即对一般 m 个网孔复杂电路,为减少不必要的错误,可以只针对网孔写 m 个网孔回路电压方程。以下为图 1-40 所示电路中各网孔基尔霍夫电压定律(KVL)方程:

网孔 Ⅰ:

$$-U_{S1} + I_1 R_1 + I_4 R_4 + I_5 R_5 = 0 \cdots\cdots\cdots\cdots ①$$

网孔 Ⅱ:

$$U_{S3} - I_3 R_3 - I_5 R_5 - I_6 R_6 = 0 \cdots\cdots\cdots\cdots ②$$

网孔 Ⅲ:

$$U_{S2} + I_2 R_2 - I_4 R_4 + I_6 R_6 = 0 \cdots\cdots\cdots\cdots ③$$

基尔霍夫电压(KVL)定律不仅适用于闭合回路,也可以扩展应用到有开路的假想回路的电路中,只需把开路电压代入方程即可。如图 1-1-42 所示 $abcd$ 假想回路的电压方程为

$$U_1 + U_S - U_3 - U_{ab} = 0$$

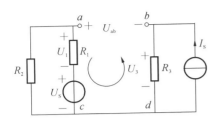

图 1-1-42　　KVL 拓展应用

显然,部分电路欧姆定律和含源电路欧姆定律均可由 KVL 定律推导得出。也可用于求解二端网络的开路电压。

三、支路电流法

分析、计算电路的方法,通常有电路等效分析法和电路网络分析法。等效分析法因等效电路只对外电路等效,求解内部电路参数时只能回到原电路进行分析计算,同时需重画等效电路,因而多适用于相对简单的电路;网络分析法,是通过列写电路拓扑结构方程(基尔霍夫定律)和电路元件约束(元件伏安特性 VRA)方程联立求解电路参数。网络分析法因不改变电路结构,不需重画电路,所以多适用于复杂电路的分析、计算。

分析、计算复杂电路的方法很多,一种最基本的方法就是支路电流法。支路电流法是以支路电流为解变量(或未知量),应用基尔霍夫定律列出与支路电流数目相等的独立方程式,再联立求解各支路电流的电路分析方法。

应用支路电流法解题的方法步骤(假定某电路有 b 条支路,n 个结点,m 个网孔):

(1)首先标定各待求支路的电流参考方向、电压参考方向(与电流参考方向关联较好)及回路绕行方向;

(2)应用基尔霍夫电流定律列出 $(n-1)$ 个结点电流(KCL)方程;

(3)应用基尔霍夫电压定律列出 m 个独立的网孔回路电压(KVL)方程;

(4)联立方程组求解各支路电流。具体步骤参见下述例题 1-1-14。

四、典型例题

■例 1-1-14　　如图 1-1-40 所示电路,已知 $U_{S1}=24$ V,$U_{S2}=4$ V,$U_{S3}=2$ V,$R_1=R_2=R_5=2$ Ω,$R_3=R_6=4$ Ω,$R_4=6$ Ω。求电路中各支路电流 $I_1 \sim I_6$。

解:(1)标定电路各支路的电流参考方向、电压参考方向及回路绕行方向,如图 1-1-40 所示。

(2)列写 a、b、c 三个节点电流(KCL)方程。

节点 a:
$$I_1 - I_2 - I_4 = 0 \cdots\cdots\cdots①$$

节点 b:
$$I_4 - I_5 + I_6 = 0 \cdots\cdots\cdots②$$

节点 c:
$$I_2 + I_3 - I_6 = 0 \cdots\cdots\cdots③$$

(3)列写三个独立的网孔Ⅰ、Ⅱ、Ⅲ的回路电压(KVL)方程式。

网孔Ⅰ:
$$-24 + 2I_1 + 6I_4 + 2I_5 = 0 \cdots\cdots\cdots④$$

网孔Ⅱ:
$$2 - 4I_3 - 2I_5 - 4I_6 = 0 \cdots\cdots\cdots⑤$$

网孔Ⅲ:
$$4 + 2I_2 - 6I_4 + 4I_6 = 0 \cdots\cdots\cdots⑥$$

（4）联立方程组求解各支路电流。

$$I_1 = 3.97 \text{ A} \approx 4.0 \text{ A}, I_2 = 2.13 \text{ A} \approx 2.1 \text{ A}$$

$$I_3 = -1.45 \text{ A} \approx -1.5 \text{ A}, I_4 = 1.84 \text{ A} \approx 1.8 \text{ A}$$

$$I_5 = 2.52 \text{ A} \approx 2.5 \text{ A}, I_6 = 0.687 \text{ A} \approx 0.7 \text{ A}$$

其中，$I_3 = -1.45 \text{ A} \approx -1.5 \text{ A} < 0$，为负值，说明 I_3 的实际电流方向与参考方向相反，其他各支路电流值大于 0，为正值，说明其他各支路电流实际方向与参考方向相同。

例 1-1-15　如图 1-1-43 所示电路，已知 $U_S = 18 \text{ V}, I_S = 3 \text{ A}, R_1 = 3 \text{ Ω}, R_2 = 6 \text{ Ω}, R_3 = 4 \text{ Ω}$。求电路中各支路电流及各元件功率。

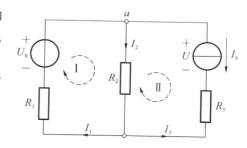

图 1-1-43　例 1-1-15 电路图

解：（1）标定各支路电流参考方向和回路绕行方向，如图 1-1-43 所示。

（2）列写节点 a 的 KCL 方程

$$I_1 - I_2 + I_3 = 0$$

（3）列写网孔 I 的 KVL 回路电压方程

$$-U_S + R_1 I_1 + R_2 I_2 = 0$$

由网孔 II 可知

$$I_3 = -I_S$$

（4）代入已知数据，并整理方程得

$$I_1 - I_2 - 3 = 0$$

$$-18 + 3 I_1 + 6 I_2 = 0$$

（5）联立求解得

$$I_1 = 4 \text{ A}, I_2 = 1 \text{ A}, I_3 = -3 \text{ A}$$

（6）求各元件上的功率。

电压源 U_S 和支路电流 I_1 为非关联参考方向，即

$$P_{US} = -U_S I_1 = -18 \text{ V} \times 4 \text{ A} = -72 \text{ W}$$

电压源 U_S 发出功率 72 W。

设电流源 I_S 两端电压为 U，参考方向如图 1-1-43 所示。列写电流源 I_S 所在网孔回路 KVL 方程为

$$-R_2 I_2 - R_3 I_3 + U = 0$$

$$U = R_2 I_2 + R_3 I_3$$

$$U = 6 \text{ Ω} \times 1 \text{ A} + 4 \text{ Ω} \times (-3 \text{ A}) = -6 \text{ V}$$

且电压 U 和 I_S 为关联参考方向，则电流源功率为

$$P_{IS} = U_1 I_S = -6 \text{ V} \times 3 \text{ A} = -18 \text{ W}$$

即电流源 I_S 发出功率 18 W。

电阻 R_1 功率为：$P_{R1} = I_1^2 R_1 = (4 \text{ A})^2 \times 3 \text{ Ω} = 48 \text{ W}$，即电阻 R_1 消耗功率 48 W。

电阻 R_2 功率为：$P_{R2} = I_2^2 R_2 = (1 \text{ A})^2 \times 6 \text{ Ω} = 6 \text{ W}$，即电阻 R_2 消耗功率 6 W。

电阻 R_3 功率为：$P_{R3} = I_3^2 R_3 = (-3 \text{ A})^2 \times 4 \text{ Ω} = 36 \text{ W}$，即电阻 R_3 消耗功率 36 W。

电路功率平衡验证：

（1）电路中电压源U_s和电流源I_s发出功率之和为

$$\sum P_发 = -72\ \text{W} - 18\ \text{W} = -90\ \text{W}$$

电路中电阻R_1、R_2、R_3吸收功率之和为

$$\sum P_吸 = 48\ \text{W} + 6\ \text{W} + 36\ \text{W} = 90\ \text{W}$$

（2）功率平衡

$$\sum P = \sum P_发 + \sum P_吸 = -90\ \text{W} + 90\ \text{W} = 0$$

即

$$\sum P = 0$$

可见，电路功率平衡。

◆ 1.1.7　叠加原理　网孔电流法与节点电压法

复杂电路的复杂性在于电路中通常不止一个电源，欧姆定律旨在分析单电源电路的情况。叠加原理的思想在于将复杂电路中多电源的共同作用（激励）等效成多个单电源的共同作用。

一、叠加原理

如果一个线性电路中有几个独立电源共同作用（激励）时，则各支路的响应（电流或电压）等于各个独立电源单独作用时，在该支路产生的响应（电流或电压）的代数和（叠加）。所谓"独立电源单独作用"是指：当考虑某个独立源作用时，其余暂不起作用的独立源均应取零值。电压源取零值方法是短路，电流源取零值方法是开路。这就是线性电路的叠加原理。

应用叠加原理时，应注意以下几点：

（1）应用叠加原理时，电路的连接及所有的电阻元件参数不变。

（2）应用叠加原理对电路进行分析，可以分别看出各个电源对电路的影响，尤其是交、直流电源共同存在的电路。

（3）叠加原理的应用条件是：只适用于线性电路（线性电路是指只含有线性电路元件的电路）。

（4）由于功率不是电压或电流的一次函数，所以不能用叠加原理来计算功率。

如图 1-1-44（a）所示电路中电阻 R 支路电流可等效为如图 1-1-44（b）所示电路电压源 U_s 单独作用时支路电流 I' 与如图 1-1-44（c）所示电路电流源 I_s 单独作用时支路电流 I'' 的代数和。

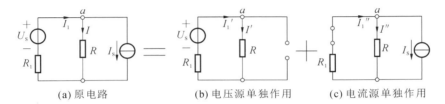

(a) 原电路　　　　　　　(b) 电压源单独作用　　　　　(c) 电流源单独作用

图 1-1-44　叠加原理

电压源U_s单独作用时，电流源I_s开路（$I_s=0$），电阻 R 支路电流、电压分别是：

$$I' = \frac{U_s}{R_1 + R}$$

$$U' = I'R = \frac{R}{R_1 + R} U_s$$

电流源 I_s 单独作用时,电压源 U_s 短路($U_s = 0$),电阻 R 支路电流、电压是:

$$I'' = -\frac{R_1}{R_1 + R} I_s$$

$$U'' = I''R = -\frac{R_1 R}{R_1 + R} I_s$$

电流源 I_s 和电压源 U_s 共同作用时,电阻 R 支路电流、电压分别是:

$$I = I' + I'' = \frac{U_s}{R_1 + R} - \frac{R_1}{R_1 + R} I_s$$

$$U = U' + U'' = \frac{R}{R_1 + R} U_s - \frac{R_1 R}{R_1 + R} I_s$$

同理可得,电流源 I_s 和电压源 U_s 共同作用时,电阻 R_1 支路电流、电压分别是:

$$I_1 = I'_1 + I''_1 = \frac{U_s}{R_1 + R} + \frac{R}{R_1 + R} I_s$$

$$U_1 = U'_1 + U''_1 = \frac{R_1}{R_1 + R} U_s + \frac{R_1 R}{R_1 + R} I_s$$

二、网孔电流法

网孔电流法,简称网孔法,是以假想的网孔电流为解变量(未知量),列出各网孔的回路电压(KVL)方程,并联立解出网孔电流,再进一步求出各支路电流的方法。也是电路网络分析的基本方法之一。

网孔电流是假想的只在每一网孔边界中循环的独立电流。网孔边界由自有支路和互有支路构成,如图 1-1-45 所示。网孔 Ⅰ 的边界由自有支路 acb 和互有支路 ab 组成;网孔 Ⅱ 的边界由自有支路 adb 和互有支路 ab 组成。

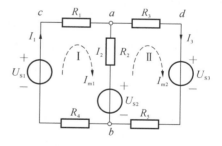

图 1-1-45 中带箭头的曲线 I_{m1}、I_{m2} 分别为网孔 Ⅰ 和网孔 Ⅱ 的网孔电流。箭头既可以表示网孔电流的参考方向,也可以表示网孔电压的绕行方向。

图 1-1-45 网孔电流法

因此,网孔电流具有在节点处不分流,在互有支路上汇流叠加的特点。网孔电流与支路电流的关系为

$$I_1 = I_{m1}, I_2 = I_{m1} - I_{m2}, I_3 = I_{m2}$$

由此可见,自有支路电流与其所在当前网孔的网孔电流大小相等,方向一致时取"+",相反时取"-",如支路电流 I_1、I_3。

互有支路电流为所属两个网孔的网孔电流 I_{m1}、I_{m2} 的代数和(即线性叠加),与支路电流参考方向一致取"+",与支路电流参考方向相反取"-",如支路电流 I_2。

利用网孔电流时,网孔电流在电路节点处会自动满足节点电流定理(KCL)。如对节点 a 而言有

$$-I_1 + I_2 + I_3 = -I_{m1} + (I_{m1} - I_{m2}) + I_{m2} = 0$$

所以,可只列出如下各网孔的回路电压(KVL)方程,以求减少方程数量,从而简化计算。

下面先以网孔Ⅰ为例加以说明如何列写网孔电流方程。网孔Ⅰ的 KVL 方程为

$$-U_{S1} + I_1 R_1 + I_2 R_2 + U_{S2} + I_1 R_4 = 0$$

将 $I_1 = I_{m1}$,$I_2 = I_{m1} - I_{m2}$ 代入上式,有

$$-U_{S1} + I_{m1} R_1 + (I_{m1} - I_{m2}) R_2 + U_{S2} + I_{m1} R_4 = 0$$

整理后,有

$$I_{m1}(R_1 + R_2 + R_4) - I_{m2} R_2 = U_{S1} - U_{S2}$$

通用表达式为

$$I_{m1} R_{11} - I_{m2} R_{12} = \sum U_{SI} \tag{1-1-53}$$

由此可知,网孔电流的回路电压方程由三部分组成。其中:

① 第一部分 $I_{m1}(R_1 + R_2 + R_4)$ 为自电阻电压。其中 $R_{11} = R_1 + R_2 + R_4$ 是网孔电流 I_{m1} 流过网孔Ⅰ经过的所有电阻之和,称为自电阻,代数符号始终取"+"。

② 第二部分 $I_{m2} R_2$ 为互电阻电压。其 $R_{12} = -R_2$ 是网孔Ⅰ与网孔Ⅱ共有支路 ab 的电阻,即网孔电流 I_{m1} 和 I_{m2} 共同流过的支路电阻,称为互电阻。若网孔电流 I_{m1} 和 I_{m2} 流过互电阻方向相同,则代数符号取"+";若网孔电流 I_{m1} 和 I_{m2} 流过互电阻方向相反,则代数符号取"—"。

如图 1-1-45 所示电路中,网孔电流 I_{m1} 和 I_{m2} 流过互电阻 R_2 方向相反,故代数符号取"—"。

③ 第三部分 $\sum U_S = U_{S1} - U_{S2}$ 是网孔回路的电压源电压代数和。如电压源激励方向与当前网孔电流方向一致,则代数符号取"+",如电压源 U_{S1} 与当前网孔电流 I_{m1} 激励方向一致,则代数符号取"+";如电压源激励方向与网孔电流方向相反,则代数符号取"—",如电压源 U_{S2} 与网孔电流 I_{m1} 激励方向相反,则代数符号取"—"。

根据上述规则,即可列写网孔Ⅱ的网孔电流回路电压方程通用表达式为

$$-I_{m1} R_{21} + I_{m2} R_{22} = \sum U_{SII} \tag{1-1-54}$$

式中:$R_{22} = R_2 + R_3 + R_5$ 是网孔电流 I_b 流过网孔Ⅱ的自电阻,代数符号始终取"+";$R_{21} = R_{12} = -R_2$ 是网孔Ⅱ的互电阻。因网孔电流 I_{m1} 和 I_{m2} 流过互电阻方向相反,故代数符号取"—";$\sum U_{SII} = U_{S2} - U_{S3}$ 是网孔回路Ⅱ的电压源电压代数和。U_{S2} 电压源激励方向与当前网孔电流 I_{m2} 方向一致,故代数符号取"+";U_{S3} 电压源激励方向与当前网孔电流 I_{m2} 方向相反,故代数符号取"—"。

所以,网孔Ⅱ的网孔电流回路电压方程为

$$-I_{m1} R_2 + I_{m2}(R_2 + R_3 + R_5) = U_{S2} - U_{S3}$$

联立方程求解网孔电流 I_{m1} 和 I_{m2},进而可求得各支路电流 I_1、I_2、I_3。

三、节点电压法

1. 节点电压法

节点电压法是以节点电压为解变量(未知量),列出各节点的 KCL 电流方程,并联立解出各节点电压,进而求解出各支路电流的电路分析方法。节点电压法简称节点法,也是电路网络分析中的一种重要方法。节点电压法解析效率高,有利于计算机编程,各种 EDA 仿真软件多用节点电压法。

在电路中,任意选择一节点为参考点,除参考点之外的其他节点称为独立节点。独立节点与参考点之间的电压便是节点电压。如图 1-1-46 所示电路共有三个节点,编号分别为 0、a、b。

设节点 0 为参考点,则节点 a、b 称为独立节点,其电压分别为 U_{a0}、U_{b0},分别用 U_a、U_b 表示。则支路电流与节点电压间的关系为

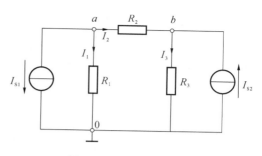

图 1-1-46　节点电压法

$$I_1 = \frac{U_a}{R_1} = G_1 U_a$$

$$I_2 = \frac{U_a - U_b}{R_2} = G_2(U_a - U_b)$$

$$I_3 = \frac{U_b}{R_3} = G_3 U_b$$

利用节点电压法时,在节点电压作用下,各支路电流会自动满足回路电压(KVL)方程。如图 1-1-46 所示电路中 $ab0$ 回路电压方程为

$$-I_1 R_1 + I_2 R_2 + I_3 R_3 = -U_a + (U_a - U_b) + U_b = 0$$

所以,可只列出如下各节点电流(KCL)方程,以求减少方程数量,从而简化计算。

下面先以节点 a 为例,介绍利用节点电压法列写节点 a 的 KCL 电流方程。

$$I_{S1} + I_1 + I_2 = 0$$

$$I_{S1} + \frac{U_a}{R_1} + \frac{U_a - U_b}{R_2} = 0$$

$$I_{S1} + G_1 U_a + G_2(U_a - U_b) = 0$$

整理后得

$$(G_1 + G_2) U_a - G_2 U_b = -I_{S1}$$

通用表达式为

$$G_{11} U_a - G_{12} U_b = \sum I_{Sa} \tag{1-1-55}$$

由此可知,节点 a 电流响应由三部分电流叠加而成,其中:

① 第一部分 $G_{11} U_a$ 为自电导电流,电流参考方向为流出节点 a,其实质为当前节点电压 U_a 作用下流出当前节点 a 的电流。其中 $G_{11} = G_1 + G_2$ 是流出当前节点 a 的各支路电流所经各支路电导之和,称为自电导,代数符号始终取"+"。

② 第二部分 $G_{12} U_b$ 为互电导电流,电流参考方向为流入节点 a,其实质为其他独立节点电压 U_b 作用下流入当前节点 a 的电流。其中 $G_{12} = -G_2$ 是节点 a 与节点 b 间互有支路电导之和,称为互电导,代数符号始终取"-"。

③ 第三部分 $\sum I_{Sa} = -I_{S1}$ 其实质是与当前节点 a 相连的所有电源激励下流入节点 a 的电流代数之和。如电源电流流入当前节点,则代数符号取"+";如电流源电流流出节点,则代数符号取"-",如电流源 I_{S1}。

根据上述规则,列写节点 b 的节点电压的节点 KCL 电流方程

$$-G_{21} U_b + G_{22} U_b = \sum I_{Sb} \tag{1-1-56}$$

式中：$G_{22} = G_2 + G_3$ 是节点 b 的自电导，代数符号始终取"＋"；$G_{21} = G_{12} = -G_2$ 是节点 a、b 的互电阻，代数符号取"－"；$\sum I_{Sb} = I_{S2}$ 是节点 b 电流源流入电流代数之和。I_{S2} 电流源电流流入节点 b，故代数符号取"＋"。

所以，节点 b 的电压方程为

$$-G_2 U_a + (G_2 + G_3)U_b = I_{S2}$$

联立方程求解节点电压 U_a 和 U_b，进而可求得各支路电流 I_1、I_2、I_3。

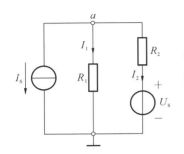

图 1-1-47　弥尔曼定理

2. 弥尔曼定理

弥尔曼定理是用来分析仅含两个节点电路的节点电压法。如图 1-1-47 所示为两节点电路，只需列出一个 KCL 方程，即

$$\left(\frac{1}{R_1} + \frac{1}{R_2}\right)U_a = -I_S + \frac{U_S}{R_2}$$

$$U_a = \frac{-I_S + G_2 U_S}{G_1 + G_2}$$

扩展到一般情况为

$$U = \frac{\sum I_{Si} + \sum G_i U_{Si}}{\sum G_i} \tag{1-1-57}$$

四、典型例题

例 1-1-16　如图 1-1-48(a)所示电路，已知 $U_S = 10$ V，$I_S = 2$ A，$R_1 = 10$ Ω，$R_2 = 4$ Ω，$R = 6$ Ω。试用叠加原理求电路中 R 两端电压 U。

解：(1) 电压源 U_S 单独作用时，电流源 I_S 开路，如图 1-1-48(b)所示。

$$U' = \frac{R}{R_1 + R_2 + R}U_S = \frac{6}{10 + 4 + 6} \times 10 \text{ V} = 3 \text{ V}$$

(2) 电流源 I_S 单独作用时，电压源 U_S 短路，如图 1-1-48(c)所示。

$$U'' = \frac{(R_1 + R_2)}{R_1 + R_2 + R}I_S \times R = \frac{(10 + 4)}{10 + 4 + 6} \times 2 \times 6 \text{ V} = 6 \text{ V}$$

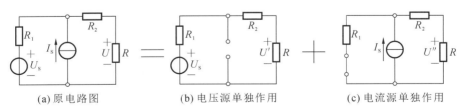

(a) 原电路图　　　　(b) 电压源单独作用　　　　(c) 电流源单独作用

图 1-1-48　例 1-1-16 电路图

(3) 电压源 U_S、电流源 I_S 共同作用时，如图 1-1-48(a)所示。

$$U = U' + U'' = 3 \text{ V} + 6 \text{ V} = 9 \text{ V}$$

例 1-1-17　如图 1-1-49 所示电路，已知 $U_{S1} = 1.5$ V，$U_{S4} = 4$ V，$U_{S5} = 2$ V，$U_{S6} = 8$ V，$R_1 = 5$ Ω，$R_2 = 3$ Ω，$R_3 = 2$ Ω，$R_4 = 4$ Ω，$R_5 = 1$ Ω，$R_6 = 3$ Ω。试用网孔电流法求电阻 R_4 中电流 I_4。

解:选网孔为独立回路,设网孔电流为I_a、I_b、I_c,其参考方向如图 1-1-49 所示。

网孔 Ⅰ 的网孔电流方程为

$$(R_1 + R_2 + R_3)I_a - R_3 I_b - R_2 I_c = U_{S6}$$

$$(5 + 3 + 2)I_a - 2 I_b - 3 I_c = 1.5$$

$$10 I_a - 2 I_b - 3 I_c = 8 \cdots\cdots\cdots\cdots\cdots\cdots① $$

网孔 Ⅱ 的网孔电流方程为

$$-R_3 I_a + (R_3 + R_4 + R_5)I_b - R_4 I_c = U_{S4} + U_{S5}$$

$$-2 I_a + (2 + 4 + 1)I_b - 4 I_c = 4 + 2$$

$$-2 I_a + 7 I_b - 4 I_c = 6 \cdots\cdots\cdots\cdots\cdots\cdots② $$

网孔 Ⅲ 的网孔电流方程为

$$-R_2 I_a - R_4 I_b + (R_2 + R_4 + R_6)I_c = U_{S6} - U_{S4}$$

$$-3 I_a - 4 I_b + (3 + 4 + 3)I_c = 8 - 4$$

$$-3 I_a - 4 I_b + 10 I_c = 4 \cdots\cdots\cdots\cdots\cdots\cdots③ $$

联立方程组①、②、③可得:

$$I_a = 1 \text{ A} \qquad I_b = 2 \text{ A} \qquad I_c = 1.5 \text{ A}$$

电阻R_4中电流I_4为

$$I_4 = I_b - I_c = 2 \text{ A} - 1.5 \text{ A} = 0.5 \text{ A}$$

例 1-1-18 如图 1-1-50 所示电路,已知$U_{S1} = 1.5$ V,$U_{S4} = 4$ V,$U_{S5} = 2$ V,$U_{S6} = 8$ V,$R_1 = 5 \ \Omega$,$R_2 = 3 \ \Omega$,$R_3 = 2 \ \Omega$,$R_4 = 4 \ \Omega$,$R_5 = 1 \ \Omega$,$R_6 = 3 \ \Omega$。试用节点电压法求电阻R_4中电流I_4。

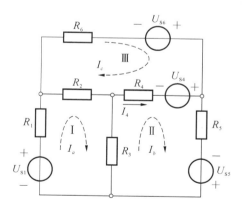

图 1-1-49　例 1-1-17 电路图

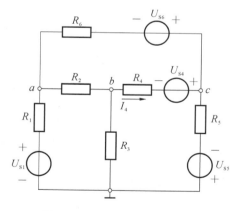

图 1-1-50　例 1-1-18 电路图

解:设电路中节点a、b、c 的节点电压为U_a、U_b、U_c,如图 1-1-50 所示。

节点a 的节点电压的电流方程为

$$\left(\frac{1}{R_1} + \frac{1}{R_2} + \frac{1}{R_6}\right)U_a - \frac{1}{R_2} U_b - \frac{1}{R_6} U_c = \frac{U_{S1}}{R_1} - \frac{U_{S6}}{R_6}$$

$$\left(\frac{1}{5} + \frac{1}{3} + \frac{1}{3}\right)U_a - \frac{1}{3} U_b - \frac{1}{3} U_c = \frac{1.5}{5} - \frac{8}{3}$$

$$13 U_a - 5 U_b - 5 U_c = -35.5 \cdots\cdots\cdots\cdots\cdots\cdots① $$

节点b 的节点电压的电流方程为

$$-\frac{1}{R_2}U_a+\left(\frac{1}{R_2}+\frac{1}{R_3}+\frac{1}{R_4}\right)U_b-\frac{1}{R_4}U_c=-\frac{U_{S4}}{R_4}$$

$$-\frac{1}{3}U_a+\left(\frac{1}{3}+\frac{1}{2}+\frac{1}{4}\right)U_b-\frac{1}{4}U_c=-1$$

$$-4U_a+13U_b-3U_c=-12\cdots\cdots\cdots\cdots②$$

节点 c 的节点电压的电流方程为

$$-\frac{1}{R_6}U_a-\frac{1}{R_4}U_b+\left(\frac{1}{R_4}+\frac{1}{R_5}+\frac{1}{R_6}\right)U_c=\frac{U_{S4}}{R_4}-\frac{U_{S5}}{R_5}+\frac{U_{S6}}{R_6}$$

$$-\frac{1}{3}U_a-\frac{1}{4}U_b+\left(\frac{1}{4}+\frac{1}{1}+\frac{1}{3}\right)U_c=\frac{4}{4}-\frac{2}{1}+\frac{8}{3}$$

$$-4U_a-3U_b+19U_c=20\cdots\cdots\cdots\cdots③$$

联立方程组①、②、③可得：

$$U_a=-3.5\text{ V}\qquad U_b=-2.0\text{ V}\qquad U_c=0\text{ V}$$

电阻 R_4 中电流 I_4 为

$$U_{ab}=U_b-U_c=I_4R_4-U_{S4}$$

$$I_4=\frac{U_b-U_c+U_{S4}}{R_4}=\frac{-2-0+4}{4}\text{ A}=0.5\text{ A}$$

与例 1-1-17 结果一致。

例 1-1-19　如图 1-1-51 所示电路,已知 $U_{S1}=100$ V, $U_{S2}=40$ V, $I_S=5$ A, $R_1=20$ Ω, $R_2=20$ Ω, $R_3=10$ Ω, $R=10$ Ω。试用弥尔曼定理求电流源 I_S 两端电压 U。

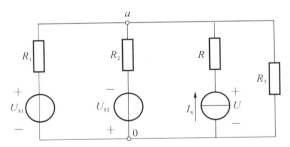

图 1-1-51　例 1-1-19 电路图

解：根据弥尔曼定理,图 1-1-51 所示电路以 0 点为参考点后,只有一个节点 a,所以由节点电压法,有

$$\left(\frac{1}{R_1}+\frac{1}{R_2}+\frac{1}{R_3}\right)U_a=\frac{U_{S1}}{R_1}-\frac{U_{S6}}{R_6}+I_S$$

$$U_a=\frac{\dfrac{U_{S1}}{R_1}-\dfrac{U_{S2}}{R_6}+I_S}{\left(\dfrac{1}{R_1}+\dfrac{1}{R_2}+\dfrac{1}{R_3}\right)}$$

$$U_a=\frac{\dfrac{100}{20}-\dfrac{40}{40}+5}{\left(\dfrac{1}{20}+\dfrac{1}{40}+\dfrac{1}{10}\right)}\text{ V}=40\text{ V}$$

$$U_a=U-I_SR,U=U_a+I_SR$$

$$U=(40+5\times10)\text{V}=90\text{ V}$$

◆ 1.1.8 最大功率传输定理与电路传输效率

一、最大功率传输定理

由前述已知电路根据功能与应用可分为实现电能的传输和转换输配电电路以及实现信号的传递和处理电子电路。无论何种电路都存在由电源到负载的功率传输。在电子技术中,电子电路的主要功能是处理和传输小信号,故希望使负载获得最大功率,效率高低并不重要。而在电力系统中恰恰相反,其主要考虑电能的传输与转换效率。

如图 1-1-52 所示,U_S、R_0 的串联模型可以是任何有源二端网络的电压源等效模型,电阻 R 可以是任何无源二端网络的等效电阻模型。当 U_S、R_0 一定时,电阻 R 怎样才能获得最大输出功率呢?

因为负载电阻 R 获得的功率应为

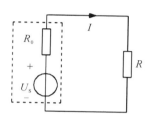

图 1-1-52 最大功率传输定理

$$P = I^2 R = \left(\frac{U_S}{R+R_0}\right)^2 R = \frac{U_S^2 R}{(R+R_0)^2}$$

$$= \frac{U_S^2 R}{R^2 - 2RR_0 + 2RR_0 + 2RR_0 + R_0^2}$$

$$= \frac{U_S^2 R}{(R-R_0)^2 + 4RR_0} = \frac{U_S^2}{\frac{(R-R_0)^2}{R} + 4R_0}$$

由上式可见,如 U_S、R_0 一定,当 $R=R_0$ 时,P 才能获得最大值。所以负载获得最大功率的条件是:负载电阻等于电源内阻,即

$$R = R_0 \tag{1-1-58}$$

当 $R=R_0$ 时,负载 R 获得最大功率为

$$P_{max} = \frac{U_S^2}{4R_0} = \frac{U_S^2}{4R} \tag{1-1-59}$$

且负载 R 的功率与电源内阻 R_0 的损耗功率相等,即

$$P = P_0 \tag{1-1-60}$$

此时电路电能转换效率为

$$\eta = \frac{P}{P_0 + P} \times 100\% = \frac{I^2 R}{I^2(R+R_0)} \times 100\% = 50\%$$

这种工作状态称为"功率匹配"和"阻抗匹配",在电子技术中应用广泛,此时电源传输效率不高,仅为 50%,即通过牺牲电路效率,使负载获得最大功率。

电力系统中,若要提高电能转换效率,则需电源内阻 $R_0 \rightarrow 0 \ \Omega$ 或 $R_0 \ll R$,尽可能减少电源内阻的损耗以节省电能。

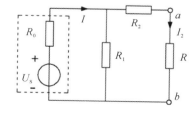

图 1-1-53 例 1-1-20 电路图

二、典型例题

例 1-1-20 如图 1-1-53 所示电路,已知 $U_S = 36$ V,$R_0 = 6 \ \Omega$,$R_1 = 12 \ \Omega$,$R_2 = 4 \ \Omega$,试求电路负载电阻 R 的最大功率和电源传输效率 η。

解:根据戴维南定理,移去负载电阻 R,求出二端网络 a、b 的开路电压 U_{OC} 和等效内阻 R_{eq}。

$$U_{OC} = \frac{R_1}{R_1 + R_0} U_s = \frac{12}{12 + 6} \times 36 \text{ V} = 24 \text{ V}$$

$$R_{eq} = \frac{R_0 R_1}{R_1 + R_0} + R_2 = \left(\frac{6 \times 12}{6 + 12} + 4\right)\Omega = 8 \ \Omega$$

所以当负载 $R = R_{eq} = 8 \ \Omega$ 时，负载电阻 R 获得最大功率，且最大功率为

$$P_{max} = \frac{U_{OC}^2}{4R} = \frac{24^2}{4 \times 8} \text{W} = 18 \text{ W}$$

当负载 $R = 8 \ \Omega$ 时，电路电流为

$$I_2 = \frac{U_{OC}}{R + R_{eq}} = \frac{24}{8 + 8} \text{A} = 1.5 \text{ A}$$

$$I_1 = \frac{R + R_2}{R_1} \times I_2 = \frac{8 + 4}{12} \times 1.5 \text{ A} = 1.5 \text{ A}$$

$$I = I_1 + I_2 = (1.5 + 1.5)\text{A} = 3 \text{ A}$$

电源 U_s 发出功率 P_s 为

$$P_s = I U_s = 3 \times 36 \text{ W} = 108 \text{ W}$$

则电源 U_s 传输效率 η 为

$$\eta = \frac{P_{max}}{P_s} \times 100\% = \frac{18}{108} \times 100\% \approx 16.7\%$$

由此可见，此时电源效率更低，远低于 50%。

1.2 **MF-47 型指针式万用表安装与调试**

◆ 1.2.1 MF-47 型指针式万用表结构与电流、电压测量

一、实训任务

（1）MF-47 型指针式万用表基本结构认识。

（2）用 MF-47 型指针式万用表测量直流电压（DCV）、交流电压（ACV）、直流电流（DCmA）等物理量。

二、实训器材

（1）MF-47 型指针式万用表。

（2）直流电池（9 V、1.5 V）、学生用直流稳压电源（±5 V、±12 V）。

（3）单相交流电源（220 V）、三相交流电源（380 V）。

（4）电阻器件（10 Ω、100 Ω、1 kΩ）。

三、实训步骤

（一）MF-47 型指针式万用表基本结构

MF-47 型万用表是一种多功能、多量程的便携式电工仪表，具有测量直流电流、交直流电压和电阻等基本量程，以及电平、电容、电感、晶体管直流参数等附加参考量程，是一种量程多、分挡细、灵敏度高、体形轻巧、性能稳定、过载保护可靠、读数清晰、使用方便的指针式万用表。

如图 1-2-1 所示为 MF-47 型万用表面板结构图。面板上包括刻度盘、机械调零旋钮、

欧姆调零旋钮、转换开关、表笔"＋"、"－"插孔、表笔 2500 V 插孔、表笔 5 A 插孔、三极管放大倍数插孔等。

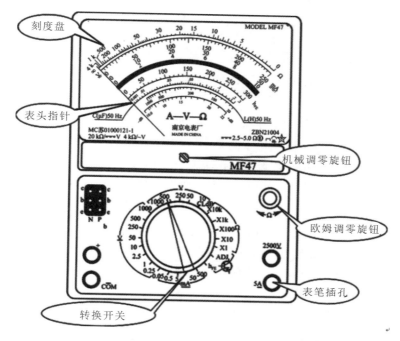

图 1-2-1　MF-47 型指针式万用表面板结构示意图

1. 表头

表头通常采用高灵敏度的磁电系测量机构,它的满刻度偏转电流一般为几微安到几百微安。满刻度偏转电流越小,则灵敏度越高,表头的内阻也就越大。

2. 刻度盘

MF-47 型指针式万用表刻度盘如图 1-2-1 所示。符号 A－V－Ω 表示可以测量电流、电压和电阻;符号"－"或"DC"表示直流,"～"或"AC"表示交流。刻度盘上印有多条刻度线:

第一条黑线为电阻"Ω"刻度线,其左端为"∞"、右端为"0",且刻度值分布是不均匀的;

第二条黑线为电流或电压刻度线,其左端为"0",右端为最大值,刻度值有两种,分别为 0/50/100/150/200/250 和 0/10/20/30/40/50,实际测量时通过刻度线与转换开关配合使用读取测量结果;

第三条红线为交流 10 V 刻度线,其左端为"0",右端为最大值,刻度值为 0/2/4/6/8/10;

第四条蓝线为电容刻度线,其左端为 0,右端为最大值,刻度值为 0/0.1/0.5/1/2/5/10/50;

第五条蓝线为三极管放大倍数 h_{FE} 刻度线,其左端为"0",右端为最大值,刻度值为 0/50/100/200/500/100。刻度盘上还设有机械调零旋钮,用以校正指针在左端指零位。

3. 转换开关和表笔

万用表的测量电路,实质上是由多量程直流电流表、多量程直流电压表、多量程整流式交流电压表以及多量程电阻表等几种测量电路组合而成的。有的万用表还有多量程整流式交流电流表、小功率晶体管直流放大倍数等的测量电路。万用表的转换开关是个多挡位的旋转开关,用来选择测量项目和量程,MF-47 型万用表的面板如图 1-2-1 所示,其测量项目包括:

（1）"mA"为直流电流挡：包括 50 μA、0.5 mA、5 mA、50 mA、500 mA、10 A；

（2）"DCV"为直流电压挡：包括 0.25 V、1 V、2.5 V、10 V、50 V、250 V、500 V、1 000 V、2 500 V；

（3）"ACV"为交流电压挡：包括 10 V、50 V、250 V、500 V、1000 V、2500 V；

（4）"Ω/C"为电阻/电容挡：包括×1 Ω、×10 Ω、×100 Ω、×1 kΩ、×10 kΩ；

（5）"h_{FE}"为放大倍数挡：包括 0、50、100、200、500、100，ADJ 为放大倍数调零挡。

4.三极管测量插孔

三极管测量插孔位于万用表的中央左上端，如图 1-2-1 所示，分成两列排列，左侧三个孔从上至下标有 c、b、e，称为 N 孔，用于测量 NPN 型三极管放大倍数，测量时将三极管的 c、b、e 引脚分别插入对应的插孔。右侧三个孔从上至下标有 e、b、c，称为 P 孔，用于测量 PNP 型三极管放大倍数，测量时将三极管的 e、b、c 引脚分别插入对应的插孔。

5.表笔和表笔插孔

表笔分为红、黑二只。一般使用时应将红色表笔插入"＋"号的插孔，黑色表笔插入"－"号的插孔。测量"2500 V"交流电压时红表笔插入"2500 V"表笔插孔，黑色表笔插入"－"号的插孔；测量"10 A"直流电流时红表笔插入"10 A"表笔插孔，黑色表笔插入"－"号的插孔。

6.机械调零旋钮

机械调零旋钮位于表盘下方中间位置，用于万用表的机械调零。正常情况下，指针式万用表在表笔开路时，在电流与电压挡下指针应指向刻度线的"0"位置，如果不在"0"，就需要进行机械调零，以确保测量准确。调零时需要用小号平口螺丝刀，向左或向右调节此旋钮，使万用表的指针指向"0"位。一旦调好后，如无特殊情况，一般不再重新调整。

7.欧姆调零旋钮

欧姆调零旋钮位于万用表的中央右端，标有"Ω"字样，每次测量电阻前都要先通过调零电位器进行调零，称为欧姆调零。调节方法是：把红黑两表笔短接后，调节该旋钮使指针指向"Ω"刻度盘的零位。

（二）直（交）流电压（DCV/ACV）测量

1.表笔使用

红表笔插在"＋"孔，黑表笔插在"－"孔（测量"2500 V"电压时，红笔插在"2500 V"孔中）。测量直流电压时，红表笔接线路的高电位，黑表笔接线路的低电位；测量交流电压时，红、黑表笔可以任意接测试端两端。

2.挡位选择

若已知被测电压的正、负极，无法估计电压的大小，应选择最高量程的电压挡位试测量，然后根据指针的偏转情况选择合适的挡位；若不知道电压的正、负极，一般是先用黑表笔接假设的负极，红表笔轻触假设的正极，如果指针顺时针摆动，则假设正确，反之假设错误。

3.测量结果

将转换开关置于合适的位置上，万用表的表笔并联于被测线路或元件两端，观察指针的位置，测量结果按以下公式计算：

$$测量结果 = 转换开关值 \times \frac{指针指示值}{满刻度值}$$

例如，转换开关置于"50 V"挡，按第一种刻度值读取指针读数为"200"，那么最终测量值就是：$50\text{ V}\times200/250=40\text{ V}$；按第二种刻度值读取指针读数为"40"，那么最终测量值就是：$50\text{ V}\times40/50=40\text{ V}$；按第三种刻度值读取指针读数为"8"，那么最终测量值就是：$50\text{ V}\times8/10=40\text{ V}$。也就是说不论按第几种刻度值读数，最终的测量结果是一样的。

4. 直流电压（DCV）测量

将转换开关置于适当量程的直流电压挡，依次测量下列直流电压，并将测量结果记入表 1-2-1 中。

（1）1.5 V 干电池电压；

（2）9 V 高能电池电压；

（3）5 V 稳压电源电压；

（4）12 V 稳压电源电压。

5. 交流电压（ACV）测量

将转换开关置于适当量程的交流电压挡，依次测量下列交流电压，并将测量结果记入表 1-2-1 中。

（1）220 V 单相电压；

（2）380 V 三相电压。

表 1-2-1　MF-47 型指针式万用表电压、电流测量数据表

项　　目	电源类型	理　论　值	万用表挡位	测　量　值	偏　　差	质　　量
直流电压测量（DCV）	干电池	1.5 V				
	高能电池	9 V				
	稳压电源	5 V				
	稳压电源	12 V				
交流电压测量（ACV）	单相U_{UN}	220 V				
	单相U_{VN}	220 V				
	单相U_{WN}	220 V				
交流电压测量（ACV）	三相U_{UV}	380 V				
	三相U_{VW}	380 V				
	三相U_{WU}	380 V				
直流电流测量（DCmA）	1.5 V+10 Ω					
	1.5 V+1000 Ω					
	9 V+100 Ω					
	12 V+1000 Ω					

注：直流电流（DCmA）理论值可根据直流电压测量中实际测得的电压值进行估算。

（三）直流电流（DCmA）测量

1. 表笔使用

红表笔插在"＋"孔，黑表笔插在"－"孔（测量 10 A 电流时，红笔插在 10 A 孔上）；测量直流电流时，将万用表串入测量电路中，红表笔接线路的高电位（电流流入万用表），黑表笔接线路的低电位（电流流出万用表）；测量交流电流时，红、黑表笔可以任意接测试端两端。

2.挡位选择

若已知被测点电流的正、负极,无法估计电流的大小,应选择最高的电流(500 mA)挡位试测量,然后根据指针的偏转情况选择合适的挡位;若不知道电流的正、负极,一般是先用黑表笔接假想的负极,红表笔轻触假想的正极,如果指针顺时针摆动,则假想正确,反之假想错误。

3.测量结果

将转换开关置于合适的位置上,万用表的表笔串联于被测线路,观察指针的位置,测量结果按以下公式计算:

$$测量结果 = 转换开关值 \times \frac{指针指示值}{满刻度值}$$

通常转换开关置于0.5 mA、5 mA、50 mA、500 mA挡时,都读取0—10—50—250(mA)刻度线,此时,测量结果为指针指示值乘以倍率。测量大电流(5 A)时,红表笔插入5 A插孔,黑表笔仍然插在"一"孔,将转换开关置于500 mA挡位上。

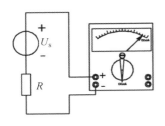

图1-2-2   直流电流测量

4.直流电流(DCmA)测量

直流电流测量电路如图1-2-2所示。选择适当量程的直流电流挡,依次测量下列直流电流,并将测量结果记入表1-2-1中。

（1）1.5 V干电池与10 Ω电阻串联电流;

（2）1.5 V干电池与1000 Ω电阻串联电流;

（3）9 V高能电池与100 Ω电阻串联电流;

（4）12 V稳压电源与1000 Ω电阻串联电流。

四、分析与思考

（1）为什么不能用电流挡去测交直流电压? 会有什么危害?

（2）如何提高指针式万用表测量结果的准确度?

（3）万用表使用完毕后,转换开关应置于何挡位上? 为什么?

1.2.2   MF-47型指针式万用表中常用元件认知与检测

一、实训任务

（1）MF-47型指针式万用表的电阻、电位器、铝电解电容、二极管识别。

（2）用MF-47型指针式万用表测量电阻、电位器、铝电解电容和二极管。

二、实训器材

（1）MF-47型指针式万用表一块。

（2）MF-47型指针式万用表套件一套。

三、实训步骤

（一）电阻元件识别与检测

1.电阻器简介与型号命名

电阻器是电工和电子电路中应用最多的元件之一。电阻器种类很多,通常有固定电阻、可变电阻和敏感电阻等。常用固定电阻器按其结构开关和材料不同,可分为线绕电阻、碳膜电阻、金属膜电阻等。MF-47型指针式万用表中多用金属膜电阻。

2. 电阻器的主要参数

1）电阻器标称值

电阻器标注标称值是为了便于生产。同时考虑到能够满足实际应用,国家规定了一系列值作为产品标准。产品出厂时给定的电阻值叫作电阻器的标称值,由电阻器系列值乘以不同倍率获得。如系列值 1.5 可以有 1.5 Ω、15 Ω、150 Ω、1.5 kΩ、1.5 MΩ 等电阻标称值。电阻器系列值有 E6、E12、E24、E48、E96、E192 等六个系列,分别适用于允许偏差为 ±20%、±10%、±5%、±2%、±1% 和 ±0.5% 的电阻器。其中 E24 系列为常用数系,E48、E96、E192 系列为高精密电阻数系。如 $E6$ 系列值系数为 $\sqrt[6]{10} \approx 1.5$,则 10 内取 6 个值构成 E6 系列,分别是 $1.5^0 = 1$;$1.5^1 = 1.5$;$1.5^2 = 2.2$;$1.5^3 = 3.3$;$1.5^4 = 4.7$;$1.5^5 = 6.8$ 等六个值。部分系列值如表 1-2-2 所示。

表 1-2-2　电阻标称系列值表

数系	系　列　值										
E6	1.0		1.5		2.2		3.3		4.7		6.8	
E12	1.0	1.2	1.5	1.8	2.2	2.7	3.3	3.9	4.7	5.6	6.8	8.2

2）允许偏差

电阻器的实际值与标称值不完全相符,存在着偏差。允许偏差表示电阻器阻值的准确度,常用百分数表示,例如 ±5%、±10% 等。当 R 为实际阻值,R_x 为标称值时,允许偏差为

$$\frac{R - R_x}{R_x} \times 100\%$$

以标称值和允许偏差的方式来表示电阻器阻值,可以使电阻值覆盖 0～10 的所有数字区域。

3）额定功率

电阻器额定功率是指在一定条件下,电阻器长时间连续工作所允许消耗的最大功率。当超过额定功率时,电阻器阻值会发生变化,严重时还会烧坏电阻器。

电阻器常用功率有 1/8 W、1/4 W、1/2 W、1 W、2 W、3 W、5 W、10 W 等。2 W 以上的电阻,一般会将额定功率直接印在电阻体上;2 W 以下的电阻,一般会以电阻体体积大小来表示额定功率。在电路图上表示功率时常采用如图 1-2-3 所示的符号。

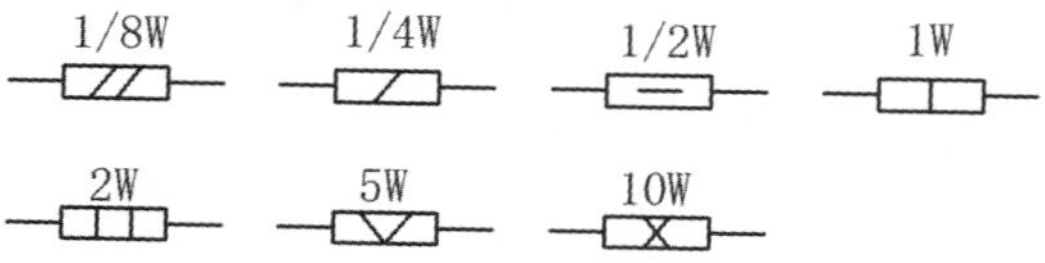

图 1-2-3　电阻器功率符号

4）电阻器的标志识别

电阻器的体积较小,所以一般只在其表面标明阻值、精度、材料、功率等几项参数。对于 1/8 W～1/2 W 之间的小功率电阻器,通常只标注阻值和精度,而材料和功率则由其外形尺寸和颜色来判断。参数标注方法一般采用直接标识和色环标识两种方法。

（1）直接标识方法。

直接标识方法是将参数直接印刷在电阻体表面上。如 2 kΩ 电阻器上直接印有"2k±2%"或电阻器上直接印有"1k5"字样、"1R5"字样。其中字母"k"和"R"为电阻值单位"千欧"和"欧姆",字母前的数字为阻值整数,后面的数字为阻值小数。即

$$1 k5 = 1.5 kΩ,1 R5 = 1.5 Ω$$

（2）色环标识法。

色环标识法是在电阻体上印制色环表示其主要参数与特性。色环的标识方法如下：

① 用背景色表示电阻种类。

a. 浅色（浅绿、浅蓝、浅棕色）表示碳膜电阻；

b. 红色表示金属膜或金属氧化膜电阻；

c. 深绿色表示线绕电阻。

② 用色环表示电阻的标称值与偏差。

国际统一的色环识别规定如表 1-2-3 所示。

表 1-2-3　色环识别规定

颜　　色	有 效 数 字	倍率（乘数）	允许偏差/（%）
黑	0	10^0	—
棕	1	10^1	±1
红	2	10^2	±2
橙	3	10^3	—
黄	4	10^4	—
绿	5	10^5	±0.5
蓝	6	10^6	±0.2
紫	7	10^7	±0.1
灰	8	10^8	—
白	9	10^9	−20～+5
金	—	10^{-1}	±5
银	—	10^{-2}	±10
无色	—	—	±20

普通电阻的阻值和允许偏差大多采用"四色环"表示，如图 1-2-4(a) 所示，从左至右为：第一、二色环表示标称值"有效数字"；第三色环表示"倍率（乘数）"；第四色环与前三色环距离较大（约为前三环间距的 1.5 倍），表示"允许偏差"。

例如，如图 1-2-4(b) 所示，从左至右为黄、橙、红、金四环，表示电阻的阻值为

$$R = 43 \times 10^2 \ \Omega \pm 5\% = 4.3 \ \mathrm{k\Omega} \pm 5\%$$

即该电阻器实际电阻值在 4.1～4.5 kΩ。正好衔接下一标称值 3.9 kΩ+5%=4.1 kΩ 和上一标称值 4.7 kΩ−5%=4.5 kΩ。

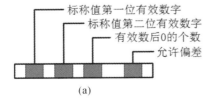

(a)

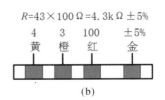

(b)

图 1-2-4　四环电阻色标法

精密电阻的阻值和允许偏差采用"五色环"表示，如图 1-2-5(a)所示，从左至右为：第一、二、三色环表示标称值"有效数字"；第四色环表示"倍率(乘数)"；与前四色环距离较大的第五色环，表示"允许偏差"。

例如，如图 1-2-5(b)所示，从左至右为棕、红、紫、红、棕五环，表示电阻的阻值为

$$R = 127 \times 100\ \Omega \pm 1\% = 12.7\ \mathrm{k\Omega} \pm 1\%$$

即该电阻器实际电阻值在 12.57～12.83 kΩ。

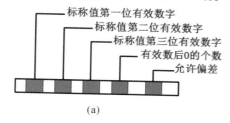

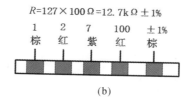

(a)　　　　　　　　　　　　　　(b)

图 1-2-5　五环电阻色标法

5）固定电阻器的检测

用指针式万用表(以 MF-47 指针式万用表为例)测量固定电阻器的步骤如下：

(1) 选挡：将 MF-47 指针式万用表功能转换开关转到"Ω"挡，并选择适当"倍率"的挡位(如×1k)。欧姆挡的"倍率"应视电阻阻值的大小而定，测量前可通过色环或直接标识的阻值来选择"倍率"。

如被测电阻的阻值在几欧至几十欧时，应选用"R×1"挡；被测电阻的阻值为几十欧至几百欧时，可选用"R×10"挡；被测电阻的阻值为几百欧至几千欧时，可选用"R×100"挡；被测电阻在几十千欧以上时，应选用"R×10k"挡。测量时，如指针偏转角度太小时，应重新选择高"倍率"的挡位；如指针偏转角度太大时，应重新选择低"倍率"的挡位，直至合适为止。

(2) 欧姆调零：将 MF-47 指针式万用表红、黑表笔短接，转动面板上调零旋钮，使表头指针指到电阻刻度右边的零值。注意：每次转换挡位和每次测量前都要重新欧姆调零。

(3) 电阻测量：将被测电阻接于 MF-47 指针式万用表红、黑表笔之间。为了保证测量值的准确性，测量时人体手指不要同时碰到万用表的两根表笔的金属部分，也不要碰到被测电阻的两根引线，避免将人体电阻并接于被测电阻而引起测量误差。

(4) 读数：观察万用表指针位置，应使万用表指针位于"Ω"刻度线的中心刻度线附近或偏右，以减少读数误差。读数时应使万用表指针、表盘镜子中的像和刻度线三者重合。

(5) 计算阻值：根据指针的指示值乘以相应挡位的"倍率"，计算出被测电阻的阻值。如指针指示值为 12.0，当量程选择开关位于"R×1"挡时；电阻值 R＝12.0×1 Ω＝12 Ω；当量程选择开关位于 R×10 挡时，电阻值 R＝12.0×10 Ω＝120 Ω。以此类推，当量程选择开关位于 R×100、R×1k、R×10k 挡时，电阻值分别为 1.2 kΩ、12 kΩ 和 120 kΩ。

(6) 记录：将被测电阻的测量值记入表 1-2-1 中。

（二）电位器识别与检测

1. 电位器型号命名规则

电位器是一个连续可调的电阻器，一般由一个电阻体和一个旋转或滑动的可动臂组成，其电阻值可在一定范围内连续变化，在电路中主要当作变阻器使用，以实现分压、分流等功能。例如在收音机、电视机等电子设备中用电位器来调节音量、音调、高度和对比度等参数。

图 1-2-6　电位器电路符号

电位器的种类和结构形式较多,如有碳膜电位器、有机实芯电位器、金属膜电位器、带开关电位器、线绕式电位器等。其电路符号如图 1-2-6 所示。

2. 电位器的主要参数

电位器除与固定电阻器有相同的参数,如额定功率和标称电阻外,由于电位器存在活动触点,阻值是可调的,因此它还有以下两项参数。

1）最大阻值和最小阻值

每个电位器外壳上都标有它的标称阻值,为电位器的最大阻值,即两定片之间的电阻值。电位器的最小阻值又称零位阻值,由于活动触点存在接触电阻,因此最小阻值不可能为零,但要求此值越小越好。

2）阻值变化特性

阻值变化特性是指电位器阻值随活动触点的旋转角度或滑动行程的变化而变化的规律。常见的电位器阻值变化特性有三种类型:直线式（X 型）、指数式（Z 型）和对数式（D 型）。X 型称为线性电位器,它适合用来分压、调节电流、偏流等。Z 型和 D 型为非线性电位器,它们常用于调节音调和音量。

3. 电位器的检测

电位器实际上是一个连续可调的电阻器,通过调节其滑动臂或动接点,可改变其阻值的大小。其外壳上标注的标称阻值是指电位器的最大阻值,即两个定臂之间的阻值。电位器的测量步骤如下。

1）测量标称值

（1）将万用表功能转换开关转到"Ω"挡,根据电位器的标称值选择适当的量程。

（2）将红、黑两根表笔短接,调节调零旋钮使表头指针阻值为"0 Ω"。

（3）用红、黑表笔分别与电位器的两个固定臂接触（表笔极性任意）,测量值应与电位器标称的电阻值相同。如表针不动、指示不稳定或指示值与被测电位器标称值相差很大,则说明该电位器已损坏。

2）检测动臂与电阻体的接触是否良好

将万用表的一个表笔与电位器滑动臂接触,另一个表笔与电位器一个固定臂接触,来回旋转电位器的旋转柄（或螺丝）,万用表指针应随之平稳地来回移动。如表针不动或移动不平稳,则说明电位器动臂接触不良。然后再将接固定端的表笔改接至另一固定端臂,重复以上检测步骤,同样,万用表指针应随之平稳地来回移动。

3）记录测量结果

将电位器和可调电阻测量结果记入表 1-2-4 中。

（三）铝电解电容识别与检测

1. 电容器简介

电容器是电工和电子电路中主要元件之一。电容器的基本结构如图 1-2-7 所示。在两块金属板之间充以不同的绝缘物质（如云母、绝缘纸、电介质等）就构成一个最简单的平板电容器,两块金属板也叫作电容器的电极,中间的绝缘物质称为介质。

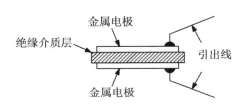

图 1-2-7　平板电容器的基本结构

电容器的特点是能在两块金属板上储存等量而异性的电荷,由于成为储存电荷的容器,所以叫作电容器,简称为电容。电容器在电路中用字符 C 表示,其电路符号如图 1-2-8 所示。

(a) 一般电容器　　　(b) 电解电容器　　　(c) 可调电容器

图 1-2-8　电容器电路符号

2. 电容器的分类

电容器的种类按其是否有极性来分,通常可分为无极性电容器和有极性电容器(极板有正、负极之分)。无极性电容器按介质的不同可分为纸介电容器(CZ)、云母电容器(CY)、油浸纸电容器、陶瓷电容器(CC)、有机膜电容器(聚苯乙烯膜或涤纶膜作介质)、金属化纸介电容器(CJ)。有极性电容器按正极材料不同,又可分为铝电解电容器及钽电解电容器。MF-47 型指针式万用表中所用铝电解电容器的外形如图 1-2-9 所示。

图 1-2-9　铝电解电容器的外形

3. 电容器的主要参数

电容器的主要参数有标称容量、允许误差、额定电压。

1) 标称容量

电容器上所标明的电容值称为标称容量。

2) 允许误差

标称容量并不是电容器容量的准确值,标称容量与电容的实际电容之间是有差额的,但这一差额是在国家标准规定的允许范围之内,因而称为允许误差。电容器的允许误差,按其精度分为 $\pm 1\%$(00 级)、$\pm 2\%$(0 级)、$\pm 5\%$(Ⅰ 级)、$\pm 10\%$(Ⅱ 级)及 $\pm 20\%$(Ⅲ 级)五等。

3) 额定电压

电容器的额定电压又称为电容器的"耐压"。额定电压是指在规定温度下,能保证电容器长期连续工作而不被击穿的电压值,它一般直接标注在电容器的外壳上。额定电压表示电容两端所允许施加的最大电压。如果施加的电压超过了额定电压,电容将受到不同程度的破坏,严重时电容将被击穿。如果电容器两端加上交流电压,那么,所加交流电压的最大值(峰值)不得超过额定工作电压。

4. 电容器的标志识别

电容器的标注方法主要有直接标识法、数码标识法、字母标识法、色环标识法。

1) 直接标识法

直接标识法主要用在体积较大的电容上,即用文字、数字或符号直接打印在电容器上。一般为"型号—额定直流工作电压—标称电容—精度等级"。

例如:CJ3-400-0.01-Ⅱ,表示密封金属化纸介电容器,额定直流工作电压为400 V,电容量为0.01 μF,允许误差在±10%之间。

有极性的电容器还印有极性标志,如图1-2-11所示,元件引脚长的为"+"极,短的为"-"极。同时在元件体表面印刷有"-"极标志。

2)数码标识法

数码标识法通常采用三位数码表示电容量,单位为pF。三位数字中,前两位表示有效数字,第三位是倍乘数,倍乘数为0～8时,分别表示10^0～10^8,而9则表示10^{-1}。例如,203表示20 pF×10^3=20000 pF=0.02 μF;259表示25 pF×10^{-1}=2.5 pF。

3)字母标识法

字母标识法使用的标注字母有4个,即p、n、μ、m,分别表示pF、nF、μF、mF。用2～4个数字和1个字母表示电容量,字母前为容量的整数,字母后为容量的小数。例如,1p5表示1.5pF,4n9表示4.9nF。

5.电容器的检测

(1)用MF-47型指针式万用表检测电容器。

用万用表电阻挡可以大致鉴别5000 pF以上电容器的好坏。检查时把电阻挡量程放在R×1k量程挡位,两表笔分别接触电容器引脚,万用表指针快速摆动一下然后复原。调换表笔反向接触电容器引脚,若摆动的幅度比第一次更大,而后又复原,表明电容器是好的。电容器容量越大,测量时万用表指针摆动越大,指针复原的时间越长。根据指针摆动的大小可以比较两个电容器容量的大小。

对于5000 pF以下电容器,用万用表欧姆挡只能判断其内部是否被击穿。若指针指示为零,则表明电容器内部介质材料被破坏,两极板之间短路。

(2)用MF-47型指针式万用表检测电解电容器。

电解电容器的两根引脚有正、负之分,在检查它的好坏时,对耐压较低的电容器(6 V或10 V),电阻挡应放在R×10挡或R×1k挡,把红表笔接电容器的负极,黑表笔接电容器的正极,万用表的指针将摆动,然后恢复到零位或零位附近,表明电解电容器是好的。电解电容器的容量越大,充电时间越长,指针摆动得越慢。对于容量大于10 μF的电容,万用表指针复位时间太长,在万用表复位期间,可将电阻挡量程调至R×1挡,等万用表指针复位后,再调回R×1k挡,缩短测量时间。

(3)用MF-47型指针式万用表判断电解电容的正、负极。

电解电容有正、负极性,电路中不能颠倒连接。电解电容的极性一般可以通过直接观察来分析,新的电解电容正极引脚长,在负极外表标有"-"号。对于旧的电解电容,极性不明确时,可用万用表电阻挡测量其漏电阻的大小来判断极性。具体方法是:将万用表置R×1k挡,用红、黑表笔接触电容的两个引脚,测量漏电阻的大小(指针回摆并停下时所指示的阻值),然后将红、黑表笔对调后再测一次,比较两次测量结果,漏电阻较大的一次,黑表笔所接的一端为电解电容的正极,红表笔所接的一端为电解电容的负极。

(4)用MF-47型指针式万用表测量电容元件C_1、C_2,并将测量数据记入表1-2-4中。

(四)二极管识别与检测

二极管是常用的半导体器件。常用的二极管有检波二极管、整流二极管、开关二极管、混频二极管。MF-47型指针式万用表中使用的是整流二极管,起整流和钳位保护作用。

1.半导体二极管

半导体二极管就内部结构来说就是一个 PN 结,具有 PN 结单向导电的基本特性。

在 PN 结的两区装上电极,外部用塑料、玻璃或金属外壳封装。根据二极管内 PN 结制造材料的不同,可分为硅二极管和锗二极管;根据制造工艺的不同,又可以将二极管分为点触型和面触型两类。它们的性能各不相同,应用于不同场合。图 1-2-10 所示是整流二极管外形,图 1-2-11 所示是整流二极管结构和电路符号图。

图 1-2-10 整流二极管外形

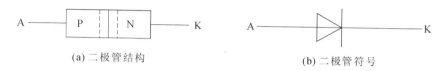

(a) 二极管结构   (b) 二极管符号

图 1-2-11 整流二极管结构与电路符号

2.二极管测试

(1)用 MF-47 型指针式万用表检测二极管的极性。

二极管的极性一般都标注在二极管管壳上。如管壳上没有标识或标识不清,就需要用万用表进行检测,检测方法如下。

首先,把万用表置于电阻 R×100 挡或 R×1k 挡。一般不用 R×1 挡,因为输出电流太大;也不宜用 R×10k 挡,因为电压太高,有些管子可能会被损坏。

将两只表笔分别接二极管的两个电极,测出电阻值;然后交换红、黑表笔,再测一次,从而得到两个电阻值,分别为正向电阻和反向电阻,显然这两个电阻值必定相差悬殊,就以数值小的为准(即正向导通状态),黑表笔所接的是二极管的正极,红表笔所接的是二极管的负极。因为黑表笔是与表内电池的正极相连的。

(2)用 MF-47 型指针式万用表判断二极管的质量。

测量方法同上,测出二极管正、反向两个电阻值。性能好的二极管,一般其反向电阻值比正向电阻值大几百倍。

若两次测得的正、反向电阻值均很小或接近于零,说明管子内部已击穿;如果正、反向电阻值均很大或接近于无穷大,说明管子内部已断路;如果正、反向阻值相差不大,说明其性能变坏或已失效。出现以上三种情况的二极管都是不能使用的。

由于二极管属非线性元件,选用万用表不同倍率挡测量同一只二极管时,由于通过二极管的正向电流大小不等,因此,测出的正向导通的电阻值也不尽相同。

选用型号不同的万用表,其各挡的表内总阻值不等,用不同的万用表测量同一个二极管时,测得的正、反向电阻也不会相同。

所以主要以二极管正、反向电阻的差值来判断它的质量,即正、反向电阻相差越大时,二极管质量越可靠。

(3)用 MF-47 型指针式万用表测量二极管$D_1 \sim D_6$的正、反向电阻,并将测量数据记入表 1-2-4 中。

表 1-2-4　用 MF-47 型指针式万用表检测阻容元件与二极管的数据表

| | 编　号 | 色　环 | | | | | 标称值与偏差 | 挡位（倍率） | 测　量　值 | 质　量 |
		一	二	三	四	五				
电阻检测	R_4									
	R_7									
	R_{11}									
	R_{22}									
	R_{26}									
备注：电阻数量较多，其他电阻均应做相同检测										

	编　号	万用表挡位	标　称　值	最　小　值	动臂检测	质　量
电位器检测	WH_1					
	WH_2					

	编　号	万用表挡位	容量与耐压	测量容量值	漏　电　阻	质　量
电容检测	C_1					
	C_2					

	编　号	万用表挡位	正　向　电　阻	反　向　电　阻	型　号	质　量
二极管检测	D_1					
	D_2					
	D_3					
	D_4					
	D_5					
	D_6					

四、分析与思考

（1）电阻参数有哪几种标识方法？试举例说明。

（2）为什么测量电容时，万用表指针会先急促向右跳跃，然后逐渐向左回偏，直至停留在"∞"位置处？

（3）如何用万用表判断极性标志不清楚的二极管的极性及其性能优劣？

（4）为什么用指针式万用表测量电阻时，每次换挡后和测量前，都要重新进行"欧姆调零"？

◆ 1.2.3　MF-47 型指针式万用表的各种挡位电路分析

一、实训任务

（1）MF-47 型指针式万用表的直流电流（DCmA）挡电路分析。

（2）MF-47 型指针式万用表的直流电压（DCV）挡电路分析。

（3）MF-47 型指针式万用表的交流电压（ACV）挡电路分析。

（4）MF-47 型指针式万用表的电阻（Ω）挡电路分析。

二、实训器材

（1）MF-47 型指针式万用表一块。

（2）MF-47 型指针式万用表套件一套。

三、实训步骤

如图 1-2-12 所示为指针式万用表各种物理量的测量原理等效电路图。

测量直流电流（DCmA）时，通过并联不同阻值的分流电阻 R_{mA} 扩大直流电流挡的量程；测量直流电压（DCV）挡时，通过串联不同阻值的分压电阻 R_{DC} 扩大直流电压挡的量程；测量交流电压（ACV）档时，首先将交流电压经二极管（VD）整流为直流电压，再通过串联不同阻值的分压电阻 R_{AC} 扩大交流电压挡的量程；测量电阻（Ω）时，增加内部电源（E），为测量电阻时提供电源，电位器（R_P）为欧姆调零电位器，与电阻（Ω）一起共同构成电阻挡不同倍率的万用表电阻挡的内部电阻（中心电阻）。以下将对 MF-47 型指针式万用表各挡各量程电路进行详细分析。

1. MF-47 型指针式万用表的直流电流（DCmA）挡电路分析

如图 1-2-13 所示为从整机电路中分离出来的直流电流（DCmA）挡表头电路。

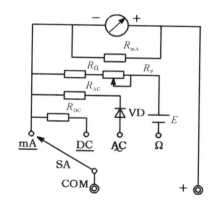

图 1-2-12　指针式万用表测量原理电路图

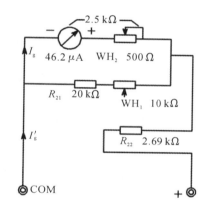

图 1-2-13　MF-47 型万用表表头电路图

1）直流电流 0.05 mA（0.25 V）量程挡

由 MF-47 型指针式万用表的技术指标可知，表头允许流过的最大电流为 $I_g = 46.2\ \mu A$，表头的电阻为 $R_g = 2.5\ k\Omega$，且与表头并联支路的电阻为

$$R = R_{21} + R_{WH1} = 20\ k\Omega + 10\ k\Omega = 30\ k\Omega$$

此时表头等效电阻为

$$R'_g = R_g // R = \frac{2.5\ k\Omega \times 30\ k\Omega}{2.5\ k\Omega + 30\ k\Omega} = 2.31\ k\Omega$$

表头电流量程扩容为

$$I'_g = \frac{46.2\ \mu A \times 2.5\ k\Omega}{2.31\ k\Omega} = 50 \mu A = 0.05\ mA$$

此即为直流电流的 0.05 mA 量程挡。

因直流电流的 0.05 mA 量程与直流电压 0.25 V 共用一挡，在原有表头电阻 $R'_g = 2.31\ k\Omega$ 之后串联电阻 $R_{22} = 2.69\ k\Omega$，表头等效电阻增加为

$$R''_g = R_{22} + R'_g = 2.69\ k\Omega + 2.31\ k\Omega = 5\ k\Omega$$

表头电压量程为

$$U = 50 \ \mu\text{A} \times 5 \ \text{k}\Omega = 0.25 \ \text{V}$$

此即为直流电压的 0.25 V 量程挡。

至此表头等效电阻为$R''_\text{g} = 5 \ \text{k}\Omega$，允许流过电流$I'_\text{g} = 50 \ \mu\text{A}$，可以承受电压$U = 0.25 \ \text{V}$。

2）直流电流 0.5 mA 量程挡

直流电流 0.5 mA 挡电路的等效电路如图 1-2-14 所示，电路等效电阻为

$$R_{0.5 \ \text{mA}} = R''_\text{g} \ // \ R_4 = \frac{5 \ \text{k}\Omega \times 555 \ \Omega}{5 \ \text{k}\Omega + 555 \ \Omega} \approx 0.5 \ \text{k}\Omega$$

此时，电路满偏电流为

$$I_{0.5 \ \text{mA}} = \frac{50 \ \mu\text{A} \times 5 \ \text{k}\Omega}{0.5 \ \text{k}\Omega} = \frac{0.25 \ \text{V}}{0.5 \ \text{k}\Omega} = 0.5 \ \text{mA}$$

此即为直流电流的 0.5 mA 量程挡。

3）直流电流 5 mA 量程挡

同理，直流电流 5 mA 量程挡的电路等效电阻为

$$R_{5 \ \text{mA}} = R''_\text{g} \ // \ R_3 = \frac{5 \ \text{k}\Omega \times 50.5 \ \Omega}{5 \ \text{k}\Omega + 50.5 \ \Omega} \approx 50 \ \Omega$$

此时，电路满偏电流为

$$I_{5 \ \text{mA}} = \frac{50 \ \mu\text{A} \times 5 \ \text{k}\Omega}{50 \ \Omega} = \frac{0.25 \ \text{V}}{50 \ \Omega} = 5 \ \text{mA}$$

此即为直流电流的 5 mA 量程挡。

4）直流电流 50 mA 挡

同理，直流电流 50 mA 挡的电路等效电阻为

$$R_{50 \ \text{mA}} = R''_\text{g} \ // \ R_2 = \frac{5 \ \text{k}\Omega \times 5 \ \Omega}{5 \ \text{k}\Omega + 5 \ \Omega} \approx 5 \ \Omega$$

此时，电路满偏电流为

$$I_{50 \ \text{mA}} = \frac{50 \ \mu\text{A} \times 5 \ \text{k}\Omega}{5 \ \Omega} = \frac{0.25 \ \text{V}}{5 \ \Omega} = 50 \ \text{mA}$$

此即为直流电流的 50 mA 量程挡。

5）直流电流 500 mA 量程挡

直流电流 500 mA 挡电路如图 1-2-14 所示，电路等效电阻为

$$R_{500 \ \text{mA}} = R''_\text{g} \ // \ (R_1 + R_{29}) = \frac{5 \ \text{k}\Omega \times (0.44 + 0.05) \ \Omega}{5 \ \text{k}\Omega + (0.44 + 0.05) \ \Omega} \approx 0.5 \ \Omega$$

此时，电路满偏电流为

$$I_{500 \ \text{mA}} = \frac{50 \ \mu\text{A} \times 5 \ \text{k}\Omega}{0.5 \ \Omega} = \frac{0.25 \ \text{V}}{0.5 \ \Omega} = 500 \ \text{mA}$$

此即为直流电流的 500 mA 量程挡。

6）直流电流 5 A 量程挡

选择直流电流 5 A 挡时，挡位开关置于 500 mA 量程挡，万用表黑表笔移至"5 A"插孔中，其电路如图 1-2-14 所示，电路等效电阻为

$$R_{5 \ \text{A}} = (R''_\text{g} + R_1) \ // \ R_{29} = \frac{(5 \ \text{k}\Omega + 0.44 \ \Omega) \times 0.05 \ \Omega}{(5 \ \text{k}\Omega + 0.44 \ \Omega) + 0.05 \ \Omega} \approx 0.05 \ \Omega$$

此时，电路满偏电流为

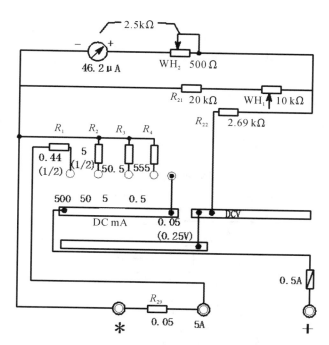

图 1-2-14　直流电流（DCmA）挡电路图

$$I_{5\,A} = \frac{50\ \mu A \times 5\ k\Omega}{0.05\ \Omega} = \frac{0.25\ V}{0.05\ \Omega} = 5000\ mA = 5\ A$$

此即为直流电流的 5 A 量程挡。

通过以上分析可知，MF-47 型指针式万用表的直流电流（DCmA）挡是通过并联不同阻值分流电阻，扩大万用表测量直流电流的量程。

2. MF-47 型指针式万用表的直流电压（DCV）挡电路分析

1）直流电压 0.25 V 量程挡

如图所示 1-2-14 所示，直流电压 0.25 V 量程挡与直流电流 0.05 mA 量程共用一挡。此挡表头电流 $I_g = 50\ \mu A$，内阻 $R''_g = 5\ k\Omega$，表头端电压为

$$U_{0.25\,v} = 50\ \mu A \times 5\ k\Omega = 0.25\ V$$

此即为直流电压 0.25 V 量程挡。

2）直流电压 1 V 量程挡

直流电压 1 V 量程档等效电路如图 1-2-15 所示，电路等效电阻为

$$R_{1\,v} = R''_g + R_5 = 5\ k\Omega + 15\ k\Omega = 20\ k\Omega$$

测量电路满偏电压为

$$U_{1\,v} = 50\ \mu A \times 20\ k\Omega = 1\ V$$

此即为直流电压 1 V 量程挡。

3）直流电压 2.5 V 量程挡

直流电压 2.5 V 量程挡等效电路如图 1-2-15 所示，电路等效电阻为

$$R_{2.5\,v} = R_{1\,v} + R_6 = 20\ k\Omega + 30\ k\Omega = 50\ k\Omega$$

测量电路满偏电压为

$$U_{2.5\,v} = 50\ \mu A \times 50\ k\Omega = 2.5\ V$$

此即为直流电压 2.5 V 量程挡。

4）直流电压 10 V 量程挡

同理，直流电压 10 V 量程挡等效电路如图 1-2-15 所示，电路等效电阻为

$$R_{10\text{ V}} = R_{2.5\text{ V}} + R_7 = 50\text{ k}\Omega + 150\text{ k}\Omega = 200\text{ k}\Omega$$

测量电路满偏电压为

$$U_{10\text{ V}} = 50\text{ }\mu\text{A} \times 200\text{ k}\Omega = 10\text{ V}$$

此即为直流电压 10 V 量程挡。

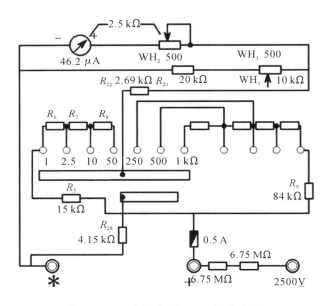

图 1-2-15　直流电压（DCV）挡电路图

5）直流电压 50 V 量程挡

同理，直流电压 50 V 量程挡等效电路如图 1-2-15 所示，电路等效电阻为

$$R_{50\text{ V}} = R_{10\text{ V}} + R_8 = 200\text{ k}\Omega + 800\text{ k}\Omega = 1\text{ M}\Omega$$

测量电路满偏电压为

$$U_{50\text{ V}} = 50\text{ }\mu\text{A} \times 1\text{ M}\Omega = 50\text{ V}$$

此即为直流电压 50 V 量程挡。

6）直流电压 250 V 量程挡

直流电压 250 V 量程挡等效电路如图 1-2-15 所示，电路等效电阻为

$$R_{250\text{ V}} = R''_g \mathbin{/\mkern-5mu/} R_{28} + R_9 + R_{10} + R_{11}$$

$$= \frac{5\text{ k}\Omega \times 4.15\text{ k}\Omega}{5\text{ k}\Omega + 4.15\text{ k}\Omega} + 84\text{ k}\Omega + 360\text{ k}\Omega + 1.8\text{ M}\Omega$$

$$\approx 2.25\text{ M}\Omega$$

测量电路流过电流为

$$I''_g = 50\text{ }\mu\text{A} + \frac{0.25\text{ V}}{4.15\text{ k}\Omega} \approx 111.1\text{ }\mu\text{A}$$

测量电路满偏电压为

$$U_{250\text{ V}} = 111.1\text{ }\mu\text{A} \times 2.25\text{ M}\Omega \approx 250\text{ V}$$

此即为直流电压 250 V 量程挡。

7）直流电压 500 V 量程挡

同理，直流电压 500 V 量程挡等效电路如图 1-2-15 所示，电路等效电阻为

$$R_{500\,V} = R_{250\,V} + R_{12} = 2.25\ M\Omega + 2.25\ M\Omega = 4.5\ M\Omega$$

测量电路满偏电压为

$$U_{500\,V} = 111.1\ \mu A \times 2.5\ M\Omega = 500\ V$$

此即为直流电压 500 V 量程挡。

8）直流电压 1 kV 量程挡

同理，直流电压 1 kV 量程挡等效电路如图 1-2-15 所示，电路等效电阻为

$$R_{1\,kV} = R_{500\,V} + R_{13} = 4.5\ M\Omega + 4.5\ M\Omega = 9\ M\Omega$$

测量电路满偏电压为

$$U_{1\,kV} = 111.1\ \mu A \times 9\ M\Omega = 1000\ V$$

此即为直流电压 1 kV 量程挡。

9）直流电压 2.5 kV 量程挡

测量 1～2.5 kV 直流电压时，红表笔移至 2.5 kV 插孔中，直流电压 2.5 kV 量程挡等效电路如图 1-2-15 所示，电路等效电阻为

$$R_{2.5\,kV} = R_{1\,kV} + R_{26} + R_{27} = 9\ M\Omega + 6.75\ M\Omega + 6.75\ M\Omega = 22.5\ M\Omega$$

测量电路满偏电压为

$$U_{2.5\,kV} = 111.1\ \mu A \times 22.5\ M\Omega = 2500\ V$$

此即为直流电压 2.5 kV 量程挡。

通过以上分析可知，MF-47 型指针式万用表的直流电压（DCV）挡是通过串联不同阻值分压电阻，扩大万用表测量直流电压的量程。

3. MF-47 型指针式万用表的交流电压（ACV）挡电路分析

1）交流电压（ACV）测量原理

测量交流（ACV）时，先把交流电压整流为直流电压，然后进行测量。二极管 D_1 对交流电压进行半波整流，二极管 D_2 输入端保护，可为反向电压提供泄放通路，防止二极管 D_1 被击穿。

表头基本电流为 $I_g = 50\ \mu A$，$R'_g = 2.31\ k\Omega$（未接入 R_{22}）。因采用半波整流，表头电流为整流后电流有效值的 0.45 倍。所以表头满偏电流为

$$I''_{gac} = \frac{50\ \mu A}{0.45} = 111.1\ \mu A$$

其交流电压（ACV）测量电路如图 1-2-16 所示。

2）交流电压（ACV）10 V 量程挡

如图 1-2-16 所示，交流电压（ACV）10 V 量程挡电路的等效电阻为

$$R_{10\,V} = R_9 + (R'_g + R_{D1}) // R_{D1} = 90\ k\Omega$$

即通过调整，使得 MF-47 型指针式万用表交流挡的每伏电阻为 9 kΩ/V。

因此，当 $I''_{gac} = 111.1\ \mu A$ 时，电路满偏电压为

$$U_{10\,V} = 111.1\ \mu A \times 90\ k\Omega = 10\ V$$

此即为交流电压（ACV）10 V 量程挡。

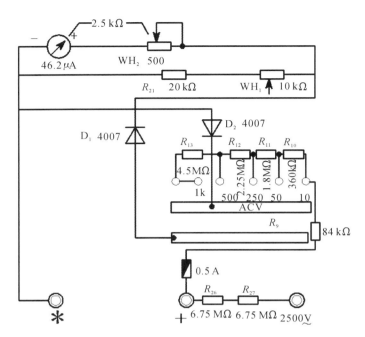

图 1-2-16　交流电压(ACV)测量电路图

3) 交流电压(ACV)50 V 量程挡

如图 1-2-16 所示,交流电压(ACV)50 V 量程挡电路的等效电阻为

$$R_{50\ V} = R_9 + R_{10} = 90\ \text{k}\Omega + 360\ \text{k}\Omega = 450\ \text{k}\Omega$$

通过 $I''_{gac} = 111.1\ \mu\text{A}$ 时,电路满偏电压为

$$U_{50\ V} = 111.1\ \mu\text{A} \times 450\ \text{k}\Omega = 50\ \text{V}$$

此即为交流电压(ACV)50 V 量程挡。

4) 交流电压(ACV)250 V 量程挡

如图 1-2-16 所示,交流电压(ACV)250 V 量程挡电路的等效电阻为

$$R_{250\ V} = R_9 + R_{10} + R_{11} = 90\ \text{k}\Omega + 360\ \text{k}\Omega + 1.8\ \text{M}\Omega = 2.25\ \text{M}\Omega$$

通过 $I''_{gac} = 111.1\ \mu\text{A}$ 时,电路满偏电压为

$$U_{250\ V} = 111.1\ \mu\text{A} \times 2.25\ \text{M}\Omega = 250\ \text{V}$$

此即为交流电压(ACV)250 V 量程挡。

5) 交流电压(ACV)500 V 量程挡

如图 1-2-16 所示,交流电压(ACV)500 V 量程挡电路的等效电阻为

$$R_{500\ V} = R_9 + R_{10} + R_{11} + R_{12} = 2.25\ \text{M}\Omega + 2.25\ \text{M}\Omega = 4.5\ \text{M}\Omega$$

通过 $I''_{gac} = 111.1\ \mu\text{A}$ 时,电路满偏电压为

$$U_{500\ V} = 111.1\ \mu\text{A} \times 4.5\ \text{M}\Omega + 0.6\ \text{V} = 501.1\ \text{V}$$

此即为交流电压(ACV)500 V 量程挡。

6) 交流电压(ACV)1 kV 量程挡

如图 1-2-16 所示,交流电压(ACV)1 kV 量程挡电路的等效电阻为

$$R_{1\ kV} = R_9 + R_{10} + R_{11} + R_{12} + R_{13} = 4.5\ \text{M}\Omega + 4.5\ \text{M}\Omega = 9\ \text{M}\Omega$$

通过 $I''_{gac} = 111.1\ \mu\text{A}$ 时,电路满偏电压为

$$U_{1\,kV} = 111.1\ \mu A \times 9\ M\Omega = 1000\ V$$

此即为交流电压(ACV)1 kV 量程挡。

7) 交流电压(ACV)2.5 kV 量程挡

如图 1-2-16 所示,使用交流电压(ACV)2.5 kV 量程挡时,挡位开关置于 1 kV 量程挡位置上,红表笔移至 2.5 kV 插孔中,其电路的等效电阻为

$$R_{2.5\,kV} = R_9 + R_{10} + R_{11} + R_{12} + R_{13} + R_{26} + R_{27}$$
$$= 9\ M\Omega + 6.75\ M\Omega + 6.75\ M\Omega = 22.5\ M\Omega$$

通过 $I''_{gac} = 111.1\ \mu A$ 时,电路满偏电压为

$$U_{2.5\,kV} = 111.1\ \mu A \times 22.5\ M\Omega = 2500\ V$$

此即为交流电压(ACV)2.5 kV 量程挡。

通过以上分析可知,MF-47 型指针式万用表的交流电压(ACV)挡是通过整流后,串联不同阻值分压电阻,扩大万用表测量交流电压的量程。

4. MF-47 型指针式万用表的电阻(Ω)挡电路分析

用万用表测量电阻时,由于没有电流,所以必须接入万用表内部电池作为测量电阻的电源。如图 1-2-17 所示,当转换开关置于"(Ω)R×1～R×1 k 挡"时,接入电池 $E_1 = 1.5$ V,置于"(Ω)R×10 k 挡"时,接入电池 $E_1 + E_2 = 1.5$ V+9 V=10.5 V。万用表红表笔与电池"—"极相连,黑表笔与电池"+"极相连。可调电阻 R_g 的作用是当电池电压变化时,调节回路电流至满偏最大值,即"欧姆调零"。测量电阻时等效电路如图 1-2-17 所示,此回路电流为

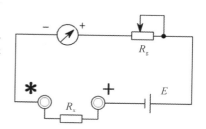

图 1-2-17　电阻挡等效电路图

$$I = \frac{E}{R_x + R_g}$$

由上式可知:电流 I 和实测电阻 R_x 并不成线性关系。所以,表盘上标尺刻度线是不均匀的。如 $R_x \uparrow$,$I \downarrow$;$R_x \downarrow$,$I \uparrow$,电阻挡标尺刻度线不但不均匀,而且是反向的,即刻度值左端值大(∞)、刻度线密,右端值小(0),刻度线稀疏。

当万用表红、黑表笔短接时,被测电阻 $R_x = 0$,回路电流 $I_{max} = E/R_g$ 最大,指针偏转最大,指针指向最右端,电阻指示值为"0";万用表红、黑表笔分开时,被测电阻 $R_x \to \infty$,回路电流 $I \to 0$ 最小,指针偏转最小,指针指向最左端,电阻指示值为"∞";如被测电阻 $R_x = R_g$,回路电流 $I = 0.5\ I_{max}$ 为满偏电流的一半,指针指向正中间,此时电阻指示值 R'_g 称为"欧姆中心值"。在"欧姆中心值"附近,电阻标尺刻度线单位刻度间距和均匀性最好,被测电阻指示值准确度较高。所以,测量电阻时,应尽量使万用表指针指向"欧姆中心值"附近或偏右,以提高测量精度。

如图 1-2-18 所示,短接万用表的红、黑表笔,调节可调电阻 WH_1,指针满偏指向"Ω"标尺的"0"刻度线。设可调电阻 WH_1 中与 R_{21} 串联部分为 R'_{WH1},则有

$$\frac{I_g}{I_1} = \frac{R_{21} + R'_{WH1}}{2.5\ k\Omega + (R_{WH1} - R'_{WH1})}$$

$$\frac{I_g}{I_1 + I_g} = \frac{I_g}{I} = \frac{R_{21} + R'_{WH1}}{2.5\ k\Omega + R_{21} + R_{WH1}} = \frac{20\ k\Omega + R'_{WH1}}{32.5\ k\Omega}$$

$$I = \frac{32.5\ k\Omega}{20\ k\Omega + R'_{WH1}} \times 46.2\ \mu A \cdots\cdots\cdots①$$

当转换开关置于"(Ω)R×1～R×1 k 挡"时,有

$$I_g \times (2.5 \text{ k}\Omega + R_{\text{WH1}} - R'_{\text{WH1}}) + I \times R_{14} = E_1$$

$$46.2 \text{ }\mu\text{A} \times (12.5 \text{ k}\Omega - R'_{\text{WH1}}) + 17.3 \text{ k}\Omega \times I = 1.5 \cdots\cdots\cdots ②$$

联立求解方程①、②得:

$$I = 63.3 \text{ }\mu\text{A}, R'_{\text{WH1}} = 3.71 \text{ k}\Omega$$

表头等效电阻为

$$R_{\text{eq}} = (2.5 \text{ k}\Omega + (R_{\text{WH1}} - R'_{\text{WH1}}))//(R_{21} + R'_{\text{WH1}}) + R_{14}$$

$$= (2.5 \text{ k}\Omega + 6.29 \text{ k}\Omega)//(20 \text{ k}\Omega + 3.71 \text{ k}\Omega) + 17.3 \text{ k}\Omega = 23.71 \text{ k}\Omega$$

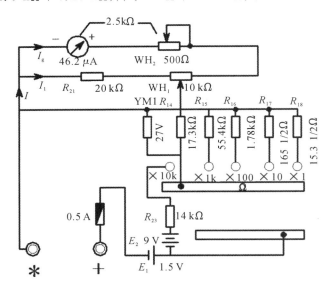

图 1-2-18　电阻挡测量电路图

1) 电阻 R×1 倍率挡

电阻 R×1 倍率挡的"欧姆中心"电阻值为

$$R_{\times 1} = R_{\text{eq}}//R_{18} = 23.71 \text{ k}\Omega//15.3 \text{ }\Omega \approx 15.3 \text{ }\Omega$$

即用 R×1 倍率挡可较准确测量 1～15 Ω 的被测电阻。

2) 电阻 R×10 倍率挡

电阻 R×10 倍率挡的"欧姆中心"电阻值为

$$R_{\times 10} = R_{\text{eq}}//R_{17} = 23.71 \text{ k}\Omega//165 \text{ }\Omega \approx 163.8 \text{ }\Omega$$

即用 R×10 倍率挡可较准确测量 10～160 Ω 的被测电阻。

3) 电阻 R×100 倍率挡

电阻 R×100 倍率挡的"欧姆中心"电阻值为

$$R_{\times 100} = R_{\text{eq}}//R_{16} = 23.71 \text{ k}\Omega//1.78 \text{ k}\Omega \approx 1.65 \text{ k}\Omega$$

即用 R×100 倍率挡可较准确测量 100 Ω～1.60 kΩ 的被测电阻。

4) 电阻 R×1 k 倍率挡

电阻 R×1 k 倍率挡的"欧姆中心"电阻值为

$$R_{\times 1\text{k}} = R_{\text{eq}}//R_{15} = 23.71 \text{ k}\Omega//55.4 \text{ k}\Omega \approx 16.6 \text{ k}\Omega$$

即用 R×1k 倍率挡可较准确测量 1～16 kΩ 的被测电阻。

5）电阻 R×10k 倍率挡

当转换开关置于"(Ω)R×10 k 挡"时，有

$$I_g \times (2.5 \text{ k}\Omega + R_{WH1} - R'_{WH1}) + I \times (R_{14} + R_{23}) = E_1 + E_2$$

$$46.2 \ \mu\text{A} \times (12.5 \text{ k}\Omega - R'_{WH1}) + 158.3 \text{ k}\Omega \times I = 10.5 \cdots\cdots\cdots\cdots ③$$

联立求解方程①、③得：

$$I = 63.7 \ \mu\text{A}, R'_{WH1} = 3.56 \text{ k}\Omega$$

表头等效电阻为

$$R_{eq} = (2.5 \text{ k}\Omega + (R_{WH1} - R'_{WH1}))//(R_{21} + R'_{WH1}) + R_{14} + R_{23}$$

$$= (2.5 \text{ k}\Omega + 6.44 \text{ k}\Omega)//(20 \text{ k}\Omega + 3.56 \text{ k}\Omega) + 158.3 \text{ k}\Omega = 164.8 \text{ k}\Omega$$

电阻 R×10k 倍率挡，并无分流电阻，因而等效电阻R_{eq}即为此挡的"欧姆中心"电阻值：

$$R_{10k} = 164.8 \text{ k}\Omega$$

即用 R×10k 倍率挡可较准确测量 10～160 kΩ 的被测电阻。

为方便电路原理说明，以上电路分析并未考虑电池内阻和电压的变化，以及换挡后表头内阻变化，当电池内阻和电池电压变化时，可微调电位器 WH₁，使回路电流达到满偏电流，指针指向"Ω"标尺的"0"刻度值。

其他如"三极管测量"电路和"电池检测"电路，在此就不再作详细介绍，有兴趣的读者可自行参考其他相关资料。

5. MF-47 型万用表的整机电路分析

如图 1-2-19 所示为 MF-47 型万用表整机电路原理图。

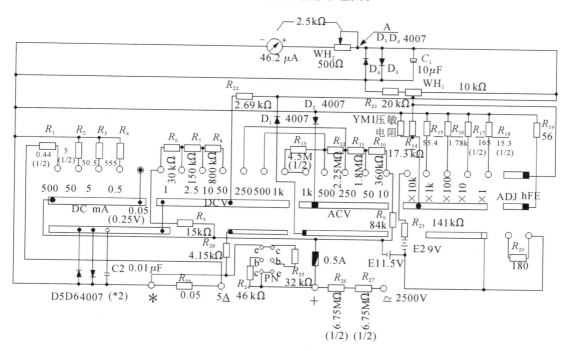

图 1-2-19　MF-47 型万用表整机电路原理图

通过以上分析可知：它的显示表头是一个直流微安表。电位器 WH₂用于调节表头回路中的电阻、电流大小；D₃、D₄两个二极管反向并联并与电容并联，用于限制表头两端的电压，

起保护表头的作用,使表头不致因电压、电流过大而烧坏。直流电压挡分为 1 V、2.5 V、10 V、50 V、250 V、500 V、1 kV 七个量程,其串联分压电阻由 R_5、R_6、R_7、R_8、R_9、R_{10}、R_{11}、R_{12}、R_{13} 构成,电流先流经相应的分压电阻后进入等效表头。交流电压挡分为 10 V、50 V、250 V、500 V、1 kV 五个量程,其串联分压电阻由 R_9、R_{10}、R_{11}、R_{12}、R_{13} 构成,电流先流经相应的分压电阻后进入等效表头。万用表又单设交流 2500 V 挡,其增加的两个分压电阻为 R_{26} 和 R_{27}。直流电流挡分为 0.05 mA、0.5 mA、5 mA、50 mA、500 mA 五个量程,其并联分流电阻由 R_1、R_2、R_3、R_4 构成;其中 0.05 mA 挡无外加并联电阻,其电流全部流经等效表头。另外万用表又单设直流 5 A 挡,增设并联分流电阻 R_{29}。电阻挡分为 ×1 Ω、×10 Ω、×100 Ω、×1 kΩ、×10 kΩ 五个量程,R_{14}、R_{15}、R_{16}、R_{17}、R_{18} 可分别改变各挡的中值电阻,当转换开关拨到某一个量程时,与一个相应电阻形成回路,使表头偏转,测出电阻值的大小。

6. 实训内容

手工绘制 MF-47 型指针式万用表直流电流(DCmA)挡、直流电压(DCV)挡、交流电压(ACV)挡和电阻(Ω)挡电路原理图。

四、分析与思考

(1) MF-47 型指针式万用表交、直流电压 250 V 及以上各量程,能共用内部测量电路,采取了怎样的技术措施?

(2) 你能否构建电阻 R×1 挡的诺顿电路模型和 R×10k 挡的戴维南电路模型?

1.2.4　MF-47 型指针式万用表的安装与调试

一、实训任务

(1) 电烙铁认识与手工焊接技术训练;

(2) MF-47 型指针式万用表安装;

(3) MF-47 型指针式万用表调试。

二、实训器材

(1) 电烙铁一把;

(2) 手工焊接训练用元件与洞洞板一块;

(3) MF-47 型指针式万用表套件一套;

(4) 调试用数字万用表一块;

(5) 直流稳压电源一台、交流高压器一台、标准电阻若干。

三、实训步骤

1. 电烙铁认识与手工焊接技术训练

电烙铁是进行手工焊接最常用的工具,它是根据电流通过加热器件产生热量的原理制成的。电烙铁功率 $P = U^2 / R$,其中 $U = 220$ V,R 为电烙铁的内阻,即烙铁芯的电阻值。由此式可看出,电烙铁的功率越高,其内阻值越小。电烙铁的标称功率有 15 W、20 W、30 W、45 W、75 W、100 W 和 300 W 等。

常用的电烙铁有普通电烙铁、控温电烙铁、防静电电烙铁等,还有半自动送料电烙铁、超声波电烙铁、吸锡式电烙铁等。电子技术手工焊接中常用普通内热式电烙铁,如图 1-2-20 所示。

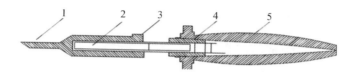

图 1-2-20 普通内热式电烙铁

1—烙铁头；2—烙铁芯；3—弹簧夹；4—连接杆；5—手柄

使用电烙铁应注意以下两点：

第一，新的电烙铁在使用前应用锉刀将烙铁头锉干净。根据焊接任务的不同，锉成细长斜面或者楔形等，通电加热后，应先上一层松香，再挂上一层焊锡，使其"吃锡"，这样有利于保护烙铁头，使其不易氧化。

第二，长时间使用的电烙铁，在烙铁头热到一定程度后，其表面氧化严重，导致烙铁头传热性能变差，黏不上焊锡，无法焊接，这种现象叫"烧死"，可将电源电压降低一些，防止电烙铁"烧死"。

焊料由易熔金属构成，焊接时熔化并与待焊金属材料结合，在待焊材料表面形成合金层，将待焊材料连接在一起。焊料通常是用锡（Sn）与铅（Pb）再加入少量其他金属制成的材料，一般称为焊锡。它具有熔点低、流动性好、对元器件和导线的附着能力强、机械强度高、导电性好、不易氧化、抗腐蚀性好、焊点光亮美观等优点。

手工焊接时，常用管状焊锡丝，管内夹带固体焊剂。焊剂一般用特级松香并添加一定的活化剂制成。

助焊剂是焊接时添加在焊点上的化合物，是进行锡铅焊所必需的辅助材料，焊接时待焊材料表面首先要涂覆助焊剂。装配电子设备时，多选用松香做助焊剂。

2.电烙铁焊接

电烙铁焊接又称手工焊接，是装配电子设备时最普遍、最基本的焊接方法。

1）电烙铁和焊料握持方法

焊接时，电烙铁的握持方法因人而异，可灵活掌握。图 1-2-21 所示是几种常见的电烙铁握法。

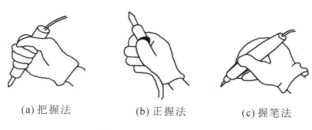

(a)把握法   (b)正握法   (c)握笔法

图 1-2-21 电烙铁握法

焊料的一般拿法如图 1-2-22 所示，其中图 1-2-22(a)为连续焊接时的拿法，图 1-2-22(b)为断续焊接时的拿法。

2）焊接操作步骤

对初学者而言，手工电烙铁焊接可采用五工序法，如图 1-2-23 所示。

（1）准备焊接。准备好焊锡丝和电烙铁。此时特别强调的是烙铁头部要保持干净，如烙铁头有氧化层，应先吃锡。

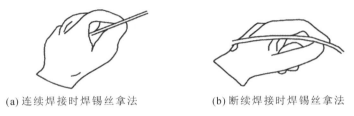

(a) 连续焊接时焊锡丝拿法　　　　(b) 断续焊接时焊锡丝拿法

图 1-2-22　焊锡丝的拿法

（2）加热焊件。将电烙铁接触焊接点，注意要保证电烙铁加热焊件各部分，例如印制电路板上引线和焊盘都应使之受热，其次要注意让烙铁头的扁平部分（较大部分）接触热容量较大的焊件，烙铁头的侧面或边缘部分接触热容量较小的焊件，以保持焊件均匀受热。

（3）送入焊料。待焊材料加热到一定温度后，从烙铁头的对面送上焊料并熔化焊料，焊料开始熔化并润湿焊点。

（4）移开焊料。熔化一定量的焊料后将其移开。

（5）移开烙铁。焊接点上的焊料接近饱满、助焊剂尚未完全挥发、焊点最光亮、流动性最强的时候，应迅速撤去电烙铁。

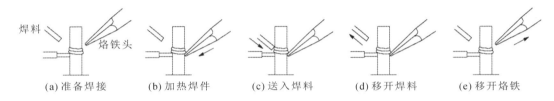

(a) 准备焊接　　(b) 加热焊件　　(c) 送入焊料　　(d) 移开焊料　　(e) 移开烙铁

图 1-2-23　电烙铁焊接五工序法

正确的方法是：电烙铁迅速回带一下，同时轻轻旋转一下朝焊点 45°方向迅速撤去。要掌握好电烙铁撤去的时间，避免造成焊点太大，表面粗糙、拉尖，失去金属光泽以及焊点不能充分浸润、渣焊、虚焊等不完全焊接缺陷。

3）印制电路板的焊接

印制电路板用于连接与安放电子元器件，在印制电路板上，各元器件由于各自外形、条件不同，摆置的方法也不尽相同，一般被焊元器件的安置方式有卧式和立式两种，如图 1-2-24 所示。

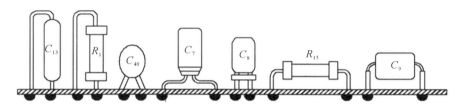

图 1-2-24　电子元件安置方式

（1）焊前准备。首先要熟悉所焊印制电路板的装配图，并按图样选择元器件，检查元器件型号、规格及参数是否符合图样要求并做好装配前元器件引线成型等准备工作。

（2）焊接顺序。元器件焊接顺序依次为：电阻器、电容器、二极管、晶体管、集成电路、大功率管，其他元器件为先小后大。

（3）对元器件焊接的要求。

电阻器焊接：将电阻器准确装入规定位置。要求标记向上，字向一致。装完一种规格后再装另一种规格的电阻器，尽量使它们高低一致。

电容器焊接：注意有极性电容器正负极不能接错，电容器上的标记方向要易于查看。先装玻璃釉电容器、有机介质电容器、瓷介电容器，最后装电解电容器。

二极管焊接：注意极性不能接错；型号标记要易于查看；焊接立式二极管时，对最短引线焊接时间不能超过 2 s。

焊完各种元件后，露在印制电路板面上多余的引脚线均需齐根剪去。

4）焊接检验

焊件焊接结束后，对于焊点的质量优劣主要从三个方面来衡量。

（1）电气连接应可靠。在焊点处应为一个合格的短路点，与之相连的各点间的接触电阻值应为零。

（2）足够的机械强度。要有一定的抗拉、耐振强度，使各焊件在机械上形成一体。

（3）外观整齐美观。焊料浸润良好，焊点明亮、平滑、焊料量充足并成裙状拉开，焊锡与焊盘结合处的轮廓隐约可见，无漏焊、连焊、桥接，焊盘无脱落、裂纹、针孔、拉尖现象等。对可疑焊点也可以用镊子轻拉引线，这对发现虚焊、假焊特别有效。

5）错焊元器件的拆焊

元器件焊错时，要将焊错的元器件拆除。借助专门的吸锡器，捅针、吸锡烙铁等专用工具，能方便地拆除错焊元件。

3. MF-47 型指针式万用表的焊接与装配

1）表头电路安装

对照图 1-2-25 所示，插放元件，并用万用表检测每一个元件参数，检查每个元件插放是否正确、整齐，电阻读数方向是否一致，二极管、电解电容极性是否正确，全部检查合格后，方能安装焊接。

为方便焊接后电路检测，减少错误，可分单元电路进行安装、焊接。焊接完一个单元电路，就检查一个单元电路，确定前一单元焊接、安装正确无误后，再进行下一单元电路的焊接、安装，以提高万用表安装、调试的成功率。

首先，安装表头电路。检测、选出表头电路元件，包括可调电位器 WH_1、WH_2；电阻 R_{21}、R_{22}；二极管 D_1、D_2；电解电容 C_1 和表头。电路焊接完成后，用万用表"Ω"挡，对照表1-2-5中"一、表头电路检测"项要求，检测电阻。

2）直流电流（DCmA）挡电路安装

检测、选出直流电流（DCmA）挡电路元件，包括 0.5 A 保险管，电阻 R_1、R_2、R_3、R_4、R_{29}；二极管 D_5、D_6；电容 C_2。元件检测无误，安装焊接完成后，用万用表"Ω"挡，对照表1-2-5中"二、直流电流（DCmA）挡电路检测"项要求，检测电阻。

3）直流电压（DCV）挡电路安装

检测、选出直流电压（DCV）挡电路元件，包括电阻 R_5、R_6、R_7、R_8、R_9、R_{10}、R_{11}、R_{12}、R_{13}、R_{26}、R_{27}、R_{28}。元件检测无误，安装焊接完成后，用万用表"Ω"挡，对照表 1-2-5 中"三、直流电压（DCV）挡电路检测"项要求，检测电阻。

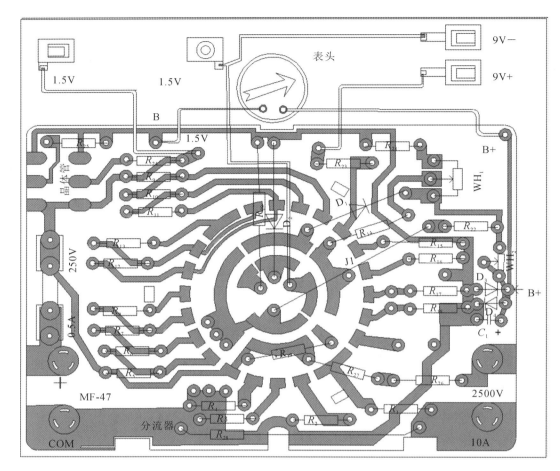

图 1-2-25　MF-47 型万用表印刷电路板

4）交流电压（ACV）挡电路安装

检测、选出交流电压（ACV）挡电路元件，包括电阻 R_9、R_{10}、R_{11}、R_{12}、R_{13}、R_{26}、R_{27}（与直流电压（DCV）挡相同）；二极管 D_1、D_2。元件检测无误，安装焊接完成后，用万用表"Ω"挡，对照表 1-2-5 中"四、交流电压（ACV）挡电路检测"项要求，检测电阻。

5）电阻（Ω）挡电路安装

检测、选出电阻（Ω）挡电路元件，包括电阻 R_{15}、R_{16}、R_{17}、R_{18}、R_{23}。元件检测无误，安装焊接完成后，用万用表"Ω"挡，对照表 1-2-5 中"五、电阻（Ω）挡电路检测"项要求，检测电阻。

6）其他电路安装

其他电路的安装读者可自行参考资料学习。

表 1-2-5　MF-47 型万用表安装检测数据表

一、表头电路检测

检测支路起始位置	理论电阻值/Ω	测量电阻值/Ω	正常与否（√或×）
B—至 A（B—未焊）	2.5 k（调节 WH$_2$）		
B—至 A（B—已焊）	2.31 k		
B—至 R_{22} 左	5 k		

续表

检测支路起始位置	理论电阻值/Ω	测量电阻值/Ω	正常与否(√或×)
COM 至 R_{22} 左	5k		

备注:"B−未焊",指表头负极暂不要焊至 PCB 板的"B−"点上

二、直流电流(DCmA)挡电路检测

挡位	检测支路起始端	理论电阻/Ω	测量电阻值/Ω	正常否(√或×)
50 μA	"+"～"COM"	5 k		
0.5 mA	"+"～"COM"	500		
5 mA	"+"～"COM"	50		
50 mA	"+"～"COM"	5		
500 mA	"+"～"COM"	0.5		
10 A	"10 A"～"COM"	0.025		

三、直流电压(DCV)挡电路检测

挡位	检测支路起始端	理论电阻值/Ω	测量电阻值/Ω	正常否(√或×)
0.25 V	"+"～"COM"	5 k		
1 V	"+"～"COM"	20 k		
2.5 V	"+"～"COM"	50 k		
10 V	"+"～"COM"	200 k		
50 V	"+"～"COM"	1 M		
250 V	"+"～"COM"	2.25 M		
500 V	"+"～"COM"	4.5 M		
1000 V	"+"～"COM"	9 M		
2500 V	"⌇2500 V"～"COM"	22.5 M		

备注:R_{20} 为直流电压 250 V、500 V、1000 V、2500 V 表头分流电阻。表头满偏电流由 50 μA 电流扩至 110 μA

四、交流电压(ACV)挡电路检测

挡 位	检测支路起始端	理论电阻值/Ω	测量电阻值/Ω	正常否(√或×)
10 V	"+"～"COM"	90 k		
50 V	"+"～"COM"	450 k		
250 V	"+"～"COM"	2.25 M		
500 V	"+"～"COM"	4.5 M		
1000 V	"+"～"COM"	9 M		
2500 V	"⌇2500 V"～"COM"	22.5 M		

备注:交、直流电压 250 V、500 V、100 0V、2500 V 共用相同分压电阻。交流电压经半波整流后注入表头,表头满偏电流扩容为(1/0.45)×50 μA=111.1 μA

五、电阻（Ω）挡电路检测

挡位	检测支路起始端	理论电阻值/Ω	测量电阻值/Ω	正常否（√或×）
R×1	"COM"～"E$_1$＋极"	15.3		
R×10	"COM"～"E$_1$＋极"	165		
R×100	"COM"～"E$_1$＋极"	1.65k		
R×1 k	"COM"～"E$_1$＋极"	16.5k		
R×10 k	"COM"～"E$_2$＋极"	165k		

备注：电阻挡测量时，组装表各挡应"Ω"调零后再测；测量电阻时，应取出组装表电池

7）整机装配

装配时的注意事项：

（1）安装元器件以及连线时，一定要找准位置，确保正确无误。

（2）要确保焊接质量，不要出现虚焊，焊点要牢固可靠。在焊接绕线电阻时，焊接时的温度不要过高，时间不要太长，以免烫坏绕线电阻的绝缘层和骨架。

（3）各元器件的引线注意不要相碰，以免改变电路的特性，出现不良后果。

（4）对于有极性的元器件，一定要弄清楚其极性及在电路中的位置。

（5）表头不要随意打开，以免损坏表头。

（6）电阻阻值和电容容量的标志要向外，以便查对和维修更换。

（7）万用表的体积较小，装配工艺要求较高。元器件焊接时要紧凑，否则可能造成焊接完后无法盖上后盖。

（8）内部连接线要排列整齐，不能妨碍转换开关的转动。

4. MF-47 型万用表检查与常见故障

万用表完成组装后，必须进行详细检查、校验和调试，使各挡测量的准确度都达到设计的技术要求。

1）万用表检查

MF-47 型指针式万用表安装完成后，还应检查其安装及装配质量，检查方法如下：

（1）装配完电路板后，仔细对照同型号图样，检查元器件焊接部位是否有错焊、漏焊、虚焊、连焊现象，可用镊子轻轻拨动零件，检查是否松动。

（2）检查完电路板后，即可按万用表装配要求进行总装。装配完成后，旋转挡位开关旋钮一周，检查是否灵活，如有阻滞感，应查明原因后加以排除。然后可重新拆下电路板，检查电路板上电刷（刀位）银条（分段圆弧，位于电路板中央）。电刷银条上应留下清晰的刮痕，如出现痕迹不清晰或电刷银条上无刮痕等现象，应检查电刷与电路板上的电刷银条是否接触良好或装错、装反。直至挡位开关旋钮旋转时手感良好。

（3）装上电池并检查电池两端是否接触良好。插入"＋""－"表笔，将万用表挡位旋钮旋至"Ω"挡最小挡位，将"＋""－"表笔搭接，表针应向右偏转。调整调零旋钮，表针应可以准确指示在"Ω"挡零位位置。依次从最小挡位调整至最大挡位，每挡均应能调至"Ω"

挡零位位置。如不能调整至零位位置,可能是电池性能不良(更换新电池)或电池电刷接触不良。

2)万用表常见故障

(1)直流电流(DCmA)挡常见故障及原因。

MF-47 型指针式万用表直流电流(DCmA)挡常见故障及原因如下:

① 万用表各挡无指示。可能是表头线头脱焊或与表头串联的电阻损坏、脱焊、断头等。

② 万用表某一挡误差很大,而其余挡正常。可能是该挡分流电阻接错。

(2)直流电压(DCV)挡常见故障及原因。

MF-47 型指针式万用表直流电流(DCV)挡常见故障及原因如下:

① 万用表各量程均不工作。可能是最小量程分压电阻开路或公共的分压电阻开路,也可能是转换开关接触点或连线断开。

② 某一量程及以后量程都不工作,其以前各量程都工作。可能是该量程的分压电阻断开。

③ 某一量程误差突出,其余各量程误差合格。可能是该挡分压电阻接错。

(3)交流电压(ACV)挡常见故障及原因。

由于交、直流电压挡(250~2500 V)共用分压电阻,因此除了在排除直流电流挡的故障外,还应在排除直流电压挡故障后,再去检查交流电压挡,这样做会使故障范围缩小。

MF-47 型指针式万用表交流电压(ACV)挡常见故障及原因如下:

① 万用表各挡无指示,可能是最小电压量程的分压电阻断路或转换开关的接触点、连线不通,也可能是交流电压挡用的与表头串联的电阻断路。

② 万用表有指示但指示极小,甚至只有 5%,或者指针只是轻微摆动。可能是整流二极管被击穿。

(4)电阻(Ω)挡常见故障及原因。

MF-47 型指针式万用表电阻(Ω)挡常见故障及原因如下:

① 电阻挡全部量程不工作。可能是电池与接触片接触不良或连线不通,也可能是转换开关没有接通。

② 电阻挡个别量程不工作。可能是该量程的转换开关的触点或连线没有接通,或该量程专用的串联电阻断路。

③ 电阻挡全部量程调不到零位。可能是电池的电能不足或调零电位器中心头没有接通。

④ 电阻挡欧姆调零时指针跳动。可能是调零电阻的可变头接触不良。

⑤ 电阻挡个别量程调不到零位。可能是该量程的限流电阻发生了变化。

四、分析与思考

(1)如直流电压挡,某一量程及以后量程都不工作的故障原因是什么?

(2)如电阻挡全部量程调不到零位的故障原因有哪些?

(3)如电阻挡欧姆调零时指针跳动的故障原因是什么?

习 题

一、单选题

1.下列关于电路组成说法正确的是（　　）。

A.电路由用电器和电源组成

B.电路由负载、电源和导线组成

C.电路由用电器、开关和电源组成

D.电路由电源、负载及传输与控制环节组成

2.下列关于"电阻元件"电磁关系描述正确的是（　　）。

A.将电能转换成热能

B.将电能转换成电场能

C.将电能转换成磁能

D.将机械能转换成电能

3.以下属于电能传输与控制电路的是（　　）。

A.收音机电路　　　　B.电脑电路　　　　C.白炽灯照明电路　　　D.手机通信电路

4.下列关于"理想电压源"说法正确的是（　　）。

A.理想电压源输出电流、电压恒定不变

B.理想电压源输出电压恒定不变

C.理想电压源输出电流变化时,输出电压随之变化

D.对外电路而言,理想电压源与理想电流源间可等效变换

5.下列关于电位、电压说法中不正确的是（　　）。

A.电压大小与电路参考点选择无关

B.电路参考点改变,电路中任两点间电压不变

C.电路参考点改变,电路中各点电位大小随之改变

D.电路参考点改变,电路中任两点间电压随之改变

6.下列关于二端元件功率 P 说法正确的是（　　）。

A.功率 P 是描述电场做功能力大小的物理量

B.功率 $P>0$ 时,表示该二端元件发出电能

C.功率 $P>0$ 时,表示该二端元件一定是电阻

D.功率 $P<0$ 时,表示该二端元件是电源

7.电动势为 1.5 V,内阻为 2 Ω 的电压源,等效变换成一个电流源时其电流源电流和内阻分别是（　　）。

A.1 A,2 Ω　　　　B.0.75 A,2 Ω　　　　C.3 A,0.75 Ω　　　　D.3 A,2 Ω

8.下列关于理想电源的说法正确的是（　　）。

A.理想电压源输出电流、电压均不随负载改变而变化

B.理想电流源输出电流、电压均不随负载改变而变化

C.理想电压源输出电压恒定,不随负载改变而变化

D.理想电流源输出电流、电压均随负载改变而变化

9.分析和计算复杂电路的主要依据是（　　）。

A.欧姆定律和基尔霍夫定律

B.回路电流法

C.叠加原理

D.戴维南定理

10.两个电阻 R_1、R_2 串联接入电路时。若 $R_1>R_2$,则有（　　）。

A.$I_1>I_2$　　　　B.$U_1>U_2$　　　　C.$P_1<P_2$　　　　D.$U_1=U_2$

11.四只阻值为 10 Ω 的电阻,先两两串联后再并联,则其总等效电阻为（　　）。

A.5 Ω　　　　B.20 Ω　　　　C.40 Ω　　　　D.10 Ω

12. 有一有源二端网络,测得其开路电压 $U_{OC}=50$ V,短路电流 $I_{SC}=10$ A,则其戴维南模型的等效电阻是( )。

    A. 10Ω   B. 50 Ω   C. 5 Ω   D. 500 Ω

13. 测得某电源的端电压等于电源电动势($U_0=E$),则说明电路处于( )。

    A. 短路状态   B. 开路状态   C. 通路状态   D. 无法确定

14. 某电路需一只耐压 1000 V、容量 4 μF 的电容器,现有四只 500 V、4 μF 的电容器,能解决需要的连接方法是( )。

    A. 四只串联   B. 两两串联后,再并联

    C. 四只并联   D. 无法满足需求

15. 一只 1000 Ω、5 W 的电阻,在电路中允许通过的最大电流是( )。

    A. 70.7 mA   B. 50 mA   C. 5 A   D. 7.07 A

16. 当电压较额定电压下降 10% 时,白炽灯实际损耗功率为额定功率的( )。

    A. 10%   B. 90%   C. 20%   D. 80%

17. 有一 MF-30 型指针式万用表,表头灵敏度电流为 50 μA,电阻为 2.8 kΩ。则其直流电压 1 V 挡串联电阻为( )。

    A. 17.2 kΩ   B. 79.6 kΩ   C. 23.2 kΩ   D. 251.5 kΩ

18. 有一 MF-47 型指针式万用表,表头灵敏度电流为 50 μA,电阻为 5.0 kΩ。若要将其直流电流量程扩大到 100 mA,应并联电阻为( )。

    A. 250 kΩ   B. 2.5 Ω   C. 25 Ω   D. 0.25 Ω

19. 下列关于"叠加原理"说法正确的是( )。

    A. 叠加原理适用于所有多电源电路

    B. 线性电路中可用叠加原理来计算电路功率

    C. 叠加原理只能用于计算线性电路中支路或元件的电流和电压

    D. 使用叠加原理时,暂不起作用的电源都要断开

20. 现有额定功率 1 W,额定电压 100 V 的电气设备,若要接到 200 V 的直流电路上工作,下列与之串联并能正常工作的电阻是( )。

    A. 额定功率为 2 W 的 5 kΩ 电阻   B. 额定功率为 0.5 W 的 10 kΩ 电阻

    C. 额定功率为 0.25 W 的 20 kΩ 电阻   D. 额定功率为 2 W 的 10 kΩ 电阻

二、多选题

1. 以下关于电流方向说法正确的是( )。

    A. 电流实际方向规定为正电荷移动的方向   B. 电流参考方向由电压实际方向确定

    C. 电流实际方向由高电位指向低电位   D. 电流参考方向由电压关联参考方向确定

2. 下列关于"关联参考方向"说法正确的是( )。

    A. 电流、电压实际方向相同   B. 电流、电压参考方向一致

    C. 当 $U=-IR$ 时,U、I 是关联参考方向   D. 当 $P=UI$ 时,电流、电压为关联参考方向

3. 下列关于电位的说法正确的是( )。

    A. 电路中的各点电位具有单值性和相对性

    B. 电路中任意两点间的电压等于两点的电位差

    C. 电路中某点电位大小与该点到参考点的路径无关

    D. 电路中某点电位大小与参考点选择无关

4. 下列关于实际电压源说法正确的是( )。

    A. 实际电压源模型是理想电压源与内阻的串联

B. 实际电压源的内阻一般都比较小

C. 实际电压源内阻越小,对外输出输出功率越大

D. 实际电压源输出电压随负载电流增大而减小

5. 下列关于"支路电流法"(b 条支路,n 个节点,m 个网孔的复杂电路)说法不正确的是(　　　)。

A. 支路电流法是基本、高效的网络分析方法

B. 支路电流法要写($n-1$)个独立节点电流(KCL)方程

C. 支路电流法要写 m 个独立回路电压(KVL)方程

D. 支路电流法方程数多,计算复杂

6. 下列关于线性元件和线性电路说法正确的是(　　　)。

A. 伏安特性成正比的电阻是线性电阻

B. 伏库特性成反比的电容是线性电容

C. 半导体元件一般是非线性元件

D. 只要电路中的所有电源是线性元件,则该电路即为线性电路

7. 下列关于"网孔电流法"的说法正确的是(　　　)。

A. 网孔电流是只沿网孔边界循环的假想电流

B. 当互电阻取"—"时,是因为相邻网孔电流在互电阻上反向叠加

C. 互电阻支路电流等于相邻网孔电流在该支路上的代数和(叠加)

D. 网孔电流法较支路电流法方程数减少,计算量更小

8. 下列关于"节点电压法"的说法正确的是(　　　)。

A. 节点电压法以节点电压为未知量,写独立节点电流 KCL 方程

B. 自电导始终取"+",说明在当前节点电压作用下,电流流出该节点

C. 互电导始终取"—",说明在其他独立节点作用下,电流流入该节点

D. 节点电压法虽然较支路电流法高效,但不便于计算机编程

9. 一个 10 V 的理想电压源,在下列不同情况下,输出功率正确的是(　　　)。

A. 开路时,输出功率 $P=0$　　　　　　　B. 短路时,输出功率 $P\to\infty$

C. 外接 1 Ω 电阻时,$P=10$ W　　　　　　D. 外接 1 Ω 电阻时,$P=100$ W

10. 一个理想电压源 U_S 与一个理想电流源 I_S 串联,且电流源 I_S 输出电流从电压源 U_S 的"+"端流入。下列说法正确的是(　　　)。

A. 理想电流源 I_S 的输出电压为 U_S　　　B. 理想电压源 U_S 被充电,$P>0$,消耗功率

C. 理想电流源 I_S 对外提供电能,$P<0$　　D. 理想电流源 I_S 吸收功率,$P>0$

三、判断题

1.(　　)自由电荷定向移动的方向是电流的实际方向。

2.(　　)电压是描述电场力做功能力大小的物理量,即电场力将单位正电荷从一点移动到另一点所做的功。

3.(　　)电流的热效应是指电流经过电阻时,电能被转换成热能。

4.(　　)电路中,电压的方向总是与电流方向一致。

5.(　　)电阻串联时,电阻值小的电阻通过的电流大。

6.(　　)串联电阻主要应用于分压、限流、扩大电压表量程。

7.(　　)电阻并联时,并联电路的等效电阻值小于任一支路电阻值。

8.(　　)电阻并联时,各支路电流与各支路电导成正比。

9.(　　)根据 $C=Q/U$,当电量 Q 为零时,电容量 C 也为零。

10.(　　)电容器充电电流从一个极板到达另一个极板。

11.（　）凡是被绝缘体分开的两个导体的总体，都可以看成是一个电容。

12.（　）直流电流是大小和方向都不随时间变化的电流。

13.（　）表达式 $\sum I=0$ 表示电路中，任一时刻流入任一节点的电流的代数和等于零。

14.（　）当实际电压源内阻 $R_0 \to \infty$ 时，实际电压源接近于理想电压源。

15.（　）有源二端网络对外电路等效为一个理想电压源与一个电阻并联的电源模型。

16.（　）旧电池不能使手电筒小灯发光的原因是电池内阻增大。

17.（　）实际电流源开路时，电流源内部无电流。

18.（　）指针式万用表"欧姆调零"，相当于使负载（R_x）短路，电路测量电路可等效为一个实际电流源模型。

19.（　）网孔电流法之所以能以网孔电流为未知量，只列写网孔电压（KVL）方程，是因为网孔电流在电路节点处自动满足节点电流（KCL）方程。

20.（　）电力供配电电路以线路损耗尽可能小、传输效率尽可能高为性能要求。

21.（　）直流电路中，电流流出的一端是电源的正极。

22.（　）不可用万用表电阻挡带电测量电阻值。

23.（　）万用表使用完毕后，应将转换开关置于"OFF"或"ACV"最高挡位。

24.（　）大负载是指在一定电压下，电阻值比较大的电气设备。

25.（　）戴维南定理比较适用于只求电路某一支路电流的场合。

四、计算题

1. 如题图 1-1 所示电路，试分别用：（1）电源等效变换法；（2）支路电流法；（3）叠加原理；（4）网孔电流法，求电路中的支路电流 I。

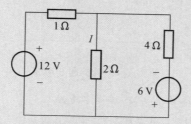

题图 1-1　计算题 1 电路

2. 如题图 1-2 所示电路：（1）试用戴维南定理求解支路电流 I_2；（2）试用网孔电流法求解支路电流 I_1、I_2、I_3、I_4；（3）试用节点电压法求解支路电流 I_1、I_2、I_3、I_4；（4）求电路中 b 点电位 V_b。

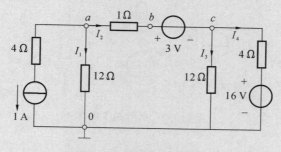

题图 1-2　计算题 2 电路

3. 如题图 1-3 所示电路：

（1）试用戴维南定理求解电路中等效电阻 R_{ab} 和支路电流 I；

（2）试用叠加原理求解支路电流 I；

（3）试用网孔电流法求解支路电流 I。

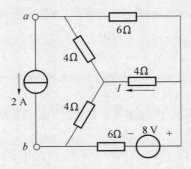

题图1-3　计算题3电路

4.如题图1-4所示电路：

（1）试用网孔电流法求解支路电流 I_1、I_2、I_3、I_4、I_5；

（2）试用节点电压法求解支路电流 I_1、I_2、I_3、I_4、I_5。

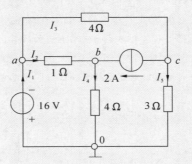

题图1-4　计算题4电路

5.如题图1-5所示电路,分别按以下要求求解电路参数。

（1）试求 R_L 功率最大时的阻值？并求出最大功率 P_L。

（2）试用网孔电流法求解支路电流 I_L。

（3）试用节点电压法求解负载电压 U_L

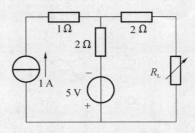

题图1-5　计算题5电路

【资讯目标】

● 能复述正弦交流电的基本概念及正弦量的相量表示方法；

● 能复述单一电阻元件、电感元件、电容元件的交流特性与作用；

● 能复述 RLC 串联、并联电路的交流特性与应用；

● 能复述有功功率、无功功率、视在功率和功率因数的基本概念、计算方法；

● 能复述对称三相交流电的基本概念与特性；

● 能复述对称三相电源的连接形式与特性，三相电路负载连接形式与特性；

● 能复述对称与非对称三相交流电路的分析方法与特性；

● 能复述三相电功率的计算与测量方法。

【实施目标】

● 能复述单相、三相负载的供电的方式，会安装单相、三相照明负载；

● 能复述单相、三相电能表的工作原理，会安装单相、三相电能表；

● 会根据负载容量估算电路参数，并选择电能表、熔断器、空开、导线型号和规格；

● 会安装单相、三相配电板、白炽灯、日光灯、单双控开关及单相两孔和三孔插座；

● 会用测电笔检验线路和电器设备是否有电，并检测电路故障；

● 会用万用表测量线路和电器设备工作电压，并检测电路故障；

● 会用钳形电流表测量电路及电器设备工件电流；

● 能分析住宅、住宅小区照明电路故障原因，并排除故障。

2.1 正弦稳态交流电路分析

◆ 2.1.1 单相正弦交流电的基本概念与三要素

在生产、生活与科学实践中，除了使用直流电流外，更为广泛使用的是正弦交流电流。如生活中的家庭照明电路和工厂照明、动力电路等都是使用的正弦交流电流。

一、正弦交流电流的基本概念

如图 2-1-1 所示为部分交、直流电的电流波形图。电流、电压的方向不随时间变化时，称为直流电，如图 2-1-1(a)、(b)所示；如其大小和方向均不随时间变化时称为稳恒直流电，如图 2-1-1(a)所示。交流电与直流电的区别在于：其方向、大小都随时间做周期性的变化，如果其在一周期内的平均值为零时，称为交流电流，如图 2-1-1(c)、(d)所示，其他还有诸如三角波交流电和锯齿波交流电等；如交流电大小与方向按正弦规律变化时，称为正弦交流电流，如图 2-1-1(d)所示。

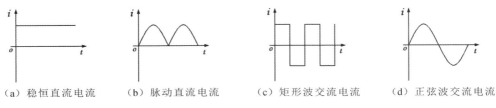

（a）稳恒直流电流　　（b）脉动直流电流　　（c）矩形波交流电流　　（d）正弦波交流电流

图 2-1-1　直流电流与交流电流波形图

正弦交流电路中的电流、电压等物理量统称为正弦量。与直流电情形相同，为了确定交流电在某一瞬间的实际方向，必须选定其参考方向。一般规定，当交流电实际方向与参考方向一致时，其值为正，在波形图上为正半周；当交流电实际方向与参考方向相反时，其值为负，在波形图上为负半周。

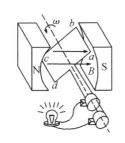

图 2-1-2　交流发电机的原理、结构示意图

二、正弦交流电的产生

如图 2-1-2 所示为最简单的交流发电机的原理、结构示意图，它由一对能够产生磁场的 N、S 磁极（定子）和能够产生感应电动势的线圈，即绕组转子 abcd 组成。为了避免线圈的两根引线在转动中扭绞，线圈的两端分别接在两个与线圈一起转动的铜环上，铜环通过带有弹性的金属触头和外电路接通。当线圈在磁场中作匀速旋转时，线圈的 ab 边和 cd 边切割磁感应线，产生感应电动势。如果外电路是闭合的，则在线圈和外电路组成的闭合回路中就出现感应电流。

如图 2-1-3 所示，当转子绕组在发电机定子中转动时，如线速度为 v，角速度为 ω，其能切割磁力线产生感应电势 e 和感应电流 i。

发电机转子绕组转动而产生的感应电势为

$$e = 2NBL\,v_y = 2NBLv\sin(\omega t + \varphi)$$

式中：N 为绕组的匝数；B 为磁场强度；L 为转子绕组处于磁场中的有效长度；v 为转子绕组

转动时的线速度；ω 为转子绕组转动时的线速度，即角频率；t 为转子绕组转动运行时间；φ 为转子绕组平面与水平面的夹角。

转子绕组转动产生的感应电势最大值为

$$E_m = 2NBLv$$

则其感应电势可表示为

$$e = E_m \sin(\omega t + \varphi) \tag{2-1-1}$$

感应电流可表示为

$$i = I_m \sin(\omega t + \varphi) \tag{2-1-2}$$

式(2-1-1)和式(2-1-2)为交流量的解析式的一般形式，也称为瞬时表达式。其波形图如图 2-1-4 所示。

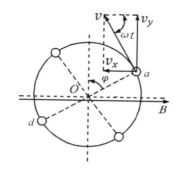

图 2-1-3　正弦交流电产生示意图

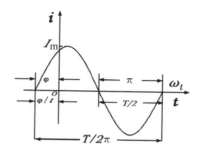

图 2-1-4　正弦交流量波形图

三、正弦交流量的参数与三要素

正弦交流量的大小和方向均在随时间发生改变，且其变化有的快，有的慢。因此描述正弦量的参数较多。

1. 描述强度（大小）的参数

交流电的强度（大小）有三种表示方式：瞬时值、最大值和有效值。

1）瞬时值

正弦量在任意瞬间的值称为瞬时值，用小写字母来表示，如用 i、u、e 分别表示正弦电流、正弦电压和正弦电动势的瞬时值。利用瞬时表达式可以计算正弦量任一时刻的瞬时值。瞬时表达式也可用波形图来表示，如图 2-1-4 所示。

2）最大值（振幅值）

最大值指交流电量在一个周期中最大的瞬时值，即交流电波形的振幅。用大写的字母，小写的下标 m 来表示，如 I_m、U_m 和 E_m 分别为正弦电流、正弦电压和正弦电动势的最大值（振幅值）。

3）有效值

有效值的定义是：让正弦交流电和直流电分别通过两个阻值相等的电阻，如果在相同时间 t 内（t 可取为正弦交流电的周期 T），两个电阻消耗的电能相等，则把该直流电的大小称为交流电的有效值。有效值是描述交流电量在一个周期中的平均效果的物理量，用大写的字母来表示。

由此可得出

$$I^2RT = \int_0^T i^2RT\,\mathrm{d}t$$

所以,交流电流的有效值为

$$I = \sqrt{i^2\,\mathrm{d}t} = \sqrt{[I_{\mathrm{m}}\sin(\omega t + \varphi)]^2\,\mathrm{d}t} = \frac{\sqrt{2}}{2}I_{\mathrm{m}}$$

或

$$I_{\mathrm{m}} = \sqrt{2}I \qquad\qquad (2\text{-}1\text{-}3)$$

同理,交流电压的有效值为

$$U = \sqrt{u^2\,\mathrm{d}t} = \sqrt{[U_{\mathrm{m}}\sin(\omega t + \varphi)]^2\,\mathrm{d}t} = \frac{\sqrt{2}}{2}U_{\mathrm{m}}$$

或

$$U_{\mathrm{m}} = \sqrt{2}U \qquad\qquad (2\text{-}1\text{-}4)$$

由上述可知,正弦交流量的有效值等于瞬时值的平方在一个周期内平均值的算术平方根,所以有效值又叫均方根值。且其大小等于正弦交流量最大值的$\sqrt{2}/2$倍。实际应用中,电工技术中交流电表的测量值以及电气设备的额定电压和电流都是有效值。

我国供配电交流电压有效值为照明电压 220 V,动力电压 380 V,其最大值分别为 310 V 和 537 V 左右。实际应用中,选择电容器耐压值时,应以正弦交流量的最大值为依据。

2. 描述变化快慢的参数

正弦交流发电机转子绕组作周期性运行时,描述其变化快慢的参数有三个:频率、周期和角频率。

1) 频率 f

正弦交流量每秒内波形重复变化的次数称为频率,用字母 f 表示,单位是赫兹(Hz)。

2) 周期 T

如图 2-1-4 所示正弦交流量波形图中,正弦交流量变化一次所需的时间称为周期,用字母 T 表示,单位为秒(s)。正弦交流量频率 f 和周期 T 互为倒数,即

$$T = \frac{1}{f} \qquad\qquad (2\text{-}1\text{-}5)$$

3) 角频率 ω

交流正弦量角度的变化率,即单位时间内,绕组平面转动的角度称为角频率,用字母 ω 表示,单位是弧度/秒(rad/s),即

$$\omega = \frac{2\pi}{T} = 2\pi f \qquad\qquad (2\text{-}1\text{-}6)$$

式(2-1-6)表明,周期 T、频率 f 和角频率 ω 三者之间可以互相换算。它们都是从不同角度表示正弦交流电变化快慢的物理量。

我国和世界上大多数国家都采用频率为 $f=50$ Hz($T=0.02$ s,$\omega=314$ rad/s)作为电力工业的标准频率(美、日等少数国家采用 60 Hz),习惯上称为"工频"。无线电信号频率较高,如声音信号频率为 20 Hz～20 kHz,收音机中波段频率为 525～1605 kHz,电视图像信号频率为 0～6 MHz,而图像载频则更高,从几十兆赫兹到几百兆赫兹。

3. 描述交流量进程的参数

1) 相位 φ

正弦电量的表达式 $i=I_{\mathrm{m}}\sin(\omega t + \varphi_0)$ 中的角度 $\omega t + \varphi_0$ 称为交流电的相位,又称为相位

角,用符号 φ 表示。其用来描述发电机绕组平面与磁场中垂面间的角度随时间变化的进程。

2)初相位 φ_0

当 $t=0$ 时,$\omega t + \varphi_0 = \varphi_0$ 称为初相位,用符号 φ_0 表示。初相位是确定交流电量初始进程的物理量。在波形上,φ_0 表示交流量的零值到 $t=0$ 的计时起点之间所对应的最小电角度,如图 2-1-4 所示。

一个正弦交流量若不知道 φ_0 就无法画出交流电量的波形图,也写不出完整的表达式。注意:初相位 φ_0 的绝对值应小于等于 $180°$,即 $|\varphi_0| \leqslant 180°$。

3)相位差 $\Delta\varphi$

相位差是指两个同频率的正弦电量在相位上的相差值。相位差反映了两个正弦量随时间变化的步调不一致的程度,用符号 $\Delta\varphi$ 表示。由于是同频率正弦交流电,因此相位差实际上等于两个正弦电量的初相位之差,例如:

正弦交流电压瞬时表达式为

$$u = U_m \sin(\omega t + \varphi_1)$$

正弦交流电流瞬时表达式为

$$i = I_m \sin(\omega t + \varphi_2)$$

则相位差 $\Delta\varphi$ 为

$$\Delta\varphi = \omega t + \varphi_1 - \omega t + \varphi_2 = \varphi_1 - \varphi_2 \qquad (2\text{-}1\text{-}7)$$

当 $\Delta\varphi = \varphi_1 - \varphi_2 > 0$ 时,交流电压 u 比交流电流 i 先达到最大值或零值,即它们间的相位关系是电压 u 超前电流 i,或电流 i 滞后电压 u,如图 2-1-5(a)所示。

当 $\Delta\varphi = \varphi_1 - \varphi_2 < 0$ 时,它们间的相位关系是电压 u 滞后电流 i,如图 2-1-5(b)所示。

当 $\Delta\varphi = \varphi_1 - \varphi_2 = \pm 90°$ 时,它们间的相位关系是电压 u 和电流 i 正交,如图 2-1-5(c)所示。

当 $\Delta\varphi = \varphi_1 - \varphi_2 = 0°$ 时,它们间的相位关系是电压 u 和电流 i 同相,如图 2-1-5(d)所示。

当 $\Delta\varphi = \varphi_1 - \varphi_2 = \pm 180°$ 时,它们间的相位关系是电压 u 和电流 i 反相,如图 2-1-5(e)所示。

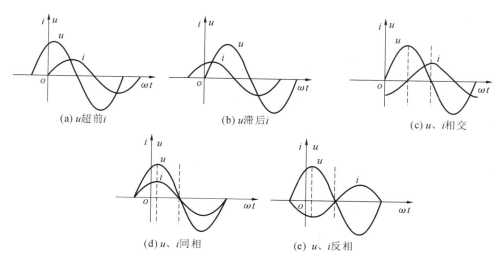

(a) u 超前 i　　(b) u 滞后 i　　(c) u、i 相交

(d) u、i 同相　　(e) u、i 反相

图 2-1-5　正弦交流量相位关系

4）正弦交流量的三要素

实际上,正弦交流电的主要特征可以通过上述三个方面九个参数中的三个典型参数表示出来,即变化的快慢的角频率(ω),变化的强弱大小的最大值(E_m,U_m,I_m),变化的初相位(φ_0)。这三个量分别称为正弦交流电的"三要素"。即正弦交流量的"三要素"为:角频率(ω)、最大值(E_m,U_m,I_m)、初相位(φ_0)。

一个正弦量的"三要素"一旦确定,该正弦量就完全被确定下来了,并且可以用瞬时表达式和波形图表示出来。

四、典型例题

■ **例 2-1-1**　有一电力电容器,耐压为 450 V,试问:该电容器能并接于 220 V 的交流电压电路上吗? 380 V 呢?

解:有效值为 220 V 电压的最大值为

$$U_m = \sqrt{2}U = \sqrt{2} \times 220\ \text{V} = 311\ \text{V}$$

小于电容器耐压 450 V,所以,该电容器可并接于 220 V 交流电压电路上。

若有效值为 380 V,电压交流电的最大值为

$$U_m = \sqrt{2}U = \sqrt{2} \times 380\ \text{V} = 537\ \text{V}$$

大于电容器耐压 450 V,所以,该电容器不能并接于 380 V 交流电压电路上。

■ **例 2-1-2**　已知某正弦交流电压瞬时表达式为 $u = 110\sin(314t + 45°)\text{V}$。

(1) 求其正弦交流量的"三要素"的值。

(2) 求当 $t = 0$ s、0.0025 s、0.0125 s 时,电压的瞬时值。

解:(1) 该正弦交流量的"三要素"的值为

最大值:　　　　　　　　　　　　　$U_m = 110$ V

角频率:　　　　　　　　　　　　　$\omega = 314$ rad/s

初相位:　　　　　　　　　　　　　$\varphi = 45°$

(2) 当 $t = 0$ s 时:

$$u = 110\sin(314 \times 0 + 45°) = 110\sin 45° = 77.8\ \text{V}$$

当 $t = 0.0025$ s 时:

$$u = 110\sin(314 \times 0.0025 + 45°) = 110\sin 90° = 110\ \text{V}$$

当 $t = 0.0125$ s 时:

$$u = 110\sin(314 \times 0.0125 + 45°) = 110\sin(-90°) = -110\ \text{V}$$

■ **例 2-1-3**　三个正弦量 $u_1 = 110\sin(314t + 45°)\text{V}$,$u_2 = 311\sin(314t + 30°)\text{V}$,$i = 10\sin(314t - 60°)\text{A}$。若以 u_1 为参考正弦量,写出三个正弦量的瞬时表达式。

解:当以 u_1 为参考正弦量时:

$$u_1 = 110\sin(314t)\text{V}$$

再求出正弦量 u_2 与 u_1 的相位差:

$$\Delta\varphi_1 = 30° - 45° = -15°$$

则其瞬时表达式为

$$u_2 = 311\sin(314t - 15°)\text{V}$$

最后求出正弦量 i 与 u_1 的相位差:

$$\Delta\varphi_2 = -60° - 45° = -105°$$

则其瞬时表达式为

$$i = 10\sin(314t - 105°)\text{A}$$

◆ 2.1.2 正弦交流量的相量表示方法

正弦交流量可以有多种表现形式,如前所述,可以用瞬时值表达式[如式(2-1-1)和式(2-1-2)等]和波形图(如图 2-1-4 等)来表示。但分析计算交流电路时,会涉及正弦交流量的加减和乘除的运算问题,如用解析方法就会显得相当烦琐。实际应用时采用正弦量的"相量图"表示法与相量的"复数"和"平行四边形"运算法可以有效地简化运算。

一、正弦量的相量图表示法

正弦交流量的"三要素"是最大值、角频率和初相位。如何用相量来表示正弦量呢?如图 2-1-6 所示,对一正弦量 $i = I_m\sin(\omega t + \varphi)$,可以用一个旋转向量来表示。

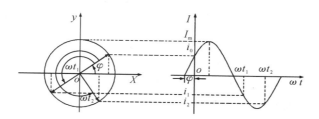

图 2-1-6 正弦量的旋转矢量表示方法

在直角坐标系中作一有向线段,用有向线段长度表示正弦量最大值I_m,有向线段的初始位置($t=0$ 时的位置)与横轴正向的夹角表示正弦量的初相位φ_0,用有向线段在平面内逆时针旋转的角速度表示角频率ω。在任一时刻,有向线段在纵轴上的投影即为该时刻正弦量的瞬时值。这样的"旋转向量"就具备了正弦量的"三要素",用它就可以表示正弦量,电工理论中,称为"相量"。如果有两个或两个以上同频率的正弦量时,由于角频率相同,可以不必考虑角频率,在同一坐标系中作出表示交流量的数值与相位关系的"相量图",即可表示和分析正弦量间的关系。在进行同频率正弦量的加减运算时,就可采用平行四边形法则进行计算。

二、相量的复数表示法

由初等数学可知,一个相量(有向线段)在复平面内可以用极坐标和复坐标表示,如图 2-1-7 所示,相量$\dot{A}$的复数可以用以下两种方法表示。

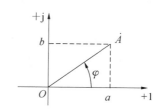

图 2-1-7 相量的复数表示法

极坐标式: $\qquad \dot{A} = r\angle\varphi \qquad$ (2-1-8)

复坐标式: $\qquad \dot{A} = a + jb \qquad$ (2-1-9)

两种坐标表示形式表达式间的相互关系为

$$r = \sqrt{a^2 + b^2}; \varphi = \tan^{-1}\frac{b}{a}$$

即极坐标形式也可写成:

$$\dot{A} = r \angle \varphi = \sqrt{a^2 + b^2} \angle \tan^{-1} \frac{b}{a} \qquad (2\text{-}1\text{-}10)$$

同理

$$a = r\cos\varphi; b = r\sin\varphi$$

即复坐标形式也可写成:

$$\dot{A} = a + \mathrm{j}b = r\cos\varphi + \mathrm{j}r\sin\varphi \qquad (2\text{-}1\text{-}11)$$

三、相量运算法则

如有 $\dot{A}_1 = r_1 \angle \varphi_1 = a_1 + \mathrm{j}\,b_1$，$\dot{A}_2 = r_2 \angle \varphi_2 = a_2 + \mathrm{j}\,b_2$。根据复数的运算规则,当进行正弦量的加减运算时,采用复数的直角坐标形式。则有

$$\dot{A}_1 \pm \dot{A}_2 = (a_1 \pm a_2) + \mathrm{j}\,(b_1 \pm b_2)$$

当进行正弦量的乘除运算时,采用复数的极坐标形式。则有

$$\dot{A}_1 \cdot \dot{A}_2 = r_1\,r_2 \angle (\varphi_1 + \varphi_2)$$

$$\frac{\dot{A}_1}{\dot{A}_2} = \frac{r_1}{r_2} \angle (\varphi_1 - \varphi_2)$$

由于相量本身是一种有特定含义的复数,所以相量也可以在复平面内用矢量来表示,这种表达方式称为相量图,如图 2-1-7 所示。

因此,电路原理中,为了运算方便,通常使用复数的极坐标形式来表示相量。

例如,正弦量 $i = I_\mathrm{m}\sin(\omega t + \varphi)$,对应的最大值相量为

$$\dot{I}_\mathrm{m} = I_\mathrm{m} \angle \varphi \qquad (2\text{-}1\text{-}12)$$

对应的有效值相量为

$$\dot{I} = I \angle \varphi \qquad (2\text{-}1\text{-}13)$$

注意,当采用复坐标形式运算完后,一般要转换成极坐标形式,以便根据相量表达式书写正弦量的瞬时表达式。

四、典型例题

例 2-1-4　有两个同频率的正弦交流电压 $u_1 = 110\sqrt{2}\sin(314t + 60°)$ V 和 $u_2 = 311\sin(314t + 30°)$ V。求 $u_1 + u_2$,并画出相量图。

解: 先将两个正弦电压用相量表示,然后求两相量之和。

正弦交流电压 u_1 的有效值相量式为

$$\dot{U}_1 = 110 \angle 60° \mathrm{V} = (110\cos 60° + \mathrm{j}110\sin 60°)\mathrm{V} = (55 + \mathrm{j}55\sqrt{3})\mathrm{V}$$

正弦交流电压 u_2 的有效值相量式为

$$\dot{U}_2 = 220 \angle 30° \mathrm{V} = (110\sqrt{3} + \mathrm{j}110)\mathrm{V}$$

两电压相量之和为

$$\dot{U}_1 + \dot{U}_2 = [(55 + \mathrm{j}55\sqrt{3}) + (110\sqrt{3} + \mathrm{j}110)]\mathrm{V}$$

$$= [(55 + 110\sqrt{3}) + \mathrm{j}(55\sqrt{3} + 110)]\mathrm{V}$$

$$= (245.5 + \mathrm{j}205.3)\mathrm{V} = 320 \angle 39.9°\mathrm{V}$$

根据相量式写出对应的正弦量瞬时表达式：

$$u_1 + u_2 = 320\sqrt{2}\sin(314t + 39.9°)\text{V}$$

其相量图如图 2-1-8 所示。

注意：只有相同频率的正弦量才可以用相量法计算。用相量法求两个正弦量的和，比直接用三角函数求和要方便许多。

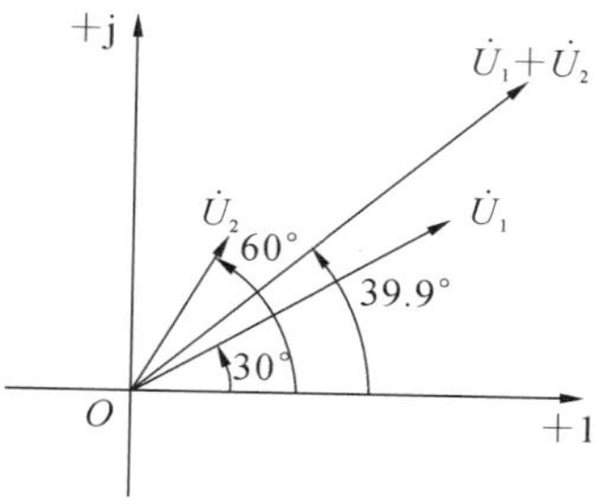

图 2-1-8　例 2-1-4 相量图

◈ 2.1.3　单一元件负载特性与应用

电阻 R、电感 L 和电容 C 是电路组成的三个基本元件，单一元件负载是指电路负载只包含电阻、电感或电容。单一 R、L、C 元件上交流电压和电流的关系是分析正弦交流稳态电路的基础。单一 R、L、C 元件上交流电压和电流的关系包含强度（大小）和相位两层关系，同时还应注意频率变化对交流正弦量的影响。

一、单一元件的交流 VCR 关系

1. 电阻元件电压和电流的 VCR 关系

如图 2-1-9 所示为一个纯电阻的交流电路。在关联参考方向下，根据欧姆定律，电压和电流的瞬时关系为

$$u = iR$$

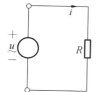

图 2-1-9　纯电阻电路

若以通过电阻的电流为参考，且通过的电流瞬时值为

$$i = I_m\sin(\omega t + \varphi_i)$$

则电压为

$$u = Ri = R\,I_m\sin(\omega t + \varphi_i) = U_m\sin(\omega t + \varphi_u)$$

比较上两式可知，纯电阻 R 元件上交流电压和电流存在以下关系：

（1）电压与电流的最大值关系符合欧姆定律，即 $U_m = I_m R$。

（2）电压与电流的有效值关系符合欧姆定律，即 $U = IR$。

（3）电压与电流的频率相同，即 $\omega_u = \omega_i$。

（4）在关联参考方向下，电阻上的电压与电流同相，即 $\varphi_u = \varphi_i$。

综上所述，电阻元件上电压与电流的关系为同频、同相的正弦交流量。

也即上述两个正弦量对应的相量关系为

$$\dot{U} = RI\angle\varphi_i = U\angle\varphi_u = R\dot{I}$$

即

$$\dot{U} = \dot{I}R \tag{2-1-14}$$

式（2-1-14）为电阻元件上电压与电流的相量关系式，又称为相量形式的欧姆定律，包含着电阻元件上电压与电流的有效值关系和相位关系，即

有效值关系：

$$U = IR$$

相位关系：

$$\varphi_u = \varphi_i$$

如图 2-1-10(a)、(b)所示，分别是电阻元件上电压与电流关系的波形图和相量图。图

2-1-10(b)中,系数"＋1"表示电压与电流同相("－1"表示反相)。

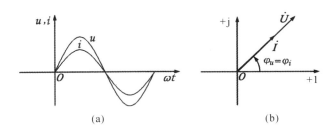

图 2-1-10　电阻元件上电压与电流关系的波形图和相量图

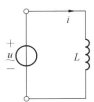

图 2-1-11　纯电感电路

2.电感元件电压和电流的 VCR 关系

如图 2-1-11 所示为一个纯电感的交流电路。在关联参考方向下,电压和电流的瞬时关系为

$$u = L \frac{\mathrm{d}i}{\mathrm{d}t}$$

通过上式可知,电感电压与电流的变化率成正比,即电感电压与通过电感电流变化的快慢成正比,且当 $\mathrm{d}t \to 0$ 时,$\mathrm{d}i \neq 0$,则 $u \to \infty$。显然,这是不可能的。因此,可得出如下结论:电感元件中的电流不能突变。

若以通过电感的电流为参考,且通过电流瞬时值为

$$i = I_{\mathrm{m}} \sin(\omega t + \varphi_i)$$

则电压为

$$
\begin{aligned}
u &= L \frac{\mathrm{d}i}{\mathrm{d}t} = L \frac{\mathrm{d}[I_{\mathrm{m}} \sin(\omega t + \varphi_i)]}{\mathrm{d}t} \\
&= \omega L\, I_{\mathrm{m}} \cos(\omega t + \varphi_i) \\
&= \omega L\, I_{\mathrm{m}} \sin(\omega t + \varphi_i + 90°) \\
&= U_{\mathrm{m}} \sin(\omega t + \varphi_u)
\end{aligned}
$$

比较上两式可知,纯电感元件上交流电压和电流存在以下关系:

电压与电流的最大值关系,即

$$U_{\mathrm{m}} = \omega L\, I_{\mathrm{m}}$$

其中,ωL 是表示电感元件对电流的阻碍作用的物理量,和电阻 R 具有相同的物理量纲,单位为欧姆(Ω),称为电感的感抗,用字母 X_L 表示,即

$$X_L = \omega L = 2\pi f L \tag{2-1-15}$$

电感 X_L 与电感量 L、角频率 ω 成正比。当电感一定时,频率越高,感抗越大;反之感抗越小。电感线圈对高频电流的阻碍作用大;对低频电流的阻碍作用小;对直流($\omega = 0$)没有阻碍作用,感抗为零,相当于短路。

因此,电感具有"通过低频,阻高频;对直流短路"的选频作用。

所以,电感元件上电压、电流最大值关系为

$$U_{\mathrm{m}} = I_{\mathrm{m}} X_L$$

电压、电流的有效值关系为

$$U = I X_L$$

电压、电流的频率相同,即

$$\omega_u = \omega_i$$

在关联参考方向下,电感元件上的电压超前电流90°,即

$$\varphi_u = \varphi_i + 90°$$

所以,电感元件上电压、电流关系为同频,电压超前电流90°的正弦交流量。

也即电感元件上电压与电流两个正弦量对应的相量关系为

$$\dot{U} = X_L I \angle \varphi_u = U \angle (\varphi_i + 90°) = j X_L \dot{I}$$

即

$$\dot{U} = j X_L \dot{I} \tag{2-1-16}$$

式(3-1-16)为电感元件上电压与电流的相量形式欧姆定律关系式,包含着电感元件上电压与电流的有效值关系和相位关系,即

有效值关系:

$$U = I X_L$$

相位关系:

$$\varphi_u = \varphi_i + 90°$$

其中符号"+j"表示电压超前电流90°。如图 2-1-12(a)、(b)所示,分别是电感元件上电压与电流关系的波形图和相量图。

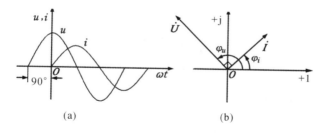

图 2-1-12 电感元件上电压与电流关系的波形图和相量图

3.电容元件电压和电流的 VCR 关系

如图 2-1-13 所示为一个纯电容的交流电路。在关联参考方向下,电压和电流的瞬时关系为

$$i = C \frac{du}{dt}$$

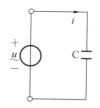

图 2-1-13 纯电容电路

通过上式可知,电容电流与其电压的变化率成正比,且当 $dt \to 0$,$du \neq 0$ 时,则 $i \to \infty$。显然,这是不可能的。因此,可得出如下结论:电容元件中的电压不能突变,对直流开路。

若以通过电容的电压为参考,且通过电压瞬时值为

$$u = U_m \sin(\omega t + \varphi_u)$$

则电流为

$$i = C \frac{du}{dt} = C \frac{d[U_m \sin(\omega t + \varphi_u)]}{dt} = \omega C U_m \cos(\omega t + \varphi_u)$$

$$= \omega C U_m \sin(\omega t + \varphi_u + 90°) = I_m \sin(\omega t + \varphi_i)$$

比较上两式可知,纯电容元件上交流电压和电流存在以下关系:

电压与电流的最大值关系,即

$$U_{\mathrm{m}} = \frac{1}{\omega C} I_{\mathrm{m}}$$

其中,$1/\omega C$ 是表示电容元件对电流的阻碍作用的物理量,和电阻 R 具有相同的物理量纲,单位为欧姆(Ω),称为电容的容抗,用字母 X_C 表示,即

$$X_C = \frac{1}{\omega C} = \frac{1}{2\pi f C}$$

电容容抗 X_C 与电容量 C、角频率 ω 成反比。当电容一定时,频率越高,容抗越小;反之容抗越大。电容器对低频电压的阻碍作用大;对高频电压的阻碍作用小;对直流($\omega = 0$)阻碍作用极大,容抗为 ∞,相当于开路。

因此,电容具有"通过高频,阻低频;对直流开路"的选频作用。

所以,电容元件上电压、电流的欧姆定律最大值关系形式为

$$U_{\mathrm{m}} = I_{\mathrm{m}} X_C$$

电压、电流的有效值关系为

$$U = I X_C$$

电压、电流的频率相同,即

$$\omega_u = \omega_i$$

在关联参考方向下,电容元件上的电压滞后电流90°,即

$$\varphi_u = \varphi_i - 90°$$

所以,电容元件上电压与电流关系为同频,电压滞后电流90°的正弦交流量。

也即电容元件上电压与电流两个正弦量对应的相量关系为

$$\dot{U} = X_C I \angle \varphi_u = I \angle (\varphi_i - 90°) = -\mathrm{j} X_C \dot{I}$$

即

$$\dot{U} = -\mathrm{j} X_C \dot{I} \tag{2-1-17}$$

式(2-1-17)为电容元件上电压与电流的相量形式欧姆定律关系式,包含着电容上电压与电流的有效值关系和相位关系,即

有效值关系:

$$U = I X_C$$

相位关系:

$$\varphi_u = \varphi_i - 90°$$

其中符号"$-\mathrm{j}$"表示电压滞后电流90°。如图 2-1-14(a)、(b)所示,分别是电容元件上电压与电流关系的波形图和相量图。

二、单一元件的交流电路功率

1. 电阻元件的功率

交流电路中,在电压与电流关联参考方向下,任何元件的瞬时功率,用小写的字母 p 表示,且

$$p = ui \tag{2-1-18}$$

正弦交流电路中,电阻元件电压与电流同频同相,其瞬时功率为

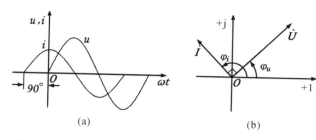

图 2-1-14　电容元件上电压与电流关系的波形图和相量图

$$p = ui = U_m\sin\omega t \cdot I_m\sin\omega t = 2UI\,(\sin\omega t)^2 = UI[1-\cos(2\omega t)]$$

即

$$p = UI - UI\cos(2\omega t) \tag{2-1-19}$$

由式（2-1-19）可知，电阻瞬时功率由两部分组成，一是恒定量 UI；二是变化量 $UI\cos(2\omega t)$，其变化频率为正弦交流电压与电流变化频率的两倍，且任何时候，其瞬时功率 $p \geqslant 0$，即电阻元件任何时候都是吸收功率，说明电阻元件是耗能元件，在电路中只能做耗能负载。

电阻元件瞬时功率波形图如图 2-1-15 所示。

瞬时功率不随时间改变而变化，并不能很好地描述电阻元件消耗电能的特性。所以电器设备的额定功率并不是瞬时功率，而是瞬时功率在一个周期内的平均值，称为平均功率，简称功率，用大写字母 P 表示，其值为

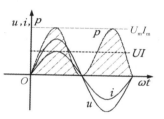

$$P = \frac{1}{T}\int_0^T p\,\mathrm{d}t \tag{2-1-20}$$

图 2-1-15　电阻元件瞬时功率波形图

正弦交流电路中电阻元件的平均功率为

$$P = \frac{1}{T}\int_0^T UI[1-\cos(2\omega t)]\mathrm{d}t = UI$$

即

$$P = UI = \frac{U^2}{R} = I^2R \tag{2-1-21}$$

上式与直流电路功率的计算公式在形式上完全一样，可上式的 U 和 I 都是有效值，P 是平均功率。一般交流电器上所标的额定功率都是指平均功率。由于平均功率反映了元件实际消耗的功率，所以又称为有功功率。这说明交流电的有功功率与直流电路功率等效。

例如灯泡的功率为 60 W，电炉的功率为 1000 W 都指的是平均功率（有功功率）。

电阻元件消耗的电能大小为

$$W = UIt = \frac{U^2}{R}t = I^2Rt \tag{2-1-22}$$

即电阻元件消耗的电能（电功）不但与电流、电压有关，还与时间的累积有关。

2. 电感元件的功率

正弦交流电路中，电感元件电压与电流同频，电压超前电流90°。若以电流 $i = I_m\sin\omega t$ 相位为参考，则电压 $u = U_m(\sin\omega t + 90°)$，其瞬时功率 p 为

$$p = ui = U_m\sin(\omega t + 90°) \cdot I_m\sin\omega t$$

$$= 2UI\cos\omega t \cdot \sin\omega t = UI\sin2\omega t$$

即

$$p = UI\sin2\omega t \tag{2-1-23}$$

由上式可知,电感元件的瞬时功率是一正弦量,但其变化频率为正弦交流电压与电流变化频率的两倍,最大幅值为 UI。

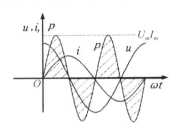

图 2-1-16　电感元件功率波形图

电感元件功率波形图如图 2-1-16 所示。其有功功率(平均功率)为

$$P = \frac{1}{T}\int_0^T UI\sin2\omega t\,dt = 0$$

这说明电感元件在正弦交流电一个周期内平均功率为零,不消耗电能。深入观察分析功率波形图发现,瞬时功率一周期内,当 $p>0$ 时,电流由零上升到最大值,电感元件建立磁场,将电能转换为磁能储存在电感元件中。磁场能量也随着电流的变化由零达到最大值,在这个过程中瞬时功率为正值,表明电感从电源处吸收功率(电能),建立磁场。

当 $p>0$ 时,电流从最大值减小到零,在这个过程中瞬时功率为负值,说明电感元件在发出功率(电能),电感元件将磁能转换成电能,消灭磁场,回馈给电源。

电感元件有功功率为零,说明电感在吸收和释放能量(换能)的过程中并不消耗电能,所以电感元件是储能元件。

为了描述电感与电源之间能量交换的最大规模,引入物理量无功功率,用 Q_L 表示,即

$$Q_L = U_L I_L = \frac{U_L^2}{X_L} = I_L^2 X_L \tag{2-1-24}$$

Q_L 具有与功率相同的物理量纲 V·A,但为了和有功功率区别,把无功功率的单位定义为乏(Var)。

注意:无功功率 Q_L 反映的是电感与电源之间电能交换的最大规模。"无功功率"不能理解为"无用功率","无功"二字的实际含义是交换电能而不消耗电能。很多电器设备如变压器、电动机等,其工作原理为电磁感应原理,如没有无功功率,它们无法工作。

电感元件在储能、放能过程中,其所储磁能大小为

$$E_L = \frac{1}{2}L\,i(t)^2 \tag{2-1-25}$$

上式说明,电感元件所储磁能与电流的瞬时值大小有关,而与电压无关,当电压为零时,电感元件所储磁能不一定为零。

3. 电容元件的功率

正弦交流电路中,电容元件电压与电流同频,电压滞后电流90°。若以电流 $u=U_m\sin\omega t$ 相位为参考,则电压 $i=I_m(\sin\omega t+90°)$,其瞬时功率 p 为

$$p = ui = I_m\sin(\omega t+90°) \cdot U_m\sin\omega t = 2UI\cos\omega t \cdot \sin\omega t = UI\sin2\omega t$$

即

$$p = UI\sin2\omega t \tag{2-1-26}$$

由上式可知,电容元件的瞬时功率同电感元件一样是一正弦量,但其变化频率同样为正

弦交流电压与电流变化频率的两倍,最大幅值为UI。

电容元件功率波形图如图2-1-17所示。其有功功率
(平均功率)为

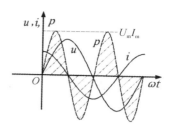

图 2-1-17　电容元件功率波形图

$$P = \frac{1}{T}\int_0^T UI\sin 2\omega t\, \mathrm{d}t = 0$$

这说明电容元件在正弦交流电的一个周期内平均功率
为零,不消耗电能。深入观察分析电容元件功率波形图发
现,当$p > 0$时,电压由零上升到最大值,电容元件建立电
场,将电能转换为电场能储存在电容元件中。电场能也随着
电压的变化由零达到最大值,在这个过程中瞬时功率为正值,表明电容从电源处吸收功率
(电能),建立电场,是电容充电的过程。

当$p < 0$时,电压从最大值减小到零,在这个过程中瞬时功率为负值,说明电容元件在发
出功率(电能),电容元件将电场能转换成电能,回馈给电源,是电容放电的过程。

电容元件有功功率为零,同样说明电容在吸收和释放能量(换能)的过程中并不消耗电
能,所以电容元件是储能元件。

同样,为了描述电容与电源之间能量交换的最大规模,用电容的无功功率Q_C来表示,即

$$Q_C = U_C I_C = \frac{U_C{}^2}{X_C} = I_C{}^2 X_C \tag{2-1-27}$$

Q_C的单位同样为乏(Var)。

注意:无功功率Q_C同样反映的是电容与电源之间电能交换的最大规模。电容元件在储
能、放能过程中,其所储电场能大小为

$$E_C = \frac{1}{2}Cu(t)^2 \tag{2-1-28}$$

上式说明,电容元件所储电场能与电压的瞬时值大小有关,而与电流无关,当电流为零
时,电容元件所储电场能不一定为零。

三、R、L、C单一元件特性比较

深入学习与理解R、L、C单一元件工作状态与特性对电工电子技术的学习有着非同寻
常的意义。如表2-1-1所示为R、L、C单一元件特性比较。

表 2-1-1　R、L、C单一元件特性比较

特性	电阻(R)	电感(L)	电容(C)
瞬时关系	$u = iR$	$u = L\dfrac{\mathrm{d}i}{\mathrm{d}t}$	$i = C\dfrac{\mathrm{d}u}{\mathrm{d}t}$
瞬时特性	电阻的u、i瞬时关系符合欧姆定律	电感的u、i瞬时关系不符合欧姆定律,u与i变化率成正比,且电流不能突变	电容的u、i瞬时关系不符合欧姆定律,i与u变化率成正比,且电压不能突变
阻抗关系	$R = \rho\dfrac{L}{S}$	$X_L = \omega L$	$X_C = \dfrac{1}{\omega C}$
阻抗特性	电阻与频率无关,交直流阻抗作用相同	感抗与频率成正比。对直流相当于短路	容抗与频率成反比。对直流相当于开路

续表

特性	电阻(R)	电感(L)	电容(C)
选频特性	无选频作用	阻高频,通低频	通高频,阻低频
最大值关系	$U_m = I_m R$	$U_m = I_m X_L$	$U_m = I_m X_C$
有效值关系	$U = IR$	$U = I X_L$	$U = I X_C$
最大值、有效值特性	电流和电压的最大值、有效值均符合欧姆定律		
频率关系	$\omega_u = \omega_i$		
频率特性	电压与电流频率相同		
相位关系	$\Delta\varphi = 0°$	$\Delta\varphi = 90°$	$\Delta\varphi = -90°$
相位特性	电压与电流同相	电压超前电流 $90°$	电压滞后电流 $90°$
相量关系	$\dot{U} = \dot{I}R$	$\dot{U} = \mathrm{j}\dot{I} X_L$	$\dot{U} = -\mathrm{j}\dot{I} X_C$
相量特性	相量关系既表示了电压与电流的数量关系(符合欧姆定律),又表示了电压与电流的相位关系。式中系数"1":表示电压与电流相位相同;系数"j":表示电压超前电流相位 $90°$;系数"$-$j":表示电压滞后电流相位 $90°$		
有功功率(P)	$P = UI = I^2 R = \dfrac{U^2}{R}$	$P = 0$	$P = 0$
无功功率(Q)	$Q = 0$	$Q = UI = I^2 X_L = \dfrac{U^2}{X_L}$	$Q = UI = I^2 X_C = \dfrac{U^2}{X_C}$
功率特性	只消耗电能,属耗能元件	不消耗电能,是储能(换能)元件	不消耗电能,是储能(换能)元件
储(耗)能关系	$W = I^2 Rt$	$W = \dfrac{1}{2} Li(t)^2$	$W = \dfrac{1}{2} Cu(t)^2$
能量特性	电阻耗能随时间累积	电感储能与电流的瞬时值有关	电容储能与电压的瞬时值有关

四、典型例题

例 2-1-5 有一个 40 W 的电烙铁,接在瞬时电压 $u = 311\sin(314t + 30°)$ V 的交流电源上,求:(1) 通过电烙铁的电流 $\dot{I}$ 和 i 及电烙铁的电阻 R;(2) 电烙铁工作 8 h,消耗电能为多少?

解:(1) 电源有效值为

$$U = \frac{U_m}{\sqrt{2}} = \frac{311}{\sqrt{2}} \text{ V} = 220 \text{ V}$$

电烙铁电阻为

$$R = \frac{U^2}{P} = \frac{220^2}{40} \text{ } \Omega = 1210 \text{ } \Omega$$

电源电压相量式为

$$\dot{U} = 311\angle 30° \text{ V}$$

电烙铁电流最大值相量式为

$$\dot{I} = \frac{\dot{U}}{R} = \frac{311\angle 30°}{1210} = 0.26\angle 30° \text{ A}$$

电烙铁电流瞬时值表达式为

$$i(t) = 0.26\sin(314t + 30°) \text{ A}$$

（2）电烙铁工作 8 小时消耗电能为

$$W = Pt = 40 \times 8 \times 3.6 \times 10^3 \text{ J} = 1.15 \times 10^6 \text{ J} = 0.32 \text{ kW} \cdot \text{h}$$

■ 例 2-1-6 高频扼流圈的电感为 3 mH，试计算在正弦交流信号为 1 kHz 和 1 MHz 时的感抗值各为多大。

解：当频率为 1 kHz（相当于低频范围）时：

$$X_L = 2\pi f \cdot L = 2\pi \times 10^3 \text{ Hz} \times 3 \times 10^{-3} \text{ H} \approx 18.85 \text{ Ω}$$

当频率为 1 MHz（相当于高频范围）时：

$$X_L = 2\pi f \cdot L = 2\pi \times 10^6 \text{ Hz} \times 3 \times 10^{-3} \text{ H} \approx 18.85 \text{ kΩ}$$

由此可见，相同的电感，在 1 MHz 时对交流信号的阻抗是 1 kHz 时的 1000 倍，相差极大，这样就可以让低频信号通过，而对高频信号阻碍（衰减）极大。所以说，电感具有"通低频，阻高频"的选频作用。

■ 例 2-1-7 一电容容量为 10 μF，当信号频率为 500 Hz 时，电流为 50 mA，若信号电压幅值不变，频率变为 1000 Hz 时，电容电流及无功功率各为多大？

解：当信号频率为 500 Hz 时，电容容抗及电压分别为

$$X_{C1} = \frac{1}{2\pi f_1 C} = \frac{1}{2\pi \times 500 \text{ Hz} \times 10 \times 10^{-6} \text{ F}} = 31.8 \text{ Ω}$$

$$U_C = I_{C1} \times X_{C1} = 50 \times 10^{-3} \text{ A} \times 31.8 \text{ Ω} = 1.59 \text{ V}$$

当信号频率为 1000 Hz 时，电容容抗及电流分别为

$$X_{C2} = \frac{1}{2\pi f_2 C} = \frac{1}{2\pi \times 1000 \text{ Hz} \times 10 \times 10^{-6} \text{ F}} = 15.9 \text{ Ω}$$

$$I_{C2} = \frac{U_C}{X_{C2}} = \frac{1.59 \text{ V}}{15.9 \text{ Ω}} = 100 \text{ mA}$$

此时，电容无功功率为

$$Q_C = I_{C2}^2 X_{C2} = (100 \times 10^{-3})^2 \times 15.9 \text{ Var} = 0.159 \text{ Var}$$

◆ 2.1.4 RLC 交流负载特性分析与应用

前面学习了单一元件的交流负载特性与应用。下面介绍 RLC 不同类型元件串、并联连接所形成的交流电路的负载特性与应用。

一、RLC 串联交流电路特性分析与应用

如图 2-1-18 所示为 RLC 串联电路。由于串联电路各元件电流相同，根据基尔霍夫电压定律（KVL）可以得出：

$$u = u_R + u_L + u_C \tag{2-1-29}$$

设串联电路中的电流为

$$i = I_m \sin\omega t$$

由单一元件交流负载特性可知，电阻元件上的电压、电流同相，那么电阻元件的电压方

程为

$$u_R = U_{Rm}\sin\omega t = R\,I_m\sin\omega t$$

同理,电感元件上的电压比电流超前 $90°$,那么电感元件的电压方程为

$$u_L = U_{Lm}\sin(\omega t + 90°) = X_L\,I_m\sin(\omega t + 90°)$$

同理,电容元件上的电压比电流滞后 $90°$,那么电容元件的电压方程为

$$u_C = U_{Cm}\sin(\omega t - 90°) = X_C\,I_m\sin(\omega t - 90°)$$

则电源电压为

$$u = u_R + u_L + u_C = U_m\sin(\omega t + \varphi) \tag{2-1-30}$$

以上各电压均为正弦交流量,因而均可用相量来表示。则式(2-1-30)的相量表达式为

$$\dot{U} = \dot{U}_R + \dot{U}_L + \dot{U}_C \tag{2-1-31}$$

由此可知,RLC 串联电路的电压相量关系遵守基尔霍夫电压定律(KVL)。在 RLC 串联电路中各元件电流相同,若以电流相量为参考相量,则 RLC 串联电路电压关系相量图如图 2-1-19 所示。

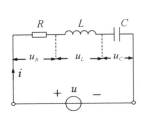

图 2-1-18 RLC 串联电路　　　　图 2-1-19 电压相量图

若令 $\dot{U}_X = \dot{U}_L + \dot{U}_C$,并定义 $\dot{U}_X$ 为电抗电压,则式(2-1-31)可转化为

$$\dot{U} = \dot{U}_R + \dot{U}_L + \dot{U}_C = \dot{U}_R + \dot{U}_X \tag{2-1-32}$$

在电压相量图中,由电路中各电压相量所组成的三角形称为电压三角形,如图 2-1-20 所示。这个直角三角形直观地表现了电路中各电压的有效值关系。根据直角三角形的勾股定理,各电压有效值关系为

$$U = \sqrt{U_R^2 + (U_L - U_C)^2} = \sqrt{U_R^2 + U_X^2} \tag{2-1-33}$$

图 2-1-20 中,角 φ 为电源(端口)电压 u 与串联电路电流 i 的相位差。则角 φ 与各电压间的关系为

$$\varphi = \arctan\frac{U_L - U_C}{U_R} = \arctan\frac{U_X}{U_R} \tag{2-1-34}$$

又因为电阻元件的相量形式欧姆定律为

$$\dot{U}_R = R\,\dot{I}$$

电感元件的相量形式欧姆定律为

$$\dot{U}_L = jX_L\,\dot{I}$$

电容元件的相量形式欧姆定律为

$$\dot{U}_C = -jX_C\,\dot{I}$$

将以上三式代入式(2-1-31),可得

$$\dot{U} = R\dot{I} + jX_L\dot{I} - jX_C\dot{I} = \dot{I}[R + j(X_L - X_C)] \qquad (2\text{-}1\text{-}35)$$

若令 $X = X_L - X_C$，并定义 X 为电路的电抗，表示电路中储能元件对电流的阻抗作用，单位与电阻相同，为欧姆（Ω），则有

$$\dot{U} = \dot{I}(R + jX)$$

再令 $Z = R + jX$，并定义 Z 为电路的阻抗，表示电路中所有电路元件对电流的阻抗作用，单位同样为欧姆（Ω），则有

$$\dot{U} = \dot{I}Z \qquad (2\text{-}1\text{-}36)$$

所以，电路阻抗为

$$Z = R + j(X_L - X_C) = R + jX = |Z| \angle \varphi \qquad (2\text{-}1\text{-}37)$$

显而易见，$|Z|$、R、X 三者间的关系在复平面内同样构成一个直角三角形，称为阻抗三角形，如图 2-1-21 所示。由勾股定理可得

$$|Z| = \sqrt{R^2 + X^2} = \sqrt{R^2 + (X_L - X_C)^2} \qquad (2\text{-}1\text{-}38)$$

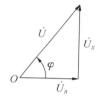

图 2-1-20　电压三角形

图 2-1-21　阻抗三角形

其中，角 φ 称为阻抗角。则 φ 与 $|Z|$、R、X 三者间的关系为

$$\varphi = \arctan \frac{X}{R} = \arctan \frac{X_L - X_C}{R} \qquad (2\text{-}1\text{-}39)$$

阻抗角与电路电压和电流的相位差相同。

若 $\varphi > 0$；$X > 0$（$X_L > X_C$）；$U_X > 0$（$U_L > U_C$），电路呈感性，多为输配电电路；电路电压超前电流相位差 $90° > \varphi > 0°$。

若 $\varphi = 0$；$X > 0$（$X_L = X_C$）；$U_X = 0$（$U_L = U_C$），电路呈阻性；电路电压与电流同相，电路工作状态称为谐振，电路称为谐振电路。输配电电路应避免工作于谐振状态，但电子电路很多情况需工作于谐振状态。

若 $\varphi < 0$；$X < 0$（$X_L < X_C$）；$U_X < 0$（$U_L < U_C$），电路呈容性，多为电子电路；电路电压滞后电流相位差 $-90° > \varphi > 0°$。

二、RLC 并联交流电路特性分析与应用

如图 2-1-22 所示为 RLC 并联电路。由于并联电路各元件电压相同，根据基尔霍夫电流定律（KCL）可以得出：

$$i = i_R + i_L + i_C \qquad (2\text{-}1\text{-}40)$$

设并联电路的端口电压为

$$u = u_m \sin\omega t$$

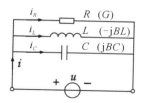

图 2-1-22　RLC 并联电路

由单一元件交流负载特性可知，电阻元件上的电压、电流同相，那么电阻元件的电流方程为

$$i_R = I_{Rm}\sin\omega t = \frac{U_m}{R}\sin\omega t$$

同理，电感元件上的电流比电压滞后 90°，那么电感元件的电流方程为

$$i_L = I_{Lm}\sin(\omega t - 90°) = \frac{U_m}{X_L}\sin(\omega t - 90°)$$

同理，电容元件上的电流比电压超前 90°，那么电容元件的电流方程为

$$i_C = I_{Cm}\sin(\omega t + 90°) = \frac{U_m}{X_C}\sin(\omega t + 90°)$$

则电源电流为

$$i = i_R + i_L + i_C = I_m\sin(\omega t + \varphi') \tag{2-1-41}$$

同样，以上各支路电流均为正弦交流量，因而均可用相量来表示。则式(2-1-41)的相量表达式为

$$\dot{I} = \dot{I}_R + \dot{I}_L + \dot{I}_C \tag{2-1-42}$$

或

$$\dot{I} = \dot{I}_G + \dot{I}_{BL} + \dot{I}_{BC} \tag{2-1-43}$$

由此可知，RLC 并联电路的电流相量关系遵守基尔霍夫电流定律(KCL)。因 RLC 并联电路中各元件电压相同，若以电压相量为参考相量，则 RLC 并联电路电流关系相量图如图 2-1-23 所示。

若令 $\dot{I}_B = \dot{I}_{BL} + \dot{I}_{BC}$，并定义 $\dot{I}_B$ 为电纳电流，则式(2-1-43)可转换为

$$\dot{I} = \dot{I}_G + \dot{I}_{BL} + \dot{I}_{BC} = \dot{I}_G + \dot{I}_B \tag{2-1-44}$$

在电流相量图中，由电路中各电流相量所组成的三角形称为电流三角形，如图 2-1-24 所示。这个直角三角形直观地表现了电路中各电流的有效值关系。根据直角三角形的勾股定理，各电流有效值关系为

$$I = \sqrt{I_G^2 + (I_{BC} - I_{BL})^2} = \sqrt{I_G^2 + I_B^2} \tag{2-1-45}$$

图 2-1-24 中，角 φ' 为电源电流 i 与端口电压 u 的相位差。则角 φ' 与各电流间的关系为

$$\varphi' = \arctan\frac{I_{BC} - I_{BL}}{I_G} = \arctan\frac{I_B}{I_G} \tag{2-1-46}$$

又因为电阻元件的相量形式欧姆定律为

$$\dot{I}_R = \frac{\dot{U}}{R} = \frac{1}{R}\dot{U}$$

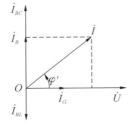

图 2-1-23　电流相量图

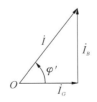

图 2-1-24　电流三角形

再因为 $1/R = G$ 为电导，此时电流可用 $\dot{I}_G$ 表示，所以上式可变形为

$$\dot{I}_G = \frac{\dot{U}}{R} = \frac{1}{R}\dot{U} = G\dot{U} \tag{2-1-47}$$

电感元件的相量形式欧姆定律为

$$\dot{I}_L = -\mathrm{j}\frac{1}{X_L}\dot{U}$$

令 $1/X_L = B_L = 1/\omega L$，并定义 B_L 为感纳，单位与电导相同，是西门子（S），此时电流可用 $\dot{I}_{BL}$ 来表示，所以上式可变形为

$$\dot{I}_{BL} = -\mathrm{j}\frac{1}{X_L}\dot{U} = -\mathrm{j}B_L\dot{U} \tag{2-1-48}$$

电容元件的相量形式欧姆定律为

$$\dot{I}_C = \mathrm{j}\frac{1}{X_C}\dot{U}$$

令 $1/X_C = B_C = \omega C$，并定义 B_C 为容纳，单位同样是西门子（S），此时电流可用 $\dot{I}_{BC}$ 来表示，所以上式可变形为

$$\dot{I}_{BC} = \mathrm{j}\frac{1}{X_C}\dot{U} = \mathrm{j}B_C\dot{U} \tag{2-1-49}$$

将式（2-1-47）、式（2-1-48）、式（2-1-49）代入式（2-1-43），可得

$$\dot{I} = G\dot{U} + \mathrm{j}B_C\dot{U} - \mathrm{j}B_L\dot{U} = \dot{U}[G + \mathrm{j}(B_C - B_L)] \tag{2-1-50}$$

若令 $B = B_C - B_L$，并定义 B 为电路的电纳，同样表示电路中储能元件对电流的阻抗作用，单位与电导相同，为西门子（S）。则有

$$\dot{I} = \dot{U}(G + \mathrm{j}B)$$

再令 $Y = G + \mathrm{j}B$，并定义 Y 为电路的导纳，同样表示电路中所有电路元件对电流的阻抗作用，单位同样为西门子（S）。则有

$$\dot{I} = \dot{U}Y \tag{2-1-51}$$

所以，电路导纳为

$$Y = G + \mathrm{j}(B_C - B_L) = G + \mathrm{j}B = |Y|\angle\varphi' \tag{2-1-52}$$

同样，$|Y|$、G、$B(B_C - B_L)$ 三者间的关系在复平面内构成一个直角三角形，称为导纳三角形，如图 2-1-25 所示。由勾股定理可得

$$|Y| = \sqrt{G^2 + B^2} = \sqrt{G^2 + (B_C - B_L)^2} \tag{2-1-53}$$

图 2-1-25 导纳三角形

图 2-1-25 中，角 φ' 称为导纳角。则其与 $|Y|$、G、$B(B_C - B_L)$ 三者间的关系为

$$\varphi' = \arctan\frac{B}{G} = \arctan\frac{B_C - B_L}{G} \tag{2-1-54}$$

导纳角与电路电流和电压的相位差相同。

若 $\varphi' > 0$；$B > 0(B_C > B_L)$；$I_B > 0(I_{BC} > I_{BL})$，电路呈容性；

若 $\varphi' = 0$；$B = 0(B_C = B_L)$；$I_B = 0(I_{BC} = I_{BL})$，电路呈阻性；

若 $\varphi' < 0$；$B < 0(B_C < B_L)$；$I_B < 0(I_{BC} < I_{BL})$，电路呈感性。

注意：阻抗 Z 和导纳 Y，同为描述电路阻抗的物理量，只是数学表达方式不同，便于电路

的分析计算。两者的关系为

$$Z = \frac{1}{Y} \tag{2-1-55}$$

如阻抗 $Z = a + \mathrm{j}b$,则其导纳 Y 为

$$Y = \frac{1}{Z} = \frac{1}{R + \mathrm{j}X} = \frac{R - \mathrm{j}X}{R^2 + X^2} = \frac{R}{R^2 + X^2} - \mathrm{j}\frac{X}{R^2 + X^2}$$

即电阻 R 和电抗 X 的串联电路与电导 $R/(R^2 + X^2)$ 和电纳 $X/(R^2 + X^2)$ 的并联电路等效。

三、典型例题

例 2-1-8　如图 2-1-26 所示,已知电阻 $R = 30\ \Omega$, $L = 255\ \text{mH}$, $C = 79.6\ \mu\text{F}$。若电路"工频"电流相量 $\dot{I} = 1\angle 0°\ \text{A}$,试求:(1) 电路阻抗 Z;(2) 各元件电压相量,电路总电压相量;(3) 画出各电压相量图,并说明电路性质。

解:(1) 电路阻抗为

$$Z = R + \mathrm{j}(X_L - X_C) = R + \mathrm{j}\left(\omega L - \frac{1}{\omega C}\right)$$

$$Z = 30\ \Omega + \mathrm{j}\left(314\ \text{rad/s} \times 255 \times 10^{-3}\ \text{mH} - \frac{1}{314\ \text{rad/s} \times 79.6 \times 10^{-6}\ \mu\text{F}}\right)$$

$$Z \approx 30\ \Omega + \mathrm{j}(80 - 40)\ \Omega = 30\ \Omega + \mathrm{j}40\ \Omega = 50\angle 53°\ \Omega$$

(2) 各元件电压相量为

$$\dot{U}_R = \dot{I}R = 1\angle 0°\ \text{A} \times 30\ \Omega = 30\angle 0°\ \text{V}$$

$$\dot{U}_L = \mathrm{j}\dot{I}X_L = 1\angle 90°\ \text{A} \times 80\ \Omega = 80\angle 90°\ \text{V}$$

$$\dot{U}_C = -\mathrm{j}\dot{I}X_C = 1\angle -90°\ \text{A} \times 40\ \Omega = 40\angle -90°\ \text{V}$$

电路总电压相量为

$$\dot{U} = \dot{I}Z = 1\angle 0°\ \text{A} \times 50\angle 53°\ \Omega = 50\angle 53°\ \text{V}$$

(3) 各电压相量图,如图 2-1-27 所示。

因阻抗角 $\varphi = 53° > 0$,此时电路性质为感性。

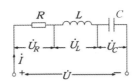
图 2-1-26　例 2-1-8 电路图

图 2-1-27　例 2-1-8 相量图

例 2-1-9　一只 36 V、40 W 电灯,若要接到 220 V、50 Hz 的正弦交流电源上,使其正常发光,电路中应串联多大的电感元件?

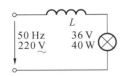
图 2-1-28　例 2-1-9 图

解:如图 2-1-28 所示是 R、L 串联正弦交流电路。若要使电灯正常发光,则电路中通过的电流为

$$I = \frac{P}{U} = \frac{40\ \text{W}}{36\ \text{V}} = 1.11\ \text{A}$$

$$U_L = \sqrt{U_S^2 - U_R^2} = \sqrt{220^2 - 36^2}\ \text{V} = 217\ \text{V}$$

$$X_L = \frac{U_L}{I} = \frac{217}{1.11}\ \Omega = 195.5\ \Omega$$

$$L = \frac{X_L}{\omega} = \frac{X_L}{2\pi f} = \frac{195.5}{314}\text{H} = 0.62\ \text{H}$$

例 2-1-10 如图 2-1-29 所示,已知电流表 A_1、A_2、A_3 的读数分别为 4 A、5 A、8 A。试问:

(1) 电流表 A 和 A_4 的读数是多大?

(2) 若并联电路端口电压相量为 $\dot{U} = U\angle 30°$ V,试写出各电流的相量表达式。

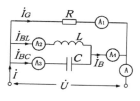

图 2-1-29 例 2-1-10 图

解:(1) 因为电流表 A_4 为电抗电流 $\dot{I}_B$ 的读数,所以其读数为

$$I_B = I_{BC} - I_{BL} = 8\ \text{A} - 5\ \text{A} = 3\ \text{A}$$

电流表 A 为干路电流 $\dot{I}$ 的读数,所以其读数为

$$I = \sqrt{{I_G}^2 + {I_B}^2} = \sqrt{4^2 + 3^2}\ \text{A} = 5\ \text{A}$$

$$\varphi' = \arctan\frac{I_G}{I_B} = \arctan\frac{4}{3} = 53°$$

(2) 若电压相量为 $\dot{U} = U\angle 30°$ V,则各电流的相量表达式为

$$\dot{I}_G = 4\angle 30°\ \text{A} \quad (\dot{I}_G\ 与\ \dot{U}\ 同相)$$

$$\dot{I}_{BL} = 5\angle(30° - 90°)\text{A} = 5\angle -60°\ \text{A} \quad (\dot{I}_{BL}\ 滞后\ \dot{U}\ 90°)$$

$$\dot{I}_{BC} = 8\angle(30° + 90°)\text{A} = 8\angle 120°\ \text{A} \quad (\dot{I}_{BC}\ 超前\ \dot{U}\ 90°)$$

$$\dot{I}_B = (8\angle 120° - 5\angle -60°)\text{A} = 3\angle 120°\ \text{A}$$

$$\dot{I} = 5(\angle 53° + \angle 30°)\text{A} = 5\angle 83°\text{A} \quad (\dot{I}\ 超前\ \dot{U}\ 53°)$$

2.1.5 正弦交流负载的功率与功率因数的提高

一、正弦交流负载的功率

1. 瞬时功率(p)

正弦交流负载的电路模型如图 2-1-30(a)所示,Z 为无源的 RLC 二端网络。如交流负载的端电压 u 和电流 i 之间存在相位差为 φ,φ 的正负、大小由负载的性质确定。则负载的端电压 u 的瞬时表达式可表示为

$$u = U_m\sin(\omega t + \varphi)$$

电流 i 的瞬时表达式可表示为

$$i = I_m\sin\omega t$$

负载吸收的瞬时功率为

$$p = ui = U_m\sin(\omega t + \varphi) \times I_m\sin\omega t$$

$$= \sqrt{2}U\sin(\omega t + \varphi) \times \sqrt{2}I\sin\omega t$$

$$= 2UI\sin(\omega t + \varphi)\sin\omega t$$

整理后,可得

$$p = UI\cos\varphi - UI\cos(2\omega t + \varphi) \tag{2-1-56}$$

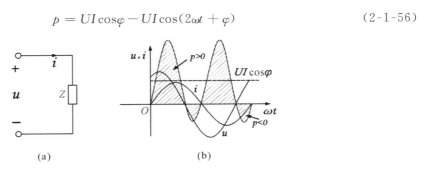

图 2-1-30　正弦交流负载电路与瞬时功率波形图

由式(2-1-56)可知,瞬时功率是随时间变化的,变化曲线如图 2-1-30(b)所示。可以看出瞬时功率 p 有时为正,有时为负。当 $p>0$,为正值时,表示负载从电源吸收功率;当 $p<0$,为负值时,表示负载中的储能元件(电感、电容)释放出能量送回电源;同时还可以看到,在一个周期内瞬时功率为正($p>0$)的部分大于瞬时功率为负($p<0$)的部分,这说明负载阻抗 Z 总的说来,仍然是从电源吸收功率的,这是由于负载阻抗 Z 中存在耗能元件电阻 R。

将式(2-1-56)进一步展开,可得

$$p = UI\cos\varphi(1-\cos2\omega t) + UI\sin\varphi\sin2\omega t \tag{2-1-57}$$

其中分量 $UI\cos\varphi(1-\cos2\omega t)$ 始终大于等于零,且与单一元件电阻 R 的功率表达式相似,因此,这个分量应是代表负载阻抗 Z 中电阻 R 消耗电能的速率,即有功功率分量;分量 $UI\sin\varphi\sin2\omega t$ 是一个正弦交流分量,与单一元件电感 L、电容 C 的功率表达式相似,因此,这个分量应是代表负载阻抗 Z 中电感 L、电容 C 储存电能,并与电源交换电能的速率,即无功功率分量。

2. 有功功率(P)

由式(2-1-57)中有功功率分量可得负载阻抗 Z 的有功功率为

$$P = \frac{1}{T}\int_0^T UI\cos\varphi(1-\cos2\omega t)\mathrm{d}t = UI\cos\varphi \tag{2-1-58}$$

由式(2-1-58)可知,负载有功功率 P 与电路端电压有效值 U 和流过负载的电流 I 有效值及电路中总的电压 $\dot{U}$ 和电流 $\dot{I}$ 的相位差 φ 有关。由于一个交流负载总可以用一个等效复阻抗 Z 来表示,因此它的阻抗角决定电路中的电压和电流的相位差,即 $\cos\varphi$ 中的 φ 也就是复阻抗的阻抗角,$\cos\varphi$ 又称为功率因数,阻抗角 φ 又称为功率因数角。

由上述分析可知,在交流负载中只有电阻 R 是耗能元件,因此,在 RLC 负载中有功功率为电阻吸收的功率,即

$$P = UI\cos\varphi = I^2R = \frac{U^2}{R}$$

式(2-1-58)也可看作是计算正弦交流电路有功功率的一般表达式,它具有普遍意义。

在纯电阻电路下

$$\varphi = 0°, \cos\varphi = \cos0° = 1, P = UI$$

在纯电感电路下

$$\varphi = 90°, \cos\varphi = \cos90° = 0, P = 0$$

在纯电容电路下

$$\varphi = -90°, \cos\varphi = \cos(-90°) = 0, P = 0$$

所以,在 RLC 负载电路中,所有的有功功率就是该负载电路中所有电阻元件所消耗功率的总和。

3. 无功功率(Q)

由式(2-1-57)中无功功率分量 $UI\sin\varphi\sin2\omega t$ 可得负载阻抗 Z 的无功功率为

$$Q = UI\sin\varphi \tag{2-1-59}$$

无功功率表示电路中的储能元件电感和电容共同与电源之间要进行电能交换的最大规模(或速率)。这种能量交换,是不消耗电能的。

式(2-1-59)中的 φ 角仍为负载电路电压 U 和电流 I 的相位差,也是电路等效复阻抗的阻抗角。

式(2-1-59)也可看作是计算正弦交流电路无功功率 Q 的一般表达式,同样具有普遍意义。

在纯电阻电路下

$$\varphi = 0°, \sin\varphi = \sin0° = 0, Q = 0$$

在纯电感电路下

$$\varphi = 90°, \sin\varphi = \sin90° = 1, Q = UI > 0$$

在纯电容电路下

$$\varphi = -90°, \sin\varphi = \sin(-90°) = -1, Q = -UI < 0$$

所以,在 RLC 负载电路中,电阻无功功率为 0;电感的无功功率为正,电容的无功功率为负,表示电感与电容的瞬时无功功率的性质相反,即电感吸收无功功率时,电容发出无功功率,电感发出无功功率时,电容吸收无功功率。

当负载为感性或容性电路时,电感与电容无功功率相互补偿,在电路内部先相互交换一部分能量,不足部分或多余部分再与电源进行交换,则负载电路的无功功率 Q 为

$$Q = Q_L - Q_C = I^2 X = \frac{U^2}{X} \tag{2-1-60}$$

式(2-1-60)表明,负载电路的无功功率是电感元件的无功功率与电容元件的无功功率的代数和。因为式中的 Q_L 为正值,Q_C 为负值,所以 Q 为一个代数量,可正可负,可为零,单位为乏(Var)。

对于阻性电路,$\varphi = 0$,则 $\sin\varphi = 0$,无功功率 $Q = 0$,负载电路与电源没有无功功率交换;

对于感性电路,$\varphi > 0$,则 $\sin\varphi > 0$,无功功率 $Q > 0$ 为正值,负载电路向电源吸收无功功率;

对于容性电路,$\varphi < 0$,则 $\sin\varphi < 0$,无功功率 $Q < 0$ 为负值,负载电路向电源回馈无功功率。

所以,负载无功功率(Q)也可以用下式计算

$$Q = I^2 X = I^2(X_L - X_C) = \frac{U^2}{X} = \frac{U^2}{X_L - X_C} \tag{2-1-61}$$

4. 视在功率(S)

由前述可知,交流电源发出的功率不仅包含负载电阻消耗的有功功率(P),还包含负载储能元件与电源间能量交换的无功功率(Q)。电源发出功率可用电源输出电压 U 和电流 I

的乘积来表示,电工上称之为视在功率,用 S 来表示。即电路视在功率为

$$S = UI \tag{2-1-62}$$

显然视在功率(S)具有与功率相同的量纲,但它与有功功率和无功功率是有区别的。所以,规定视在功率的单位为伏·安(V·A)或千伏·安(kV·A)。

视在功率(S)又称功率容量,通常用来表示电气设备的容量。容量说明电气设备工作时能发出的最大功率。电源设备如变压器、发电机等交流电气设备的容量是按照设计的额定电压(U_N)和额定电流(I_N)来确定的,用额定视在功率(S_N)来表示。即

$$S_N = U_N I_N$$

当交流电源设备在额定电压 U_N 条件下工作时,电源设备允许对外提供的额定电流 I_N 为

$$I_N = \frac{S_N}{U_N}$$

而实际对外提供的工作电流 I 为

$$I = \frac{S}{U_N}$$

显然 $I < I_N$,说明当电源设备的运行对外提供额定电压(U_N)时,受电流(I_N)的限制。

5. 功率三角形与功率因数

分析有功功率(P)、无功功率(Q)、视在功率(S)三者间关系有

$$P = UI\cos\varphi = S\cos\varphi$$

$$Q = UI\sin\varphi = S\sin\varphi$$

$$S = \sqrt{P^2 + Q^2} = UI$$

显然,视在功率(S)、有功功率(P)、无功功率(Q)三者构成一个直角三角形,如图 2-1-31(a)所示。此三角形称为功率直角三角形,它与同电路的电压三角形、阻抗三角形或电流三角形、导纳三角形相似。其中,角 φ 为功率因数角。且

$$\varphi = \arctan\frac{Q}{P} \tag{2-1-63}$$

功率因数角 φ 的余弦,称为功率因数,用 λ 表示,用以描述电流输出视在功率中转换为有功功率的比例。即

$$\lambda = \cos\varphi = \frac{P}{S} \tag{2-1-64}$$

由此可知,交流电源设备输出的有功功率 P 不仅与电源设备的端电压 U 和电流 I 的有效值乘积有关,还与负载电路的参数(性质)有关。电路的参数不同,即电路的性质不同,电压与电流的相位差 φ 就不同,即使在电源设备输出同样的电压与电流之下,负载电路的有功功率(P)与无功功率(Q)也不相同。

注意,功率三角形、电压三角形、阻抗三角形的关系如图 2-1-31 所示。

同样,可得功率三角形、电流三角形、导纳三角形的关系图,读者可自行分析。

二、提高功率因数

1. 提高功率因数的意义

供配电系统中除少数电气设备如白炽灯、电炉等为阻性设备,功率因数等于 1.0 外,绝大多数电气设备如镇流器、电动机、变压器等均为感性设备,且一般功率因数均小于 1.0,导致整个电路功率因数较低。那么功率因数低对电力系统有哪些危害呢?

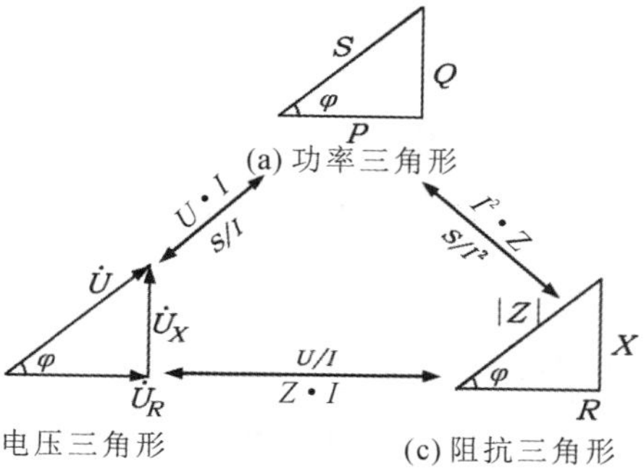

图 2-1-31　功率三角形与电压、阻抗三角形的关系

1）电源设备的容量不能充分利用

设某供电变压器的额定容量为 100 kV·A，额定电压为 220 V。则额定电流为

$$I_N = \frac{S_N}{U_N} = \frac{100 \text{ kV} \cdot \text{A}}{220 \text{ V}} = 454.5 \text{ A}$$

如果负载功率因数等于 1，则变压器可以输出有功功率为

$$P = S\cos\varphi = 100 \text{ kW}$$

如果负载功率因数等于 0.5，则变压器可以输出有功功率为

$$P = S\cos\varphi = 100 \text{ kV} \cdot \text{A} \times 0.5 = 50 \text{ kW}$$

可见，负载的功率因数越低，供电变压器输出的有功功率越小，设备的利用率越不充分，经济损失越严重。

2）增加输电线路上的功率损失

当电源设备输出电压 U 和输出的有功功率 P 一定时，电源输出的电流（即线路上的电流）为

$$I = \frac{P}{U\cos\varphi}$$

如图 2-1-32(a)所示（不接电容 C 时），若输电线的电阻为 r，则输电线上的电压与功率损失为

$$\Delta U = Ir = \frac{P}{U\cos\varphi}r$$

$$\Delta P = I^2 r = \left(\frac{P}{U\cos\varphi}\right)^2 r$$

功率因数 $\cos\varphi$ 越低，电压与功率损失越大。电压损失越大，则负载电气设备的工作电压越低；功率损失越大，则电能损失越多。

所以，提高功率因数可使电网内的电源设备容量得到充分利用，提高电源输出的有功功率以及降低输电线上电压损失和有功电能的损耗，以节约大量电力。国家电业部门规定，用电企业的功率因数必须维持在 0.85 以上。高于此指标的给予奖励，低于此指标的则罚款，而低于 0.5 者停止供电。

2. 功率因数提高的方法

提高功率因数简便而有效的方法通常是给电感性负载并联适当容量的电容器，其电路图和相量图如图 2-1-32 所示。

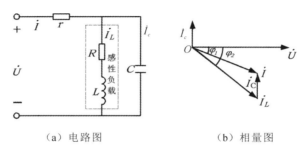

（a）电路图   （b）相量图

图 2-1-32   提高功率因数电路和相量图

未并联电容 C 时，干电路电流 I 与负载电流 I_L 相等，且为

$$I_L = \frac{P}{U\cos\varphi_1}$$

并联电容 C 后，电感性负载的电压 U 不受电容器的影响。电感性负载的电流 I_L 不变，仍然等于原来的电流，这是因为电源电压和电感性负载的参数并未改变。但对总电流 I 来说，却多了一个电流分量 $\dot{I}_C$，用以提高电路的功率因数。

如图 2-1-32(b)所示，干电路电流相量为

$$\dot{I} = \dot{I}_L + \dot{I}_C$$

其有效值为

$$I = \frac{P}{U\cos\varphi_2} < I_L$$

即线路上的电流相量的有效值 I 比未并联电容 C 时电流 I_L 减少了。也就是说，负载中滞后的无功电流被电容中超前的无功电流所补偿，从而使电源设备输出的总电流的无功电流分量减少，从而降低线路损耗，提高电源利用率。

未并联电容 C 时，电流 I_L 的无功分量为

$$I_L\sin\varphi_1 = \frac{P}{U\cos\varphi_1}\sin\varphi_1 = \frac{P}{U}\tan\varphi_1$$

并联电容 C 后，电流 I 的无功分量为

$$I\sin\varphi_2 = \frac{P}{U\cos\varphi_2}\sin\varphi_2 = \frac{P}{U}\tan\varphi_2$$

又由图 2-1-32 可知，电路的有功电流分量并联电容 C 后保持不变，且电容电流

$$I_C = I_L\sin\varphi_1 - I\sin\varphi_2 = \omega CU$$

所以

$$C = \frac{I_C}{\omega U} = \frac{I_L\sin\varphi_1 - I\sin\varphi_2}{\omega U} = \frac{P}{\omega U^2}(\tan\varphi_1 - \tan\varphi_2) \qquad (2\text{-}1\text{-}65)$$

从能量的角度来看，负载中的磁场能量与电容中电场能量相互补偿，从而降低了电源与负载间的能量交换；也可以说是利用电容发出的无功功率 Q_C 去补偿负载中电感的无功功率 Q_L，从而使电路总的无功功率 Q 降低，使电流输出的视在功率 S 降低，进而提高功率因数 $\cos\varphi$。因为

$$\tan\varphi = \frac{Q}{P}$$

未并联电容 C 时，负载的无功功率 Q_L 为

$$Q_L = P \tan \varphi_1$$

并联电容 C 后,电路的无功功率为

$$Q = P \tan \varphi_2 = Q_L - Q_C$$

电容的无功功率 Q_C 为

$$Q_C = \omega C U^2 = Q_L - Q$$

所以,并联电容 C 同样为

$$C = \frac{P}{\omega U^2}(\tan \varphi_1 - \tan \varphi_2)$$

应该注意的是:

(1)提高功率因数 $\cos\varphi$ 时应将电容并联在负载端,才能既提高电源设备的利用率,又能减少线路损耗。

(2)将电容与负载并联,才能既不改变负载的工作状态,又能提高电路的功率因数。如电容与负载串联,虽然可以提高功率因数,但会影响负载的工作状态。

(3)电路功率因数提高,但负载设备工作状态未改变,所以负载设备的有功功率 P、无功功率 Q 和设备功率因数 $\cos\varphi$ 都未改变。提高功率因数是降低了电源设备输出的视在功率 S。

(4)提高功率因数 $\cos\varphi$ 所并联的电容容量要适当,既不能将功率因数提高到1,因当功率因数为1时,电路已呈阻性,支路电流可能很大,易损坏电路设备;又不能将电路补偿后呈容性,这样电路上电时,相当于短路,电路启动电流较大,同时,电路功率因数 $\cos\varphi$ 反而会降低。

三、典型例题

例 2-1-11   已知某感性负载的端电压"工频"$U = 220$ V,有功功率 $P = 10$ kW,功率因数 $\cos\varphi_1 = 0.8$(感性)。若要把功率因数提高到 $\cos\varphi_2 = 0.95$(感性),求应并联多大容量的电容,并比较电容并联前后的电源输出电流。

解:并联电容前后的线路电流为

$$I_1 = \frac{P}{U\cos\varphi_1} = \frac{10 \text{ kW}}{220 \text{ V} \times 0.8} = 56.82 \text{ A}$$

$$I_2 = \frac{P}{U\cos\varphi_1} = \frac{10 \text{ kW}}{220 \text{ V} \times 0.95} = 47.85 \text{ A}$$

并联电容前后的功率因数角为

$$\varphi_1 = \arccos 0.8 = 36.9°$$

$$\varphi_2 = \arccos 0.95 = 18.2°$$

所以,将功率因数提高到0.95时,应并联的电容容量为

$$C = \frac{P}{\omega U^2}(\tan \varphi_1 - \tan \varphi_2) = \frac{10 \times 10^3}{2\pi \times 50 \times 220^2}(\tan 36.9° - \tan 18.2°) \text{ F}$$

$$= 277.7 \times 10^{-6} \text{ F} = 277.7 \text{ } \mu\text{F}$$

例 2-1-12   已知"工频"220 V 线路上接有功率因数为 0.5,功率为 800 W 的日光灯和功率因数为 0.65,功率为 500 W 的电风扇。试求线路的总有功功率、无功功率、视在功率、功率因数和线路总电流。

解:线路总有功功率 P 为

$$P = P_1 + P_2 = 800 \text{ W} + 500 \text{ W} = 1300 \text{ W}$$

日光灯的功率因数角 φ_1 为

$$\varphi_1 = \arccos 0.5 = 60°$$

电风扇的功率因数角 φ_2 为

$$\varphi_2 = \arccos 0.65 = 49.5°$$

日光灯的无功功率 Q_1 为

$$Q_1 = P_1 \tan \varphi_1 = 800 \times \tan 60° \text{ Var} = 1385.6 \text{ Var}$$

电风扇的无功功率 Q_2 为

$$Q_2 = P_2 \tan \varphi_2 = 500 \times \tan 49.5° \text{ Var} = 584.6 \text{ Var}$$

总的无功功率 Q 为

$$Q = Q_1 + Q_2 = 1385.6 \text{ Var} + 584.6 \text{ Var} = 1970.2 \text{ Var}$$

总的视在功率 S 为

$$S = \sqrt{P^2 + Q^2} = \sqrt{1300^2 + 1970.2^2} \text{ V} \cdot \text{A} = 2360.4 \text{ VA}$$

线路功率因数 $\cos\varphi$ 为

$$\cos\varphi = \frac{P}{S} = \frac{1300 \text{ W}}{2360.4 \text{ V} \cdot \text{A}} = 0.55$$

线路总电流 I 为

$$I = \frac{S}{U} = \frac{2360.4 \text{ V} \cdot \text{A}}{220 \text{ V}} = 10.7 \text{ A}$$

◆ 2.1.6　三相交流电路特性与分析

一、对称三相交流电源的产生

一般家庭用电均为单相交流电,而电能的大规模生产、传输和分配,以及大部分工业用电,则都采用三相交流电源和电路。

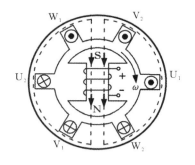

三相交流电源,是由三个频率相同、幅值相等、相位依次相差 120°的交流电势组成的电源,又称为"对称三相交流电源"。一般由三相交流发电机产生。如图 2-1-33 所示是三相交流发电机工作原理示意图。

三相交流发电机的主要组成部分是定子和转子。

定子铁芯由硅钢片叠合而成,三相独立的绕组 $U_1 U_2$、$V_1 V_2$、$W_1 W_2$ 对称地放置在定子铁芯的内圆表面凹槽内。三相独立的绕组 $U_1 U_2$、$V_1 V_2$、$W_1 W_2$ 分别

图 2-1-33　三相交流发电机原理示意图

称为 U 相、V 相和 W 相,其中 U_1、V_1、W_1 表示三相绕组的首端,U_2、V_2、W_2 表示三相绕组的末端。绕组 U相、V 相和 W 相在空间位置上彼此相差120°电角度。

发电机内部绕轴旋转的磁极称为转子。选择适当的磁极面形状和绕组分布,使转子与定子间的空气气隙中的磁感应强度按正弦规律分布。

当原动机(水轮机、蒸汽机等)拖动发电机的转子匀速转动时,定子中的各相绕组 U 相、V 相和 W 相依次切割磁力线,进而在 U 相、V 相和 W 相上分别产生频率相同、幅值相等、相位依次相差120°的三个正弦感应电压,即对称三相正弦电压"u_U、u_V、u_W"。

其瞬时表达式分别为

$$\begin{cases} u_U = U_m \sin \omega t \\ u_V = U_m \sin(\omega t - 120°) \\ u_W = U_m \sin(\omega t - 240°) = U_m \sin(\omega t + 120°) \end{cases} \qquad (2-1-66)$$

对应的相量表达式分别为

$$\begin{cases} \dot{U}_U = U \angle 0° \\ \dot{U}_V = U \angle -120° \\ \dot{U}_W = U \angle 120° \end{cases} \qquad (2-1-67)$$

相应的波形图和相量图分别如图 2-1-34(a)、(b)所示。

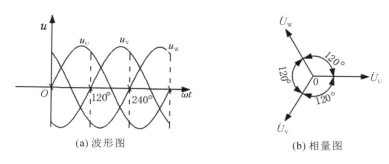

(a) 波形图   (b) 相量图

图 2-1-34 对称三相交流电源波形图和相量图

很显然,对称三相交流电压任一时刻瞬时值之和与相量值之和均为零。即

$$u_U + u_V + u_W = 0 \qquad (2-1-68)$$

或

$$\dot{U}_U + \dot{U}_V + \dot{U}_W = 0 \qquad (2-1-69)$$

其相量和的平行四边形计算过程如图 2-1-35 所示。

三相交流电相较于单相交流电在发电、输配电以及电能转换为机械能方面都有明显的优越性。例如:三相发电机、变压器相较于单相发电机、变压器不但节省材料,而且构造简单、性能优良。又如,用同样材料所制造的三相电机,其容量比单相电机大 50%;在输送同样功率的情况下,三相输电线较单相输电线,可节省有色金属 25%,而且电能损耗较单相输电时小。

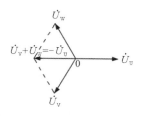

图 2-1-35 对称三相电相量计算

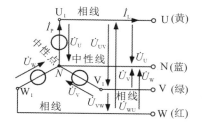

图 2-1-36 三相交流电源星形(Y)连接

二、三相电源的连接

1. 三相电源的星形(Y)连接

三相交流电源大多数采用星形(Y)连接。其连接方式如图 2-1-36 所示。

三相电源采用星形(Y)连接时,三相交流电源设备绕组 U_1U_2、V_1V_2、W_1W_2 的三个尾端 U_2、V_2、W_2 连接在一起,称为"中性点",由"中性点"引出的导线,称为电源的"中性线",简称中线(又称"零线"),用字母 N 表示,并用"蓝色"标识;三相绕组的三个首端U₁、V₁、W₁分别引出三根输电线,称为"相线"(又称"火线"),分别用字母 U、V、W(也可L₁、L₂、L₃表示),并用黄、绿、红三色对应标识 U、V、W 三相。三相电源按星形(Y)连接对外供电的方式称为"三相四线制"。

三相四线制供电系统可对外输出两种对称的交流电压。其中相线与相线之间的电压,称为线电压,分别用$\dot{U}_{UV}$、$\dot{U}_{VW}$、$\dot{U}_{WU}$(可统一用$\dot{U}_L$表示);相线与零线之间的电压,称为相电压,分别用$\dot{U}_U$、$\dot{U}_V$、$\dot{U}_W$(可统一用$\dot{U}_P$表示)。

三相电源绕组中流过的电流,称为"相电流",分别用$\dot{I}_{PU}$、$\dot{I}_{PV}$、$\dot{I}_{PW}$(可统一用$\dot{I}_P$表示);相线中流过的电流,称为"线电流",分别用$\dot{I}_{LU}$、$\dot{I}_{LV}$、$\dot{I}_{LW}$(可统一用$\dot{I}_L$表示)。

对称三相交流电源星形(Y)连接对外供电时,因各相电源绕组与相线为同一支路,所以,各相的线电流$\dot{I}_P$与相电流$\dot{I}_L$相等,即

$$\dot{I}_{PU} = \dot{I}_{LU} \qquad \dot{I}_{PV} = \dot{I}_{LV} \qquad \dot{I}_{PW} = \dot{I}_{LW}$$

或统一表示为

$$\dot{I}_L = \dot{I}_P \tag{2-1-70}$$

对两相线(如 U 相、V 相)使用基尔霍夫电压定律(KVL),则有

$$\dot{U}_{UV} + \dot{U}_V - \dot{U}_U = 0$$

变形后为

$$\dot{U}_{UV} = \dot{U}_U - \dot{U}_V = \dot{U}_U + (-\dot{U}_V)$$

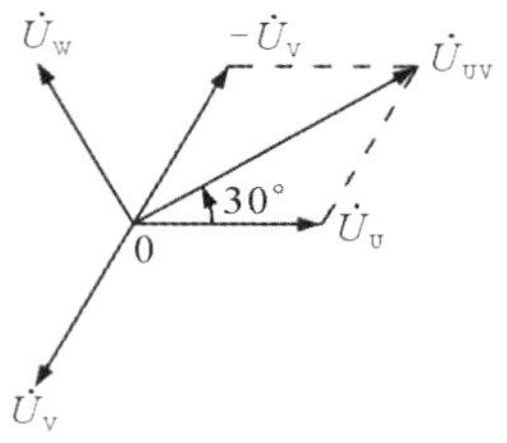

如图 2-1-37 所示,经相量分析计算后得

$$\dot{U}_{UV} = \sqrt{3}\,\dot{U}_U \angle 30°$$

同理,可得

$$\dot{U}_{VW} = \sqrt{3}\,\dot{U}_V \angle 30° \qquad \dot{U}_{WU} = \sqrt{3}\,\dot{U}_W \angle 30°$$

或统一表示为

$$\dot{U}_L = \sqrt{3}\,\dot{U}_P \angle 30° \tag{2-1-71}$$

图 2-1-37　线电压相量计算图

所以,对称三相交流电源星形(Y)连接对外供电时,各线电压有效值为各前导相相电压有效值的$\sqrt{3}$倍,相位超前前导相 30°。

我国规定,低压供电系统中,当三相交流电源相电压为 220 V 时,则线电压为

$$U_L = \sqrt{3}\,U_P = \sqrt{3} \times 220 \text{ V} = 381 \text{ V}$$

即所谓的动力配电电压 380 V。

一般家用电器多为单相负载,其额定电压一般均为 220 V,应该接在零线与火线之间;所以家庭的供电进户线为双线制,分别为零线与火线,也可称为单电源。低压供配电的三相电源和三相负载的额定电压通常是指线电压的值,多为 380 V。

2.三相电源的三角形(△)连接

如图 2-1-38 所示,三相电源的三角形(△)连接是将三相电源设备的三相绕组的六个接线端按首尾相连连接成一个闭环,三相绕组的首端分别引出三根相线 U、V、W 的连接方式。

电源采用三角形（△）连接时，对负载供电只能提供一种线电压，且线电压与所对应的相电压相等。即

$$\dot{U}_L = \dot{U}_P \tag{2-1-72}$$

同样，对三角形某一节点（如U_1节点），根据相量基尔霍夫电流定律（KCL）有

$$\dot{I}_{LU} = \dot{I}_{PU} - \dot{I}_{PW} = \dot{I}_{PU} + (-\dot{I}_{PW})$$

如图2-1-39所示，经相量计算后得

$$\dot{I}_{LU} = \sqrt{3}\,\dot{I}_{PU}\angle -30°$$

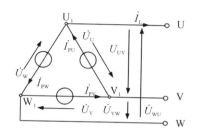

图 2-1-38　三相交流电源三角形（△）连接

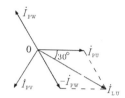

图 2-1-39　线电流相量计算图

同理可得，另外两相的线电流分别为

$$\dot{I}_{LV} = \sqrt{3}\,\dot{I}_{PV}\angle -30° \qquad \dot{I}_{LW} = \sqrt{3}\,\dot{I}_{PW}\angle -30°$$

所以，当对称三相电源的三角形（△）连接对外供电时，其线电流有效值等于电源绕组相电流的$\sqrt{3}$倍，相位比相应的相电流滞后30°。即

$$\dot{I}_L = \sqrt{3}\,\dot{I}_P\angle -30° \tag{2-1-73}$$

在实际应用中，电源采用何种连接形式与三相电源的相电压和负载的额定工作电压、连接形式有关。一般均采用星形（Y）连接形式，能满足各种负载的工作需要。以下若无特别说明，三相电源均采用星形（Y）连接形式。由于三相电源所产生的三相电压只是近似的正弦波，所以在电源回路中有一定环流，这会引起电能损耗，降低电源寿命。所以三相电源低压配电一般不采用三角形（△）连接。

三、三相负载的连接

1.三相负载的星形（Y）连接

一般家用电器多为单相交流负载，如白炽灯、家用空调、电视、冰箱等。这种单相负载的额定工作电压多为220 V，所以工作时一般接入三相供电系统的某一相线（L）与中性线（N）之间。工业电气设备中广泛应用三相对称负载。三相对称负载是由三组阻抗相同的电路组成，如三相交流电动机（见图2-1-40）、三相变压器（见图2-1-41）、三相感应炉等。三相对称负载工作时，也应按一定的方式接入三相电源（U、V、W）中，以保证三相对称负载中的工作电流对称。

负载采用"星形（Y）"连接时的电路如图2-1-42所示。将三相负载末端相连，构成负载中性点，用"N'"表示，并引出一根导线连接三相电源的中性线，从负载首端分别引出三根导线连接三相电源的三根相线的连接方式，称为负载的"星形（Y）"连接。

  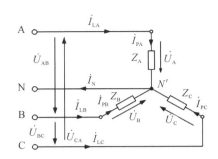

图 2-1-40　三相交流电动机　　　图 2-1-41　三相变压器　　　图 2-1-42　三相负载星形(Y)连接

如图 2-1-42 所示,相线中通过的电流称为"线电流",用"$\dot{I}_{\mathrm{L}}$"表示;各相负载中流过的电流称为"(负载)相电流",用"$\dot{I}_{\mathrm{P}}$"表示。很显然,当负载采用星形连接时有

$$\dot{I}_{\mathrm{LA}} = \dot{I}_{\mathrm{PA}} \qquad \dot{I}_{\mathrm{LB}} = \dot{I}_{\mathrm{PB}} \qquad \dot{I}_{\mathrm{LC}} = \dot{I}_{\mathrm{PC}}$$

即

$$\dot{I}_{\mathrm{L}} = \dot{I}_{\mathrm{P}} \tag{2-1-74}$$

所以,负载采用"星形(Y)"连接时,无论负载对称与否线电流与相电流相等。

若三相负载的各相阻抗分别为 Z_{A}、Z_{B} 和 Z_{C},各相负载的(相)电压为电源的相电压,所以各阻抗中流过的(负载)相电流为

$$\dot{I}_{\mathrm{PA}} = \frac{\dot{U}_{\mathrm{A}}}{Z_{\mathrm{A}}} = \frac{\dot{U}_{\mathrm{U}}}{Z_{\mathrm{A}}}$$

$$\dot{I}_{\mathrm{PA}} = \frac{\dot{U}_{\mathrm{B}}}{Z_{\mathrm{B}}} = \frac{\dot{U}_{\mathrm{V}}}{Z_{\mathrm{B}}}$$

$$\dot{I}_{\mathrm{PC}} = \frac{\dot{U}_{\mathrm{C}}}{Z_{\mathrm{C}}} = \frac{\dot{U}_{\mathrm{W}}}{Z_{\mathrm{C}}}$$

由相量形式的基尔霍夫电流(KCL)定律可知,中性线电流 $\dot{I}_{\mathrm{N}}$ 为

$$\dot{I}_{\mathrm{N}} = \dot{I}_{\mathrm{PA}} + \dot{I}_{\mathrm{PB}} + \dot{I}_{\mathrm{PC}} = \frac{\dot{U}_{\mathrm{A}}}{Z_{\mathrm{A}}} + \frac{\dot{U}_{\mathrm{B}}}{Z_{\mathrm{B}}} + \frac{\dot{U}_{\mathrm{C}}}{Z_{\mathrm{C}}}$$

若三相负载为对称三相负载,即 $Z_{\mathrm{A}} = Z_{\mathrm{B}} = Z_{\mathrm{C}} = Z = |Z| \angle \varphi$ 时,则有

$$\dot{I}_{\mathrm{N}} = \frac{1}{Z}(\dot{U}_{\mathrm{A}} + \dot{U}_{\mathrm{B}} + \dot{U}_{\mathrm{C}}) = \frac{1}{Z}(\dot{U}_{\mathrm{U}} + \dot{U}_{\mathrm{V}} + \dot{U}_{\mathrm{W}}) = 0$$

即

$$\dot{I}_{\mathrm{N}} = 0 \tag{2-1-75}$$

所以,三相对称负载采用"星形(Y)"连接,且负载电压对称时,中性线电流 $\dot{I}_{\mathrm{N}}$ 等于零。

由相量形式的基尔霍夫电压(KVL)定律可知,负载线电压与相电压的关系为

$$\dot{U}_{\mathrm{AB}} = \dot{U}_{\mathrm{A}} - \dot{U}_{\mathrm{B}} = \dot{U}_{\mathrm{U}} + \dot{U}_{\mathrm{V}} = \sqrt{3}\,\dot{U}_{\mathrm{A}} \angle 30°$$

同理可知

$$\dot{U}_{\mathrm{BC}} = \sqrt{3}\,\dot{U}_{\mathrm{B}} \angle 30° \qquad \dot{U}_{\mathrm{CA}} = \sqrt{3}\,\dot{U}_{\mathrm{C}} \angle 30°$$

即

$$\dot{U}_{\mathrm{L}} = \sqrt{3}\,\dot{U}_{\mathrm{P}}\angle 30° \qquad (2-1-76)$$

所以,对称三相负载采用"星形(Y)"连接,且负载电压对称时,线电压有效值是负载相电压有效值的$\sqrt{3}$倍,相位超前前导相30°。

2.三相负载的三角形(△)连接

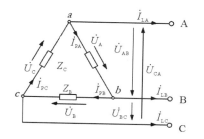

如图2-1-43所示,三相负载的"三角形(△)"连接是将三相负载接线端按首尾相连连接成一个闭环,三个接点分别引出三根导线的连接方式。

显而易见,三相负载采用"三角形(△)"连接时,无论负载对称与否,线电压与所对应的负载相电压相等。即

图2-1-43 三相负载的三角形(△)连接

$$\dot{U}_{\mathrm{L}} = \dot{U}_{\mathrm{P}} \qquad (2-1-77)$$

各相负载电流为

$$\dot{I}_{\mathrm{PA}} = \frac{\dot{U}_{\mathrm{AB}}}{Z_{\mathrm{A}}} = \frac{\dot{U}_{\mathrm{UV}}}{Z_{\mathrm{A}}}$$

$$\dot{I}_{\mathrm{PB}} = \frac{\dot{U}_{\mathrm{B}}}{Z_{\mathrm{B}}} = \frac{\dot{U}_{\mathrm{VW}}}{Z_{\mathrm{B}}} \qquad \dot{I}_{\mathrm{PC}} = \frac{\dot{U}_{\mathrm{C}}}{Z_{\mathrm{C}}} = \frac{\dot{U}_{\mathrm{WU}}}{Z_{\mathrm{C}}}$$

若三相负载为对称三相负载,即$Z_{\mathrm{A}} = Z_{\mathrm{B}} = Z_{\mathrm{C}} = Z = |Z|\angle\varphi$时,则负载相电流$\dot{I}_{\mathrm{PA}}$、$\dot{I}_{\mathrm{PB}}$、$\dot{I}_{\mathrm{PC}}$为对称三相电流。

由相量形式的基尔霍夫电流(KCL)定律可知,对称三相负载的线电流与相电流的关系为

$$\dot{I}_{\mathrm{LA}} = \dot{I}_{\mathrm{PC}} - \dot{I}_{\mathrm{PA}} = \sqrt{3}\,\dot{I}_{\mathrm{PA}}\angle -30°$$

同理可知

$$\dot{I}_{\mathrm{LB}} = \sqrt{3}\,\dot{I}_{\mathrm{PB}}\angle -30° \qquad \dot{I}_{\mathrm{LC}} = \sqrt{3}\,\dot{I}_{\mathrm{PC}}\angle -30°$$

即

$$\dot{I}_{\mathrm{L}} = \sqrt{3}\,\dot{I}_{\mathrm{P}}\angle -30° \qquad (2-1-78)$$

所以,对称三相负载采用"三角形(△)"连接,且负载电流对称时,线电流有效值是负载相电流有效值的$\sqrt{3}$倍,相位滞后相应相30°。

四、三相交流电路分析

1.负载"星形(Y)"连接的电路分析

1)负载"星形(Y)"连接的对称三相电路分析方法

低压供配电路中,一般都是对称三相交流电源作"星形(Y)"连接,负载有时为对称三相负载,有时为不对称三相负载。负载根据工作状态的需要有时作"星形(Y)"连接,有时作"三角形(△)"连接。但照明电路一般作"星形(Y)"连接。

如图2-1-44所示,当三相交流电源对称,且三相负载为对称负载,即$Z = Z_{\mathrm{A}} = Z_{\mathrm{B}} = Z_{\mathrm{C}} = |Z|\angle\varphi$时的三相交流电路称为"对称三相交流电路"。否则,为"不对称三相交流电路"。

由于图2-1-44所示电路为两个节点的电路,根据弥尔曼定理,以电源中性点N为参考点,则负载中性点N'的电压$\dot{U}_{N'}$为

$$\left(\frac{1}{Z_A}+\frac{1}{Z_B}+\frac{1}{Z_C}+\frac{1}{Z_N}\right)\dot{U}'_N = \frac{\dot{U}_U}{Z_A}+\frac{\dot{U}_V}{Z_B}+\frac{\dot{U}_W}{Z_C}$$

$$\dot{U}_{N'} = \frac{\dfrac{\dot{U}_U}{Z_A}+\dfrac{\dot{U}_V}{Z_B}+\dfrac{\dot{U}_W}{Z_C}}{\dfrac{1}{Z_A}+\dfrac{1}{Z_B}+\dfrac{1}{Z_C}+\dfrac{1}{Z_N}} \tag{2-1-79}$$

当 $Z=Z_A=Z_B=Z_C=|Z|\angle\varphi$ 时

$$\dot{U}_{N'} = \frac{\dfrac{1}{Z}(\dot{U}_U+\dot{U}_V+\dot{U}_W)}{\dfrac{3}{Z}+\dfrac{1}{Z_N}} = 0$$

即对称三相电路中性线两端电压

$$\dot{U}_{N'N} = 0 \tag{2-1-80}$$

因为 $\dot{U}_{N'N}=0$，说明电路的两个中性点 N、N' 相当于短路。所以分析对称三相交流电路的方法是：

首先取出三相电路中的一相，画出等效电路图，如图 2-1-45 所示为对称三相电路中的 U 相等效电路图。注意，画等效电路时 N、N' 两点用理想导线相连，此时中性线阻抗 Z_N 不起作用，取值为 0。

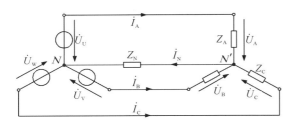

图 2-1-44　负载"星形（Y）"连接三相交流电路图

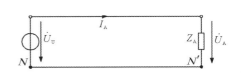

图 2-1-45　U 相等效电路图

其次，按要求对该相电路进行分析计算。如计算 U 相负载相电流 $\dot{I}_A$。

$$\dot{I}_A = \frac{\dot{U}_U}{Z} = \frac{U_U}{|Z|}\angle\varphi$$

最后，根据对称性特点，写出另外两相的计算结果。

$$\dot{I}_B = \frac{U_V}{|Z|}\angle(\varphi-120°) \qquad \dot{I}_C = \frac{U_W}{|Z|}\angle(\varphi+120°)$$

由式（2-1-80）还可以得出

$$\dot{I}_N = \frac{\dot{U}_{N'N}}{Z_N} = 0$$

即对称三相交流电路中性线电流为 0，即

$$\dot{I}_N = 0 \tag{2-1-81}$$

因为 $\dot{I}_N=0$，说明电路的两个中性点 N、N' 也可相当于开路。所以对称三相交流电路的中性线开路时并不影响电路的工作状态。如输电工程中，采用"三相三线制"高压输电；三相

异步电动机工作时,只接三根相线,而并不接中性线。这样可以节省大量的金属材料。

2) 负载"星形(Y)"连接的不对称三相电路分析方法

在三相电路中,只要电源、负载和线路中有一部分不对称,即为不对称三相电路。实际工作中不对称三相电路大量存在,如低压配电电路中有许多单相负载,如电灯、电扇、电视机等,难以把它们配成对称电路;又如对称三相电路发生短路、断路或性能改变等故障时,电路都会失去对称性,成为不对称三相电路。

如果"三相四线制"中有中性线($Z_N = 0$),则可强制使$\dot{U}_{N'N} = 0$,此时尽管负载不对称,但仍可使各相负载电压保持对称性,各相负载的工作互不影响,因而各相负载电流仍可分别计算。此时各相负载电流为

$$\dot{I}_A = \frac{\dot{U}_U}{Z_A} = \frac{U_U}{|Z_A|} \angle \varphi_A \quad \dot{I}_B = \frac{\dot{U}_V}{Z_B} = \frac{U_V}{|Z_B|} \angle \varphi_B \quad \dot{I}_C = \frac{\dot{U}_W}{Z_C} = \frac{U_W}{|Z_C|} \angle \varphi_C$$

中性线电流为

$$\dot{I}_N = \dot{I}_A + \dot{I}_B + \dot{I}_C \neq 0$$

所以"三相四线制"星形(Y)连接的照明电路中必须装设中性线,其作用就是使不对称负载的相电压对称。同时总中线性上不能接入熔断器和闸刀开关,并应具有一定的机械强度,避免中性线断路。

如果"三相四线制"中中性线开路(无中性线)或阻抗不为零($Z_N \neq 0$)时,显然,由式(2-1-79)可知不对称三相电路中,中性线电压$\dot{U}_{N'N} \neq 0$,且$\dot{I}_N \neq 0 (Z_N \neq 0)$。此时计算不对称三相电路的方法是:

首先,根据式(2-1-79)计算出电路中两中性点电压$\dot{U}_{N'N}$;其次,根据相量形式的基尔霍夫电压(KVL)定律,分别写出各相的回路电压方程。

以 U 相为例,U 相回路电压方程为

$$\dot{U}_U - \dot{U}_{N'N} - \dot{U}_A = 0$$

同理,V、W 两相的电压方程为

$$\dot{U}_V - \dot{U}_{N'N} - \dot{U}_B = 0$$

$$\dot{U}_W - \dot{U}_{N'N} - \dot{U}_C = 0$$

最后,根据要求求解电路相关参数,如负载电压、电流和功率等。

仍以 U 相为例,负载电压$\dot{U}_A$为

$$\dot{U}_A = \dot{U}_U - \dot{U}_{N'N}$$

同理,V、W 两相的负载电压$\dot{U}_B$、$\dot{U}_C$为

$$\dot{U}_B = \dot{U}_V - \dot{U}_{N'N}$$

$$\dot{U}_C = \dot{U}_W - \dot{U}_{N'N}$$

负载电流$\dot{I}_A$为

$$\dot{I}_A = \frac{\dot{U}_A}{Z_A} = \frac{\dot{U}_U - \dot{U}_{N'N}}{Z_A}$$

同理，V、W 两相的负载电流 $\dot{I}_B$、$\dot{I}_C$ 为

$$\dot{I}_B = \frac{\dot{U}_B}{Z_B} = \frac{\dot{U}_V - \dot{U}_{N'N}}{Z_B}$$

$$\dot{I}_C = \frac{\dot{U}_C}{Z_C} = \frac{\dot{U}_W - \dot{U}_{N'N}}{Z_C}$$

中线（未开路时）电流为

$$\dot{I}_N = \frac{\dot{U}_{N'N}}{Z_N} = \dot{I}_A + \dot{I}_B + \dot{I}_C \neq 0$$

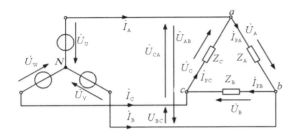

图 2-1-46　负载三角形连接的三相交流电路

2.负载"三角形（△）"连接的电路分析

如图 2-1-46 所示为负载"三角形（△）"连接的三相交流电路。如果电路对称，同样可先取其中一相进行计算，然后，再根据对称性，写出另外两相的计算结果。

如果电路不对称，则可分别对各相写出相量形式的回路电压方程，求出负载相电压，再求出相关电路参数。

如图 2-1-46 所示，各相负载电流为

$$\dot{I}_{PA} = \frac{\dot{U}_{AB}}{Z_A} = \frac{\dot{U}_{UV}}{Z_A} \quad \dot{I}_{PB} = \frac{\dot{U}_{BC}}{Z_B} = \frac{\dot{U}_{VW}}{Z_B} \quad \dot{I}_{PC} = \frac{\dot{U}_{CA}}{Z_C} = \frac{\dot{U}_{VW}}{Z_C}$$

各相的线电流不对称时，分别为

$$\dot{I}_A = \dot{I}_{PA} - \dot{I}_{PC} \quad \dot{I}_B = \dot{I}_{PB} - \dot{I}_{PA} \quad \dot{I}_C = \dot{I}_{PC} - \dot{I}_{PB}$$

五、典型例题

■ **例 2-1-13** 已知对称三相电源线电压为 380 V，对称三相负载每相阻抗为 $Z = 8 + j6\,\Omega$，试求：负载为 Y 形连接和△形连接时的相电流和线电流。

解：由于三相电源线电压为 380 V，所以每相电源相电压为

$$U_P = \frac{U_L}{\sqrt{3}} = \frac{380}{\sqrt{3}}\,V = 220\,V$$

设 U 相电压为

$$\dot{U}_U = U_P\angle 0° = 220\angle 0°\,V$$

（1）当负载为 Y 形连接时，负载相电压与电源相电压相等，为

$$\dot{U}_A = \dot{U}_U = U_P\angle 0° = 220\angle 0°\,V$$

则 A 相负载线电流与相电流相等，为

$$\dot{I}_{LA} = \dot{I}_{PA} = \frac{\dot{U}_A}{Z} = \frac{220\angle 0°}{8 + j6}\,A = \frac{220\angle 0°}{10\angle 37°}\,A = 22\angle -37°\,A$$

根据对称性，写出其他两相线电流为

$$\dot{I}_{LB} = \dot{I}_{LA}\angle-120° = 22\angle(-120°-37°)\text{A} = 22\angle-157°\text{ A}$$

$$\dot{I}_{LC} = \dot{I}_{LA}\angle120° = 22\angle(120°-37°)\text{ A} = 22\angle83°\text{A}$$

（2）当负载为△形连接时，负载相电压与电源线电压相等，为

$$\dot{U}_A = \dot{U}_{UV} = \sqrt{3}U_P\angle30° = 380\angle30°\text{V}$$

则 A 相负载相电流为

$$\dot{I}_{PA} = \frac{\dot{U}_A}{Z} = \frac{380\angle30°}{10\angle37°}\text{A} = 38\angle-7°\text{A}$$

A 相负载线电流为

$$\dot{I}_{LA} = \sqrt{3}\dot{I}_{PA}\angle-30° = \sqrt{3}\times38\angle(-30°-7°)\text{A} = 65.8\angle-37°\text{ A}$$

根据对称性，写出其他两相线电流为

$$\dot{I}_{LB} = \dot{I}_{LA}\angle-120° = 65.8\angle(-120°-37°)\text{A} = 65.8\angle-157°\text{A}$$

$$\dot{I}_{LC} = \dot{I}_{LA}\angle120° = 65.8\angle(120°-37°)\text{A} = 65.8\angle83°\text{A}$$

比较上面计算结果可知：三相电源电压不变时，负载由 Y 形连接变为△形连接后，线电流增大为 Y 形连接时的 3 倍，即

$$I_\triangle = \sqrt{3}\times\frac{\sqrt{3}U_P}{Z} = 3I_Y$$

例 2-1-14 如图 2-1-47 所示电路，每相负载各有 220 V、100 W 的白炽灯 20 个。接入线电压为 380 V 的三相四线制电路中，试求：（1）60 个灯全亮时的各相负载线电流和中性线电流；（2）如中线断开，灯的工作状态是否变化？

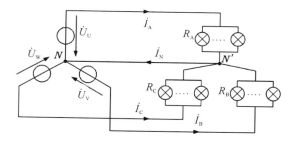

图 2-1-47 例 2-1-14 电路图

解：（1）三相电路线电压为 380 V，则三相电源相电压为

$$U_P = \frac{U_L}{\sqrt{3}} = \frac{380}{\sqrt{3}}\text{V} = 220\text{ V}$$

各相负载阻抗为

$$R_A = R_B = R_C = \frac{1}{20}\times\frac{U_N^2}{P_N} = \frac{1}{20}\times\frac{220^2}{100}\ \Omega = 24.2\ \Omega$$

设 U 相电压为 $\dot{U}_U = U_P\angle0° = 220\angle0°\text{V}$，各相电路线电流与相电流相等，且为

$$\dot{I}_{LA} = \dot{I}_{PA} = \frac{\dot{U}_A}{Z} = \frac{220\angle0°}{24.2}\text{A} = 9.1\angle0°\text{A}$$

根据对称性，写出其他两相线电流为

$$\dot{I}_{LB} = \dot{I}_{LA}\angle-120° = 9.1\angle-120°\text{A}$$

$$\dot{I}_{LC} = \dot{I}_{LA}\angle120° = 9.1\angle120°\text{A}$$

中性线电流为

$$\dot{I}_{\mathrm{N}} = \dot{I}_{\mathrm{A}} + \dot{I}_{\mathrm{B}} + \dot{I}_{\mathrm{C}} = 0 \ \mathrm{A}$$

（2）由于电路为对称三相交流电路，中性线电流为 0 A，所以如此时中线断路，各相负载工作状态并无变化，即各灯亮度不变。

例 2-1-15　如图 2-1-47 所示电路中，每相负载各有 220 V、100 W 的白炽灯 20 个，接入相电压为 220 V 的三相四线制电路中。如 A 相开 10 个灯，B 相开 5 个灯，C 相 20 个灯全开。试求：（1）各相负载相电压、相电流及中性线电流；（2）当中线断开时，各相负载相电压、相电流。

解：（1）因各相打开灯的个数不同，所以电路工作在不对称状态下。各相负载阻抗分别为

$$R_{\mathrm{A}} = \frac{1}{10} \times \frac{U_{\mathrm{N}}^2}{P_{\mathrm{N}}} = \frac{1}{10} \times \frac{220^2}{100} \ \Omega = 48.4 \ \Omega$$

$$R_{\mathrm{B}} = \frac{1}{5} \times \frac{U_{\mathrm{N}}^2}{P_{\mathrm{N}}} = \frac{1}{5} \times \frac{220^2}{100} \ \Omega = 96.8 \ \Omega$$

$$R_{\mathrm{C}} = \frac{1}{20} \times \frac{U_{\mathrm{N}}^2}{P_{\mathrm{N}}} = \frac{1}{20} \times \frac{220^2}{100} \ \Omega = 24.2 \ \Omega$$

有中性线时，各相负载相电压对称，即

$$\dot{U}_{\mathrm{A}} = 220 \angle 0° \ \mathrm{V} \quad \dot{U}_{\mathrm{B}} = 220 \angle -120° \ \mathrm{V} \quad \dot{U}_{\mathrm{C}} = 220 \angle 120° \ \mathrm{V}$$

则各相负载相电流分别为

$$\dot{I}_{\mathrm{A}} = \frac{\dot{U}_{\mathrm{A}}}{Z_{\mathrm{A}}} = \frac{220 \angle 0°}{48.4} \mathrm{A} = 4.5 \angle 0° \mathrm{A}$$

$$\dot{I}_{\mathrm{B}} = \frac{\dot{U}_{\mathrm{B}}}{Z_{\mathrm{B}}} = \frac{220 \angle -120°}{96.8} \mathrm{A} = 2.3 \angle -120° \mathrm{A}$$

$$\dot{I}_{\mathrm{C}} = \frac{\dot{U}_{\mathrm{C}}}{Z_{\mathrm{C}}} = \frac{220 \angle 120°}{24.2} \mathrm{A} = 9.1 \angle 120° \mathrm{A}$$

中性线电流为

$$\dot{I}_{\mathrm{N}} = \dot{I}_{\mathrm{A}} + \dot{I}_{\mathrm{B}} + \dot{I}_{\mathrm{C}} = (4.5 \angle 0° + 2.3 \angle -120° + 9.1 \angle 120°) \ \mathrm{A}$$

$$= (4.5 - 1.15 - \mathrm{j}1.15\sqrt{3} - 4.55 + \mathrm{j}4.55\sqrt{3}) \ \mathrm{A}$$

$$= (-1.2 + \mathrm{j}3.4\sqrt{3}) \ \mathrm{A} = 6 \angle 102° \mathrm{A}$$

（2）当中性线开路时，根据弥尔曼定理，两中性点间电压为

$$\dot{U}_{\mathrm{N'N}} = \frac{\dfrac{\dot{U}_{\mathrm{U}}}{Z_{\mathrm{A}}} + \dfrac{\dot{U}_{\mathrm{V}}}{Z_{\mathrm{B}}} + \dfrac{\dot{U}_{\mathrm{W}}}{Z_{\mathrm{C}}}}{\dfrac{1}{Z_{\mathrm{A}}} + \dfrac{1}{Z_{\mathrm{B}}} + \dfrac{1}{Z_{\mathrm{C}}}} = \frac{\dfrac{220 \angle 0°}{48.4} + \dfrac{220 \angle -120°}{96.8} + \dfrac{220 \angle 120°}{24.2}}{\dfrac{1}{48.4} + \dfrac{1}{96.8} + \dfrac{1}{24.2}} \ \mathrm{V}$$

$$= \frac{6 \angle 102°}{0.072} \ \mathrm{V} = 83.3 \angle 102° \ \mathrm{V}$$

由相量形式 KVL 方程得各相电压为

$$\dot{U}_{\mathrm{A}} = \dot{U}_{\mathrm{U}} - \dot{U}_{\mathrm{N'N}} = (220 \angle 0° - 83.3 \angle 102°) \mathrm{V} = 250.9 \angle -18° \mathrm{V}$$

$$\dot{U}_{\mathrm{B}} = \dot{U}_{\mathrm{V}} - \dot{U}_{\mathrm{N'N}} = (220 \angle -120° - 83.3 \angle 102°) \mathrm{V} = 287.4 \angle -108.9° \mathrm{V}$$

$$\dot{U}_C = \dot{U}_W - \dot{U}_{N'N} = (220\angle 120° - 83.3\angle 101.3°)V = 143.1\angle 130.4°V$$

各相负载电流分别为

$$\dot{I}_A = \frac{\dot{U}_A}{Z_A} = \frac{250.9\angle -18°}{48.4}A = 5.2\angle -18°A$$

$$\dot{I}_B = \frac{\dot{U}_B}{Z_B} = \frac{287.4\angle -108.9°}{96.8}A = 3.0\angle -108.9°A$$

$$\dot{I}_C = \frac{\dot{U}_C}{Z_C} = \frac{143.1\angle 130.4°}{24.2}A = 5.9\angle 130.4°A$$

从上例可以看出,负载不对称有中性线时,负载相电压被强制对称,各相白炽灯仍能正常工作,但中性线电流不为零,负载不对称性越大,中性线电流越大;当负载不对称又无中性线时,各相负载电压不对称,有的相电压过高,有的相电压过低,各相白炽灯均不能正常工作。这在实际应用中是不允许的。

例 2-1-16 如图 2-1-47 所示电路,电源电压对称,且相电压为 220 V,负载为 220 V、100 W 的白炽灯组。各相负载阻抗分别为 $R_A = 484\ \Omega$,$R_B = 121\ \Omega$,$R_C = 242\ \Omega$。试求在下面各种情况下各相负载上的相电压:(1) A 相负载短路或开路;(2) A 相负载短路,且中性线开路;(3) A 相负载开路,且中性线开路。

解:(1) 当 A 相负载短路时,A 相电流极大,将 A 相熔断器熔断,A 相开路。但 B、C 两相负载不受影响,相电压仍为 220 V。

当 A 相开路时,情况与当 A 相负载短路时类似,B、C 两相负载不受影响,相电压仍为 220 V。

(2) A 相负载短路,中性线开路时,如图 2-1-48 所示。A 相负载电压为

$$\dot{U}_A = 0\text{ V}$$

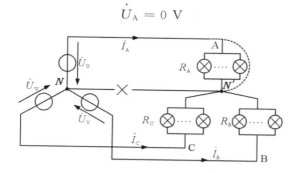

图 2-1-48 A 相短路且中性线开路电路图

B 相负载电压为

$$\dot{U}_B = \dot{U}_{BA} = -\dot{U}_{AB} = -380\angle 30°\text{ V} = 380\angle -150°\text{ V}$$

C 相负载电压为

$$\dot{U}_C = \dot{U}_{CA} = 380\angle 150°\text{ V}$$

此时,B、C 两相电压均超过灯的额定电压 220 V,这容易烧坏电灯。

(3) A 相负载开路,且中性线开路时,如图 2-1-49 所示。

此时,A 相负载电压为 $\dot{U}_A = 0$ V。电路已成为单相电路,即 B、C 两相灯组串联于 V、W

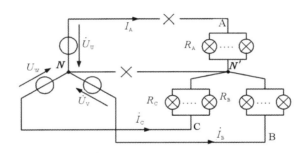

图 2-1-49 A 相负载开路且中性线开路电路图

两相电源间。B 相负载电压为

$$\dot{U}_{\mathrm{B}} = \frac{R_{\mathrm{B}}}{R_{\mathrm{B}}+R_{\mathrm{C}}}\dot{U}_{\mathrm{BC}} = \frac{121}{121+242} \times 380\angle-90° \text{ V} = 126.7\angle-90° \text{ V}$$

C 相负载电压为

$$\dot{U}_{\mathrm{C}} = \frac{R_{\mathrm{C}}}{R_{\mathrm{B}}+R_{\mathrm{C}}}\dot{U}_{\mathrm{BC}} = \frac{242}{121+242} \times 380\angle-90° \text{ V} = 253.3\angle-90° \text{ V}$$

这种情况,A 相电压为零;B 相电压低于电灯额定电压;C 相电压高于电灯额定电压,都不能正常工作。

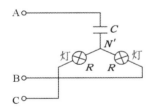

图 2-1-50 相序指示器电路

例 2-1-17 如图 2-1-50 所示是一种相序指示器电路,用来测定电源 U、V、W 的相序。电源电压对称,两灯的电阻相同为 R,并使 $X_C = 1/\omega c = R$,将三相中的任一相作为 U 相,与电容相连。其余两相分别与两只相同的白炽灯相连。求两灯的相电压,并根据灯的亮度判断相序。

解:相序是相对的,任何一相均可作为 A 相。但 A 相确定后,B 相和 C 相相序即参照确定。该电路属不对称三相电路。设 $\dot{U}_{\mathrm{U}} = U_{\mathrm{P}}\angle0° \text{ V}$,根据弥尔曼定理,两中性点间电压为

$$\dot{U}_{\mathrm{N'N}} = \frac{\dfrac{\dot{U}_{\mathrm{U}}}{-\mathrm{j}R}+\dfrac{\dot{U}_{\mathrm{V}}}{R}+\dfrac{\dot{U}_{\mathrm{W}}}{R}}{\dfrac{1}{-\mathrm{j}R}+\dfrac{1}{R}+\dfrac{1}{R}} = \frac{\mathrm{j}\dot{U}_{\mathrm{U}}+\dot{U}_{\mathrm{V}}+\dot{U}_{\mathrm{W}}}{\mathrm{j}+2}$$

$$\dot{U}_{\mathrm{N'N}} = \frac{\mathrm{j}U_{\mathrm{P}}+U_{\mathrm{P}}\angle-120°+U_{\mathrm{P}}\angle120°}{\mathrm{j}+2} = \frac{\mathrm{j}U_{\mathrm{P}}+U_{\mathrm{P}}\left(-\dfrac{1}{2}-\mathrm{j}\dfrac{\sqrt{3}}{2}\right)+U_{\mathrm{P}}\left(-\dfrac{1}{2}+\mathrm{j}\dfrac{\sqrt{3}}{2}\right)}{\mathrm{j}+2}$$

$$= \frac{\mathrm{j}U_{\mathrm{P}}-U_{\mathrm{P}}}{\mathrm{j}+2} = \frac{-1+\mathrm{j}}{\mathrm{j}+2}U_{\mathrm{P}} = \frac{(-1+\mathrm{j})(2-\mathrm{j})}{(2+\mathrm{j})(2-\mathrm{j})}U_{\mathrm{P}} = (-0.2+\mathrm{j}0.6)U_{\mathrm{P}}$$

$$U_{\mathrm{N'N}} = \sqrt{(-0.2)^2+(0.6)^2}\,U_{\mathrm{P}} = 0.63\,U_{\mathrm{P}}$$

B 相灯泡电压为

$$\dot{U}_{\mathrm{B}} = \dot{U}_{\mathrm{V}} - \dot{U}_{\mathrm{N'N}} = U_{\mathrm{P}}\angle-120° - (-0.2+\mathrm{j}0.6)U_{\mathrm{P}}$$

$$= \left(-\frac{1}{2}-\mathrm{j}\frac{\sqrt{3}}{2}\right)U_{\mathrm{P}} - (-0.2+\mathrm{j}0.6)U_{\mathrm{P}}$$

$$= (-0.3-\mathrm{j}1.47)U_{\mathrm{P}}$$

$$U_B = \sqrt{(-0.3)^2 + (-1.47)^2}\, U_P = 1.5\, U_P$$

C 相灯泡电压为

$$\dot{U}_C = \dot{U}_W - \dot{U}_{N'N} = U_P \angle 120° - (-0.2 + j0.6)U_P$$

$$= \left(-\frac{1}{2} + j\frac{\sqrt{3}}{2}\right)U_P - (-0.2 + j0.6)U_P$$

$$= (-0.3 - j0.27)U_P$$

$$U_C = \sqrt{(-0.3)^2 + (-0.27)^2}\, U_P = 0.4\, U_P$$

由上述可知，$U_B > U_C$，B 相灯泡较亮。即当 U 相确定后，与较亮灯泡相连的那一相为 V 相，与较暗灯泡相连的那一相为 W 相。

◆ 2.1.7 三相交流电路的功率与测量

三相电路的功率与单相电路一样，分有功功率、无功功率和视在功率。分析三相电路的功率，还是先从电路瞬时功率入手。

一、对称三相电路的瞬时功率

三相电路的瞬时功率无论对称与否，都等于各相瞬时功率之和。即

$$p = p_A + p_B + p_C = u_A i_A + u_B i_B + u_C i_C$$

对称三相电路中，以 A 相电压为参考相量，则各相电压的瞬时关系为

$$u_A = \sqrt{2}\, U_P \sin\omega t$$

$$u_B = \sqrt{2}\, U_P \sin(\omega t - 120°)$$

$$u_C = \sqrt{2}\, U_P \sin(\omega t + 120°)$$

各相电流的瞬时关系为

$$i_A = \sqrt{2}\, I_P \sin(\omega t - \varphi)$$

$$i_B = \sqrt{2}\, U_P \sin(\omega t - 120° - \varphi)$$

$$i_C = \sqrt{2}\, I_P \sin(\omega t + 120° - \varphi)$$

将各相电压与电流的瞬时关系式代入瞬时功率表达式中，得

$$p = \sqrt{2}\, U_P \sin\omega t \times \sqrt{2}\, I_P \sin(\omega t - \varphi) + \sqrt{2}\, U_P \sin(\omega t - 120°) \times \sqrt{2}\, U_P \sin(\omega t - 120°)$$

$$+ \sqrt{2}\, U_P \sin(\omega t + 120°) \times \sqrt{2}\, I_P \sin(\omega t + 120° - \varphi)$$

利用三角函数关系式：$2\sin\alpha\sin\beta = \cos(\alpha - \beta) - \cos(\alpha + \beta)$ 整理上式得

$$p = U_P I_P[\cos\varphi - \cos(\omega t - \varphi)] + U_P I_P[\cos\varphi - \cos(2\omega t - \varphi + 120°)]$$

$$+ U_P I_P[\cos\varphi - \cos(2\omega t - \varphi - 120°)]$$

即

$$p = 3U_P I_P \cos\varphi - [\cos(\omega t - \varphi) + \cos(2\omega t - \varphi + 120°) + \cos(2\omega t - \varphi - 120°)]$$

由三角函数性质可知

$$[\cos(\omega t - \varphi) + \cos(2\omega t - \varphi + 120°) + \cos(2\omega t - \varphi - 120°)] = 0$$

所以，对称三相电路的瞬时功率为

$$p = p_A + p_B + p_C = 3U_P I_P \cos\varphi \qquad (2\text{-}1\text{-}82)$$

式(2-1-82)表明，对称三相电路的瞬时功率是一个与时间无关的常量，若负载是三相交

流电动机,那么其对应的瞬时转矩也是恒定的,不会引起机械振动,因此,其运行情况比单相电动机稳定。这是对称三相制的优越性能之一。

二、三相电路的有功功率、无功功率和视在功率

1. 三相电路的有功功率

在三相电路中,无论电路对称与否,无论负载为何种连接方式,三相电路的有功功率等于各相有功功率之和,即

$$P = P_A + P_B + P_B = U_A I_A \cos\varphi_A + U_B I_B \cos\varphi_B + U_C I_C \cos\varphi_C$$

式中:φ_A、φ_B、φ_C分别是各相负载在关联参考方向下的相电压与相电流的相位差,等于各相负载的阻抗角。

在对称三相电路中,由于各相负载阻抗相同,各相负载吸收的有功功率相等。所以,对称三相电路的总功率为

$$P = 3 U_P I_P \cos\varphi \tag{2-1-83}$$

当负载为星形(Y)连接时,有

$$U_P = \frac{U_L}{\sqrt{3}}, I_P = I_L$$

当负载为三角形(△)连接时,有

$$U_P = U_L, I_P = \frac{I_L}{\sqrt{3}}$$

所以,式(2-1-83)可表示为

$$P = \sqrt{3} U_L I_L \cos\varphi \tag{2-1-84}$$

实际工程中,常用式(2-1-84)来进行功率计算。一方面是三相电路线电压、线电流容易测量;另一方面电气设备铭牌上标注的额定电压和额定电流都是线电压和线电流。

2. 三相电路的无功功率

在三相电路中,无论电路对称与否,无论负载为何种连接方式,三相电路的有功功率等于各相有功功率之和,即

$$Q = Q_A + Q_B + Q_B = U_A I_A \sin\varphi_A + U_B I_B \sin\varphi_B + U_C I_C \sin\varphi_C$$

同理,在对称三相电路中,有

$$Q = 3 U_P I_P \sin\varphi = \sqrt{3} U_L I_L \sin\varphi \tag{2-1-85}$$

3. 三相电路的视在功率

三相电路中,三相负载的视在功率定义为

$$S = \sqrt{P^2 + Q^2}$$

在对称三相电路中,有

$$S = 3 U_P I_P = \sqrt{3} U_L I_L \tag{2-1-86}$$

注意,在不对称三相电路中,总视在功率不等于各相视在功率之和,即

$$S \neq S_A + S_B + S_C$$

4. 三相负载的总功率因数

$$\lambda = \frac{P}{S}$$

在三相对称的情况下，$\lambda=\cos\varphi$，也就是一相负载的功率因数，φ 为某相负载的阻抗角。在不对称负载中，各相功率因数不同，三相负载的功率因数值无实际意义。

三、三相电路功率的测量

1. 一表法

三相四线制对称负载的功率测量方法常采用一表法。即测得一相的功率乘以 3 即为三相总功率。功率表的电流线圈通过的是相电流，电压线圈加的是相电压。一表法测量三相功率时，功率表的接线如图 2-1-51(a)所示。

2. 二表法

对于三相三线制电路，不论负载对称与否，不管电路的连接形式是星形还是三角形，都可采用两表法测量功率。测量时，功率表的电流线圈通过的是线电流，电压线圈加的是线电压。两次读数相加，即为三相总功率。二表法测量三相功率时，功率表的接线如图 2-1-51(b)所示。

3. 三表法

三相四线制不对称负载常采用三表法测量功率。即分别测得三相负载的功率，将它们相加即为总功率。三表法测量时，每个功率表的电流线圈通过的是其中的一个相电流，电压线圈加的是该相电压。三表法测量三相功率时，功率表的接线如图 2-1-51(c)所示。

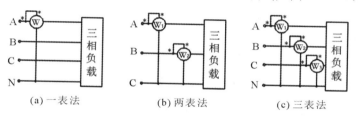

(a) 一表法　　　　(b) 两表法　　　　(c) 三表法

图 2-1-51　三相电路功率测量接线图

四、典型例题

例 2-1-18　工业用三相电阻炉，常用改变热电阻丝的接法来控制功率，调节炉内温度。现有一台三相电阻炉，每相电阻 $R=8.68\ \Omega$，试求：(1) 在 380 V 线电压下，热电阻丝接成星形和三角形时，各从电网吸取多少功率？(2) 在 220 V 线电压下，三角形接法的功率是多少？

解：电阻炉是对称三相负载，电路属于对称三相电路。

(1) 当线电压为 380 V 接成"星形"时，负载线电流为

$$I_{\text{L}} = I_{\text{P}} = \frac{380}{\sqrt{3}\times 8.68}\text{A} = 25.3\ \text{A}$$

从电网吸收功率为

$$P = \sqrt{3}\,U_{\text{L}}\,I_{\text{L}}\cos\varphi = \sqrt{3}\times 380\times 25.3\times 1\ \text{W} = 16.7\ \text{kW}$$

接成"三角形"时，负载线电流为

$$I_{\text{L}} = \sqrt{3}I_{\text{P}} = \sqrt{3}\times\frac{380}{8.68}\text{A} = 75.9\ \text{A}$$

从电网吸收功率为

$$P = \sqrt{3}\,U_{\text{L}}\,I_{\text{L}}\cos\varphi = \sqrt{3}\times 380\times 75.9\times 1\ \text{W} = 50.1\ \text{kW}$$

(2) 在 220 V 线电压下,采用三角形接法时,负载线电流为

$$I_L = \sqrt{3}I_P = \sqrt{3} \times \frac{220}{8.68}A = 43.8\ A$$

从电网吸收功率为

$$P = \sqrt{3}\ U_L\ I_L\cos\varphi = \sqrt{3} \times 220 \times 43.8 \times 1\ W = 16.7\ kW$$

例 2-1-19 一台连接方式可以进行"Y-△"变换的三相异步电动机,当其三相绕组以"Y"形连接方式接到线电压 380 V 的对称三相交流电源上时,其总功率为 5.5 kW,线电流为 11.7 A。试求:(1)此电动机的功率因数和每相阻抗各为多少?(2)当其三相绕组以"△"形连接方式接到线电压 380 V 的对称三相交流电源上时,其总功率和线电流又各为多少?

解:(1)无论负载是何种连接方式,对称三相电路功率为 $P = \sqrt{3}U_L\ I_L\cos\varphi$,所以,电路功率因数为

$$\cos\varphi = \frac{P}{\sqrt{3}\ U_L\ I_L} = \frac{5.5 \times 10^3}{\sqrt{3} \times 380 \times 11.7} = 0.71$$

每相绕组的阻抗角为

$$\varphi = \cos^{-1}0.71 = 44.4°$$

每相绕组的阻抗为

$$Z = |Z|\angle\varphi = \frac{U_L}{\sqrt{3} \times I_L}\angle\varphi = \frac{380}{\sqrt{3} \times 11.7}\angle 44.4°\ \Omega = 18.8\angle 44.4°\ \Omega$$

(2)当负载以"△"形连接方式接到线电压 380 V 的对称三相交流电源上时,负载相电流为

$$I_P = \frac{U_L}{|Z|} = \frac{380}{18.8}A = 20.3\ A$$

线电流为

$$I_L = \sqrt{3}\ I_P = \sqrt{3} \times 20.3\ A = 35.1\ A$$

负载总功率为

$$P = \sqrt{3}\ U_L\ I_L\cos\varphi = \sqrt{3} \times 380 \times 35.1 \times 0.71\ W = 16.4\ kW$$

上例表明,相同的三相绕组接到相同的三相电源上,△形连接方式的总功率和线电流是 Y 形连接方式的 3 倍。即

$$P_\triangle = 3\ P_Y \quad I_\triangle = 3\ I_Y$$

例 2-1-20 两组对称三相负载分别以"Y"形和"△"形连接形式接到线电压 380 V 的三相电源上,已知"Y"形连接负载 $R_1 = 10\ \Omega$,$X_{C1} = 15\ \Omega$,"△"形连接负载 $R_2 = 10\ \Omega$,$X_{L2} = 20\ \Omega$。试求:三相负载的有功功率、无功功率、视在功率及功率因数。

解:"Y"形连接负载的阻抗为

$$Z_1 = R_1 + X_{C1} = (10 - j15)\Omega = 18\angle -56.3°\ \Omega$$

$$I_{YL} = I_{YP} = \frac{380}{\sqrt{3} \times 18}A = 12.2\ A$$

$$P_Y = \sqrt{3}\ U_L\ I_L\cos\varphi = \sqrt{3} \times 380 \times 12.2 \times \cos(-56.3°)\ W = 4.4\ kW$$

$$Q_Y = \sqrt{3}\, U_L I_L \sin\varphi = \sqrt{3} \times 380 \times 12.2 \times \sin(-56.3°)\ \text{Var} = -6.7\ \text{kVar}$$

负号（一）表示是电容对外发出无用功率。

"△"形连接负载的阻抗为

$$Z_2 = R_2 + X_{L2} = (10 + j20)\ \Omega = 22.4\angle 63.4°\ \Omega$$

$$I_{\triangle L} = \sqrt{3}\, I_{\triangle P} = \sqrt{3} \times \frac{380}{22.4}\text{A} = 29.4\ \text{A}$$

$$P_{\triangle} = \sqrt{3}\, U_L I_L \cos\varphi = \sqrt{3} \times 380 \times 29.4 \times \cos 63.4°\ \text{W} = 8.7\ \text{kW}$$

$$Q_{\triangle} = \sqrt{3}\, U_L I_L \sin\varphi = \sqrt{3} \times 380 \times 29.4 \times \sin 63.4°\ \text{Var} = 17.3\ \text{kVar}$$

总功率及功率因数为

$$P = P_Y + P_{\triangle} = (4.4 + 8.7)\text{kW} = 13.1\ \text{kW}$$

$$Q = Q_Y + Q_{\triangle} = (-6.7 + 17.3)\ \text{kVar} = 10.6\ \text{kVar}$$

$$S = \sqrt{P^2 + Q^2} = \sqrt{13.1^2 + 10.6^2}\ \text{kV·A} = 16.9\ \text{kV·A}$$

$$\cos\varphi = \frac{P}{S} = \frac{13.1}{16.9} = 0.78$$

2.2 家庭与小区照明电路安装与调试

◆ 2.2.1 常用电工工具使用

常用电工工具的正确使用和维护是电气操作人员必须掌握的基本技能。电工工具质量的好坏、使用方法的正确与否，都将直接影响电气工程的施工质量和工作效率。

一、低压验电笔

低压验电笔又称测电笔，是维修电工使用的重要常用工具之一，是用来测试对地电压在 60～500 V 间的低压电气设备外壳和线路是否带电的常用检测工具。验电笔有旋具式和数显式两种，如图 2-2-1 所示。旋具式又可分为钢笔式和螺钉旋具式两种。螺钉旋具式验电笔的结构由氖管、电阻、弹簧和笔身等组成，如图 2-2-2 所示。

图 2-2-1　低压验电笔

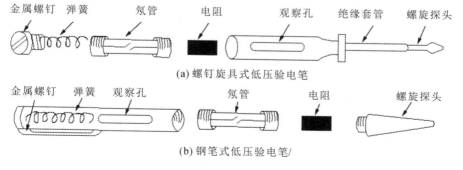

(a) 螺钉旋具式低压验电笔

(b) 钢笔式低压验电笔

图 2-2-2　低压验电笔

使用验电笔时，观察孔背光面向自己，以便于观察。使用时，手拿验电笔，以一个手指触及金属笔挂或金属螺钉,使探头与被检查的线路或设备接触,只要低压电气设备外壳和线路带电电压超过 60 V,氖管发亮就会发光。氖管越亮则电压越高,越暗电压越低。

验电笔具有如下几个用途:

(1) 在 220/380 V 三相四线制系统中,可检查系统故障或三相负载不平衡。不管是相间短路、单相接地、相线断线,还是三相负载不平衡,中性线上均会出现电压。若验电笔氖管亮,说明系统有故障或负载严重不平衡。

(2) 检查相线接地。在三相三线制系统(Y 接线)中,用验电笔分别触及三相,若发现接触其中两相时氖管较亮,而接触另一相时氖管较暗,则表明灯光暗的一相有接地现象。

(3) 检查设备外壳漏电。当电气设备(如电动机、变压器)有漏电现象时,其外壳可能会带电,此时用验电笔测试,氖管发光;如果外壳原是接地的,氖管发亮则表明接地保护断线或其他故障(接地良好时氖管不亮)。

(4) 用以检查电路接触不良。当发现氖管闪烁时,表明电路接头接触不良(或松动),或者是两个不同的电气系统相互干扰。

(5) 用以区分直流、交流及直流电的正负极。验电笔通过交流电时,氖管的两个电极同时发亮。验电笔通过直流电时,氖管的两个电极只有一个发亮。这是因为交流电正负极交变,而直流电正负极不变。将验电笔连接在直流电的正负极之间,氖管亮的那端为负极。人站在地上,用验电笔触及正极或负极,氖管不亮证明直流不接地,否则直流接地。

验电笔为低压验电工具,适用于对电压范围在 500 V 以下的带电设施的检测,所以只能用于 220/380 V 系统;验电笔使用前须在有电设备上验证是否良好;在使用中要防止金属笔尖触及皮肤,以避免触电;也要防止金属体笔尖引起短路事故。

二、钢丝钳

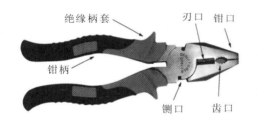

绝缘柄套　刃口　钳口
钳柄
铡口　齿口

图 2-2-3　钢丝钳

如图 2-2-3 所示,钢丝钳由钳头(钳口、齿口、刃口、铡口等)、钳柄及绝缘柄套等组成,绝缘柄套的耐压为 500 V。以钳身长度计,有 150 mm、180 mm、200 mm,即 6″、7″、8″三种。钢丝钳质量以绝缘柄套外观良好,无破损;目测钳口,应密合不透光;钳柄绕垂直钳身大面转动灵活,但不能沿垂直钳身方向运动为佳。

其用途可用钳口来弯绞或钳夹导线线头,用齿口来固紧或起松螺母,用刀口来剪切导线或剖切导线绝缘层,用铡口来铡切导线芯线和钢丝等,如图 2-2-4 所示。

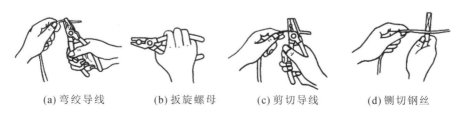

(a) 弯绞导线　　(b) 扳旋螺母　　(c) 剪切导线　　(d) 铡切钢丝

图 2-2-4　钢丝钳功能

也可用钢丝钳剖削线芯截面积为 4 mm² 及以下的塑料硬线和塑料软线的塑料绝缘层。

剖削方法如下:用左手捏住导线,在需剖削线头处,用钢丝钳刀口轻轻切破绝缘层。注意不可切伤线芯;用左手拉紧导线,右手握住钢丝钳头部用力向外勒去塑料层,如图 2-2-5 所示。

使用钢丝钳前应检查其绝缘柄套是否完好,绝缘柄套破损的钢丝钳不能使用;用以切断导线时,不能将相线和中性线或不同的相线同时在一个钳口处切断,以免发生事故;不能当锤头和撬杠使用;使用时注意保护绝缘柄套。

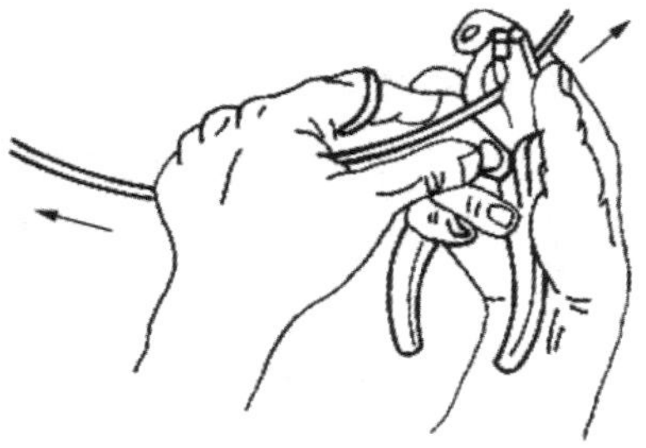

图 2-2-5　钢丝钳剥削导线绝缘层

三、尖嘴钳

尖嘴钳由钳头、钳柄及钳柄上耐压为 500 V 的绝缘柄套等组成。尖嘴钳钳头细长,呈圆锥形,接近端部的钳口上有一段棱形齿纹。

图 2-2-6　尖嘴钳

由于钳头尖而长,故尖嘴钳适合在较窄小的工作环境中夹持较轻的工件或线材,剪切或弯曲细导线,如图 2-2-6 所示。

钳头根据长度不同,可分为短钳头(钳头的长度为尖嘴钳全长的 1/5)和长钳头(钳头的长度为尖嘴钳全长的 2/5)两种。规格以钳身长度计,有 125 mm、140 mm、160 mm、180 mm 和 200 mm 五种。

线路连接时,常用尖嘴钳制作小截流量导线与半圆头螺钉连接的连接圈,俗称"羊眼圈"。具体方法如下。

(1)用尖嘴钳剥去导线绝缘层,在离导线绝缘层根部约 3 mm 处向外侧(左侧)折角成 90°,如图 2-2-7(a)所示。

(2)用尖嘴钳夹持导线端部按略大于螺钉直径弯曲圆弧,如图 2-2-7(b)所示。

(3)剪去芯线余端,如图 2-2-7(c)所示。

(4)修正圆圈致圆。将弯成的圆圈(俗称羊眼圈)套在螺钉上,圆圈上加合适的垫圈,拧紧螺钉,通过垫圈压紧导线,如图 2-2-7(d)所示。

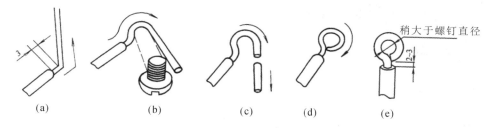

(a)　　　　(b)　　　　(c)　　　　(d)　　　　(e)

图 2-2-7　单芯导线"羊眼圈"制作方法

四、斜口钳

如图 2-2-8 所示,斜口钳由钳头、钳柄和钳柄上耐压为 1000 V 的绝缘柄套等组成,其特点是剪切口与钳柄成一角度。质量检验同钢丝钳。

斜口钳的功能是用以剪断较粗的导线和其他金属丝,还可直接剪断低压带电导线。在工作场所比较狭窄时或在设备内部,用以剪切薄金属片、细金属丝,或剖切导线绝缘层。

图 2-2-8　斜口钳

常用规格有 125 mm、140 mm、160 mm、180 mm 和 200 mm 五种。

五、剥线钳

如图 2-2-9 所示,剥线钳由钳头和手柄两部分组成,钳头由压线口和切口组成。钳头上有直径大小不同(在 0.5~3 mm 间)的多个切口,以适应不同规格芯线的剥削。常用规格有 140 mm、180 mm 两种。

其功能专用于剥离导线头部的一段表面绝缘层。使用时,切口大小应略大于导线芯线直径,否则会切断芯线或不能剥离导线绝缘层。它的特点是使用方便、剥离绝缘层时不伤线芯,适用于芯线截面积为 6 mm² 以下的导线的绝缘层的剥离。使用时不允许带电剥线。

如图 2-2-10 所示,剥削导线时,将绝缘导线要剥削的绝缘层长度确定好后,根据导线线径大小,选择合适的口径的刃口,把导线放入相应的刀刃口中,平稳地用力将钳柄握紧然后松开,导线的绝缘层即被切断弹出。

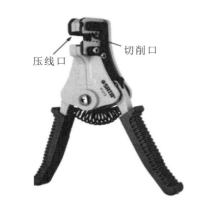

图 2-2-9　剥线钳

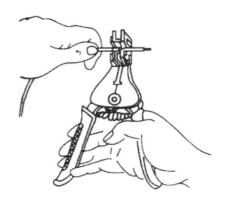

图 2-2-10　剥线钳使用方法

图 2-2-11　电工刀

六、电工刀

电工刀也是电工常用的工具之一,是一种切削工具,如图 2-2-11 所示。

其功能主要用于剥削线径较粗(6 mm² 以上)导线的绝缘层、剥削木榫等。有的多用电工刀还带有手锯和尖锥,可用于电工材料的切割等。电工刀还用于切割棉纱绝缘等。

电工刀有一用刀、二用刀和多用刀。根据刀柄长度不同,有 1 号、2 号和 3 号电工刀,其刀柄长度分别为 115 mm、105 mm 和 95 mm。

使用时应使刀口朝外,以免伤手。使用完毕,立即将刀身折入刀柄。因为电工刀柄不带绝缘装置,所以不能带电操作,以免触电。用电工刀剥削导线的方法如下:

(1) 在需剖削线头处,用电工刀以 45°倾斜切入塑料绝缘层,注意刀口不能伤着线芯,如图 2-2-12(a)、(b)所示。

(2) 刀面与导线保持 25°左右,用刀向线端推削,只削去上面一层塑料绝缘,不可切伤线芯,如图 2-2-12(c)所示。

(3) 将余下的线头绝缘层向后扳翻,如图 2-2-12(d)所示,将该绝缘层剥离线芯,再用电工刀切齐。

(a) 切入

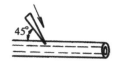
(b) 45°角切入

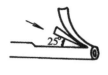
(c) 25°角推削

(d) 切削余下绝缘层

图 2-2-12　电工刀剥削塑料硬线绝缘层

七、压接钳

压接钳是用于导线或电缆压接端子的专用工具,用它实现端子压接,具有操作方便、连接良好等特点。

用于压接导线的压接钳,其外形与剥线钳相似,适于芯线截面积为 $0.2\sim6~mm^2$ 的软导线的端子压接。它主要由压接钳头和钳把组成,压接钳口带有一排直径不同(介于 $0.5\sim3~mm$ 之间)的压接口,其外形如图 2-2-13 所示。

用于压接电缆的压接钳,其体积较大,手柄较长,适用于芯线截面积为 $10\sim240~mm^2$ 电缆的端子压接。其压接钳口镶嵌在钳头上,可自由拆卸,规格为 $10\sim240~mm^2$,与电缆芯线截面积相对应。

用接线鼻实现平压式螺钉连接的操作步骤如下:

(1) 根据导线载流量选择相应规格的接线鼻。

(2) 对导线线头和接线鼻进行压接或锡焊连接。

(3) 根据接线鼻的规格选择相应的圆柱头或六角头接线螺钉,穿过垫片、接线鼻,旋紧接线螺钉,将接线鼻固定,完成电连接,导线的压接如图 2-2-14 所示。

图 2-2-13　压接钳

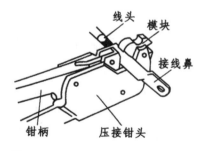

图 2-2-14　接线鼻与导线压接方法

使用压接钳时应注意:

(1) 压接端子的规格应与压接钳口的规格保持一致。

(2) 电缆压接钳型号较多,常见的有机械式和液压式,使用时应严格按照产品说明书操作使用。

八、螺丝刀

螺丝刀由金属杆头和绝缘柄组成,按金属杆头形状不同,可分为十字(梅花)形螺丝刀,一字(平口)形螺丝刀和多用螺丝刀。

其功能是用来旋动头部带一字形或十字形槽的螺钉。使用时,应按螺钉的规格选用合适的螺丝刀。任何"以大代小,以小代大"使用,均会造成螺钉或电气元件的损坏。且使用时不得将螺丝刀当凿子或撬杠使用。电工使用的螺丝刀必须带有绝缘柄,不允许金属杆直通柄根。为避免金属杆触及皮肤或邻近带电体,宜在金属杆上穿套绝缘套管,如图 2-2-15 所示。

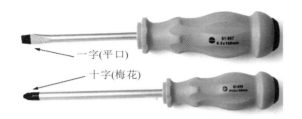

一字(平口)

十字(梅花)

图 2-2-15　螺丝刀

以其在绝缘柄外金属杆长度和刀口尺寸计,其规格有:50 mm×3(5) mm、65 mm× 3(5) mm、75 mm×4(5) mm、100 mm×4 mm、100 mm×6 mm、100 mm×7 mm、125 mm× 7 mm、125 mm×8 mm、125 mm×9 mm、150 mm×7(8) mm 等。

其他电工工具还有很多,这里不再一一介绍,今后在工作生活中用到时,请自行参考工具说明书和相关资料。

2.2.2　绝缘导线的选择与连接

一、导线的分类

导线分类标准较多。常用的导线按是否带有绝缘层可分为绝缘导线和裸导线两种;按外层绝缘材料可分为橡胶或塑料绝缘导线,外层绝缘材料要求绝缘性好,质地柔韧且具有相当的机械强度,耐腐蚀性好;按线芯导电材料分为铜芯线和铝芯线。金属材料铜和铝的导电性能好,机械强度高,耐腐蚀性好。

1. 裸导线

裸导线分为单股的和多股的,主要用于室外架空线,常用的裸导线有铜绞线、铝绞线和钢芯铝绞线。

常用文字符号的含意为:"T"——铜,"L"——铝,"Y"——硬性,"R"——软性,"J"——绞合线。例如,TJ-25 表示 25 mm² 铜绞合线;LJ-35 表示 35 mm² 铝绞合线;LGJ-50 表示 50 mm² 钢芯铝绞线。

常用的截面积有:16 mm²、25 mm²、35 mm²、50 mm²、70 mm²、95 mm²、120 mm²、 150 mm²、185 mm²、240 mm² 等。

2. 绝缘导线

绝缘导线分为塑料绝缘线和橡胶绝缘线,常用的符号有:BV——铜芯塑料线;BLV——铝芯塑料线;BX——铜芯橡胶线;BLX——铝芯橡胶线。

绝缘导线常用的截面积有:0.5 mm²、1 mm²、1.5 mm²、2.5 mm²、4 mm²、6 mm²、 10 mm²、16 mm²、25 mm²、35 mm²、50 mm²、70 mm²、95 mm²、120 mm²、150 mm²、 185 mm²、240 mm²、300 mm²、400 mm²。

3. 导线的最大安全载流量

导线的最大安全载流量是某截面的导线在不超过最高工作温度(一般为 65 ℃)的条件下,允许长期通过的最大电流(最大安全载流量有手册可查)。在实际中,对铝芯线的经验估算口诀为:十下五,百上二,二五三五四三界,七零九五两倍半;穿管、温度八九折,裸线加一半,铜线升级算。

此口诀的具体解释和计算方法如下:

十下五:10 mm² 及其以下截面积的导线。

$$最大安全载流量 = 截面积(mm^2) \times 5$$

百上二:100 mm² 及其以上截面积的导线。

$$最大安全载流量 = 截面积(mm^2) \times 2$$

二五四界:大于 10 mm²,小于等于 25 mm² 截面积的导线。

$$最大安全载流量 = 截面积(mm^2) \times 4$$

三五三界:大于等于 35 mm² 截面积的导线。

$$最大安全载流量 = 截面积(mm^2) \times 3$$

七零九五两倍半:70 mm² 截面积的导线。

$$最大安全载流量 = 70(mm^2) \times 2.5 = 175 \text{ A}$$

后几句是说,穿管布线时,最大安全电流八折算;温度大于 25 ℃ 时,九折算;如既穿管,温度又大于 25 ℃ 时,先八折后九折算或近似七折算;对裸导线可按以上计算载流量的 1.5 倍折算;铜芯线的升级折算量可在以上计算的基础上加 20% 左右。

二、绝缘导线的选择

1. 绝缘导线种类与截面积选用原则

绝缘导线类型主要根据使用环境和使用条件来选择。

室内环境如果是潮湿的,如水泵房、豆腐作坊,或者在有酸碱性腐蚀气体的厂房内,应选用塑料绝缘导线,以提高抗腐蚀能力保证绝缘;比较干燥的房屋,如图书室、宿舍,可选用橡胶绝缘导线;对于温度变化不大的室内,在日光不直接照射的地方,也可以采用塑料绝缘导线;电动机的室内配线,一般采用橡胶绝缘导线,但在地下敷设时,应采用地埋塑料电力绝缘导线;经常移动的绝缘导线,如移动电器的引线、吊灯线等,应采用多股软绝缘护套线。

选择导线线芯材料和绝缘材料后,可按以下原则选择导线截面:

(1)满足发热条件,即导线在通过计算电流时,其发热温度不能超过允许的最高温度。

(2)符合电压损失要求,即导线在通过计算电流时,其产生的电压损失不应超过正常允许的电压损失值。

(3)按经济电流密度选择,即高压和低压大电流线路应按照规定的经济电流密度选择导线截面,以满足节约有色金属和降低电能损耗的要求。

(4)符合机械强度要求。即导线的截面不能低于最小允许截面,以满足机械强度的要求。

(5)满足工作电压要求,即导线绝缘水平必须满足其正常工作电压的要求。

实际选择导线时,一般按以下几种实际情况分别对待:

(1)低压照明线路:一般先按允许电压损失来选择截面,然后再按发热条件和机械强度校验。

在三相四线制供电系统中,零线的允许电流不能小于三相最大不平衡电流,零线截面通常选择为相线截面的 1/2 左右。

(2)低压动力线路:一般先按发热条件选择截面,然后校验其电压损失和机械强度。

（3）高压线路：一般先按经济电流密度选择截面，然后校验其发热条件、允许电压损失和机械强度（只对架空线）。

2．按发热条件选择导线的截面

按发热条件选择导线的截面，实际上就是按电流大小选择导线的截面，即负荷计算电流 I_{js} 不超过导线允许电流 I_{yx}，即 $I_{js} \leqslant I_{yx}$。

当电流通过导线时，由于电流的热效应，导线会发热，温度升高。当温度超过一定数值时，将造成绝缘层损坏并烧坏导线。因此，只要通过导线的负荷电流（计算电流 I_{js}）不超过允许电流 I_{yx}，正常运行时导线温度就不会超过最高允许温度。

供电电路负荷电流计算方法如下：

单相负载电路：

$$I_{js} = \frac{P}{U\cos\varphi} \tag{2-2-1}$$

三相负载电路：

$$I_{js} = \frac{P}{\sqrt{3}\,U_L\cos\varphi} \tag{2-2-2}$$

若负载为纯电阻时，$\cos\varphi = 1$；负载为感性时，$\cos\varphi < 1$。其中，I_{js} 为计算负荷电流，单位为 A；P 为负载功率，单位为 W；U 为单相电源电压，U_L 为单相电源电压，单位为 V；$\cos\varphi$ 是功率因数。

三相四线制系统中，零线允许电流不能小于三相最大不平衡电流，零线截面通常选择为相线截面的 1/2 左右。同时不得小于机械强度要求的最小截面。

3．按线路允许电压损失条件选择导线的截面

若配线线路较长，导线截面积过小，线路电阻过大，则可能造成电压损失过大。使受电设备功率不足而不能正常工作，严重时会烧毁受电设备。

对照明灯和电动机的受电电压规定为：实际受电电压不应低于额定电压的 95％，即允许的线路电压降为 5％。

室内配线电压损失的计算方法如下：

单相线路压降 ΔU 为

$$\Delta U = I_{js}R \tag{2-2-3}$$

将表达式

$$I_{js} = \frac{P}{U\cos\varphi}, R = 2\rho\frac{L}{S}$$

代入式（2-2-3）中得

$$\Delta U = \frac{2\rho LP}{SU\cos\varphi} \tag{2-2-4}$$

电压损失率 $\Delta U/U$ 为

$$\frac{\Delta U}{U} = \frac{2\rho LP}{S\,U^2\cos\varphi} \tag{2-2-5}$$

对称三相四线制线路电压降 ΔU 为

$$\Delta U = \sqrt{3}\,I_{js}R\cos\varphi \tag{2-2-6}$$

将表达式

$$I_{js} = \frac{P}{\sqrt{3}\,U_{L}\cos\varphi}, R = \rho\frac{L}{S}$$

代入式(2-3-6)中得

$$\Delta U = \frac{\rho L P}{S\,U_{L}} \tag{2-2-7}$$

电压损失率 $\Delta U/U$ 为

$$\frac{\Delta U}{U} = \frac{\rho L P}{S\,U_{L}^2} \tag{2-2-8}$$

以上各式中,ρ 为电阻率,铝线 $\rho = 0.0280\ \Omega \cdot mm^2/m$,铜线 $\rho = 0.0175\ \Omega \cdot mm^2/m$;$S$ 为导线的截面积,单位为 mm^2;L 为导线的长度,单位为 m;其他如 P、U、U_L、$\cos\varphi$ 与前面相同。

4. 按机械强度选择导线的截面

负荷电流太小时,按允许载流量选择的绝缘导线截面积就会较小,绝缘导线就会较细,不能满足机械强度的要求,容易发生断线事故。因此,对于室内配线线芯的最小允许截面积有专门的规定,如表 2-2-1 所示。当按允许载流量选择的绝缘导线截面积小于表 2-2-1 中的规定时,则应按表中绝缘导线的截面积来选择。

表 2-2-1　室内配线线芯最小允许截面积

用　　途		线芯最小允许截面积/mm^2		
		多股铜芯线	单 根 铜 线	单 根 铝 线
灯头下引线		0.4	0.5	1.5
移动式电器引线		生活用:0.2 生产用:1.0	—	—
管内穿线		—	1.0	2.5
固定敷设导线支持 点间的距离	1 m 以内	—	1.0	1.5
	2 m 以内		1.0	2.5
	3 m 以内		2.5	4.0
	4 m 以内		2.5	6.0

三、导线绝缘层的剥削

绝缘导线连接方法较多,有铰线、焊接、压接和接线桩连接等,各种连接方法适用于不同的导线及不同的工作环境。绝缘导线连接方法的步骤包括:剖削绝缘层;导线线芯连接;恢复绝缘层等。

导线连接前,应根据不同类型的导线,用剥线钳、电工刀或钢丝钳等剥线工具剥削导线线头的绝缘层,并清擦干净线芯表面。

1. 塑料硬线绝缘层的剥削

(1)用剥线钳可剥削线径 6 mm^2 以下的塑料硬线。

(2)导线线径 4 mm^2 以下塑料硬线可用钢丝钳剥削。

(3)导线线径 4 mm^2 以上塑料硬线用钢丝钳剥削较困难,需用电工刀剥削。

具体剥削方法可参见"常用电工工具使用"相关内容。

2. 塑料软线绝缘层的剥削

塑料软线较软,线芯多为多股铜丝,不宜用电工刀剥削,易伤及线芯,所以只能用剥线钳或钢丝钳剥削。剥削方法与塑料硬线绝缘层剥削方法相同。

3. 塑料护套线绝缘层的剥削

塑料护套线有两层绝缘:护套层和每根线芯的绝缘层。用电工刀剥削塑料绝缘线护套层的方法如下:

(1)确定剥削长度后,在线头处用电工刀刀尖对准护套线中间线芯缝隙处划开护套层,如图2-2-16(a)所示。注意刀刃不要偏离线芯缝隙处,否则可能会划伤线芯。

(2)向后扳翻护套层,用电工刀将它齐根切去,如图2-2-16(b)所示。

(3)然后用电工刀在距离护套层5~10 mm处剥削内部绝缘层,其剥削方法与塑料硬线剥削方法相同,如图2-2-16(c)所示。

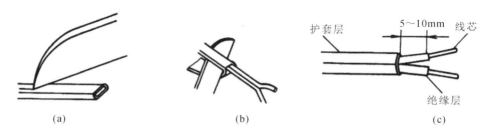

(a)　　　　　　　　　(b)　　　　　　　　　(c)

图 2-2-16　护套线绝缘层剥削

四、绝缘导线的连接

导线连接质量对线路和设备运行的可靠性和安全性有着重大影响。导线连接是电工的基本操作之一,是电气安装中的重要工艺,应严格按照相关标准和规程操作。

导线连接的基本要求包括:① 接触良好,接触电阻符合要求。导线接头电阻不应大于相同长度导线的电阻。② 接头机械强度符合要求。其机械强度不应小于电线机械强度的80%。③ 接头绝缘性能良好。其绝缘强度应与导线的绝缘强度一样。④ 接头耐腐蚀性能好。防止外界腐蚀性气液物质侵蚀。

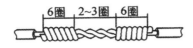

图 2-2-17　单股铜芯导线的直接连接

1. 单股铜芯导线的直接连接

将两导线端去其绝缘层后作"×"相交;互相绞合2~3匝后扳直;两线端分别紧密向芯线上并绕6圈,多余线端剪去,钳平切口,连接完成后导线如图2-2-17所示。

2. 单股铜芯导线的 T 形连接

(1)单股芯线"T"形分支连接。将两导线剥削去绝缘层后,支线端和干线十字相交,在支线芯线根部留出约3 mm后绕干线一圈,将支线端围本身线绕1圈,收紧线端向干线并绕6圈,剪去多余线头,钳平切口,如图2-2-18(a)所示。

(2)如果连接导线截面积较大,两芯线十字相交后,直接在干线上紧密缠8圈剪去多余线即可,如图2-2-18(b)所示。

3. 7 股铜芯导线的直接连接

(1)先将除去绝缘层的两根线头分别散开并拉直,在靠近绝缘层的1/3线芯处将该段线芯绞紧,将余下的2/3线头分散成伞骨状,如图2-2-19(a)所示。

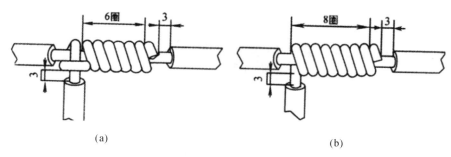

(a)　　　　　　　　　　　　(b)

图 2-2-18　单股铜芯导线的 T 形连接

（2）两个分散的线头隔根对叉，如图 2-2-19（b）所示，然后将平两端对叉的线头。

（3）将一端的 7 股线芯按 2、2、3 股分成三组，将第一组的 2 股线芯扳起，垂直于线头，如图 2-2-19（c）所示。然后按顺时针方向紧密缠绕 2 圈，将余下的线芯向右与线芯平行方向扳平。

（4）将第二组 2 股线芯扳成与线芯垂直方向，如图 2-2-19（d）时所示。然后按顺时针方向紧压着前两股扳平的线芯缠绕 2 圈，也将余下的线芯向右与线芯平行方向扳平。

（5）将第三组的 3 股线芯扳成与线头垂直方向，如图 2-2-19（e）所示。然后按顺时针方向紧压线芯向右缠绕，缠绕 3 圈。

（6）切去每组多余的线芯，钳平切口，如图 2-2-19（f）所示。

（7）用同样方法再缠绕另一边线芯。

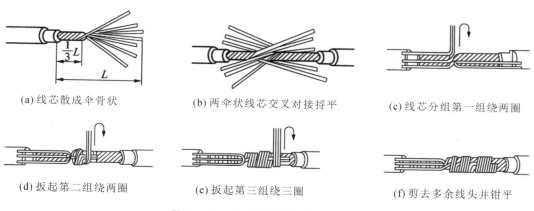

(a)线芯散成伞骨状　　　(b)两伞状线芯交叉对接将平　　　(c)线芯分组第一组绕两圈

(d)扳起第二组绕两圈　　　(e)扳起第三组绕三圈　　　(f)剪去多余线头并钳平

图 2-2-19　7 股铜芯导线的直接连接

4. 7 股铜芯导线的 T 形连接

（1）连接干线分别以三、四股分组，两组中间用一字螺丝刀撬开留出插缝，支线留出的连接线头 1/8 根部进一步绞紧，余部分散，支线线头分成两组，四根一组，插入干线中间的插缝，如图 2-2-20（a）所示。

（2）将三股芯线的一组往干线一边按顺时针缠 3～4 圈，剪去余线，钳平切口，如图 2-2-20（b）所示；另一组用相同方法向干线另一边缠绕 4～5 圈，剪去余线，钳平切口，如图 2-2-20（c）所示。

5. 线头与平压式接线柱的连接

螺钉平压式接线柱的连接工艺要求是：压接圈的弯曲方向应与螺钉拧紧方向一致，连接

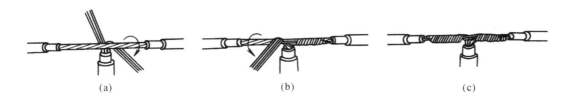

(a)　　　　　　　　　　　(b)　　　　　　　　　　　(c)

图 2-2-20　7 股铜芯导线的 T 形连接

前应清除压接圈、接线柱和垫圈上的氧化层，再将压接圈压在垫圈下面，用适当的力矩将螺钉拧紧，以保证良好的接触。压接时注意不得将导线绝缘层压入垫圈内。

小载流量单芯导线与半圆头接线螺钉的连接方法如下：载流量较小的单股芯线必须将线头按螺钉旋紧方向弯成接线圈（俗称"羊眼圈"），具体做法参见图 2-2-7，再用螺钉压接。

载流量较小、截面积不超过 10 mm² 及以下的 7 股铜芯导线可采用图 2-2-21 所示的做法制作压接圈。

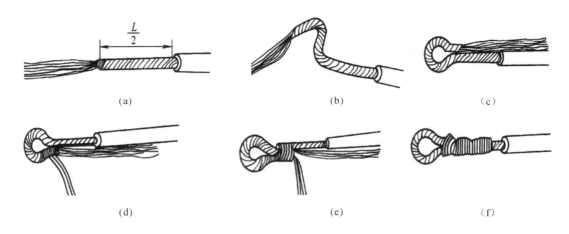

(a)　　　　　　　　　　　(b)　　　　　　　　　　　（c）

(d)　　　　　　　　　　　(e)　　　　　　　　　　　（f）

图 2-2-21　7 股铜芯导线压接圈的制作方法

6. 大流量导线通过接线鼻与平压式接线柱的连接

接线鼻又称接线耳，俗称线鼻子或接线端子，是用铜或铝制成。对于大载流量截面积在 10 mm² 以上的单股线或截面积在 4 mm² 以上的多股线，由于线粗不易弯成压接圈，同时弯成圈的接触面面积会小于导线本身的截面积，造成接触电阻增大，在传输大电流时易产生高热，因而多采用接线鼻进行平压式螺钉连接。接线鼻的外形如图 2-2-22 所示，接线鼻与导线压接方法如图 2-2-14 所示。

7. 导线与瓦形接线柱的连接

瓦形接线柱的垫圈为瓦形。压接前应先用尖嘴钳向内将线头弯曲成 U 形弯。U 形弯的长度为宽度的 1.5 倍，剪去多余线头，使螺钉从瓦形垫圈下穿过 U 形导线，旋紧螺钉，如图 2-2-23(a) 所示。如果在接线柱上有两个线头连接，应将弯成 U 形的两个线头相重合，再卡入接线柱瓦形垫圈下方，再压紧，如图 2-2-23(b) 所示。

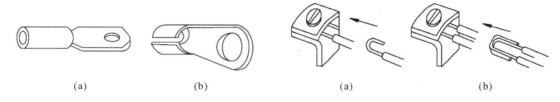

<table>
<tr><td>(a)</td><td>(b)</td><td>(a)</td><td>(b)</td></tr>
<tr><td colspan="2">图 2-2-22　接线鼻外形</td><td colspan="2">图 2-2-23　导线与瓦形片连接</td></tr>
</table>

8.导线头与针孔式接线柱的连接

导线头与针孔式接线柱的连接方法叫螺钉压接法。接线柱一般由铜质或钢质材料制作,又称针孔式接线柱,接线柱上有针形接线孔。使用时,将需连接的铝导线或铜导线接头分别插入两端的针形接线孔,旋紧压线螺钉就完成了导线的连接,如图 2-2-24 所示。

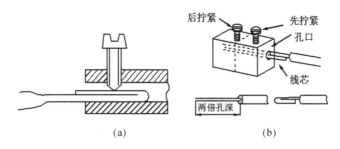

图 2-2-24　导线头与针孔式接线柱的连接

如单股芯线与接线柱头插线孔大小适宜,则将芯线线头插入针孔并旋紧螺钉;如单股芯线较细,则应将芯线线头折成双根,插入针孔再旋紧螺钉;连接多股芯线时,用钢丝钳将多股芯线绞紧,以保证压线螺钉顶压时不致松散。

导线头与针孔式接线柱的连接应注意以下几点:一是注意插到底;二是不得使绝缘层进入针孔,针孔外的裸线头的长度不得超过 2 mm;三是凡有两个压紧螺钉的,先拧紧近孔口螺钉,后拧紧近孔底螺钉,如图 2-2-24 所示。

9.铜、铝导线之间的连接

铜导线与铝导线连接时,不可忽视电化腐蚀问题。如果简单地用铰接或绑接方法使两者直接连接,则铜、铝间的电化腐蚀会引起接触电阻增大,从而造成接头过热。实践表明,铜、铝导线连接时,应采取防电化腐蚀的措施。

常用的措施有以下两种。

(1)采用铜铝过渡接线端子或铜铝过渡连接管。这是一种常用的防电化腐蚀方法。铜铝过渡接线端子一端是铝筒,另一端是铜接线板。铝与铝导线连接,而铜接线板直接与电气设备引出线铜接线端子相接。

铜导线与铝导线连接时,则可采用铜铝过渡连接管。先把铜导线插入连接管的铜端,把铝导线插入连接管的铝端,然后用压接钳压接。

(2)采用镀锌紧固件或者夹垫锌片或锡片连接。由于锌和锡与铝的标准电极电位相差小,故在铜、铝之间加一层锌或锡可以防止电化腐蚀。锌片和锡片的厚度为 1～2 mm。此外,也可将铜皮镀锡作为衬垫。

五、导线绝缘层恢复

导线接头连接后或导线绝缘层破损均应恢复绝缘层。恢复后的绝缘层的绝缘强度不应低于原有绝缘层的绝缘强度。常用黄蜡带、涤纶薄膜带和黑胶带作为恢复导线绝缘层的材料。其中黄蜡带和黑胶带最好选用规格为 20 mm 宽的。绝缘带不可保存在温度或湿度很高的地方,不可被油脂浸染。

1.绝缘带包缠方法

将黄蜡带从导线左边完整的绝缘层上两个带宽处开始包缠,包缠时,绝缘带与导线保持约 45°,每圈包缠压叠带宽的 1/2,包缠至连接处的另一端时,也同样应包入完整绝缘层上两个带宽的距离,如图 2-2-25(a)、(b)所示。

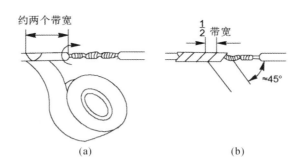

约两个带宽　　　　　$\frac{1}{2}$ 带宽

(a)　　　　　　　　　　(b)

图 2-2-25　绝缘层包缠

包缠一层黄蜡带后,将黑胶带接在黄蜡带的尾端,按另一斜叠方向包缠一层黑胶带,也要每圈压叠带宽的 1/2,或用绝缘带自身套结扎紧。

2.绝缘带包缠注意事项

(1)恢复 380 V 线路上的导线绝缘层时,必须先包缠 1~2 层黄蜡带(或涤纶薄膜带),然后再包缠一层黑胶带。

(2)恢复 220 V 线路上的导线绝缘层时,先包缠一层黄蜡带(或涤纶薄膜带),然后再包缠一层黑胶带,也可只包缠两层黑胶带。

(3)包缠绝缘带时,不可过松或过疏,更不允许露出芯线,以免发生短路或触电事故。

◆ 2.2.3　电气照明识图

电工照明施工图是电气照明工程施工安装所依据的技术图样,包括电气照明供电系统图、电气照明平面布置图、非标准件安装制作大样图及有关施工说明、设备材料表等。

一、电气照明供电系统图

电气照明供电系统图反映了电气工程各部分电能输送、控制和分配的关系以及设备运行的情况,是供电规划与设计、电气数据计算、选择主要设备、日常操作与维护和切换回路的主要依据。

电气照明供电系统图一般采用单线图形式,如图 2-2-26(a)所示;必要时也可采用多线图形式,如图 2-2-26(b)所示。

采用单线图形式时,用短斜线在单线表示的线路上标示出导线的根数。当另用虚线表示中性线时,单实线上的短斜线数表示相线导线的根数。单线图通常着重表示供电系统的

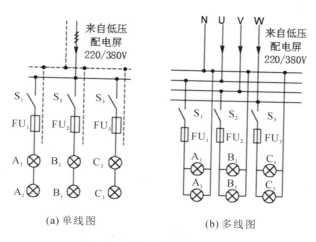

(a) 单线图　　　　　　　(b) 多线图

图 2-2-26　照明供电系统图

进、出线关系，线路上的控制和保护设备不一定全部绘出。多线图能更详细地表示供电系统中的电气设备的连接关系。用多线图时通常全部绘出线路上所有的控制和保护设备。

二、电气照明平面布置图

电气平面图是表示建筑物内动力、照明设备和线路平面布置的图样，其动力与照明部分一般是分开绘制的。其中电气照明平面布置图是表示照明设备布置和线路走向的电气平面图。电气照明平面布置图按建筑物不同楼层分别绘制，其画法简单，内容直观形象，在照明电路安装中被广泛应用。

家庭用电常用单母线放射式供电方式，如图 2-2-27 所示。该图一般贴在室内照明配电箱门的背面。电气照明施工平面图如图 2-2-28 所示。两者结合，便构成一个完整的家用电气供电系统图，反映一个家用供电系统的所有线路、设备的种类、型号、连接与控制关系等。

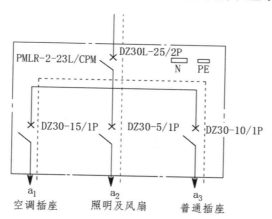

图 2-2-27　照明配电箱系统图

1. 照明配电箱

PMLR-2-23L/CPM 为成套配电箱型号，一般采用"暗装"形式，由一个总控两极漏电保护断路器、三个单极断路器以及一块零线接线板、一块保护接地接线板等组成。结合照明施工平面布置图可知照明及风扇线路 a_1 为单相两线制，即 L、N；插座线路 a_2、a_3 为单相三线制，即 L、N、PE。

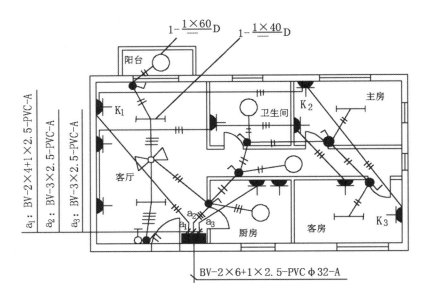

图 2-2-28　电气照明施工平面图

如图 2-2-27 所示，进、出线回路分别由四只小型断路器控制。

（1）主线路：额定电流为 25 A，型号为 DZ30L-25/2P 的两极小型漏电保护断路器。

（2）a_1 空调插座线路支路：额定电流为 15 A，型号为 DZ30-15/1P 的单极断路器。

（3）a_2 照明及风扇线路支路：额定电流为 5 A，型号为 DZ30-5/1P 的单极断路器。

（4）a_3 普通插座线路支路：额定电流为 10 A，型号为 DZ30-10/1P 的单极断路器。

2.照明线路及敷设方式

电气系统进出线路的走向，导线的型号、规格、根数、长度，线路配线方式，线路用途等采用文字符号、图形符号加编号相结合的方法表示。

常用电气线路标注的一般格式如下：

$$a\text{-}d(e \times f)\text{-}g\text{-}h$$

标注格式中，a 是线路编号或功能；d 是导线型号；e 是导线根数；f 是导线截面积（mm²），不同截面积应分别表示；g 是导线敷设方式；h 是导线敷设部位。

按照电气制图相关国家标准，文字符号基本上是按汉语拼音字母组合来表示线路的功能、敷设部位与敷设方式，如表 2-2-2 所示为表示常用照明线路敷设方式的文字符号含义。

表 2-2-2　常用照明线路敷设方式的文字符号含义

名　称	代　号		名　称	代　号
线路敷设方式	明敷	M	线路敷设部位	沿封面明敷	QM（Q）
	暗敷	A		暗敷墙内	QA
	塑料阻燃管	PVC		暗敷地面（板）内	DA
	穿电线管	DG	线路功能	配电干线	PG
	穿塑料管	VG		照明干线	MG
	穿钢管	G		照明分干线	MFG
	瓷瓶或瓷珠	CP		电力干线	LG

由"照明配电箱系统图(图 2-2-27)"和"电气照明施工平面图(图 2-2-28)"可知:

电源进线:BV-2×6+1×2.5-PVCφ32-A,表示采用聚氯乙烯铜芯绝缘导线,截面积为 6 mm² 的 2 根(L、N),截面积为 2.5 mm² 的 1 根(PE),采用直径为 32 mm 的 PVC 管穿管暗敷。

a_1 线路:BV-2×4+1×2.5-PVC-A,表示线路采用聚氯乙烯铜芯绝缘导线,截面积为 4 mm² 的 2 根,截面积为 2.5 mm² 的 1 根,采用 PVC 管穿管暗敷。它是整套房的空调插座线路,线路由配电箱引出至客厅,经过主房,再引至客房。

a_2 线路:BV-3×2.5-PVC-A,表示该线路采用聚氯乙烯铜芯绝缘导线,截面积为 2.5 mm² 的 3 根,采用 PVC 管穿管暗敷。它是整套房的照明及吊扇线路,由配电箱引出至厨房,然后分两路,一路到客厅吊扇、照明和阳台照明,另一路引至走道和卫生间,再由卫生间引至主房和客房。

a_3 线路:BV-3×2.5-PVC-A,表示该线路采用聚氯乙烯铜芯绝缘导线,截面积为 2.5 mm² 的 3 根,采用 PVC 管穿管暗敷。它是整套房的普通插座线路,线路由配电箱引出至厨房,经过客房、主房、卫生间最后到客厅。

常用照明电气设备图形符号是按照其形状投影测绘的,如表 2-2-3 所示为常用照明电气设备图形符号及其含义。

表 2-2-3　常用照明电气设备图形符号及其含义

图形符号	含义	图形符号	含义
	照明配电箱(板)画于墙外为明装,画于墙内为暗装	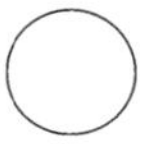	一般灯具
	带接地插孔的单相插座(暗装)		单极、双极把手开关
	三根导线	 n	n 根导线
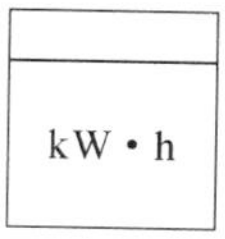 kW·h	电能表(有功)	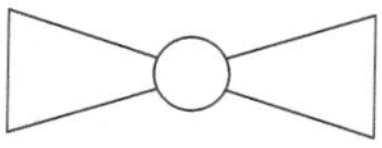	吊扇
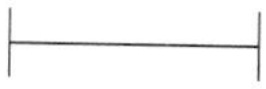	单管荧光灯		电风扇调速开关

3.照明电器类型及安装方式

照明器具采用图形符号(参见表 2-2-3)和文字标注相结合的方法表示。文字符号标注的内容通常包括电光源种类、灯具类型、安装方式、灯具数量和额定功率等。如表 2-2-4 所示为几种常用灯具的名称和符号。

表 2-2-4　几种常用灯具的名称和符号

灯 具 名 称	符　　号	灯 具 名 称	符　　号
普通吊灯	P	工厂一般灯具	G
壁灯	B	荧光灯灯具	Y
花灯	H	水晶底罩灯	J
吸顶灯	D	防水防尘灯	F
卤钨灯探照灯	L	搪瓷伞罩灯	S
投光灯	T	防爆灯	G 或专用代号

灯具安装方式的符号如表 2-2-5 所示。

表 2-2-5　灯具安装方式的符号

安 装 方 式	符　　号	安 装 方 式	符　　号
自在器线吊式	X	弯式	W
固定线吊式	X1	台上安装式	T
防水线吊式	X2	吸顶嵌入式	DR
人字线吊式	X3	墙壁嵌入式	BR
链吊式	L	支架安装式	J
管吊式	G	柱上安装式	Z
壁装式	B	座装式	ZH
吸顶式	D		

灯具安装标注的一般格式为

$$a\text{-}b\frac{c\times d}{e}f$$

其中:a 是照明器的个数;b 是灯具类型代号;c 是照明器内安装灯泡或灯管的数量;d 是每个灯泡或灯管的功率(W);e 是照明器底部至地面或楼面的安装高度(m);f 是安装方式代号。

4.主材表

主材表反映了照明电气施工中所用主要电气设备的种类、型号、规格和数量。如表 2-2-6 所示为"电气照明施工平面图(图 2-2-28)"所用主要电气设备。

表 2-2-6　主材表

设 备 名 称	型　　号	数　　量
10 A、250 V 二极、三极插座(连体封闭式)	L-B3/06	7 个

续表

设备名称	型号	数量
16 A、250 V 带开关、带灯、三极扁脚插座	L-B3/08KD	3 个
半扁罩吸顶灯（白炽灯 PZ-60）	JXD3-2	4 个
10 A、250 V 一位单控开关	LB3/01	6 个
10 A、250 V 二位单控开关	LB3/01	1 个
单管荧光灯（1×40 W）	YG2-1	4 个
吊扇	250 V/48in	1 个
吊扇调速开关	250 V/5 挡	1 个
暗装照明配电箱	PMLR-2-23L/CPM	1 个
两极漏电保护断路器	DZ30L-25/2P	1 个
单极断路器	DZ30-5/1P	1 个
	DZ30-10/1P	1 个
	DZ30-15/1P	1 个

由"主材表"可知，线路a_1、a_2中的空调插座和普通插座均为"带接地极的单相插座"，安装方式为"暗装"；线路a_3中客厅、主房和客房灯具 $1-\dfrac{1\times40}{}D$，表示以上各灯为"1 组荧光灯灯具"，每组灯具由"一根 20 W"荧光灯组成，采用"吸顶"方式安装。客厅两组灯具由"双极把手开关"控制，主房、客户灯具分别由一个"单极把手开关"控制；卫生间、厨房、走道和阳台灯具 $1-\dfrac{1\times60}{}D$，表示以上各灯为"1 组一般灯具"，每组灯具由"一只 60 W"白炽灯组成，采用"吸顶"方式安装。以上四处灯具均各由一个"单极把手开关"控制。

◆ 2.2.4 单相电能表与漏电保护断路器的选择与安装

家用照明电路为单相交流电路，常用电气设备有电能测量用单相电能表，瓷插式熔断器，带漏电保护的自动断路器、单极自动断路器，各类控制开关、白炽灯、日光灯、单相插座和各种家用电器用的单相异步交流电动机等。

一、单相电能表的安装

单相电能表是家庭用最广泛的用电量计量仪表，用于计量用电的有功电能数值。该表俗称为单相电度表、小火表等。单相电能表显示的用电量单位为千瓦小时，用符号表示为 kW·h，俗称为"度"，即 1 kW·h 为 1 度。

目前，家用单相电能表多采用直接式电能表，按其结构及工作原理可分为电气机械式（如图 2-2-29 所示）、电子数字式（如图 2-2-30 所示）等。其中机械式电能表数量多，目前正逐渐被淘汰。电子式电能表计量准确，灵敏度高，现已广泛使用。

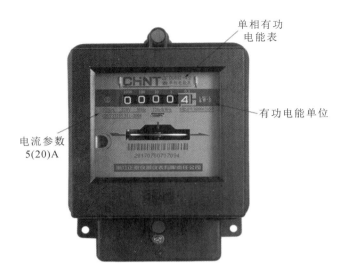

图 2-2-29　单相机械式电能表　　　图 2-2-30　单相电子式电能表

1.单相电能表的规格与选择

单相电能表的规格,通常是以其标定电流值来划分大小。我国生产的"普通型"单相感应式电能表,其标定电流等级有 2.5(5)A、3(6)A、5(10)A、10(20)A、20(40)A、30(60)A、40(80)A 等,俗称"二倍表";"宽幅型"单相电能表标定电流等级有 1.5(6)A、2.5(10)A、3(12)A、5(20)A、10(40)A、20(80)A、30(100)A 等,俗称"四倍表"。

选择家用单相电能表的依据有两个:一个是额定电压;另一个是标定电流。我国单相电源电压一般为 220 V,所以单相电能表的额定电压为 220 V。电能表的标定电流等级选择应根据所带用电设备的总电流(家用电器的最大使用功率)来考虑。基本原则是:电灯负载与家用电器负荷(电流)的总和,其上限不超过电能表额定最大电流,下限不低于标定电流的 5%。因为超出这个范围将影响计量的准确性及安全运行。

在家用电器全为电阻性负载时,用电总电流值为

$$I_n = \frac{1000\ P_\Sigma}{220} = 0.45\ P_\Sigma \tag{2-2-9}$$

现代家庭中,家用电器迅速发展,其中大部分已不是纯电阻性负载了,所以其电流要大于上式的计算结果,一般大 10%～20%。因此,应按总功率的 5 倍计算用电的总电流值,所以可按口诀"家用电表标定流,千瓦总数乘点五"来选择单相电能表的标定电流。为了在负载变化较大的情况下能准确计量,就必须采用宽负载(宽幅)电能表。

2.单相机械式电能表的结构

单相机械式电能表的结构示意图如图 2-2-31 所示。它的主要部分是两个电磁铁、一个铝盘和一套计数机构。一个电磁铁是用于测量电压的线圈,匝数多、线径小,与电路的用电器并联,称为电压线圈(电流元件)。另一个电磁铁是用于测量电流的线圈,匝数少、线径大,与电路的用电器串联,称为电流线圈(电流元件)。

判断电能表电压线圈和电流线圈端子的方法是将万用表置于电阻挡,分别测量电阻值,测量结果电阻值大的是电压线圈,电阻值接近零的为电流线圈。

当用户的用电设备工作时,铝盘在电磁铁中因交变电磁感应产生感应电流,再在磁场力作用下旋转,带动计数机构在电能表的面板上显示出读数。

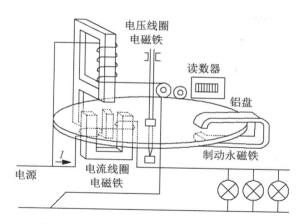

图 2-2-31　单相机械式电能表的结构示意图

3.单相电能表的接线

　　照明用电能表通常是在完成布线和安装完灯具、灯泡、灯管之后,安装配电箱时才安装的电能表。

　　一般家庭用电量不大,选用直接式电能表,直接安装在电路中,单相电能表接线盒里对外共有四个接线端,从左至右按 1、3、4、5 编号。

　　直接接线方法一般有两种:

　　(1) 按编号 1、4 接进线(1 接相线,4 接中性线),3、5 接出线(3 接相线,5 接中性线),如图 2-2-32 所示。

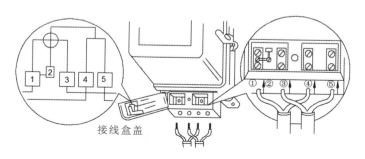

图 2-2-32　单相电能表接线方式一

　　(2) 按编号 1、3 接进线(1 接相线、3 接中性线),4、5 接出线(5 接相线,4 接中性线),如图 2-2-33所示。

　　由于电能表的接线方法不同,到底采用何种接线方式,在具体接线时,应以电能表接线盒盖内侧的线路图为准。

4.电能表安装要求

　　(1)电能表应安装在箱体内或涂有防潮漆的木制底盘、塑料底盘上。电能表不得安装过高,一般以距地面1.8~2.2 m为宜。

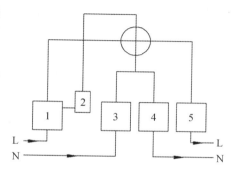

图 2-2-33　单相电能表接线方式二

　　(2)单相电能表一般应装在配电盘的左边或上方,而开关应安装在右边或下方。与上、下进线间的距离大约为 80 mm，与其他仪表左右距离大约为 60 mm。

（3）电能表一般安装在走廊、门厅、屋檐下，切忌安装在厨房、厕所等潮湿或有腐蚀性气体的地方。电能表的周围环境应干燥、通风，安装应牢固、无振动。其环境温度不可超出—10～50 ℃的范围，过冷或过热均会影响其准确度。

（4）电能表的进线和出线，应使用铜芯绝缘线，线芯截面积不得小于 1.5 mm²。接线要牢固，但不可焊接，裸露的线头部分不可露出接线盒。

（5）电能表必须垂直于地面安装，不得倾斜，其垂直方向的偏移不大于 1°，否则会增大计量误差，将影响电能表计数的准确性。

（6）电能表总线必须明线敷设或线管明敷，进入电能表时，一般以"左进右出"原则接线。

（7）电能表不允许安装在负荷经常低于额定负载 10％以下的电路中，也不允许使用中的电路短路及负载经常超过额定值的 125％。

二、照明熔断器

熔断器俗称保险丝，是电网和用电设备的安全保护用电器之一。低压熔断器广泛应用于低压供配电系统和控制系统，主要用作短路保护，有时也用于过载保护。

熔断器的种类很多，常用的熔断器有 RC1A 系列瓷插式（插入式）和 RL1 系列螺旋式。RC1A 系列熔断器价格便宜，更换方便，常用作照明和小容量电动机的短路保护。

1.瓷插式熔断器结构

瓷插式熔断器也称为半封闭插入式熔断器，主要由瓷座、瓷盖、熔丝、静触头和动触头组成。常用 RC1A 系列瓷插式（插入式）熔断器结构及电气符号如图 2-2-34 所示。瓷座中部有一空腔，与瓷盖的凸出部分组成灭弧室。其中 60 A 以上的瓷插式熔断器空腔中还垫有纺织石棉层，用以增强灭弧能力。

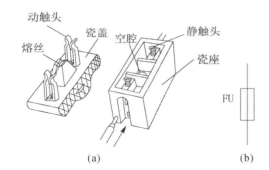

图 2-2-34　瓷插式熔断器结构及电气符号

瓷插式熔断器熔丝用低熔点金属丝或金属薄片制成，常用铅锡合金或铅锑合金制成，串联在被保护电路中。在正常情况下，熔体相当于一根导线，当发生短路或严重过载时，流过的电流很大，熔体会因过热熔化，从而切断电路，使电路或电气设备脱离电源，从而起到保护作用。

常用的型号有 RC1A 系列，其额定电压为 380 V，额定电流有 5 A、10 A、15 A、30 A、60 A、100 A、200 A 共 7 个等级。

RC1A 系列熔断器具有体积小、结构简单、价格低廉、带电更换熔丝方便以及有较好的保护特性等优点；也有只能一次性使用、功能单一、更换需要一定时间等缺点，所以目前很多电路中使用断路器代替低压熔断器。

但从电路检修方面，"要求检修时电路具有明显的断点"的角度来说，电路中即使安装有自动断路器，也不能取消熔断器。

2.瓷插式熔断器型号

RC1A 系列瓷插式熔断器型号标识格式为："RC1-X₁/X₂"。其中字符"R"含义为熔断器,字符"C"含义为"插入式",字符"X₁"含义为"熔断器额定电流",字符"X₂"含义为"熔体额定电流"。如型号为"RC1-30/20"的熔断器为熔断器额定电流30 A,熔体额定电流20 A的插入式熔断器。

熔断器额定电流是由熔断器长期工作所允许的温升决定的电流值。

熔体的额定电流是熔体能够长期承受而不熔断的最大电流。同一型号的熔断器根据需要可选配不同规格的熔体,所配用的熔体的额定电流应小于或等于熔断器的额定电流。如"RC1-30/20"型熔断器可配熔体额定电流为15 A、20 A、25 A、30 A等。

3.瓷插式熔断器选用

室内照明供电线路的一个特点是以独立回路供电。照明电器一般由照明配电箱以单相220 V支路供电,单相照明分支线路所接的灯数一般不应超过20个;负荷电流不应超过15 A。为节省电能,目前我国各地均执行一户一表制。电工配、装、换照明线路的熔体是常做的工作。

熔断器熔体选择应遵照"各分支线熔体额定电流应等于或稍大于各盏电灯工作电流之和"。可按口诀"照明支路熔体流,五倍装灯千瓦数。"选择熔断器熔体额定电流。同时应符合熔体额定电流不能大于其供电线路导线的持续载流量的30%,屋内照明线路熔体应不大于20 A等原则。

4.瓷插式熔断器安装

（1）装配熔断器前应检查熔断器的各项参数是否符合电路要求。

（2）安装熔断器必须在断电情况下操作。

（3）安装时熔体必须完好无损（不可拉长）、接触紧密可靠,但不能绷紧。

（4）熔断器应安装在电路的各相线（火线）上,三相四线制的中性线上严禁安装熔断器,单相二线制的中性线上应安装熔断器,如图2-2-35所示。

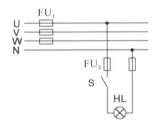

图2-2-35 熔断器的安装

三、漏电保护开关

漏电保护开关是一种电气安全装置,现在各类电气线路中广泛使用。它既可防止人身触电事故,还可避免因电气设备漏电而引起的火灾。

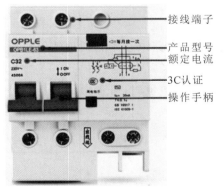

图2-2-36 漏电保护开关

接线端子
产品型号
额定电流
3C认证
操作手柄

1.单相漏电保护开关

漏电保护断路器按动作原理可分为电压动作型和电流动作型两种,现在多用电流动作型（剩余电流动作保护器）;按电源分有单相（如图2-2-36所示）和三相之分;按极数分有二、三、四极之分;按其内部动作结构又可分为电磁式和电子式,其中电子式可以灵活地实现各种要求并具有各种保护性能,现已向集成化方向发展。

根据需要可把漏电保护器和断路器相结合,构成带漏电保护的断路器,其电气保护性能更加优越。

2.单相漏电保护开关工作原理

单相漏电保护开关外形结构如图 2-2-36 所示,包括接线端子、操作手柄、测试按钮、漏电标志、厂商标志、产品型号标志、3C 认证标志、接线方向标志、开关通断位置标志、额定电流等。

自动断路器内部结构主要包括机械锁定手柄、过载保护双金属片装置、短路保护电磁脱扣器、触头组和急速灭弧系统等部件。

漏电保护器内部结构主要包括漏电线圈、零序电流互感器、连接电缆、控制电路板等部件。

家用单相电子式漏电保护器控制过程:当电路无漏电或漏电电流小于预设值时,漏电保护器中电流互感器中感应电流为零,电路的控制开关将不动作,即漏电保护器不动作,系统正常供电。

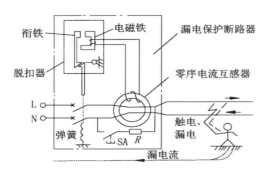

漏电保护器的工作原理:当被保护电路或设备出现漏电故障或有人触电时,有部分相线电流经过人体或设备直接流入地线而不经零线返回,此电流则称为漏电电流(或剩余电流),漏电电流经漏电电流检测电路取样后进行放大,若其值达到漏电保护器的预设值时,将驱动控制电路开关动作,迅速断开被保护电路的供电电源,从而达到防止漏电或触电事故的目的,其工作原理如图 2-2-37 所示。

图 2-2-37　单相漏电保护器工作原理图

漏电保护断路器的主要型号有:D25-20L、D215L 系列、DZL-16、DZL18-20 等,其中 DZL18-20 型由于放大器采用了集成电路,使其体积更小、动作更灵敏、工作更可靠。

3.单相漏电保护开关的选用

漏电保护开关的选用应根据所保护的线路或设备的电压等级、工作电流及其正常泄漏电流的大小来选择。还应考虑灵敏度与动作可靠性的统一,漏电保护断路器的动作电流选得越低,安全保护的灵敏度就越高,但由于供电回路设备都有一定的泄漏电流,容易造成误动作,或不能投入运行,破坏供电的可靠性。

(1)在选用漏电保护器时,首先应使其额定电压和额定电流值大于或等于线路的额定电压和负载工作电流。

(2)应使其脱扣器的额定电流大于或等于线路负载工作电流。

(3)其极限通断能力应大于或等于线路最大短路电流,线路末端单相对地短路电流与漏电保护断路器瞬时脱扣器的整定电流之比应大于或等于 1.25。

(4)普通生活用电的单相电路选择漏电保护开关的动作电流时,可参照如下经验公式选择:

$$I_{\Delta n} \geqslant \frac{I_{\max}}{2000} \qquad (2-2-10)$$

式中:$I_{\Delta n}$ 为漏电保护开关动作电流;$I_{\max}$ 为线路实际最大工作电流。

从家用电器配电线路看,以防止直接接触触电为目的的漏电保护断路器,宜选用动作时间为 0.1 s 以内、动作电流在 30 mA 以下的漏电保护断路器;220 V 以上电压、潮湿环境且接地有困难,或发生人身触电会造成二次伤害的特殊场合,应选择动作电流小于 15 mA、动作时间在 0.1 s 以内的漏电保护器。

4.单相漏电保护器的安装

漏电保护器应严格按照产品说明书的规定安装,安装时应注意以下事项。

（1）漏电保护器的安装位置应尽量远离电磁场。如果装在高温、湿度大、粉尘多或有腐蚀性气体的环境中,则应采取相应的辅助保护措施。例如,靠近火源或受到阳光直射的漏电保护器,应加装隔热板;在湿度大的场所,应选用防潮的漏电保护器并加装防水外壳;在粉尘多或有腐蚀性气体的场所,应将漏电保护器装在防尘或防腐蚀的保护箱内。

（2）家庭用漏电保护器一般可装在电源进线处的配电板（箱）上,紧接在总熔断器之后,如图 2-2-38 所示。应垂直安装,倾斜度不得超过 5°。

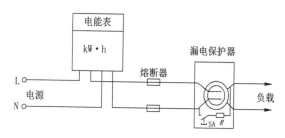

图 2-2-38　漏电保护开关安装位置

（3）安装时必须严格区分中性线和保护线,漏电保护器的中性线应接入漏电保护器。经过漏电保护器的中性线不得作为保护线,不得重复接地或接设备的外露可导电部分;保护线不得接入漏电保护器。

（4）安装漏电保护器以后,被保护设备的金属外壳仍应采用保护接地或接零（若原先有的话）。

（5）电源进线必须接在漏电保护断路器的正上方,即外壳上标有"1"、"on"或"1,3"端;出线均接在下方,即标有"O"、"OF"或"2,4"端。倘若将进线、出线接反了,将会导致其动作后烧毁线圈或影响接通、分断能力。

（6）安装漏电保护断路器后,不能拆除单相刀开关或瓷插、熔丝盒等。一是维修设备时有一个明显的断开点;二是在刀开关或瓷插中安装有熔体起着短路或过载保护的作用。但熔断器的安-秒特性与漏电保护断路器的通断能力应满足选择性要求。

5.漏电保护开关投运前的检查试验

漏电保护开关投入使用前,应做如下检查:

（1）开关机构动作是否灵活,有无卡阻或滑扣现象。

（2）遥测相线端子间、相线与外壳（地）间的绝缘电阻,测得的绝缘电阻值不应低于 2 MΩ。电子式漏电保护器,不得在极间进行绝缘电阻测试,以免损坏电子元件。

（3）漏电保护器在安装后应操作试验按钮,检查保护器的工作特性是否符合要求。

漏电保护器试验的方法是:

① 用试验按钮试验三次,在三次试验中保护器均应正确动作;

② 带负荷分合开关三次,保护器均不得误动作;

③ 用试验电阻做一次接地试验,保护器应正确动作。

试验电阻接地试验方法如下：取一只 7 kΩ(220 V/30 mA＝7.3 kΩ)的试验电阻,一端接漏电保护器的相线输出端,另一端接触一下良好的接地装置(如水管),漏电保护断路器应立即动作,否则,此漏电保护断路器为不合格产品,不能使用。

6.漏电保护开关日常维护

运行中的漏电保护开关,每月至少用试验按钮试验一次,以检查保护器的动作性能是否正常。

漏电保护开关"跳闸"或安装后始终合不上闸,说明用户线路对地漏电可能超过了额定漏电动作电流值,应将保护器的"负载"端上的导线拆开(即将照明线拆下来),查明线路故障原因,并检修合格后,按下"漏电标志"按钮,方可再次合闸送电。

如果漏电保护断路器空载后仍不能合闸,则说明漏电保护断路器本身有故障,应送有关部门进行修理,用户切勿擅自维修,胡乱调节。

2.2.5　住宅照明装置与单相电动设备安装

电气照明在日常生活和工农业生产实践中占有重要地位。照明装置由电光源、灯具、开关和控制电路等部分组成。

常用住宅照明灯具主要有白炽灯灯具和荧光灯灯具两大类。

许多家用电器都有单相异步电动机作为动力装置,如各种电风扇、电冰箱、空调器等。

一、单控照明电路安装

1.白炽灯

白炽灯是利用电流的热效应将灯丝加热而发光的。白炽灯的结构简单,使用可靠,价格低廉,安装方便。白炽灯主要由灯丝、玻璃壳和灯头三部分组成。白炽灯灯泡的规格有很多,按其工作电压可分为 6 V、12 V、24 V、36 V、110 V 和 220 V 等 6 种,其中36 V 以下的属于低压安全灯泡。灯泡的灯头有插口式和螺口式两种,因螺口式灯头在电接触和散热方面都要比插口式灯头好,现大多采用螺口式灯头。白炽灯外形如图 2-2-39 所示。

但白炽灯光效低、寿命短、电能消耗大、维护费用高,目前国家规定不再生产额定功率 25 W 以上的白炽灯,大力推广节能式 LED 灯。螺口式 LED 灯外形如图 2-2-40 所示。其主要结构包括 PCB 面板、LED 发光元件芯片、高导热灯体、恒流驱动电源、螺口灯头等。其安装方式与白炽灯相同。

图 2-2-39　白炽灯外形　　　　图 2-2-40　螺口式 LED 灯外形

2.灯座安装

灯座有螺口式和插口式两种,根据安装形式不同又分为平灯座和吊灯座,如图 2-2-41 所示。

1)平灯座的安装

平灯座一般安装在木台上。首先将圆木按灯座穿线孔的位置钻孔,孔的规格为 $\phi 5\ mm$,根据导线进入位置将圆木边缘开出缺口;将导线穿出圆木的穿线孔,穿出孔后的导线长度一般为 50 mm;用木螺钉将圆木固定在预先打入的木榫上;用剥线钳剥去导线的绝缘层(长度约为 15 mm),将开关线接入平灯座的中心桩头上,零线接入螺口平灯座与螺纹连接的接线柱头上,用木螺钉将灯座固定在圆木上,如图 2-2-42 所示。

(a)螺口半灯座 (b)螺口吊灯座 (c)插口吊灯座

图 2-2-41 灯座外形

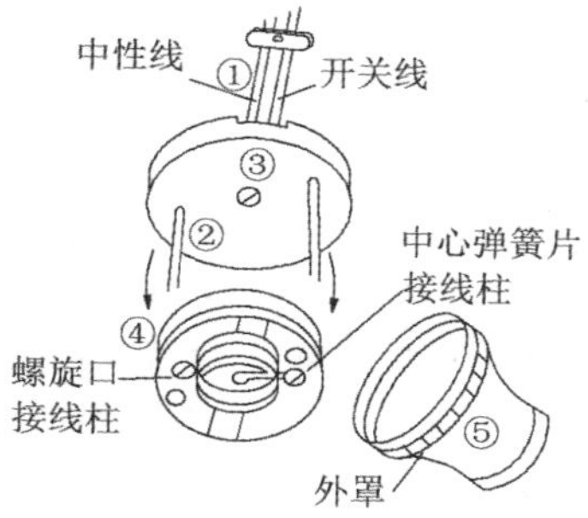

图 2-2-42 螺口平灯座的安装

2)吊灯座的安装

吊灯座必须用两根绞合的塑料软线或花线作为与吊线盒的连接线。将导线两端线头绝缘层削去;将上端塑料软线穿入吊线盒盖孔内打个"电工扣"("电工扣"绕制方法如图2-2-43所示)承受吊灯的重量;再把软线上端两个线头分别穿入吊线盒底座中后,

图 2-2-43 电工扣绕制方法

分别与灯座的两个接线柱相连,罩上吊线盒盖;接着将下端塑料软线穿入吊灯座盖孔内也打个"电工扣",把两个线头接到吊灯座上的两个接线柱上,罩上吊灯座盖即可。吊灯座的安装如图 2-2-44 所示。

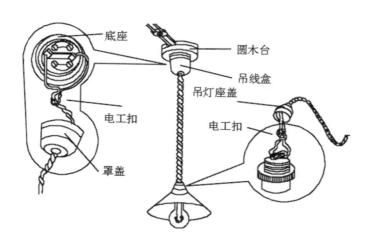

图 2-2-44 吊灯座的安装

接N端　　接L端

图 2-2-45　螺口式灯座连线要求

注意:插口座上的两个接线柱,可任意连接上述两个线头;螺口座上的两个接线柱,为了使用安全,必须把开关的线头(火线端 L)接在连通中心簧片的接线柱上,电源中性线线头(零线端 N)连接在连通螺纹圈的接线柱上,如图 2-2-45 所示。

3)灯具安装的基本要求

220 V 照明灯座安装在潮湿、危险场所及户外时应不低于 2.5 m;安装在不属于潮湿、危险场所的生产车间、办公室、商店及住房等一般不低于 2 m;如因生产和生活需要,必须将电灯放低时,灯头的最低垂直距离应不低于 1 m,在吊灯线上应加绝缘套管至离地 2 m 的高度,并且要采用安全灯头;安装在灯头高度低于上述规定而又无安全措施的车间、行灯和机床的局部照明,应采用 36 V 安全电压供电。

3.照明单控开关的安装

照明开关按操作方法分为跷板式、倒板式、拉线式、按钮式、推移式、旋转式等;按控制方法分为单投单极式、单投双极式、双投单极式等;按面板上所装开关的位数分为一位、双位、三位、四位等,如图 2-2-46 所示;按安装形式分为明装和暗装。家庭照明电路因美观所需,多采用暗装形式。暗装开关一般在土建工程施工过程中安装。明装开关一般安装在木台上或直接安装在墙壁上(盒装)。

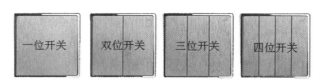

一位开关　　双位开关　　三位开关　　四位开关

图 2-2-46　照明开关外形

开关明装时要安装在固定好的木台上,将凸出木台的两根导线(一根为电源相线,另一根为开关线)穿入开关的两个孔眼,固定开关底座,剥去两导线头的绝缘层,分别接到开关的两个接线柱上,最后装上开关盖子即可,如图 2-2-47 所示。

开关暗装时事先将导线暗敷,开关底盒预埋在安装位置里面,埋设时可用水泥砂浆填平,要求平整,不能偏斜,开关口面与墙面粉刷层平面应平齐。导线穿敷完成后,连接开关导线,接好后即可固定开关盒,如图 2-2-48 所示。

开关安装的基本要求如下:① 照明开关应装在相线上,当开关断开后,灯座的两个接线柱都不带电,因而较为安全。

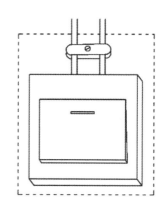

图 2-2-47　明装开关

② 在易燃、易爆环境宜采用密封、防爆型开关。③ 拉线开关距离地面 2.2～2.8 m,把手开关距离地面 1.2～1.4 m,距门边框 150～200 mm。照明单控开关控制电灯的电路如图 2-2-49 所示。

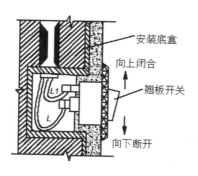

图 2-2-48　暗装开关

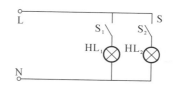

图 2-2-49　单控开关控制电灯的电路

二、双控电路安装

双控开关一般是用于在两地用两只双联开关控制一盏灯的情况,通常用于楼梯处、走廊内、家用床头灯的控制等。

双控开关的安装方法与单联开关类似,但其接线方法与单控开关不同。双控开关有三个接线端,如图 2-2-50 所示。三个接线端分别为"L"、"L$_1$"、"L$_2$",分别与三根导线连接,其中"L"为公共端。两地控制一盏灯的控制电路如图 2-2-51 所示。

图 2-2-50　单、双控开关接线端

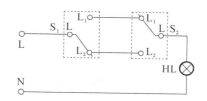

图 2-2-51　两地控制一盏灯的控制电路

其控制原理为:当双控开关S$_1$、S$_2$分别处于L$_1$(S$_1$)、L$_1$(S$_2$)或L$_2$(S$_1$)、L$_2$(S$_2$)时,电路导通,电灯 HL 发光;当双控开关S$_1$、S$_2$分别处于L$_1$(S$_1$)、L$_2$(S$_2$)或L$_2$(S$_1$)、L$_1$(S$_2$)时,电路开路,电灯 HL 熄灭。

注意双控开关安装时两开关接线端不能接错。开关S$_1$的公共接线端"L"应与电源相线"L"连接;开关S$_2$的公共接线端"L"应与螺旋式灯座的中心弹簧片接线端连接。开关S$_1$的"L$_1$"接线端应与S$_2$的"L$_1$"接线端相连;开关S$_1$的"L$_2$"接线端应与S$_2$的"L$_2$"接线端相连。

三、日光灯电路安装(电抗镇流器)

日光灯电路主要由灯管、镇流器和启辉器等部分组成,各部分的结构与组成如图 2-2-52 所示。日光灯使用寿命为白炽灯的 2～3 倍,发光效率比白炽灯高,但功率因数低(0.5 左右)。

日光灯属于气体放电光源,它是利用汞蒸气在外加电压作用下产生弧光放电,发出少许可见光和大量紫外线,紫外线又激励管内壁涂覆的荧光粉,使之再发出大量的可见光。日光灯的工作电路如图 2-3-53 所示。当开关 S 闭合时,220 V 电压经镇流器、灯管灯丝加在启辉器两端。氖管发光,双金属片动静触头间放电发热,动触片伸展使动静触片短路,双金属片降温经过短时冷却,动静触点断开,在这瞬间镇流器将产生高电压脉冲,与 220 V 电源电压叠加,使日光灯灯管点燃。日光灯进入稳定工作状态。

由此可见,日光灯点燃后启辉器立即停止工作,即启辉器只参与日光灯的启动,而不参

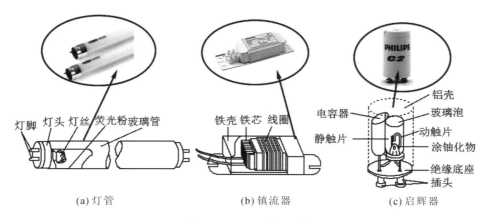

灯脚　灯头　灯丝　荧光粉玻璃管　　　铁壳　铁芯　线圈　　　　　　　　　　铝壳

电容器　　玻璃泡
静触片　　动触片
涂铀化物
绝缘底座
插头

(a) 灯管　　　　　　　　(b) 镇流器　　　　　　　　(c) 启辉器

图 2-2-52　日光灯组件

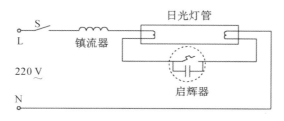

图 2-2-53　日光灯的工作电路

与日光灯的工作。日光灯启动后即使没有了启辉器，仍能正常发光工作，只是不能再启动。启辉器中的电容吸收了在动静触片断开的一瞬间所产生的高频干扰电磁波，消除了日光灯启动时对其他电器的干扰。

　　镇流器与日光灯串联，所以镇流器既利用其自感高压参与日光灯的启动，又利用电感参与日光灯的工作，限制流过灯管的工作电流，所以该设备称为"镇流器"。镇流器、启辉器功率应与日光灯灯管的额定功率相匹配。

　　日光灯安装、使用时应注意以下几点：

　　(1) 在日光灯照明电路中，连接电路时，灯管、镇流器和启辉器三者间的相互位置，对日光灯的启动性能、灯管寿命均有很大影响。

　　实践证明，镇流器串接在相线上，并与启辉器中双金属片电极的可动电极相连接时，如图 2-2-53 所示，可以得到较高的脉冲电动势。启动时，通常灯管只跳动一次就可起燃。在其他连接方式下，灯管在点燃时多次跳动(每启动一次，在两阴极之间就要受到一次脉冲高电动势的冲击，这种冲击加速了灯丝上电子发射物质的消耗)，会缩短灯管的寿命。

　　(2) 开关不能装在中性线上。如开关装在中性线上，开关断开时灯管仍然带电，不仅不安全，而且在绝缘不良好时，日光灯灯管会发出微弱的闪光。

　　(3) 实践证明，日光灯灯管固定位置长期使用不变，接镇流器一端的日光灯灯管，时间一长容易由白变黑。因此，日光灯灯管固定位置每年应对换一次，这样可以延长灯管的使用寿命。

　　四、插座安装

　　插座是用于给移动式电器设备，如台灯、电扇、电视机、电冰箱、电磁炉、电烙铁等提供电源。插座分类依据较多,按相数分为单相、三相插座;按孔数分为双孔、三孔、四孔和五孔插座;按安装方式分为明装、暗装插座;按结构形式分为独立、多联插座。家用照明电路一般用单相双孔、三孔和五孔插座。固定使用的多采用暗装形式,移动使用的多用多联形式。如图2-2-54所示为家庭常用单相暗装五孔插座外形与内部结构。一般插座内部接线孔旁边印有文字标识,如图2-2-54中所示左边接线孔标有"L",表示该孔应接相线;右边接线孔标有"N",表示该孔应接零线;中间接线孔标有"PE"和图形符号"⏚",表示该孔应接保护地线。

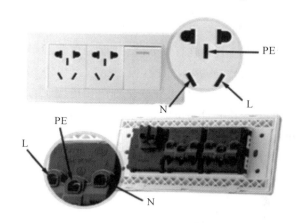

图 2-2-54　插座外形与内部结构图

插座一般不用开关控制而直接接入电源,因而插座一般情况下始终带电。

插座的安装步骤及工艺与灯座、吊线盒和开关大致相同。插座安装连线图如图2-2-55所示。其工艺要点如下:

(1)双孔插座在双孔水平排列时,应面对插座,将左孔接零线,右孔接电源相线(即左零右火);当双孔插座垂直排列时,将零线接下孔,相线接上孔(即下零上火);三孔插座下方两孔是接电源线的,其左孔接零线,右孔接相线,上面的一个大孔接保护接地线(即左零右火上保护)。

(2)插座的安装高度一般应与地面保持1.3 m的垂直距离,个别场所允许低装时,离地不得低于30 cm。家用电源插座建议安装带有保护门装置的插座,用以保护家人特别是儿童的安全。

(3)卫生间、阳台上的插座,应带有相应防溅装置,防止湿气、雨水浸入。

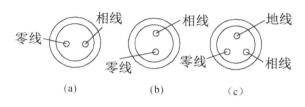

图 2-2-55　插座安装连线图

五、吊扇安装

现代家庭有着大量带有电动设备的电气设备,如吊扇、台扇、洗衣机、空调等。它们都与吊扇一样使用单相异步交流电动机作为动力设备。如图2-2-56所示,吊扇主要由扇叶、扇头、悬吊装置（包括吊杆、吊盘及上下罩）及独立安装的调速器组成。

　　单相异步电动机的定子绕组中通入单相交流电后，只能产生一个脉动磁场。由于磁场只是脉动而不旋转，因此单相异步电动机的转子如果原来静止不动，则在脉动磁场的作用下，转子仍然静止不动，即单相异步电动机没有启动转矩，不能自行启动。这是单相异步电动机的一个主要缺点。

　　如果用外力拨动一下电动机的转子，则转子导体就切割定子脉动磁场，从而产生感应电动势和电流，并将在磁场中受到电磁力的作用，转子将顺着拨动的方向启动运转起来。

　　电容启动是单相异步电动机最常用的启动方法，如图 2-2-57 所示为吊扇电动机启动电容。在单相异步电动机定子铁芯上嵌放有两套绕组，即工作绕组 $U_1 U_2$（又称主绕组）和启动绕组 $Z_1 Z_2$（又称副绕组），它们的结构基本相同，但在空间上相差 90°电角度。将电容串入单相异步电动机的启动绕组中，并与工作绕组并联接到单相电源上，选择适当的电容容量在工作绕组和启动绕组中即可以获得不同相位的电流，从而获得启动转矩而旋转。图 2-2-58 是电容分相启动运行单相电动机电路。

图 2-2-56　吊扇外形

图 2-2-57　吊扇电动机启动电容

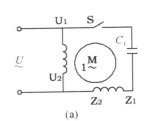

(a)

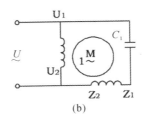

(b)

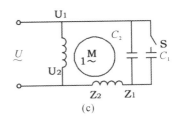

(c)

图 2-2-58　电容分相启动运行单相电动机电路

　　由图 2-2-58(a) 可知，启动绕组 $Z_1 Z_2$ 和启动电容 C_1 在电动机启动完成后可从电路中切除不参与电动机运行。这时电动机运行性能较差；图 2-2-58(b) 中，启动绕组 $Z_1 Z_2$ 和启动电容 C_1 既参与电动机启动又参与电动机运行。这时电动机启动运行性能均有所改善；图 2-2-58(c) 中，启动绕组 $Z_1 Z_2$ 和启动电容 C_1、C_2 并联参与电动机启动，C_1 在电动机启动完成后切除，不参与电动机运行。这时电动机启动性能得到进一步改善。同时电容参与电动机运行还能提高电路的功率因数，可谓一举两得。

　　电容运行单相异步电动机只要任意改变启动绕组（或主绕组）首端和末端与电源的接线，即可改变旋转磁场的转向，从而实现电动机的反转，其控制电路如图 2-2-59 所示。如双投开关"S"置于"1"时,电动机正转,当双投开关"S"置于"2"时,电动机即可实现反转。

如图 2-2-60 所示为吊扇调速器外形。单相异步电动机调速,一般采用降压调速方法。有级调速方式一般为 3～5 挡,采用在电动机上串联一个带抽头的铁芯线圈(电抗器)或电容器,也可用带抽头的多速电动机,配合琴键开关实现调速。前者多用于吊扇,后者多用于台扇和落地扇。无级调速方式是用晶闸管调压,目前多用于各类高档电扇的调速中。

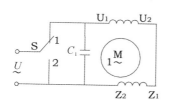

图 2-2-59　单相异步电动机正反转电路　　　图 2-2-60　吊扇调速器外形

在电动机的运行过程中最常见的故障是单相异步电动机加上单相交流电源后,电动机不转,但拨动一下电动机转子,电动机就顺着拨动的方向旋转起来,这主要是由启动绕组断路、电容器失效等所致,也可能是电动机长期未清洗,阻力太大或拖动的负载太大引起的。

◆　**2.2.6　绝缘电阻表与钳形电流表的使用**

一、绝缘电阻表

在电动机、变压器等电气设备和供电线路中,绝缘材料的优劣对电力生产、输送、安全供电和负载正常运行有着重大的影响。而绝缘材料绝缘性能好坏的重要标志是其绝缘电阻值大小。因此,必须定期用绝缘电阻表(又称兆欧表或摇表)对电气设备的绝缘电阻进行测定。

电气设备的绝缘电阻,是指带电部分与外露非带电金属部分(外壳)之间的绝缘电阻。按不同的产品,施加一直流高压,如 500 V、1000 V、2500 V 等,规定一个最低的绝缘电阻值。如果常态绝缘电阻值低,说明绝缘结构中可能存在某种隐患或其结构受损。如电机绕组对外壳的绝缘电阻低,可能是在嵌线时绕组的均线槽绝缘受到损伤所致。在使用电器时,由于突然上电或切断电源或其他缘故,电路产生过电压,在绝缘受损处产生击穿,造成对人身安全产生威胁。

1. 结构及组成

1)直流高压发生器

测量绝缘电阻必须在测量端施加一直流高压,此高压值在绝缘电阻表国标中规定为 50 V、100 V、250 V、500 V、1000 V、2500 V、5000 V 等几种。

我国生产的兆欧表约 80% 是采用手摇直流发电机式方法(摇表名称来源),其外形如图 2-2-61 所示。

2)测量回路

如图 2-2-62 所示,兆欧表(摇表)中测量回路和显示部分是合二为一的。它是由一个流比计表头来完成测量的,这个表头中有两个夹角为 60°(左右)的线圈,其中一个线圈是并联在电压两端的,另一线圈是串联在测量回路中的。

表头指针的偏转角度取决于两个线圈中的电流比,不同的偏转角度代表不同的阻值,测量阻值越小串联在测量回路中的线圈电流就越大,那么指针偏转的角度就越大。

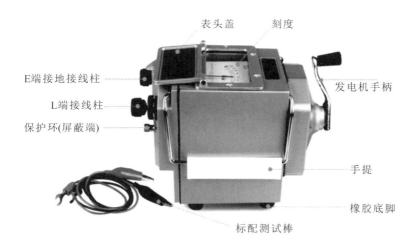

图 2-2-61　绝缘电阻表

随着电子技术及计算机技术的发展,数显表逐步取代指针式仪表。绝缘电阻数字化测量技术也得到了发展,其中压差计电路就是其中一个较好的测量电路,压差计电路是由电压桥路和测量桥路组成。这两个桥路输出的信号分别通过 A/D 转换再通过单片机处理直接转换成数字值显示。

3)面板结构

如图 2-2-63 所示,面板上各符号含义如下:

🔲——磁电式无机械反作用力。

☆——绝缘强度试验电压 1 kV。

⑩——准确度等级为 10 级(以指示值百分数表示准确度)。

▯——水平放置。

500V——500 V 绝缘电阻表。

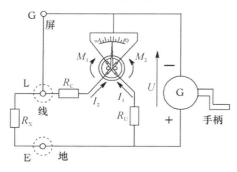

图 2-2-62　绝缘电阻表工作原理图

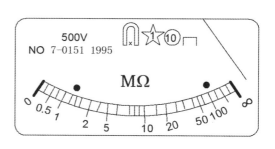

图 2-2-63　绝缘电阻表面板结构

4)接线柱

L——接线路;G——接保护环(屏蔽层);E——接地。

2.绝缘电阻表工作原理

如图 2-2-62 所示为绝缘电阻表的工作原理图。G 为手摇发电机,磁电式比率表的主要部分是一个磁钢和两个转动线圈。因转动线圈内的圆柱形铁芯上开有缺口,所以磁钢构成一个不均匀磁场,中间磁通密度较高,两边较低。两个转动线圈的绕向相反,彼此相交且呈约 60°角度,连同指针都固接在同一转轴上。转动线圈的电流采用软金属丝引入。当有电流通过时,转动线圈 1 产生转动力矩 M_1,转动线圈 2 产生反作用力矩 M_2,两者转向相反。

由电路原理可知

$$\frac{I_1}{I_2} = \frac{R_U}{R_X + R_C}$$

$$R_X = \frac{I_2}{I_1} R_U - R_C \qquad\qquad (2\text{-}2\text{-}11)$$

由式(2-3-11)可知:被测电阻 R_X 与通过两个线圈的电流 I_1、I_2 之比有关,因此称之为比率表。

当未接入被测电阻 R_X 时,摇动手柄发电机产生供电电压 U,这时转动线圈 2 有电流 I_2 通过,产生一个反时针方向的力矩 M_2。在磁场的作用下,转动线圈 2 停止在中性面上,绝缘电阻表指针位于"∞"位置,被测电阻呈无限大。

当接入被测电阻 R_X 时,转动线圈 1 中有电流 I_1 通过,产生一个顺时针方向的转动力矩 M_1,与转动线圈 2 产生的反作用力矩 M_2 方向相反,指针将偏离"∞"点。当转动力矩 M_1 与反作用力矩 M_2 相等时,指针即停止在某一刻度上,指示出被测电阻的数值。

指针所指的位置与被测电阻的大小有关,R_X 越小 I_1 越大,转动力矩 M_1 也越大,指针偏离"∞"点越远;在 $R_X = 0$ 时,I_1 最大,转动力矩 M_1 也最大,这时指针所处位置即是绝缘电阻表的"0"刻度;当被测电阻 R_X 的数值改变时,I_1 与 I_2 的比值将随之改变,M_1、M_2 力矩相互平衡的位置也相应地改变。由此可见,绝缘电阻表指针偏转到不同的位置,会指示出被测电阻 R_X 不同的数值。

从绝缘电阻表的工作过程来看,仪表指针的偏转角取决于两个转动线圈的电流比率。发电机提供的电压是不稳定的,它与手摇速度的快慢有关。当供电电压变化时,I_1 和 I_2 都会发生相应的变化,但 I_1 与 I_2 的比值不变。所以发电机摇动速度稍有变化,也不致引起测量误差。

3. 绝缘电阻表的使用方法

1) 测量前准备工作

兆欧表在工作时,自身产生高电压,而测量对象又是电气设备,所以必须正确使用,否则就会造成人身或设备事故。使用前,首先要做好以下各种准备:

(1) 测量前必须将被测设备电源切断,并对地短路放电,绝对不允许设备带电进行测量,以保证人身和设备的安全。

(2) 对可能感应出高压电的设备,必须消除这种可能性后,才能进行测量。

(3) 被测物表面要清洁,减少接触电阻,确保测量结果的正确性。

2) 选表

根据被测设备的额定电压选择合适电压等级的绝缘电阻表。测量额定电压在 500 V 以下的设备时,宜选用 500～1000 V 的绝缘电阻表;额定电压在 500 V 以上时,应选用 1000～2500 V 的绝缘电阻表。

在选择绝缘电阻表的量程时,不要使测量范围过多地超出被测绝缘电阻的数值,以免产生较大的测量误差。通常,测量低压电气设备的绝缘电阻时,选用 0～500 MΩ 量程的绝缘电阻表;测量高压电气设备、电缆时,选用 0～2500 MΩ 量程的绝缘电阻表。

如图 2-2-63 所示,绝缘电阻表表盘上刻度线旁有两黑点,这两黑点之间对应刻度线的值为绝缘电阻表的可靠测量值范围。

测量电气设备绝缘电阻时,绝缘电阻表的选定可参考表 2-2-7。

表 2-2-7　绝缘电阻表选择参考表

被 测 对 象	被测设备的额定电压/V	所选绝缘电阻表的电压/V
绕组的绝缘电阻	<500	500
	>500	1000
发电机绕组的绝缘电阻	<380	1000
电力变压器、发电机、电动机绕组的绝缘电阻	>500	1000~2500
电气设备的绝缘电阻	<500	500~1000
	>500	2500
瓷瓶、母线的绝缘电阻		2500~5000

经过两倍于工作电压的试验电压测得的绝缘电阻,才能在正常持续或电源出现可能突变的情况下达到安全用电的目的。

3)验表

测量前要检查兆欧表是否处于正常工作状态,主要检查其"0"和"∞"两点。即两表笔短路时摇动手柄,使电动机达到额定转速,兆欧表在短路时应指向"0"位置;开路时应指向"∞"位置。

4)接线

如图 2-2-64 所示,兆欧表的接线柱共有三个:一个为"L"即线端,一个为"E"即地端,还有一个为"G"即屏蔽端(也叫保护环)。一般被测绝缘电阻都接在"L""E"端之间,但当被测绝缘体表面漏电严重时,必须将被测物的屏蔽环或不要测量的部分与"G"端相连接。这样漏电流就经由屏蔽端"G"直接流回发电机的负端形成回路,而不再流过兆欧表的测量机构(动圈)。这样就从根本上消除了表面漏电流的影响。特别应该注意的是测量电缆线芯和外表之间的绝缘电阻时,一定要接好屏蔽端钮"G",因为当空气湿度大或电缆绝缘表面不干净时,其表面的漏电流将很大,为防止被测物因漏电而对其内部绝缘测量所造成的影响,一般在电缆外表加一个金属屏蔽环,与兆欧表的"G"端相连。

5)测量

先慢摇,后加速至 120 r/min 时,匀速摇动手柄 1 min,并待表指针稳定时,读取指示值,即为测量结果。读数时,应边摇边读,不能停下来读数。

6)拆线

拆线原则是先拆线后停表,即读完数后,不要停止摇动手柄,将 L 线拆开后,才能停摇。如果电气设备容量较小,其内无电容器或分布电容很小时,亦可停止摇动手柄后再拆线。

7)放电、清理现场

拆线后对被测设备两端进行放电,并清理现场,结束绝缘电阻测量工作。

4.使用绝缘电阻表的注意事项

电气设备的绝缘电阻都比较大,尤其是高压电气设备处于高电压工作状态,测量过程中保障人身及设备安全至关重要,同时获取可靠的测量结果也非常重要。所以测量时,必须注

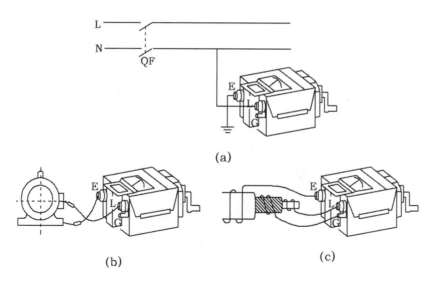

图 2-2-64　绝缘电阻表接线

意以下几点：

（1）测量前必须切断设备的电源，并接地短路放电，以保证人身和设备的安全，获得正确的测量结果。

（2）被测设备表面要处理干净，以获得准确的测量结果。

（3）使用绝缘电阻表测量时，在接地 E 和线路 L 端钮间会产生高达几百伏甚至数千伏的直流高电压。所以在测量及测试结束，发电机未完全停止转动或被测设备尚未放电之前不要用手触及端钮和引线测触金属端，以免触电。

（4）对于有可能感应出高电压的设备，要采取措施，消除感应高电压后再进行测量。测量完成后也应做放电处理，以保证人身和设备安全。

（5）绝缘电阻表与被测设备之间的测量线应采用单股线，单独连接；不可采用双股绝缘绞线，以免绝缘不良而引起测量误差。

（6）禁止在雷电时，用绝缘电阻表在电力线路上进行测量，禁止在邻近高压导体的设备附近测量绝缘电阻。

（7）对同一台电气设备绝缘电阻的历次测量，最好使用同一只绝缘电阻表，以消除由于不同绝缘电阻表输出特性不同而给测量带来的影响。如用 500 V 绝缘电阻表测得绝缘电阻为几百兆欧的设备，改用 1000 V 绝缘电阻表测量时，测得的数值有可能只有几兆欧，甚至更低。

（8）电气设备的绝缘材料都在不同程度上含有水分和溶解于水的杂质（如盐类、酸性物质等）。受潮严重的设备，绝缘电阻随温度的变化更大。因此，测量电气设备绝缘电阻时要记录下环境温度。

（9）绝缘电阻表的量限往往达几百、几千兆欧，最小刻度在 1 MΩ 左右，因而不适合测量 100 kΩ 以下的电阻。

（10）绝缘电阻表通常不应作为通表使用，即不可用绝缘电阻表去测试电路是否通断。经常当作通表使用，会使指针转矩过量，极易损坏仪表。转动绝缘电阻表时，其接线端钮间不允许长时间短路。

二、钳形电流表

钳形电流表是由电流互感器和电流表组合而成。电流互感器的铁芯在捏紧扳手时可以张开；被测电流所通过的导线可以不必切断就可穿过铁芯张开的缺口，当放开扳手后铁芯闭合。如图 2-2-65 所示，为目前常用的数显式钳形电流表。

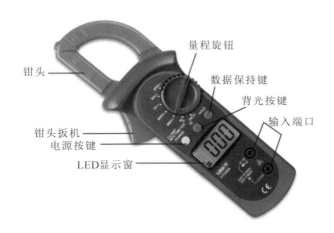

图 2-2-65　数显式钳形电流表

1. 钳形电流表的用途

通常用普通电流表测量电流时，需要将电路切断停机后才能将电流表接入进行测量，这是很麻烦的，有时正常运行的电动机不允许这样做。此时，使用钳形电流表就显得方便多了，可以在不切断电路的情况下来测量电流。

2. 钳形电流表的工作原理

如图 2-2-66 所示，钳形电流表工作原理与电流互感器（或变压器）工作原理相同，穿过铁芯的被测电路导线为电流互感器的一次绕组，其中通过电流便在二次绕组中感应出感应电流，经电流变换后，由与二次线圈相连接的电流表显示出来，测出被测线路的电流。

钳形电流表可以通过转换开关的拨挡，改换不同的量程。但拨挡时不允许带电进行操作。钳形电流表一般准确度不高，通常为 2.5～5 级。为了使用方便，表内还有不同量程的转换开关供测不同等级电流以及测量电压、电阻等。

3. 钳形电流表的使用方法

用钳形电流表检测电流时，只能夹入一根被测导线（电线），如图 2-2-67 所示，夹入两根（平行线）则不能检测电流。另外，使用钳形电流表中心（铁芯）检测时，检测误差小，在检查家电产品的耗电量时，使用线路分离器比较方便，有的线路分离器可将检测电流放大 10 倍，因此 1 A 以下的电流可放大后再检测。

用直流钳形电流表检测直流电流（DCA）时，如果电流的流向相反，则显示负数。可使用该功能检测汽车的蓄电池是充电状态还是放电状态。

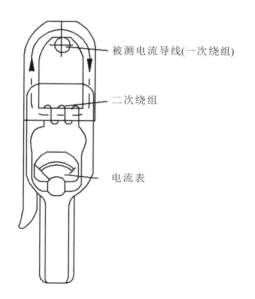

图 2-2-66　钳形电流表的工作原理

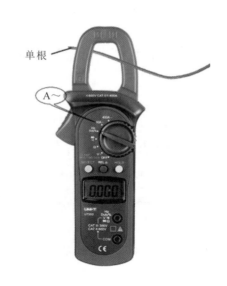

图 2-2-67　钳形电流表的使用方法

平均值方式的钳形电流表通过交流检测,检测正弦波的平均值,并将放大 1.11 倍(正弦波交流)之后的值作为有效值显示出来。波形率不同的正弦波以外的波形和方波也同样放大 1.11 倍后显示出来,所以会产生指示误差,因此检测正弦波以外的波形和方波时,请选用可直接测试出真有效值的钳形电流表。

漏电检测与通常的电流检测不同,两根(单相二线式)或三根(单相三线式,三相三线式)要全部夹住,也可夹住接地线进行检测。

4.使用注意事项

(1)进行电流测量时,被测载流体的位置应放在钳口中央,以免产生较大误差。

(2)测量前应估计被测电流的大小,选择合适的量程,在不知道电流大小时,应选择最大量程,再根据指针的指示适当减小量程,但不能在测量时转换量程。

(3)为了使读数准确,应保持钳口干净无损,如有污垢时,应用汽油擦洗干净再进行测量。

(4)在测量 5 A 以下的电流时,为了测量准确,应该绕圈测量。

(5)钳形电流表不能测量裸导线电流,以防触电和短路。

(6)测量完后一定要将量程分挡旋钮放到最大量程位置上。

◆ 2.2.7　室内照明电路安装与调试

一、实训目的

(1)能正确识别、选择室内照明设备与材料;

(2)能正确使用万用表、绝缘电阻表、钳形电流表和试电笔等电工仪表;

(3)能根据相关控制要求设计并绘制电气原理图;

(4)能正确安装室内照明控制电路,且符合相关电工工艺要求;

(5)能正确进行室内照明电路的送、停电操作,且操作符合电工送、停电操作要求与规范;

(6)能分析、检查并排除室内控制电路故障。

二、实训器材、工具与仪表

1. 电工工具

电工刀、尖嘴钳、钢丝钳、剥线钳、螺丝刀(十字、一字)各一把、试电笔一只等。以上工具每组配一套。

2. 导线选择

红色、黄色、绿色、蓝色和黄绿双色线芯截面积 1 mm²、2.5 mm² 单股塑料绝缘铜芯、铝芯导线若干;塑料绝缘胶布若干;线卡若干等。

3. 电工仪表

万用表(指针式、数字式)若干只;绝缘电阻表若干只;钳形电流表若干只等。以上电工仪表可根据实际情况配备各组或各班。

4. 照明器材

单相电能表、双极带漏电保护自动断路器、双极自动断路器、单极自动断路器、日光灯管、电抗整流器、启辉器、日光灯座、白炽灯、白炽灯灯座、三相孔插座、单相交流异步电动机、启动电容、一位单控控制开关、二位双控控制开关、单相三孔插头、功率补偿电容、熔断器等。以上照明器材每组配一套。

三、实训步骤

1. 电路功能设计

(1) 电路具有短路、过载、漏电保护功能。

(2) 电路具有电能测量功能。

(3) 电路具有总控制功能。

(4) 电路具有各路负载单独控制功能(模拟室内电路分区控制)。

(5) 电路负载一:用一只一位单控开关控制一只白炽灯(用以模拟各种螺旋灯座照明器具安装与控制)。

(6) 电路负载二:用一只一位单控开关控制一只日光灯(用以模拟各种日光灯照明器具安装与控制)。

(7) 电路负载三:用二只一位双控开关控制一只白炽灯(用以模拟各种两地控制照明器具安装与控制)。

(8) 电路负载四:用两只开关控制一台单相异步电动机,其中单控开关负责接电,双控开关实现电动机正反转运行(用以模拟各种家用生产工具和家用电路设备安装与控制)。

(9) 电路负载五:单相三孔插座(用以模拟家用各种备用电源安装与控制)。

2. 电路设计

根据"电路功能设计"及控制要求,设计并绘制电路原理图。参考电路如图 2-2-68 所示。

其中断路器 QF_1、熔断器 FU、电能表 kW·h 安装于户外配电箱中;双极漏电保护断路器 QF_2 对室内电路实现总控制,单极断路器 $QF_3 \sim QF_7$ 实现对室内各中负载电路的单独控制,并安装于室内照明配电箱中;单控开关 S_1 控制白炽灯 HEL_1;单控开关 S_2 控制日光灯;双控开关 S_1、S_4 两地控制白炽灯 HEL_2;单控开关 S_5、S_6 控制单相异步电动机,S_5 负责电动机启动、运行与停机,S_6 控制电动机的正反转运行。

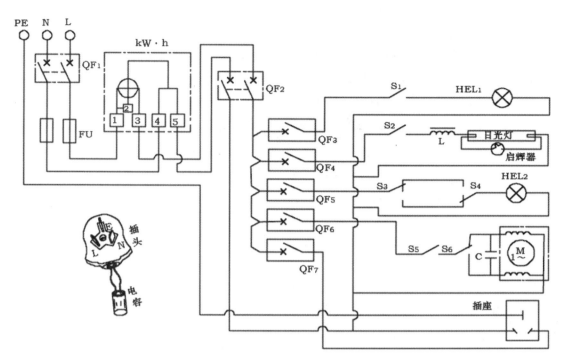

图 2-2-68　住宅照明电路电气图

3.导线、照明设备选择

根据电路功能控制要求和电路原理设计要求选择实训器材,并将所选器材的型号、参数等信息填入表 2-2-8 所示"主材表"中。

表 2-2-8　主材表

名　称	型　号	数　量	参　数

4.电气设备检测

对所选电气设备进行检查、检测并将检测结果记入表2-2-9"设备检测数据表"中。一般说来,对断路器、开关等控制设备可用万用表进行通路、断路等控制功能检查;对灯座应检查接线柱是否安好,接触性是否良好;对电能表、白炽灯、日光灯、镇流器、电动机等负载设备可用万用表进行阻抗大小的检测,最后判断设备是否完好可用。

表2-2-9 设备检测数据表

设 备 名 称	检 测 项 目		质 量
断路器(QF₁～QF₇)	闭合性能	开路性能	
开关(S₁～S₆)	闭合性能	开路性能	
HEL₁～HEL₂	冷态电阻/Ω	热态电阻/Ω	
日光灯	灯头1电阻/Ω	灯头2电阻/Ω	
镇流器(L)	直流电阻/Ω	阻抗/Ω	
电动机(M)	启动绕组电阻/Ω	运行绕组电阻/Ω	
电能表(kW·h)	电流元件电阻/Ω	电压元件电阻/Ω	

注:断路器、开关性能"可靠"用"√"表示,"不可靠"用"×"表示;设备质量"完好"用"√"表示,"有缺陷"用"×"表示。

5.电路安装

确定电路根据实训室条件,在电工板上安装出符合照明控制功能及符合电工工艺要求的照明电路。可按以下步骤进行电路安装:

1)设备布局

根据电路图确定各电气设备的位置,一般电能表、配电控制设备在左或左上方,负载电路在右或右下方。设备布局要求:布局合理、结构紧凑、操作控制方便等。可绘制平面布置图辅助设备布局。

2)设备固定

将设备固定在实训用电工板上。要求各设备器件排列整齐,错落有致。固定设备时,先对角,后两边;先预紧,后终紧。要求固定稳固、可靠。

3)线路敷设

根据实训室现场情况,线路敷设可选择板面明敷或穿PVC管暗敷。线路敷设要求横平竖直,转弯成直角;多线并拢平行,少交叉。

4)导线连接

黄、绿、红三色导线作相线(L),蓝色导线作零线(N),黄绿色双色导线作保护地线(PE)。连线要求正确牢固、平直整齐、不压胶少漏铜(漏铜不超过2～3 mm)。

断路器(QF)连线按照设备铭牌标记连接,一般双极断路器为1、3进,2、4出,左边"火"(L)、右边"零序"(N);单极断路器只接"火"(L)线,"零"(N)线不进断路器。

电能表(kW·h)连线按照电能表接线端子盖板内电路图连接,一般为接线端子编号1(L)、4(N)进,3(L)、5(N)出。

单控开关(S)连线根据内部标志连接,"L"端进,"L₁"端出;双控开关(S)根据内部标志连接,"L"端进,"L₁"或"L₂"端出。为安全计,开关一定要安装在"火"(L)线上。

为提高日光灯工作效率和寿命,镇流器安装在"火"(L)线上,启辉器内氖泡动触片接"火"(L)线侧。

灯座连线时,中心接线柱与"火"(L)线相连,螺旋外壳与"零"(N)线相连。

插座连线根据内部标志连接。一般为左"零"(N),右"火"(L),上"保护"(PE)。

6. 通电前检测

电路安装完成后,通电前要对电路进行检测。经初步检测合格后方可通电试验,检验电路控制功能是否符合要求。

1)直观检查

清除电路板上多余散落的线头,检查电路连接有无错误、漏接或漏接的线端,有无压胶和漏铜太多,连线是否牢固,必要时可稍稍用力拉扯连接导线,看线端是否脱落。

2)电路短路、通路检测

短路检测:将万用表打到欧姆挡,断开QF₁断路器,两表笔分别与QF₁两进线端相接触,合上QF₁断路器,正常情况下,万用表显示的是电能表电压元件的电阻值,分别合上各支路控制开关,万用表显示电阻值会随各支路通断发生相应变化。如上述检测中有电阻为"零"的情况出现,说明电路有严重的短路。

通路检测:用万用表欧姆挡"逐段"(又称为"分阶")或"分段"(又称"分阶")检测,万用表会根据支路上各控制开关分、合,显示不同的阻值。如上述检测中有电阻始终为"∞"的情况出现,说明电路始终有"开路"。

如电路存在"短路"和始终"开路"情况,说明电路安装不正常,不能通电试验,直至排除故障后方能通电试验。

3)电路绝缘性能检测

用绝缘电阻表测量线路绝缘电阻,应不小于0.22 MΩ。

7. 通电试验

电路经初步检测后,方可通电试验。通电的原则是:送电时由电源端向负载端依次送电,停电时由负载端向电源端停电。关键是:围绕负载不带电拉合开关。

首先,合上QF₁、QF₂和QF₃~QF₇。然后分别合、断各支路控制开关检测各支路负载电器能否正常工作。合上S₁白炽灯HEL₁点亮,断开S₁白炽灯HEL₁熄灭;合上S₂日光灯应发光,断开S₂白炽灯HEL₂熄灭;合上S₁或S₂白炽灯HEL₂应能点亮,断开S₂或S₁白炽灯应能熄灭;合上S₅电动机开始运行,扳动S₆电动机反转,断开S₅电动机停止运行;用试电笔测试插座连接是否正确。

8. 电路故障排除

当电路控制功能不正确或负载电器不能正常工作时,说明电路有故障,应立即停电检查。应认真分析电路故障原因,寻找故障点。用万用表电阻挡检查配合寻找故障位置。如不停电用电位法查找电路故障,应用万用表的交流电压挡分阶或分段测量电压,并注意人身和万用表的安全。

当各负载电器正常工作时,电能表运行计量电路消耗的有功电能。

9.电路参数测量

电路控制功能正常后,可测量电能工作参数,并进行电路运行分析计算。

(1)用万用表交流电压挡测量电路电源电压、各工作电器工作电压;用钳形电流表测量电路干路及各支路工作电流。

(2)在插座上插上连有"功率因数补偿电容"的插头。用万用表交流电压挡再次测量电路电源电压、各工作电器工作电压;用钳形电流表测量电路干路及各支路工作电流,并将测量数据记入表 2-2-10"电路工作运行数据表"中。

表 2-2-10   电路工作运行数据表

电 路 状 态	设 备 名 称	工作电压/V	工作电流/A	热态电阻(阻抗)/Ω	功 率 因 数
无功率 补偿电容	电源				
	HEL$_1$				
	HEL$_2$				
	镇流器				
	日光灯				
	电动机				
有功率 补偿电容	电源				
	HEL$_1$				
	HEL$_2$				
	镇流器				
	日光灯				
	电动机				

四、职业素质要求

(1)认真做好实训前准备工作。

(2)实训时严格按实训要求,认真执行电工工艺要求,完成实训内容。

(3)实训时保持实训现场秩序,遵守实训纪律。

(4)实训时严格执行"电工安全"纪律。未经实训指导教师许可不得通电运行。停送电操作应在实训指导教师监督下进行。

(5)实训时保持工位整洁,实训完成后应将工位清理干净,工具设备归还到指定位置,摆放齐整。

五、思考题

(1)根据表 2-2-10 中数据,分别计算:

① 白炽灯 HEL$_1$、HEL$_2$ 的热态电阻为多大?

② 镇流器、日光灯功率因数为多少?

③ 功率因数补偿前、后电路的功率因数为多少?

(2)以日光灯支路为例,说明怎么用试电笔判断电路故障原因与部位。

（3）根据电能表参数及试运行情况,估算室内照明电路运行八小时消耗电能为多少度?

2.2.8 住宅小区供电系统与低压配电方式

一、住宅小区供电系统

目前,高档住宅小区的供（配）电系统在电气设施的配置上主要包含变配电系统、电力系统、照明系统、防雷接地系统、火灾自动报警及联动控制系统、楼宇自控系统、语音和计算机综合布线系统、安保系统、停车场管理系统等。多以综合布线为基础,将除消防的火灾自动报警及联动控制系统以外（消防部门不允许将其纳入楼宇自动控制系统）的各系统综合在一起。

对于住宅小区而言,其负载有各种动力设备,主要是三相异步电动机与大量照明设备（主要是家庭照明与小区共用照明等）。因容量大,电力系统采用三相交流电力系统。作为电源的三相交流发电机和三相交流变压器的三相绕组通常采用星形（Y）连接形式,且中性点有三种运行方式,即电源中性点直接接地、电源中性点经阻抗接地、电源中性点不接地。其中第一种运行方式又称为大接地电流系统,后两种为小接地电流系统。又依据电源中性点是否引出中性线分为三相三线制和三相四线制等运行方式。

我国 220 V/380 V 低压供配电系统广泛采用电源星形（Y）连接中性点直接接地,且中性点引出中性线（N）、保护线（PE）的三相五线制系统或中性线（N）、保护线（PE）共用的三相四线制（PEN）系统。

相线是从三相绕组的三个首端引出三根电源相线,俗称"火线",分别为 U、V、W 表示,用黄、绿、红三种颜色标记。相线间电压为线电压,为 380 V;相线与中性线间电压为相电压,为 220 V。

中性线（N）是从电源三相绕组的尾端连在一起所形成在中性点引出的导线,俗称"零线"。中性线（N）与相线形成单相回路,连接额定电压为 220 V 的单相交流设备;系统中性线中流过的是三相系统不平衡电流,所以三相电路设计时,三相负载容量要尽量平衡对称;同时,中性线还起到减小负载中性点电位偏移的作用,即使不对称负载的工作相电压对称。中性线用黑色或蓝色标记。

保护线（PE）是为保障用电安全,防止发生触电事故用的"接地线",俗称"地线"。电力系统中所有地线正常情况下不带电,而故障状态时可能带电,危及人身安全。电气设备的外露金属部分,如设备外壳、金属构架等,通过保护线（PE）接地,在设备发生接地故障时,减少人身触电的危险。保护中性线（PEN）兼有中性线（N）和保护线（PE）的功能。保护线（PE）用黄、绿双色标记。

低压供配电系统中,按照电源连接与负载保护连接形式,可分为 TN、TT 和 IT 三种系统。

如图 2-2-69 所示,TN 系统中所有电气设备的金属外壳均与公共保护线（PE）或公共保护中性线相连接。这种保护方式又称"保护接零"。

如果系统中中性线（N）和保护线（PE）全部合并为保护中性线（PEN）,则称为 TN-C 系统,如图 2-2-69(a)所示。当三相负荷不平衡或仅有单相负荷时,PEN 线上有电流通过。在一般情况下,如果开关保护装置和导线截面积选用适当,也能满足安全要求。目前国内多采用这种系统。

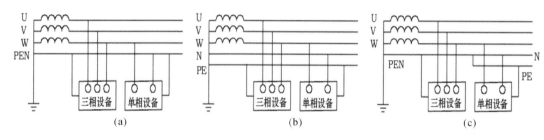

图 2-2-69　TN 供配电系统

如果系统中中性线（N）和保护线（PE）全部分离，则称为 TN-S 系统，如图 2-2-69（b）所示。其优点是电力系统正常工作时，PE 线上不出现电流，因此用电设备的外露可导电部分也不出现对地电压，发生事故时容易切断电源，比较安全。其不足是所需费用较高。该系统多用于环境条件较差的场所。

如果系统中中性线（N）和保护线（PE）前一部分合并为保护中性线（PEN），后一部分分开（一旦分开后就不能再合并。），则称为 TN-C-S 系统，如图 2-2-69（c）所示。这种系统兼有 TN-C 系统费用较少和 TN-S 系统比较安全的优点，而且电磁适应性较好。它常用于线路末端环境条件较差的场所。

如图 2-2-70 所示，TT 系统中所有电气设备的金属外壳均通过保护线（PE）单独接地。这种保护方式又称"保护接地"。

由于各自的 PE 线互不相关，所以其电磁适应性较好。但是该系统的故障电流取决于电力系统的接地电阻和 PE 线的电阻，而故障电流往往很小，不足以使数千瓦的用电设备的保护装置断开电源。为了保护人身安全，必须采用残余电流开关作为线路和用电设备的保护装置，否则它只适用于小负荷的系统。

如图 2-2-71 所示，IT 系统中也是所有电气设备的金属外壳均通过保护线（PE）单独接地。但与 TT 系统不同的是，其电源中性点不接地或经过 $Z=1000$ Ω 阻抗接地，且电源中性点不引出中性线（N）。

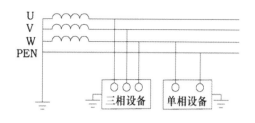

图 2-2-70　TT 供配电系统

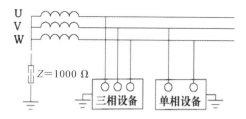

图 2-2-71　IT 供配电系统

当任一相发生故障接地时，大地即作为相线工作，系统仍能够继续运行。但是如果两相接地，则会形成相间短路而出现危险。因此，采用 IT 系统时必须装设单相接地检测装置，一旦发生单相接地就发出警报，以便维护人员及时处理。采取"单相接地警报"措施后，IT 系统就极为可靠，停电的概率也就很小了。这种系统多用于希望尽量少停电的厂矿用电。同时，各设备的 PE 线是分开的，相互无干扰，电磁适用性也比较好。

其中 TN、TT 为三相四线制系统，电源对外提供相、线（220 V/380 V）两种电压；IT 为三相三线制系统，对外只能提供线（380 V）电压。

二、低压配电系统

一个典型的低压配电系统由计量柜、进线柜、无功功率补偿柜、出线柜及联络柜等组成。

配电变压器将 10 kV 高压降为 220 V/380 V 后,经计量柜中计量器计量,送至进线柜,经无功功率补偿柜中补偿器进行功率因数补偿后,再由出线柜送至动力配电箱和照明配电箱。在工业与民用建筑设施的 6～10 kV 供电系统中,当电源发生故障时可通过联络柜将备用电源引入使用。如图 2-2-72 所示为一个典型低压配电系统线路图。

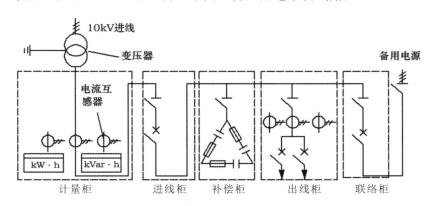

图 2-2-72　典型低压配电系统线路图

1. 进线柜

进线柜是接通和断开配电变压器到低压配电屏的主要环节,主要由断路器和刀开关组成。其母线上串有计量回路的电流互感器。

2. 计量柜

计量柜是计量电能的装置,由电力部门安装校验,分有功功率和无功功率计量。有功电能表是计量用户用电度数,按照峰、谷、平电价收费;无功电能表是用于用户负载无功功率计量。两相结合可计量一个收费周期内用户负载的平均功率因数,作为该收费周期内调整电费的依据。其平均功率因数为

$$\bar{\lambda} = \frac{W_P}{\sqrt{W_P^2 + W_Q^2}}$$
(2-2-12)

式中:λ 为计费周期内平均功率因数;W_P 为计费周期内总的有功电能;W_Q 为计费周期内总的无功电能。

3. 补偿柜

补偿柜是感性负载无功功率补偿装置,主要作用是用来提高电网的功率因数,降低变压器和配送电线路的损耗,提高供电效率,改善供电环境。

4. 出线柜

出线柜是由众多断路器组成对多路低压负载供电的组合装置。

5. 联络柜

联络柜是连接其他备用电源的装置,同样由众多断路器和刀开关组成。

三、照明系统的配电方式

1. 住宅小区的供电方式

大容量(负荷电流在 30 A 以上)照明负荷一般采用 380 V/220 V 三相四线制中性点直接接地

的交流电源。首先将各种单相负荷平均分配,再分别接在每一相线和中性线之间。当三相负荷平衡时,这种配电线路的中性线上没有电流,因此在设计电路时应尽可能使各相负荷平衡。

目前大多采用了动力和照明设备分别由总变压器引出单独线路供电的方式。如图 2-2-73(a)和图 2-3-73(b)所示分别为常用一台和两台变压器供电连接形式。

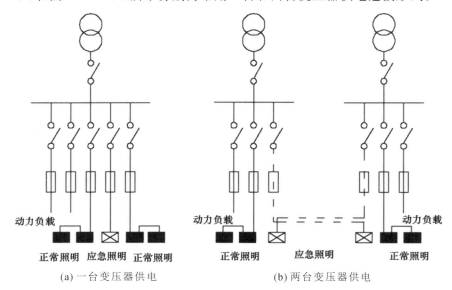

(a) 一台变压器供电   (b) 两台变压器供电

图 2-2-73 住宅小区供电形式

2. 住宅小区照明配电方式

照明线路的基本组成是:由室外架空线路电杆上到建筑物外墙支架上的线路,称之为引下线(即接户线);从外墙到总配电箱的线路,称之为进户线;由总配电箱至分配电箱的线路,称之为干线;由分配电箱至照明灯具的线路,称之为支线。

1) 干线配电方式

总配电箱到分配电箱的干线有放射式、树干式和混合式三种配电方式,如图 2-2-74 所示。

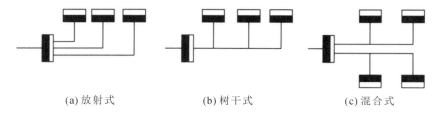

(a) 放射式   (b) 树干式   (c) 混合式

图 2-2-74 照明干线配电方式

(1) 放射式:各分配电箱分别由干线配电。当某分配电箱发生故障时,保护开关将其电源切断,不影响其他分配电箱的工作。因此,放射式配电方式的电源较为可靠,但材料消耗较多,如图 2-2-74(a)所示。

(2) 树干式:各分配电箱的电源由一条共用干线配电。某分配电箱一旦发生故障,将影响其他分配电箱的工作。因此,树干式配电方式的可靠性较差,但这种供电方式节省材料,较为经济,如图 2-2-74(b)所示。

(3) 混合式:放射式和树干式混合使用,吸取了这两种配电方式的优点,既降低了材料消耗,又保证电源具有一定的可靠性,如图 2-2-74(c)所示。

如图 2-2-75 所示为某住宅小区干线供电系统线路图。

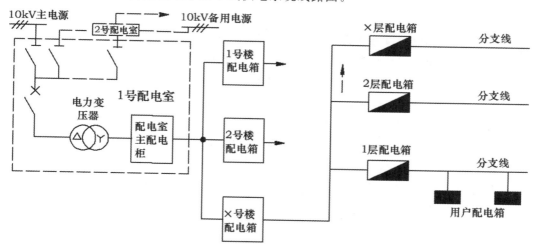

图 2-2-75　某住宅小区干线供电系统线路图

该住宅小区供配电系统低压接地形式采用 TN-C-S 系统,电源电缆线地进建筑物处做重复接地,并与接地点做等电位连接,通过预埋连接板与建筑物基础钢筋相连。中性线 N 与保护线 PE 分开后严禁混接。用电设备的正常非带电金属外壳,包括穿线钢管、三级插座的接地桩均应与 PE 线连接,三相表进户线采用三相五线制进户,单相表进户线采用单相三线制进户。

10 kV 主电源由新立电杆经 ZC-YJV22-10×120 引至小区 1 号配电室,再由 1 号配电室经电缆引至 2 号配电室。

10 kV 备用电源由新立电杆经 ZC-YJV22-10×120 引至小区 2 号配电室,再由 2 号配电室经电缆引至 1 号配电室,内部形成环网进线。

配电室内安装户内环网柜 2 台,800 kVA 干式变压器 2 台,固定分隔式低压开关柜 7 台,智能电容器组 240 kVar 两套,安装接地装置 2 套。各低压开关柜与干式变压器低压桩头间采用铜排进行连接。

2) 支线配电方式

如图 2-2-76 所示为一般住宅小区的照明支线配电形式。

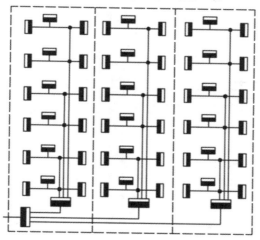

图 2-2-76　一般住宅小区的照明支线配电形式

通常单相支线长度为 20～30 m,三相支线长度为 60～80 m,每相电流不超过 15 A,每一单相支线上所装设的灯具插座不超过 20 个。在照明线路中,插座的故障率最高,如果插座安装数量较多,则应专设支线为插座供电,以提高照明线路供电的可靠性。

通常,室内照明支线线路较长,转弯和分支较多,因此,从敷设施工方便考虑,支线截面积不宜过大,一般应在 1.0～4.00 mm²,最大不应超过 6.00 mm²,且应采用三相支线或两条单相支线供电。

照明灯具的电压偏移范围一般不应超出其额定电压的±5%。照明线路的电压损失在一般工作场所和住宅为 5%;视觉要求较高的场所为 2.5%;远离电源的场所为 10%。

3. 动力、照明配电箱

动力配电箱在建筑中作为 50 Hz、500 V 以下三相三线制、三相四线制电力系统的配电箱。动力配电箱一般有落地式、挂墙式安装,箱体的上下有预留的敲落孔,方便配电导线的引入、引出。动力配电箱线路如图 2-2-77 所示。

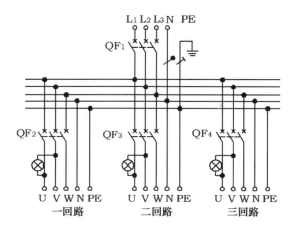

图 2-2-77　动力配电箱线路

照明配电箱在建筑中用于 50 Hz、500 V 以下的照明和小动力控制回路中,具有线路的过载、短路保护和漏电保护功能。照明配电箱线路如图 2-2-78 所示。箱内配有插座、电度表、控制按钮、电源引出接线柱、信号灯、氖灯指示灯等,方便线路测量、维修等工作。

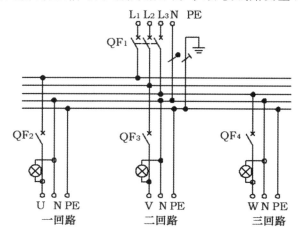

图 2-2-78　照明配电箱线路

◆ 2.2.9 住宅小区供配电常用低压电气设备选择与安装

一、低压断路器

低压断路器是用来分配电能,不频繁地启动异步电动机,对电源线路及电动机等实行保护的低压电气控制设备。当线路或设备发生严重的过载或短路及欠电压等故障时能自动切断电路,保护线路、设备及人身安全。而且在分断故障电流后一般不需要变更零部件,只需排除线路或设备故障复位断路器后即可重新通电运行。其功能相当于闸刀开关、过电流继电器、失电压继电器、热继电器及剩余电流动作保护器(漏电保护器)等电气部分或全部的功能集成,是低压配电网中一种重要的保护电器。

　1.低压断路器的结构和工作原理

低压断路器由操动机构、触点、保护装置(各种脱扣器)、灭弧系统等组成。低压断路器的结构示意图如图 2-2-79(a)所示,其电气符号如图 2-2-79(b)所示。

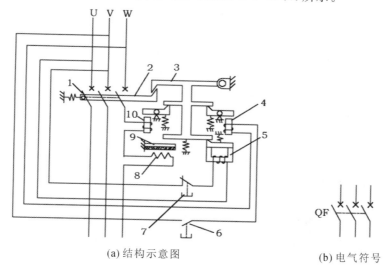

(a)结构示意图　　　　　　　　　(b)电气符号

图 2-2-79　低压断路器工作原理

1—主触点;2—跳钩;3—锁扣;4—分励脱扣器;5—欠失、电压脱扣器;6,7—停止按钮;
8—过流电阻丝;9—热脱扣器;10—过电流脱扣器

低压断路器的主触点是靠手动操作或电动合闸的。主触点闭合后,自由脱扣机构将主触点锁在合闸位置上。过电流脱扣器的线圈和热脱扣器的热元件与主电路串联,欠、失电压脱扣器的线圈和电源并联。

当电路发生短路或严重过负荷时,过电流脱扣器的衔铁吸合,使自由脱扣机构动作,主触点断开主电路;当电路过负荷时,热脱扣器的热元件发热使双金属片受热向上弯曲,推动自由脱扣机构动作;当电路欠电压时,欠、失电压脱扣器的衔铁释放,也能使自由脱扣机构动作;分励脱扣器则作为远距离控制用,在正常工作时,其线圈是断电的,在需要远距离控制时,按下启动按钮,使线圈通电,衔铁带动自由脱扣机构动作,使主触点断开。

低压断路器脱扣器件种类及保护功能见表 2-2-11。

表 2-2-11　低压断路器脱扣器件种类及保护功能表

序　号	脱扣类型	保护功能
1	复式脱扣器	既有过电流脱扣器又有热脱扣器的功能
2	过电流脱扣器	瞬时短路脱扣器和电流脱扣器。在脱扣时间上又分长延时和短延时两种
3	欠、失电压脱扣器	欠电压和失电压保护,当电源电压低于定值或无电压时自动断开断路器
4	热脱扣器	线路或设备长时间过载保护,当线路或设备长时间过载时,双金属片受热向上弯曲,使断路器跳闸
5	分励脱扣器	远距离手动或保护跳闸

低压断路器的保护功能分别有非选择型、选择型和智能型。非选择型低压断路器的保护功能,一般只用作短路保护,即在短路故障发生时,断路器瞬时跳闸,及时切除故障电流,保护电气设备。非选择型低压断路器也具有长延时动作功能,以用作设备的过载保护。选择型低压断路器有两段保护和三段保护的保护功能组合。两段保护有瞬时和长延时的两段组合或瞬时和短延时的两段组合两种。三段保护有瞬时、短延时和长延时的三段组合。智能型低压断路器的脱扣器件动作由微机控制,保护功能更多,选择性更好。

2.低压断路器型号

低压断路器按结构形式不同,可分为框架式(DW 系列)和塑料外壳式(DZ 系列)两类,其型号含义如图 2-2-80 所示。

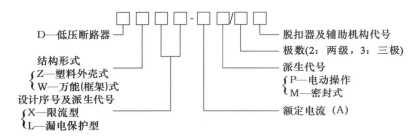

图 2-2-80　低压断路器的型号含义

例如型号为"DW15-630/3"的断路器,其中"DW"表示万能(框架)式,"15"为设计序号,"630"为壳架额定电流,"3"表示三极;型号为"DZ47LE-63/4"的断路器是带漏电保护,壳架额定电流 63 A 的四极塑料外壳式低压断路器。

1)智能型万能式低压断路器

万能式低压断路器的保护特性包括过载长延时保护、短路短延时保护、短路瞬时保护和接地故障保护四种主要保护功能。其保护功能都集中在同一只控制器上,通过面板操作进行各种保护特性设定,万能式断路器配套控制器型号现分为 L 型(电子型)、M 型(标准型)、H 型(通信型)等。

如图 2-2-81 所示为 CW1 系列智能型万能式低压断路器。它是具有智能化选择性保护功能的新一代断路器,其技术性能达到国际同类产品先进水平。它采用微处理技术的电子脱扣器,具有智能化保护功能,广泛适用于智能化配电网络及现场总线的需要,实现了"四遥"功能。它采用全模块结构和双重绝缘,不仅使安装、维护方便,而且运行分断安全、可靠。

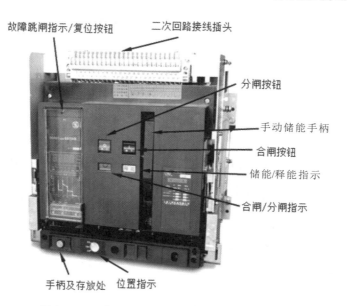

图 2-2-81   CW1 系列智能型万能式低压断路器

CW1-6300 万能式断路器是国内乃至世界上最大容量的断路器,额定电流为 630～6300 A,适用于交流 50 Hz/400 V,主要在低压配电网络中用于分配电能和保护线路、防止电源设备遭受过载、短路、欠电压、单相接地等故障的危害,具有高精度智能控制器,可以完成配电系统的过电流和剩余电流的全选择性保护,同时具有通信功能,可作为现场总线等控制系统实现遥控、遥信、遥测、遥调"四遥"功能的主要元件。CW1-6300 万能式断路器具有高分断能力,且无飞弧,有多种操作、安装、接线方式和产品之间、产品与柜门之间的机械联锁,以及运行参数的显示、故障记忆、现场设定、试验、热记忆、负载监控和自诊断等功能,可确保系统供电质量和可靠性。其各项性能指标与法国施耐德 M 系列、德国西门子的 3WN6 系列等国际同类先进产品水平相当。

CW1 系列智能型万能式断路器的规格型号有:CW1-2000、CW1-3200、CW1-4000、CW1-6300 等。

2) 自动空气断路器

自动空气断路器又称自动空气开关,是低压配电网络和电力拖动系统中非常重要的一种电器,它集控制和多种保护功能于一身。除了能完成接触和分断电路外,还具有对电路或电气设备发生的短路、严重过载及欠电压等进行保护的功能,同时也可以用于不频繁启动的电动机。家庭常用为单极和双极自动空气断路器,其外形如图 2-2-82(a)、(b)所示;三相交流动力电路上应用三极或四极自动空气断路器,其外形如图 2-2-82(c)、(d)、(e)所示。

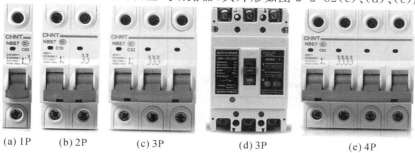

(a) 1P   (b) 2P   (c) 3P   (d) 3P   (e) 4P

图 2-2-82   自动空气断路器外形

自动空气断路器的极数表示方法及功能详见表 2-2-12。

表 2-2-12　自动空气断路器的极数表示方法及功能

序　号	极　数	表 示 方 法	工作电压及功能
1	单极	1P	220 V,切断相线(L)
2	双极	2P	220 V,相线(L)与零线(N)同时切断
3	三极	3P	380 V,三相相线(U、V、W)全部切断
4	四极	4P	380 V,三相相线(U、V、W)和零线(N)全部切断

　　三相交流动力电路上应用的自动空气断路器常见的型号为 DW 型和 DZ 型。其起跳电流为 20 A、32 A、50 A、63 A、80 A、100 A、125 A、160 A、250 A、400A、600 A、800 A、1000 A 等。

　　目前,家庭常见总开关用 DZ 系列的空气断路器(带漏电保护的小型断路器),常见的有 C16、C25、C32、C40、C60、C80、C100、C120 等规格,其中 C 表示脱扣电流,即起跳电流。

　　3)三相漏电保护断路器

　　将三相低压断路器与三相漏电保护器组合在一起,即构成三相漏电保护断路器,其除具有断路器的各种功能外,同时具备了漏电检测与保护的功能。三相漏电保护断路器的外形如图 2-2-83 所示。

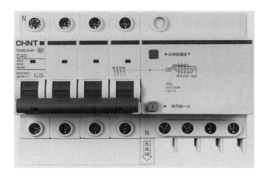

图 2-2-83　三相漏电保护断路器的外形

　　三相漏电保护断路器的工作原理与结构如图 2-2-84 所示。它由主回路断路器(含跳闸脱扣器)和零序电流互感器、放大器三个主要部件组成。当电路正常工作时,主电路电流的相量和为零,零序电流互感器的铁芯无磁通,其二次绕组没有感应电压输出,开关保持闭合状态;当被保护的电路中有漏电或有人触电时,漏电电流通过大地到变压器中性点,三相电流的相量和不等于零,零序电流互感器的二次绕组中就产生感应电流,当该电流达到一定的数值并经放大器放大后使脱扣器动作,断路器在很短的时间内跳闸而切断电路,进入保护状态。

　　在三相五线制配电系统中,零线一分为二,即分为工作零线(N)和保护零线(PE)。工作零线与相线一同穿过漏电保护断路器的互感器铁芯,通过单相回路电流和三相不平衡电流。工作零线末端和中端均不可重复接地。保护零线只作为短路电流和漏电电流的主要回路,与所有设备的接零保护线相接。它不能经过漏电保护断路器,末端必须进行重复接地。如图 2-2-85 所示为漏电保护与接零保护共用时的线路连接方式。

　　漏电保护断路器必须正确安装接线。错误的安装接线可能导致漏电保护器的误动作或不动作。

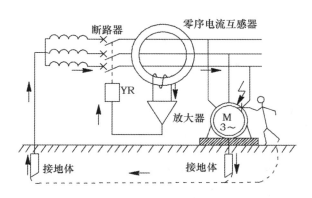

图 2-2-84 三相漏电保护断路器的工作原理与结构

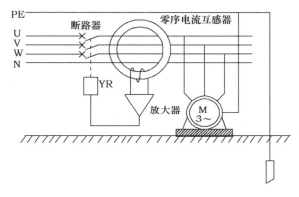

图 2-2-85 三相漏电保护断路器接线图

3. 低压断路器的选择

选用低压断路器时应根据具体使用条件及保护对象选择合适类型及参数。

（1）在一般电气设备控制系统中，常选用塑料外壳式或漏电保护式断路器；电网主干线路中主要选用框架式断路器；建筑物的配电系统一般采用漏电保护式断路器。

（2）额定电压不小于线路额定电压；额定电流与过流脱扣器的额定电流应大于等于线路计算负载电流；额定短路电流应大于等于线路最大短路电流。

（3）选择配电用的断路器需考虑短延时短路通断能力和长延时短路通断能力；直流快速断路器需考虑过流脱扣器的动作方向（极性）和短路电流的上升率；漏电保护断路器的选择需考虑漏电动作电流和漏电不保护电流以及短路保护动作电流的配合，若不能断开短路电流则应考虑与熔断器配合使用。

（4）选择断路器时，在类型、规格和等级等方面要配合上下级开关的保护特性，不允许因下级保护失灵导致上级跳闸，扩大停电范围。

（5）脱扣器整定参数。

① 热脱扣器的整定电流应与所控制负载（如电动机等）额定电流一致。

② 电磁脱扣器的瞬时动作整定电流应大于负载电路正常工作的最大电流。

选择电动机保护用的断路器需考虑电动机的启动电流，不应使其动作。对单台电动机，DZ 系列断路器电磁脱扣器的瞬时动作整定电流 I_z，可按下式估算：

$$I_z = K I_q \tag{2-2-13}$$

式中：K 为安全系数，可取 $1.5\sim1.7$；I_q 为电动机的启动电流。

对多台电动机，可按下式计算：

$$I_Z = K I_{qmax} + \sum I_{n0} \tag{2-2-14}$$

式中：K 仍取 $1.5\sim1.7$；I_{qmax} 为容量最大的电动机的启动电流；$\sum I_{n0}$ 为其他电动机额定电流的总和。

③ 用于分断或接通电路时，其额定电流和热脱扣器的整定电流均应等于或大于电路中负载额定电流的 2 倍。

④ 漏电保护器动作电流整定值，一般场所不大于 30 mA，危险场所不大于 15 mA，浴室、游泳室不大于 10 mA，动作时间不大于 0.1 s；照明回路和居民用电回路

$$I_{\Delta n} = \frac{I_{Hmax}}{2000} \tag{2-2-15}$$

对用于三相三线制或三相四线制动力和照明混合线路的漏电保护器动作电流可按下式计算：

$$I_{\Delta n} = \frac{I_{Hmax}}{1000} \tag{2-2-16}$$

式中：I_{Hmax} 为电路最大实际负荷电流。

⑤ 欠、失电压脱扣器的额定电压应等于线路电压。

4. 低压断路器的安装与维护

断路器安装前应将脱扣器的电磁铁工作面的防锈油脂擦净，以免影响电磁机构的动作值。

1）低压断路器的安装

（1）低压断路器安装底板应垂直水平位置，固定后应保持平整，其倾斜度不大于 5°；

（2）低压断路器接线应上端接电源、下端接负载；

（3）低压断路器与熔断器配合使用时，熔断器应安装在断路器之前，以保证使用安全；

（4）低压断路器有接地螺钉的断路器应可靠连接地线；

（5）低压断路器具有半导体脱扣装置的断路器，其接线端应符合相序要求，脱扣装置的端子应可靠连接。

2）使用与维护

（1）低压断路器电磁脱扣器的整定值一经调好就不允许随意更改，若使用日久，则要检查其弹簧是否生锈卡住，以免影响其动作。

（2）低压断路器在分断短路电流后，应在切除上一级电源的情况下及时检查触头。发现有严重的电灼痕迹时，可用干布擦去，触头烧毛时，可用砂纸或细锉小心修整，主触头一般不允许用锉刀修整。

（3）定期清除断路器上的积尘和检查各脱扣器的动作值，操动机构在使用一段时间（1～2 年）后，应在传动机构部分加润滑油（小容量塑料外壳式断路器除外）。

（4）灭弧室在分断短路电流后，或较长时间使用之后，应清除其内壁和栅片上的金属颗粒和黑烟灰，若灭弧室已破损，绝不能再使用。

二、三相电能表

一般家庭供电计量仪表为单相电能表，小区多层住宅或景观等场所以及家用电器多、电

流大的豪华住宅等场所,必须采用三相四线制供电并采用三相电能表计量所消耗电能。三相电能表按所计量电能的性质分有功电能表、无功电能表;按线路制式分为三相四线制、三相三线制电能表;按接线方式分为直接式、间接式电能表。

三相电能表的基本工作原理与单相电能表相似。如图2-2-86所示为三相三线制电能表的结构与工作原理示意图。它由两套同轴的基本计量单位组成,共用一套计数机构。三相四线制电能表由三套同轴的基本计量单位组成,共用一套计数机构。

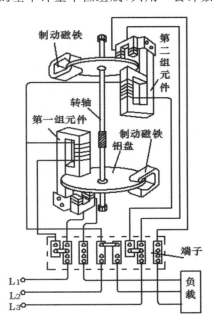

图2-2-86 三相三线制电能表的结构与工作原理示意图

1. 直接式三相电能表

直接式三相电能表有直接式三相四线制电能表、直接式三相三线制电能表。

1) 直接式三相四线制电能表

常用三相四线制电能表的额定电压为220 V,额定电流有5 A、10 A、15 A、20 A等多种,其中,额定电流为5 A以上的可直接接入供配电线路中。如图2-2-87所示为直接式三相四线制电能表接线端子编号和盖板内接线图。

三相四线制电能表共有11(或10)个接线端子,自左向右由1到11(或10)依次编号,其中1、4、7为电能表相线(U、V、W)的接入端子;3、5、9为相线(U、V、W)的接出端子;10(11)为中性线(N)的接入(接出)端子;2、5、8分别为电能表内部三相电压(U、V、W)线圈的接入端。如图2-2-88所示为直接式三相四线制电能表的接线图。

2) 直接式三相三线制电能表

常用三相四线制电能表的额定电压为380 V,额定电流有5 A、10 A、15 A、20 A等多种,其中,额定电流为5 A以上的可直接接入供配电线路中。

三相三线制电能表共有8个接线端子,直接接入时,1、4、6为线路三相相线(U、V、W)的接入端子;3、5、8为相线的接出端子;2、7为表内电压线圈的端子,分别与电流线圈的1、6端子相连,另一端分别与参考相(V)的4、5端子相连。如图2-2-89所示为直接式三相三线制电能表的接线图。

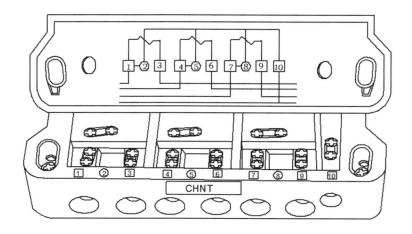

图 2-2-87 直接式三相四线制电能表接线端子编号和盖板内接线图

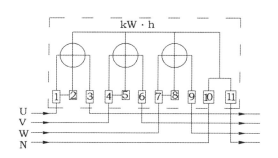

图 2-2-88 直接式三相四线制电能表的接线图

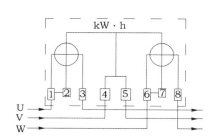

图 2-2-89 直接式三相三线制电能表的接线图

2.电流互感器

高电压或大电流的电气设备和输电线路中,通常不能直接去测量其电压、电流或功率,而需要借助互感器。这样,一方面可使高压与低压隔离,以保障测量人员和仪表的安全;另一方面,也扩大了仪表的量程,并为测量仪表的标准化创造了条件。

互感器根据用途的不同,可分为电压互感器和电流互感器。在低压供配电线路中,因电压较低,但工作电流有可能很大,因而常用电流互感器将大电流转换为小电流作为电流表、电能表、功率表测量的输入量。

1)电流互感器工作原理

电流互感器是一种特殊的变压器,其工作原理如图 2-2-90 所示,其特点是一次绕组匝数很少,只有一到几匝。它串联在被测电路中,流过被测电流,这个电流与普通变压器的一次电流不相同,它与电流互感器二次侧的负载大小无关。二次绕组的匝数较多,与电流表或其他电器和仪表的电流线圈串联形成闭合回路。如图 2-2-91 所示为电流互感器的外形。

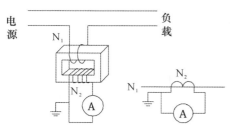

图 2-2-90　电流互感器工作原理

图 2-2-91　电流互感器的外形

2）电流互感器电流比的表示方法

电流互感器二次侧额定电流通常为 5 A，一次侧额定电流在 10～25 000 A。电流互感器电流比一般在其铭牌上表示出来，通常有以下三种方法。

（1）在电流互感器铭牌上直接标明一次侧电流的最大值和电流比。如图 2-2-92 所示，该电流互感器"电流比为 400/5 A，穿芯 1 匝"。即一次侧电流最大值为 400 A，二次侧额定电流为 5 A，电流比为 400∶5；一次侧穿芯匝数为 1 匝（穿芯匝数是指穿过电流互感器内圈的次数），即只需将载流导线穿过互感器铁芯即可。

（2）如图 2-2-93 所示电流互感器铭牌。这种电流互感器一次侧额定电流可分别为 150 A、75 A、50 A、30 A、25 A、15 A 等 6 种，二次侧额定电流为固定值 5 A。当一次侧电流为 150 A 时，电流比为 150∶5，一次侧穿芯匝数为 1 匝；一次侧电流为 75 A 时，电流比为 75∶5，一次侧穿芯匝数为 2 匝。以此类推。

电流比	400/5A		3.75VA～5VA
准确度等级	0.5 级	绝缘水平	0.66/3/-kV
穿芯 1 匝		绝缘耐热等级	E
频率	50Hz		编号　703815343

图 2-2-92　电流互感器铭牌一

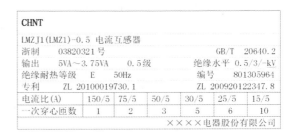

CHNT					
LMZJ1(LMZ1)-0.5 电流互感器					
浙制　03820321 号				GB/T　20640.2	
输出　5VA～3.75VA　0.5 级				绝缘水平　0.5/3/-kV	
绝缘耐热等级　E　50Hz				编号　801305964	
专利　ZL 20100019730.1			ZL 200920122347.8		
电流比(A)	150/5	75/5	50/5	30/5	25/5	15/5
一次穿心匝数	1	2	3	5	6	10
××××电器股份有限公司					

图 2-2-93　电流互感器铭牌二

（3）如图 2-2-94 所示电流互感器铭牌中，在电流比处用钢字头打印数字"75"，通过查对下方的数据表可知，一次电流为 75 A，对应的一次卷绕匝数为 2 匝。该电流互感器一次侧最大电流值为 75 A，一次绕组穿芯匝数为 2 匝，电流比为 75∶5。

3）电流互感器的选择

（1）所选电流互感器的额定电压应高于线路、设备的额定电压。

（2）电流互感器二次额定电流与电流测量仪表相匹配，若没有与主电路额定电流相符的电流互感器时就选取容量接近而稍大的。

（3）为保证测量准确度，要求电流互感器二次侧负载阻抗值小于要求的阻抗值；电流互感器的准确度等级高于所用电流仪表准确度等级两级。

4）电流互感器的接线

电流互感器接线如图 2-2-95 所示。电流互感器的一次侧接线柱标有"P$_1$、P$_2$"，"L$_1$、L$_2$"或"＋、－"等字符标志；二次侧接线柱标有"K$_1$、K$_2$"，"S$_1$、S$_2$"，"＋、－"等字符标志，如图

2-2-95所示。

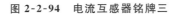

电流互感器				许可证号
型号	LMZJ1-0.5			2260114
电流比 75/5 安培		编号		
标准 GB1208-97	0.5 千伏			5VA/3.75VA
准确 0.5 级	50Hz			2004 年 2 月
一次电流（A）	150	75	50	30	15
一次卷绕匝数	1	2	3	5	10
上 海 互 感 器 厂				

图 2-2-94　电流互感器铭牌三

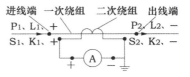

图 2-2-95　电流互感器接线图

电流互感器应安装在电流表、电能表、功率表等测量仪表的前端；从电源端来的导线由一次侧的"P_1"、"L_1"或"＋"端穿过互感器，由出线端"P_2"、"L_2"或"－"引到负载上；二次侧的"S_1"、"K_1"或"＋"分别接电流表或电能表、功率表的电流线圈的进线接线柱，"S_2"、"K_2"或"－"分别接电流线圈的出线接线柱，且二次侧的"S_2"或"K_2"、"－"及外壳和铁芯都必须可靠接地。

5）电流互感器使用注意事项

使用电流互感器时，需注意以下几点：

（1）电流互感器在运行时二次侧不得开路。因为运行中二次侧开路，二次侧电流表的去磁作用消失，而一次侧电流不变，互感器的磁势激增到 $I_1 N_1$，使铁芯中的磁通密度增大很多倍，磁路严重饱和，造成铁芯过热，使绝缘层加速老化或被击穿；同时二次侧开路时产生的过高电压将危及人身安全。因此，电流互感器的二次侧电路中绝对不允许接熔断器；在运行中如果要拆下电流表，应先将二次侧短路。

（2）电流互感器铁芯和二次侧要同时可靠地接地，以免高压击穿绝缘层时危及仪表和人身安全。

（3）其二次侧接有功率表或电能表的电流线圈时，一定要注意极性。

（4）电流表所测电流实际大小为电流表示数与互感器电流比的乘积。即

$$I_X = I_1 = kI_2 \tag{2-2-17}$$

式中：I_X 为被测电流值；I_1 为一次绕组电流；I_2 为二次绕组电流；k 为电流互感器的电流比。

3.间接式电能表

对于额定电流为 5 A 及以下的三相电能表均应通过电流互感器间接接入供配电线路中，扩大电能表中电流线圈的量程。

1）间接式三相四线制电能表

如图 2-2-96 所示为间接式三相四线制电能表接线图。首先间接式三相四线制电能表内部拆除了三个电流线圈的接线柱 1、4、7 与电压线圈的接线柱 2、5、8 之间的连接片。

接线时，被测线路的相线从电流互感器穿绕而过，穿芯匝数视电流比而定。三个电流互感器的二次绕组的"K_1"（或"S_1"、"＋"）端分别与电能表的三个电流线圈的进线端 1、4、7 相连，K_2 端分别与电能表的三个电流线圈的出线端 3、6、9 相连，且所有"K_2"（或"S_2"、"－"）端都应可靠接地；电压线圈接线柱 2、5、8 分别接相线 U、V、W 相，中性线接线柱 10、11 与中性线连接。

2）间接式三相三线制电能表

如图 2-2-97 所示为间接式三相三线制电能表接线图。间接式三相三线制电能表内部

拆除了其中两个电流线圈的接线柱 1、6 与电压线圈的接线柱 2、7 之间的连接片。

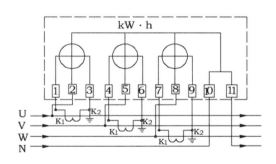

图 2-2-96　间接式三相四线制电能表接线图

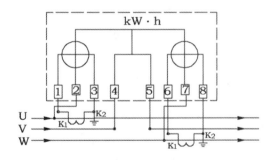

图 2-2-97　间接式三相三线制电能表接线图

接线时，同样被测线路的相线从电流互感器穿绕而过，穿芯匝数视电流比而定。两个电流互感器的二次绕组的"K_1"（或"S_1"、"＋"）端分别与电能表的两个电流线圈的进线端 1、6 相连，"K_2"（或"S_2"、"－"）端分别与电能表的两个电流线圈的出线端 3、8 相连，并可靠接地；电压线圈接线柱 2、7 分别接相线 U、W 相，电压参考相接线柱 4、5 与相线 V 相相连。

4. 无功电能表

容量一定的发电机、变压器和输电线路等电源设备，能发出和输送最大的视在功率 S，是常数，在有功功率 P 不变的情况下，若无功功率 Q 增大，会使电源设备的容量不能充分利用，并增大输电线路的电压损耗，使用电设备不能正常运行。无功电能的测定，在电力生产、输送和消耗过程中都是必要的。

无功电能表的外部接线与有功电能表相同。如图 2-2-98 所示为无功电能表内部电压线圈和电流互感器接线图，接线时电能表的 1、4、7 端分别接电流互感器 K_1 端；3、6、9 端分别接 K_2 端；2、5、8 端分别接电源 U、V、W 相线。

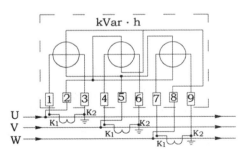

图 2-2-98　无功电能表接线图

无功电能表内部电压线圈与有功电能表内部电压线圈的接线完全不同。由图 2-2-98 可知，无功电能表第一组测量元件的电流线圈所测电流是 U 相电流 $\dot I_U$，电压线圈所测电压为 $\dot U_{VW}$；以此类推，第二组测量元件所测电流为 V 相电流 $\dot I_V$，所测电压为 $\dot U_{WU}$；第三组测量元件所测电流为 W 相电流 $\dot I_W$，所测电压为 $\dot U_{UV}$。其测量原理读者可自行参考相关资料。

2.2.10　小区照明电路安装与调试

一、实训目的

（1）能正确识别、选择三相电能表、电流互感器等设备；

（2）能正确使用万用表、绝缘电阻表、钳形电流表和试电笔等电工仪表；

（3）能正确分析三相五线混合供电系统的工作原理；

（4）能正确安装室内照明控制电路，且符合相关电工工艺要求；

（5）能正确进行室内照明电路的送、停电操作，且操作符合电工送、停电操作要求与规范；

（6）能分析、检查并排除三相五线线路故障。

二、实训器材、工具与仪表

1. 电工工具

电工刀、尖嘴钳、钢丝钳、剥线钳、螺丝刀（十字、一字）各一把、试电笔一只等。以上工具每组配一套。

2. 导线选择

红色、黄色、绿色、蓝色和黄绿双色线芯截面积 1 mm²、2.5 mm² 单股塑料绝缘铜芯、铝芯导线若干；塑料绝缘胶布若干；线卡若干等。

3. 电工仪表

万用表（指针式、数字式）若干只；绝缘电阻表若干只；钳形电流表若干只等。以上电工仪表可根据实际情况配备各组或各班。

4. 实训器材

三相有功电能表、三相无功电能表、电流互感器、四极带漏电保护自动断路器、三极自动断路器、热断电保护器、白炽灯（各灯参数相同）、白炽灯灯座、三相交流异步电动机、一位单控控制开关等。以上照明器材每组配一套。

三、实训步骤

1. 电路功能设计

（1）电路具有短路、过载、漏电保护功能。

（2）电路具有三相有功电能、无功电能测量功能，电能表采用电流互感器间接接入方式。

（3）负载电路具有总控制功能；中性线上安装一只一位单控开关（注意：实际电路中不能安装此开关），用以模拟三相五线系统中有无中性线的工作情况。

（4）电路具有各路负载单独控制功能（模拟小区内各相负载分区控制）。

（5）电路负载一：用一只三极自动断路器控制一台三相异步电动机的启动、运行（用以对称三相负载工作情况）。

（6）电路负载二：用一只 1P 断路器总控制 U 相照明灯，三只一位单控开关分别控制三只白炽灯（用以模拟 U 相照明负载工作情况）。

（7）电路负载三：用一只 1P 断路器总控制 V 相照明灯，三只一位双控开关分别控制三只白炽灯（用以模拟 V 相照明负载工作情况）。

（8）电路负载四：用一只 1P 断路器总控制 W 相照明灯，三只一位双控开关分别控制三只白炽灯（用以模拟 W 相照明负载工作情况）。

2. 电路设计

根据"电路功能设计"及控制要求，设计并绘制电路原理图。参考电路如图 2-2-99 所示。

其中断路器QF_1、三相有功电能表 kW·h、三相无功电能表 kVar·h、电流互感器安装于配电箱中；断路器QF_2控制三相异步电动机，单极断路器$QF_3 \sim QF_5$实现对各相（U、V、W）照明负载电路的单独控制；单控开关$S_{11} \sim S_{13}$分别控制白炽灯$HEL_{11} \sim HEL_{13}$；单控开关$S_{21} \sim S_{23}$分别控制白炽灯$HEL_{21} \sim HEL_{23}$；单控开关$S_{31} \sim S_{33}$分别控制白炽灯$HEL_{31} \sim$

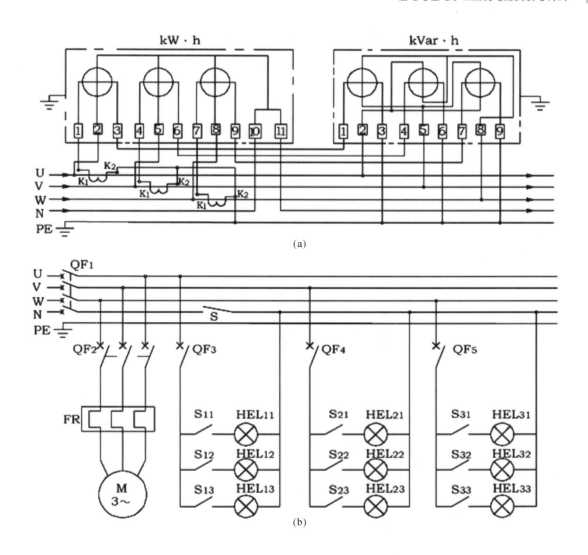

图 2-2-99　小区照明电路实训电路

HEL$_{33}$；单控开关 S 模拟中性线的通断。

3.导线、照明设备选择

根据电路功能控制要求和电路原理设计要求选择实训器材，并将所选器材的型号、参数等信息填入表 2-2-13 所示"主材表"中。

表 2-2-13　主材表

名　　称	型　　号	数　　量	参　　数

名　称	型　号	数　量	参　数

4.电气设备检测

对所选电气设备进行检查、检测并将检测结果记入表 2-2-14"设备检测数据表"中。一般说来,对断路器、开关等控制设备可用万用表进行通路、断路等控制功能检查;对灯座应检查接线柱是否完好,接触性是否良好;对电能表、电流互感器、三相异步电动机等负载设备可用万用表进行阻抗大小的检测,最后判断设备是否完好可用。

表 2-2-14　设备检测数据表

设备名称	检测项目			质　量
断路器(QF₁～QF₅)	闭合性能		开路性能	
开关(S、S₁₁～S₃₃)	闭合性能		开路性能	
白炽灯 (HEL₁₁～HEL₃₃)	冷态电阻/Ω		热态电阻/Ω	
三相电动机	U 相电阻/Ω	V 相电阻/Ω	W 相电阻/Ω	
三相电能表 (kW·h)	电流元件电阻/Ω		电压元件电阻/Ω	
三相电能表 (kVar·h)	电流元件电阻/Ω		电压元件电阻/Ω	
电流互感器	二次绕组接线柱符号		二次绕组电阻/Ω	

注:断路器、开关性能"可靠"用"√"表示,"不可靠"用"×"表示;设备质量"完好"用"√"表示,"有缺陷"用"×"表示。

5.电路安装

根据实训室条件,在电工板上安装出符合照明控制功能及符合电工工艺要求的照明电路。可按以下步骤进行电路安装:

1)设备布局

根据电路图确定各电气设备的位置,一般电能表、配电控制设备在左或左上方,负载电路在右或右下方。设备布局要求:布局合理、结构紧凑、操作控制方便等。可绘制平面布置图辅助设备布局。

2）设备固定

将设备固定在实训用电工板上。要求各设备器件排列整齐，错落有致。固定设备时，先对角，后两边；先预紧，后终紧。要求固定稳固、可靠。

3）线路敷设

根据实训室现场情况，线路敷设可选择板面明敷或穿 PVC 管暗敷。线路敷设要求横平竖直，转弯成直角；多线并拢平行，少交叉。

4）导线连接

黄、绿、红三色导线作相线(L)，蓝色导线作零线(N)，黄绿色双色导线作保护地线(PE)。连线要求正确牢固、平直整齐、不压胶少漏铜(漏铜不超过 3 mm)。

断路器(QF)连线按照设备铭牌标记连接，三极断路器为 1、3、5 进，2、4、6 出，全接相线；四极断路器最左端为中性线(N)；单极断路器只接"火"(L)线，"零"(N)线不进断路器。

三相有功电能表(kW·h)、三相无功电能表(kVar·h)连线按照电能表接线端子盖板内电路图连接。

电流互感器的接线，相线从电流互感器穿绕而过，二次绕组的"K_1"(或"S_1"、"＋")端分别与电能表的电流线圈的接线柱相连，且所有"K_2"(或"S_2"、"－")端都应可靠接地；电压线圈接线柱分别接相线 U、V、W 相。

单控开关(S)连线根据内部标志连接，"L"端进，"L_1"端出；双控开关(S)根据内部标志连接，"L"端进，"L_1"或"L_2"端出。为安全计，开关一定要安装在"火"(L)线上。

热继电器接线从 1 L_1、3 L_2、5 L_3 进，2 T_1、5 T_2、6 T_3 出；三相异步电动机由 U_1、V_1、W_1 三个相端引入电源。

6. 通电前检测

电路安装完成后，通电前要对电路进行检测。经初步检测合格后方可通电试验，检验电路控制功能是否符合要求。

1）直观检查

清除电路板上多余散落的线头，检查电路连接有无错误、漏接或漏接的线端，有无压胶和漏铜太多，连线是否牢固，必要时可稍稍用力拉扯连接导线，看线端是否脱落。

2）短路检测、通路检测

短路检测：将万用表打到欧姆挡，断开 QF_1 断路器，两表笔分别与 QF_1 进线端的 UV、VW、WU 两相接触，合上 QF_1 断路器，正常情况下，万用表显示的是电能表电压元件的电阻值，分别合上各支路控制开关，万用表显示电阻值会随各支路通断发生相应变化。如上述检测中有电阻为"零"的情况出现，说明电路有严重的短路。

通路检测：断开 QF_2，用万用表欧姆挡分别与 QF_2 出线端两两接触，万用表显示阻值应相同；断开 $QF_3 \sim QF_5$，用万用表欧姆挡分别与 $QF_3 \sim QF_5$ 出线端和中性线接触，万用表会根据各相支路上控制开关的分、合，显示不同的阻值。如上述检测中有电阻始终为"∞"的情况出现，说明电路始终有"开路"。

如电路存在"短路"和始终"开路"的情况，则电路安装不正常，不能通电试验，直至故障排除后才能通电试验。

3）电路绝缘性能检测

用绝缘电阻表测量线路绝缘电阻，应不小于 0.22 $M\Omega$。

7. 通电试验

电路经初步检测后，方可通电试验。首先，合上中性线开关 S、总断路器 QF_1，再合上断路器 QF_2，电动机应工作正常；合上断路器 $QF_3 \sim QF_5$，然后分别合、断各相支路控制开关 $S_{11} \sim S_{33}$，各相各支路白炽灯 $HEL_{11} \sim HEL_{33}$ 应能正常发光。

断开中性线开关 S 和断路器 QF_2，合上断路器 $QF_3 \sim QF_5$，然后分别合、断各相支路控制开关 $S_{11} \sim S_{33}$，观察各相各支路白炽灯 $HEL_{11} \sim HEL_{33}$ 发光强度变化，并将观察结果记入表 2-2-15 中。

表 2-2-15　有无中性线各相白炽灯亮度变化

断路器状态				灯亮度变化		
S	QF_3	QF_4	QF_5	$HEL_{11} \sim HEL_{13}$	$HEL_{21} \sim HEL_{23}$	$HEL_{31} \sim HEL_{33}$
√	√	√	√	—	—	—
	√	√	√			
	×	×	√			
×	√	√	√			
	×	√	√			
	×	×	√			

以下操作 $QF_3 \sim QF_5$ 始终处于闭合状态。

开关状态										灯亮度变化								
S	S_{11}	S_{12}	S_{13}	S_{21}	S_{22}	S_{23}	S_{31}	S_{32}	S_{33}	HEL_{11}	HEL_{12}	HEL_{13}	HEL_{21}	HEL_{22}	HEL_{23}	HEL_{31}	HEL_{32}	HEL_{33}
√	√	√	√	√	√	√	√	√	√	—	—	—	—	—	—	—	—	—
	×	×	√	×	×	√	×	×	√									
	×	×	√	×	×	√	×	×	√									
×	√	√	√	√	√	√	√	√	√									
	×	√	√	√	√	√	√	√	√									
	×	√	√	√	√	√	√	√	√									
	×	√	√	√	√	√	√	√	√									

注："√"表示闭合，"×"表示断开；"—"表示额定亮度，"↑"表示亮度增加，"↓"表示亮度下降。

8. 电路故障排除

当电路控制功能不正确或负载电器不能正常工作时，说明电路有故障，应立即停电检查。应认真分析电路故障原因，寻找故障点。用万用表电阻挡检查配合寻找故障位置。如不停电用电位法查找电路故障，应用万用表的交流电压挡分阶或分段测量电压，并注意人身和万用表的安全。

当各负载电器正常工作时，电能表运行计量电路消耗的有功电能。

9. 电路参数测量

电路控制功能正常后，可测量电能表工作参数，并进行电路运行参数分析计算。

（1）用万用表交流电压挡测量电路各相电源线电压（U_{UV}、U_{VW}、U_{WU}）、相电压（U_{UN}、

U_{VN}、U_{WN}、各相负载相电压(U_U、U_V、U_W)、电源中性点 N 与负载中性点 N' 电压($U_{N'N}$)。

（2）用钳形电流表测量电路各相负载干路工作电流(I_U、I_V、I_W)及中性线电流(I_N)，将测量数据记入表 2-2-16"三相五线电路运行数据表"中。

表 2-2-16　三相五线电路运行数据表

电源线电压/V				电源相电压/V							
断路器状态				负载电压/V				负载电流/mA			
S	QF_3	QF_4	QF_5	U_U	U_V	U_W	$U_{N'N}$	I_U	I_V	I_W	I_N
	√	√	√								
√	×	√	√								
	×	×	√								
	√	√	√								
×	×	√	√								
	×	×	√								

以下操作QF₃～QF₅始终处于闭合状态。

开关状态										负载电压/V				负载电流/mA			
S	S_{11}	S_{12}	S_{13}	S_{21}	S_{22}	S_{23}	S_{31}	S_{32}	S_{33}	U_U	U_V	U_W	$U_{N'N}$	I_U	I_V	I_W	I_N
	√	√	√	√	√	√	√	√	√								
√	×	×	√	√	√	√	√	√	√								
	×	×	√	×	×	√	√	√	√								
	×	×	√	×	×	√	×	×	√								
	√	√	√	√	√	√	√	√	√								
×	×	×	√	√	√	√	√	√	√								
	×	×	√	×	×	√	√	√	√								
	×	×	√	×	×	√	×	×	√								

注："√"表示闭合，"×"表示断开。

四、职业素质要求

（1）认真做好实训前准备工作。

（2）实训时严格按实训要求，认真执行电工工艺要求，完成实训内容。

（3）实训时保持实训现场秩序，遵守实训纪律。

（4）实训时严格执行"电工安全"纪律。未经实训指导教师许可不得通电运行。停送电操作应在实训指导教师监督下进行。

（5）实训时保持工位整洁，实训完成后应将工位清理干净，工具设备归还到指定位置，摆放齐整。

五、注意事项

（1）在进行停送电操作时，注意操作顺序和安全。

（2）在进行负载电压测量时，测量点在负载两端，即断路器QF₃～QF₅之后。

（3）用钳形电流表测电流时，应将导线置于铁芯中心位置，以提高测量准确度。

六、思考题

（1）根据表 2-2-16 中的数据，分别说明：

① 三相四线制供配电系统中的中性线的作用。

② 三相四线制供配电系统有无中性线时的电路特点。

（2）若实训所用白炽灯为额定电压 220 V，额定功率 40 W，试求：

① 有中性线时，U、V 两相各断开两灯时中性线电流 I_N 为多少？

② 无中性线时，U、V 两相各断开两灯时电源和负载间两中性点间电压 $U_{N'N}$ 为多少？

◆ 2.2.11 安全操作与安全用电

一、安全用电操作

从事电工作业时必须坚持贯彻"安全第一，预防为主"的方针，坚决杜绝鲁莽作业和麻痹心理。由于电业生产的特殊性，在电工作业中必须采取安全操作程序和制度。

1. 工作票制度

工作票既是允许电工作业人员在电气设备或线路上工作的书面命令，也是明确安全职责、向电工安全交底、履行工作许可手续和实施安全技术措施等的书面依据。

工作票应一式两份，一份现场保存（由工作负责人收执），作为进行工作的依据；另一份由运行值班人员收执，交接班时移交并妥善保管备查。工作票应由本单位电气部门负责人签发。签发人应是熟悉业务、现场电气系统设备情况、安全规程并具备相应技术水平的人员。

2. 工作许可制度

工作许可手续应在完成各项安全措施后办理。工作许可人（主管值班人员）在接到检修工作负责人交来的工作票后，应审查工作票上所列安全措施是否正确完善。确定无误后应按工作票上所列要求完成施工现场的安全技术措施，并会同检修工作负责人到现场复查安全措施是否正确落实。

安全措施检查包括：指明现场带电设备的位置和安全注意事项；查明所检修的设备确无电压；所有安全保护设备全部到位，并处于良好状态。双方确认无误后分别在工作票上签名表示允许开始工作。

在检修工作未结束前，检修工作负责人和工作许可人都不得擅自变更安全措施，值班人员则不得变更有关检修设备的运行接线方式，同时也不准在检修设备上合闸送电。

3. 工作监护制度

工作监护是指工作人员在工作中得到监护人员的指导和监督，以确保其人身安全和检修质量。一般情况下，现场检修负责人同时也是安全监护人，在工作期间内必须始终在现场对工作人员的安全进行认真监护，及时纠正不安全的操作。

4. 工作间断、转移和终结制度

工作间断时，全体工作人员撤出，所有安全措施保持不动，工作票仍由工作负责人保管；间断后继续工作时，由工作负责人带领全体工作人员回到工作现场工作，不需经过工作许可人。

同一电气连接部分,用同一工作票在多个工作地点依次转移时,所有安全措施由值班员在开工前一次完成,不需再办转移手续。但工作负责人在转移地点后应向工作人员交底后,方可开工。

工作完毕,工作人员清扫、整理现场后,工作负责人自检,待工作人员离开现场后,与值班人员交接确认,在工作票上填写工作终结时间,双方签字确认,宣告工作票终结。

5.停电检修的技术措施

在停电检修工作中,应防止突然来电(误送电、反送电)和误入带电间隔,同时也要防止带临时接地线合闸。在停电电气设备或线路上工作时,必须采取停电、验电、装拆临时接地线、悬挂警示牌和装设遮拦等安全技术措施。

1)停电

停电的基本要求是:首先,断开可能来电的电源,使检修设备或线路可靠脱离电源;其次,作业人员的正常活动范围与邻近带电设备(运行中的星形接线设备的中性点也应视为带电设备)安全距离小于规程规定值时(10 kV 及以下,无遮拦时为 0.7 m,有遮拦时为 0.35 m),则邻近的设备也必须停电。

此外,停电还必须满足以下要求。

(1)停电设备或线路与供电电源至少应有一个明显的断开点(由隔离闸刀断开),禁止在只有断路器断开电源的设备或线路上进行工作。需要停电的变压器和电压互感器等,必须将其一次侧和二次侧都断开,以防止其向停电设备反送电。

(2)停电操作时应先停负荷侧,后停电源侧;先断开断路器,后拉开隔离闸刀。严禁带负荷断开隔离闸刀。

(3)为防止因误操作或互备电源自投及因校验工作引起保护装置误动作,造成断路器突然误合闸而发生意外,必须断开断路器的操作电源。

2)验电

验电的目的是验证停电设备是否确无电压。验电是检验停电措施执行是否正确完善的重要手段。在实际操作中,由于停电措施不当,可能导致本来认为已停电的设备仍然带电。验电操作应注意如下事项。

(1)验电时,必须使用与电压等级匹配、质量合格的验电器。验电前后均应将验电器在带电设备上进行实验,以确认验电器完好。

(2)对停电检修的设备,应在其进出线两侧逐相验电。对同杆架设的多层电力线路验电时,应先验低压线,后验高压线;先验下层,后验上层。对于线路联络用的断路器或隔离闸刀,应在电器两侧的各相上分别验电。

(3)表示设备断开和允许进入间隔的电压表指示和信号灯显示及其他信号等不得作为设备无电压的依据。当信号和仪表指示有电时,禁止在设备上工作。

(4)电缆断电后不能立即验电,应过几分钟再进行验电,直至验电器指示无电,才可确认该电缆线路无电压。在存在剩余电荷的电缆上进行接地操作是极其危险的操作。

3)装、拆临时接地线

装设临时接地线,是电工操作人员在工作时防止突然来电唯一有效的措施。同时,电气设备断开后的剩余电荷也可由临时接地线放尽。装、拆临时接地线的注意事项如下:

(1)装设时应先将接地端可靠接地,当验明设备或线路确实无电压时,便可立即将接地线的另一端接在设备或线路的导电体上。应在可能送电至停电设备或线路的各个方面都装设接地线。

（2）检修的电气设备若分为几个在电气上下相连接的部分，则各分段均应分别验电和装设接地线。接地线与检修部分之间不得接有断路器或熔断器。降压变电所全部停电时，应将来电一侧的电气设备和线路都接地短路，而不来电一侧则不必每段都装设接地线。

（3）接地线应接于明显可见的地方。接地线与带电体之间的距离应符合规程规定的安全距离。禁止在本单位不能控制的电气设备或线路上装设接地线。

（4）检修母线时，应根据母线的长度和有无感应电压来确定接地线的组数。当母线长度为 10 m 及以下时，可只装设一组接地线。

（5）如果电杆或杆塔无接地引下线，则可采用临时接地棒，将其打入地下，打入深度不得小于 0.6 m。

（6）在同杆架设的多层电力线路上装设接地线时，应先低压，后高压；先下层，后上层。对于带有电容器的设备或电缆线路，应在装设接地线之前先放电。

（7）装、拆接地线时，应由两人进行，由其中一人操作，另一人监护。操作人员应穿绝缘靴，戴绝缘手套。如果是单人值班，只允许使用接地闸刀接地，并且要使用绝缘棒闭合接地闸刀。

（8）拆卸接地线的次序与装设接地线的次序相反，即先拆除设备导体上的接地线，再拆除接地端。

4）悬挂警示牌和装设遮拦

悬挂警示牌和装设遮拦，可提醒有关工作人员及时纠正将要进行的错误做法，起到禁止、警告、准许、提醒等作用。

（1）悬挂警示牌。对于一经合闸后即可送电到工作地点的开关和闸刀；已停电的设备，一经合闸后即可能造成人身触电、设备损坏或引起总漏电保护装置动作的开关和闸刀；一经合闸后会使两个电源系统并列，或引起反送电的开关和闸刀等现场，应在开关和闸刀的手柄上都挂上"禁止合闸，有人工作"的警示牌。若线路和设备上没有开关，只有闸刀，则只在闸刀的操作手柄上挂警示牌。

（2）装设遮拦。装设遮拦的目的是限制工作人员的活动范围，以防止其在工作中接近带电设备，也可以防止无关人员误入作业区域而接近带电设备。停电检修时，现场一般应设置临时遮拦，并悬挂警示牌。严禁工作人员和其他人员随意移动遮拦或取下警示牌。

5）送电

检修完毕，应清理现场，撤离人员，再对各检修点逐一检查。检查内容包括：检修质量是否合格；有无漏修、误接现象；是否遗留有工具、元器件、边角余料等。检查无误，方可送电。

注意在任何时候严禁约时送电。

恢复送电的顺序是：首先拆除临时接地线，然后按"倒闸操作票"内容进行送电操作。

6.倒闸操作时的基本要求

送电时，首先由供电部门向用电部门或具体用电人员发出送电通知，然后断开用电设备的控制开关，装上熔体。接着先闭合隔离开关，再闭合负荷开关。闭合三相单投闸刀时，应使用绝缘棒操作，先合左右两相，再合中间一相。

倒闸操作时人应站在绝缘垫上，其面部应避开开关正面（即从开关侧面操作）。夜间操作时,应有亮度足够的照明。雷雨时,应尽量避免倒闸操作。

倒闸操作应根据单位动力部门的电力调度员或主管负责人的命令,按倒闸操作票顺序,由专职电工进行操作。

复杂的倒闸操作应由一人监护、一人操作,并实行"二点一等再执行"的操作方法,即由操作人员先指点铭牌,再指点操作设备,待监护人核对后发出"对"或"执行"命令,操作人员才执行操作。

二、操作电工的自我安全保护

1. 电工的自我保护习惯

所谓自我保护,是指在严格遵守电业安全工作规程和执行集体安全作业措施的前提下,在个人作业的范围内确保自身的安全。

具体而言,每个电工应该养成"一停、二看、三想、四动手"的习惯。也就是说,开始工作以前,特别是触及带电设备以前,必须先停顿一下,不要上去就动手干。停顿的目的是看一看、对一对、想一想:看一看两侧的闸刀是否确已断开并接地;对一对线路或设备的名称和编号是否正确无误;想一想是否存在不安全的因素或疑问。确认安全无疑,再动手工作。如果每位电工都真正养成这一安全作业习惯,就可防止意外伤亡事故的发生。

2. 内线电工的安全操作常识

(1)检修电路时,应穿绝缘性能良好的胶鞋,不可赤脚或穿潮湿的布鞋;脚下应垫干燥的木板或站在木凳上;身上不可穿潮湿的衣服(如汗水渗透的衣服)。

(2)在建筑物顶部工作时,应先检查建筑物是否牢固,以防止滑跌、踏空、材料折断而发生坠落伤人事故。

(3)无论是带电还是停电作业,因故暂停作业再恢复工作时,应重新检查安全措施,无误后再继续工作。

(4)移动电气设备时,应先停电后移动,严禁带电移动电气设备。将电动机等有金属外壳的电气设备移到新位置后,应先装好接地线再接电源,经检查无误后,才能通电使用。

(5)禁止在导线、电动机和其他电气设备上放置衣物、雨具等。电气设备附近禁止放置易燃易爆品。

(6)禁止使用有故障的设备。设备发生故障后应立即排除。

(7)禁止越级乱装熔体。

(8)不同型号的电器产品不可盲目互换和代用。

(9)数人同时作业时,必须有人负责和指挥。不得各自为政,各行其是。

三、安全用电的基本知识

1. 安全用电常识

(1)安全用电很重要,每个公民都应自觉遵守有关安全用电方面的规章制度,做到用电安全、经济、合理。

(2)不要乱拉电线、乱接用电设备,更不要利用"一线一地"方式接照明设备。

(3)不要在电力线路附近放风筝,打鸟,更不能在电杆和拉线上拴牲口。不准在电线和拉线附近挖坑,取土,以防倒杆断线。

(4)如发现用电器故障和漏电起火时,要立即断开电源开关。在未切断电源以前,不能用水或酸、碱泡沫灭火器灭火。

（5）不要在电线上晒衣服，不要将金属丝（如铁丝、铝丝、铜丝等）缠绕在电线上，以防磨破绝缘层漏电而造成触电伤人。

（6）电线断线落地时，不要靠近。对于 $6\sim10$ kV 的高压线路，应离开电线落地点 $8\sim10$ m 远，并及时报告有关部门抢修。

（7）不要用湿手去摸灯口、开关和插座电气设备；更换灯泡时，要先关闭开关，然后站在干燥的绝缘物上进行操作；灯线不要拉得过长或到处乱拉，以防触电。

（8）如发现有人触电，应赶快切断电源或用干木棍、干竹竿等绝缘物将电线挑开，使触电者及时脱离电源。如果触电者精神昏迷，呼吸停止，应立即施行人工呼吸，并马上送医院进行紧急抢救。

2. 人体触电类型

1）接触电压触电

当电气设备某相的接地电流流过接地装置时，在其周围的大地表面和设备外壳上将形成分布电位，此时如果人站在距离外壳水平距离为 0.8 m 处的地面上，并且手触及外壳（约 1.8 m 高）时，则在人的手和足之间必将形成一个电位差，当此电位差超过人体允许的安全电压时，人体就会触电，通常称此种触电为接触电压触电。

为了防止接触电压触电，在电网设计中常需要采取一些有效措施来降低接触电压水平。

2）单相触电

在人体与大地互不绝缘的情况下，接触三相导线中的任何一相导线，都会使电流经过人体流入大地并形成一个闭合回路，这种情形就叫作单相触电。单相触电对人体所产生的危害程度与电压的高低、电网中性点的接地方式等因素有关。

在中性点接地的电网中，发生单相触电时，在电网的相电压之下，电流由相线经触电人的人体、大地和接地配置形成通路。在中性点不接地的电网中，发生单相触电时，人体处在线电压作用之下（电流经过其他两相线、对地电容、人体形成闭合回路），此时通过人体的电流与系统电压、人体电阻和线路对地电容等因素有关。如果线路较短，对地电容电流较小，人体电阻又较大时，其危险性可能不大；但若线路长，对地电容电流又大，则可能发生危险。

人体发生单相触电的次数占总触电次数的 95% 以上。因此，预防单相触电是安全用电的主要内容。

3）相间触电

所谓相间触电，就是指在人体与大地绝缘时，同时接触两根不同的相线或人体同时接触电气设备不同相的两个带电部分，这时电流经由一根相线再经过人体到另一个相线，从而形成了闭合回路。这种情形就叫作相间触电。相间触电时，人体直接处在线电压作用之下，其危险程度比单相触电的危险程度更大。

4）跨步电压触电

当带电设备发生某相接地时，接地电流流入大地，在距接地点不同的地表面各点上即呈现不同电位，电位的高低与离开接地点的距离有关，距离越远则电位越低。当人或牲畜的脚同时踩在带有不同电位的地表面两点时，会引起跨步电压触电。如果遇到这种危险场合，应合拢双脚跳离接地处 20 m 之外，以保障人身安全。

3. 通过人体电流大小与电击伤害程度之间的关系

电流通过人体时，习惯上将触电电流分为以下几种。

1）感知电流

能引起人体感觉，但无伤害生理反应的最小电流即感知电流。当电流达 1.0 mA 时，人体即有刺麻等不良感觉。

2）摆脱电流

人体触电后能自行摆脱电源，但无病理性伤害的最大电流即为摆脱电流。男性的工频摆脱电流是 9 mA，女性是 6 mA。当电流达 10～30 mA 时，人体即有麻痹、剧痛、血压升高、呼吸困难等感觉，但通常无生命危险。

3）致命电流

在较短的时间内引起心室颤动危及人生命的最小电流即致命电流。在电流不超过数百毫安的情况下，电击致命的主要原因是电流引起心室颤动或窒息。当电流达 50 mA 时，触电 1 s 以上即可产生心室颤动致人死亡；当电流达 100 mA 时，触电 0.5 s 以上即可产生心室颤动致人死亡。

4.人体触电时影响危害程度的因素

1）电流大小

人体触电时，致命的因素是通过人体的电流而不是电压，但是当电阻不变时，电压越高，通过导体的电流就越大。因此，人体触及带电体的电压越高，危险性就越大。

2）持续时间

电流通过人体的持续时间是影响电击伤害程度的又一重要因素。一方面，人体通过电流的时间越长，人体电阻就越降低，流过的电流就越大，后果就越严重。另一方面，人的心脏每收缩、扩张一次，中间约有 0.1 s 的间歇，这 0.1 s 对电流最为敏感。如果电流在这一瞬间通过心脏，即使电流很小（零点几毫安）也会引起心脏停搏。由此可知，如果电流持续时间超过 0.1 s，则必然会与心脏最敏感的间隙相重合，从而造成很大的危害。

3）电流路径

电流通过人体的途径也与电击伤害程度有直接关系。如果电流通过人体的头部，会使人立即昏迷；如果电流通过脊髓，会使人半截肢体瘫痪；如果电流通过心脏、呼吸系统和中枢神经，会使人精神失常或心脏停止跳动，全身血液循环中断，从而造成人的死亡。由此可知，从手到脚的电流途径最为危险，其次是手到手的电流途径，最后是脚到脚的电流途径。

4）电流频率

电流频率对电击伤害程度有很大影响。50 Hz 工频交流电对设计电气设备比较合理，但是这种频率的电流对人体触电伤害程度也最严重。

5）健康状况

人体的皮肤干湿等情况对电击伤害程度也有一定的影响。凡患有心脏病、神经系统疾病或结核病的病人受电击伤害的程度比健康人严重。此外，皮肤干燥时人的电阻大，通过的电流小；皮肤潮湿时人的电阻小，通过的电流就大，危害也大。

5.发生触电的原因

（1）人们在某种场合没有遵守安全工作规程，直接接触或过分靠近电气设备的带电部分。

（2）电气设备的安装不合乎规程的要求，带电体的对地距离不够。

（3）人体触及因绝缘损坏而带电的电气设备外壳和与之相连接的金属构架。

（4）由不懂电气技术和一知半解的人，到处乱拉电线、电灯所造成的触电。

四、触电防护措施

1. 直接触电应采取的防护措施

所谓直接触电，是指直接触及或过分接近正常运行之带电体所引起的触电。为避免直接触电，应采取以下防护措施。

1）绝缘

绝缘即用绝缘物防止触及带电体。但应注意，单独靠涂漆、漆包等类似的绝缘来防止触电是不够的。

2）保护接地与保护接零

（1）保护接地。保护接地主要是限制设备外壳的对地电压，将其限制在安全范围之内。为防止电气设备绝缘损坏而使人体有触电危险，将电气设备在正常情况下的金属外壳用金属导线与接地体（埋入大地并直接与大地接触的金属导体，称为接地体，如埋设在地下的钢管、角铁等）紧密相连接，作为保护接地，如图 2-2-100 所示。电设备外壳装有保护接地时，若人体接触到外壳，人体就与接地装置的接地电阻并联，由于人体电阻远比接地装置的电阻大，所以电流主要由接地装置分担了，流过人体的电流很小，从而保证了人身安全。保护接地适用于中性点不接地的低压电网。

（2）保护接零。在电源中性点接地的三相四线制的电网中，为防止因电气设备绝缘损坏而使人触电，应将电气设备的金属外壳与中性线（或与中性线相连接的专用保护线）连接起来，称为保护接零或保护接中性线，如图 2-2-101 所示。这时一旦电动机的一相绝缘损坏与外壳相碰时，该相电源通过机壳和中性线形成单相短路，电流很大，立即将线路上的熔丝熔断，或使其他保护设备迅速动作，切断线路，从而消除机壳带电的危险，起到保护作用。家用电器一般采用保护接零。

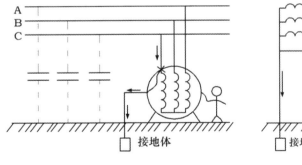

图 2-2-100　保护接地

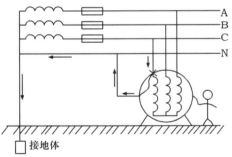

图 2-2-101　保护接零

3）屏护

屏护即用屏障或围栏防止触及带电体。其主要目的是使人们意识到超越屏障或围栏会发生危险，从而不会触及带电体。

4）障碍

障碍即设置障碍以防止无意触及或接近带电体，但它不能防止有意绕过障碍去触及带电体的行为。

5）间隔

间隔即保持间隔以防止无意触及带电体。

6）漏电保护装置

漏电保护又叫残余电流保护或接地故障电流保护，它只作为附加保护使用，不应单独使用。其动作电流不宜超过 30 mA。

2. 使触电人迅速脱离电源的措施

（1）如果是低压触电而且开关就在触电者的附近，应立即拉开闸刀开关或拔去电源插头。

（2）如果触电者附近没有开关，不能立即停电时，可用相应等级的绝缘工具（如干燥的木柄斧、胶把钳等）迅速切断电源导线。绝对不能用潮湿东西、金属物等去接触带电设备或触电的人，以防救护者触电。

（3）应用干燥的衣服、手套、绳索、木板、木棒等绝缘物拉开触电者或挑开导线，使触电者脱离电源。切不可直接去拉触电者。

（4）如果属于高压触电（1 kV 以上电压），救护者就不能用上述简单方法去抢救了，应迅速通知管电人员停电或用绝缘操作杆使触电者脱离电源。

3. 安全电压防护

人体与电接触时，对人体各部组织（如皮肤、心脏、呼吸器官和神经系统）不会造成任何损害的电压叫作安全电压。

我国根据具体环境条件的不同，将安全电压值规定为：在无高度触电危险的建筑物中为 65 V；在有高度触电危险的建筑物中为 36 V；在有特别触电危险的建筑物中为 12 V。

4. 电气间距防护

电气间距是为了防止人体触及或接近带电体，防止车辆等物体碰撞或过分接近带电体，防止电气短路事故和由此而引起的火灾，在带电体与地面之间、带电体与带电体之间、带电体与其他设施和设备之间，均需保持一定的安全距离。

5. 扑灭电气火灾

电气装置及线路引起火灾的原因很多，如绝缘强度降低、导线超负荷、安装质量不佳、设计设备不符合防火要求、设备过热、短路等。遇有电气火灾时，应首先切断电源。已切断电源的电气火灾的扑救，可以使用水和各种灭火器。未切断电源的电气火灾的扑救，则需要使用四氯化碳灭火器、二氧化碳灭火器和干粉灭火器。其中干粉灭火器综合了四氯化碳、二氧化碳和泡沫灭火器的长处，适用于扑灭电气火灾，灭火速度快。

五、触电急救

发生触电事故，千万不要惊慌失措，更不能临阵逃离现场，必须以最快的速度使触电者脱离电源。使触电者脱离电源的关键：一是要快，一两秒的延迟都可能造成无可挽回的后果；二是保证自己的安全，不要使自己触电。触电者脱离电源后，根据触电者受伤害的状况，采取相应的急救措施。

（1）伤者有心跳，无呼吸，用"口对口人工呼吸法"进行抢救，如图 2-2-102 所示，抢救方法如下：

① 使触电者伸直，仰卧，头部尽量后仰，鼻孔朝天。

② 清除口中异物，捏紧鼻子，贴嘴吹气，使其胸部扩张（儿童抢救不要太用力，防止吹破肺泡，造成二次伤害）。

③ 吹 2 s，停 3 s，5 s 一周期效果最佳（万一口掰不开，可向鼻孔吹气）。

(a) 仰卧，头部后仰畅通气道　　(b) 清除口中异物，捏鼻张嘴　　(c) 向内吹气

图 2-2-102　口对口(鼻)人工呼吸法

（2）有呼吸，无心跳或心跳不规则，用"胸外心脏挤压法"进行抢救，如图 2-2-103 所示，抢救方法如下：

① 使触电者仰卧在硬地上。

② 抢救者跨腰跪在伤者腰部两侧，两手相叠，中指对凹腔，当胸一掌，双臂伸直，掌根用力压胸腔，压下 3～4 cm，慢压突放，手掌不离胸腔，速度在 80～100 次/分效果最佳。

③ 儿童抢救用单手，速度为 100 次/分左右。

(a) 急救者跪跨位置　　　　(b) 急救者压胸的手掌位置

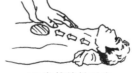

(c) 挤压方法示意　　　　　(d) 突然放松示意

图 2-2-103　胸外心脏挤压法

（3）无呼吸，无心跳，用"口对口人工呼吸法"和"胸外心脏挤压法"交替进行抢救。

① 1 人抢救：两种方法交替进行，即吹气 2～3 次，再挤压心脏 10～15 次，而且吹气和挤压的速度都应提高一些，可提升抢救效果。

② 2 人抢救，每 5 s 吹气一次，每 1 s 挤压心脏一次，2 人同时交替进行。

 习 题

一、单选题

1.下列关于正弦交流电压 $u=220\sqrt{2}\sin(314t+60°)$V 的"三要素"说法正确的是（　　）。

A. 220 V、50 Hz、60°　　B. 311 V、50 Hz、60°　　C. 311 V、341 rad/s、60°　　D. 220 V、341 rad/s、60°

2.正弦交流电流 $i=10\sqrt{2}\sin(314t+30°)$A，当 $t=0.01$ s 时，电流瞬时值是（　　）。

A. $5\sqrt{2}$ A　　　　　　B. $-5\sqrt{2}$ A　　　　　　C. 0 A　　　　　　D. $10\sqrt{2}$ A

3. 下列关于最大值 $I_m = 10$ mA,初相位 $\varphi_0 = -\pi/4$ 的"工频"正弦交流电流的瞬时表达式正确的是( )。

 A. $i = 10\sqrt{2}\sin(314t + \pi/4)$ mA   B. $i = 10\sin(314t - \pi/4)$ mA

 C. $i = 5\sqrt{2}\sin(314t + \pi/4)$ mA   D. $i = 5\sqrt{2}\sin(314t - \pi/4)$ mA

4. 两正弦交流电流分别为 $i_1 = 10\sqrt{2}\sin(314t + \pi/2)$ A、$i_2 = 10\sqrt{2}\sin 314t$ A,下列关于电流 $i_1 + i_2$ 说法正确的是( )。

 A. $i_1 + i_2$ 的有效值为 $10\sqrt{2}$ A   B. $i_1 + i_2$ 最大值为 $10\sqrt{2}$ A

 C. $i_1 + i_2$ 的初相位为 $\pi/2$ D. $i_1 + i_2$ 的初相位为 $314t + \pi/4$

5. 正弦交流电压瞬时表达式为 $u = 311\sin(314t + 60°)$ V 的相量式为( )。

 A. $\dot{U} = 311\angle 60°$ V   B. $\dot{U} = 220\angle 60°$ V

 C. $\dot{U}_m = 311\sqrt{2}\angle 60°$ V   D. $\dot{U}_m = 220\angle(314t + 60°)$ V

6. 关于正弦交流电压 $u_1 = 110\sin(314t + \pi/2)$ V、$u_2 = 220\sin 314t$ V,下列说法正确的是( )。

 A. $u_1 = 110$ V 时,$u_2 = -220$ V   B. $u_1 = 110$ V 时,$u_2 = 220$ V

 C. $u_1 = 110$ V 时,$u_2 = 0$ V   D. $u_1 = -110$ V 时,$u_2 = -220$ V

7. 电阻忽略不计,电感 $L = 10$ mH 的线圈,接于 $u = 220\sin(314t + 60°)$ V 的电源上时,其电感的感抗 X_L 为( )。

 A. 3.14 Ω B. 2.2 Ω C. 3.14 kΩ D. 3.11 kΩ

8. 一个电感线圈接在 $U = 120$ V 的直流电源上,电流为 20 A。若接在 $f = 50$ Hz,$U = 220$ V 的交流电源上,电流为 22 A,该线圈的电阻 R 和电感 L 分别是( )。

 A. 6 Ω、10 H   B. 11 Ω、22 H   C. 6 Ω、25.5 mH   D. 6 kΩ、8 H

9. 以下关于电容 C 的容抗 X_C 计算,表达式正确的是( )。

 A. $\omega L/C$ B. $1/\omega C$ C. ωC D. ωL

10. 一个阻抗为 $Z = 30 + j40$ Ω 的电抗镇流器,接于 $f = 50$ Hz,$U = 220$ V 的交流电路中,其功率因数为( )。

 A. 0.5   B. 0.8   C. 0.4   D. 0.6

11. RLC 串联电路中,若电阻 R、电感 L、电容 C 的电压分别为 3 V、16 V、12 V,则串联电路的端口总电压为( )。

 A. 15 V   B. 4 V   C. 5 V   D. 31 V

12. RLC 串联电路中,若电阻 R、电感 L、电容 C 的电压分别为 30 V、60 V、20 V,则串联电路的端口总电压 $\dot{U}$ 与电流 $\dot{I}$ 的相位差为( )。

 A. 36.9°   B. 53.1°   C. 0°   D. 90°

13. RLC 并联电路中,若电阻 R、电感 L、电容 C 各支路电流分别为 40 mA、120 mA、120 mA,则并联电路的性质为( )。

 A. 感性   B. 容性   C. 阻性   D. 不能确定

14. RLC 并联电路中,若电阻 R、电感 L、电容 C 各支路电流分别为 40 mA、70 mA、30 mA,则并联电路的入端总电流为( )。

 A. 140 mA   B. $40\sqrt{2}$ mA   C. $40\sqrt{3}$ mA   D. 50 mA

15. 电阻 $R = 484$ Ω 的白炽灯,接于 $u = 311\sin(314t + 60°)$ V 的正弦交流电压两端,电阻 R 消耗的功率是( )。

 A. 10 W   B. 100 W   C. 1 kW   D. 10 kW

16.在 RLC 串联电路中当电源电压大小不变,而频率从 0 逐渐增加到无穷大的过程中,关于电路中电流的变化说法正确的是（　　）。

    A.从 0 逐渐增加到无穷大　　　　　　　　B.从无穷大减少到 0

    C.一直不变　　　　　　　　　　　　　　D.从 0 增加到最大值后,又减小到 0

17.在感性负载电路中提高功率因数,最常用的方法是（　　）。

    A.串联电阻　　　　　　B.并联电容　　　　　　C.串联电容　　　　　　D.并联电感

18.下列关于对称三相交流电源说法正确的是（　　）。

    A.对称三相交流电源的幅值、频率和初相位均相等

    B.对称三相电源各相电压有效值的代数和恒等于 0

    C.对称三相电源各相电压瞬时值的代数和不等于 0

    D.对称三相电源各相电压相量的相量和恒等于 0

19.三相四线制供电系统中,线电压指的是（　　）。

    A.相线与相线之间的电压　　　　　　　　B.相线与中性线之间的电压

    C.相线对地的电压　　　　　　　　　　　D.中性线对地的电压

20.三相交流电源的三相电压或电流,最大值出现的先后次序叫（　　）。

    A.正序　　　　　　　B.负序　　　　　　　C.相序　　　　　　　D.相位

21.下列关于三相四线制供电系统中,中性线电流的说法正确的是（　　）。

    A.恒等于 0　　　　　　　　　　　　　　B.等于各相电流的代数和

    C.等于三倍相电流　　　　　　　　　　　D.等于各相电流的相量和

22.三相交流电源中性点不接地,而设备外壳接地的形式叫（　　）。

    A.保护接零　　　　　　B.保护接地　　　　　　C.接零或接地　　　　　D.防雷接地

23.下列关于三相四线制供电系统当中,U、V、W 三相及中性线的颜色标记说法正确的是（　　）。

    A.红黄蓝绿　　　　　　B.红棕绿黑　　　　　　C.黄绿红黑　　　　　　D.棕红绿蓝

24.三相四线制供电系统中,电源线电压和相电压的关系为（　　）。

    A.线电压是相电压的 $\sqrt{2}$ 倍,相位超前前导相 $30°$

    B.线电压是相电压的 $\sqrt{2}$ 倍,相位滞后前导相 $30°$

    C.线电压是相电压的 $\sqrt{3}$ 倍,相位超前前导相 $30°$

    D.线电压与相电压相等,相位超前前导相 $30°$

25.描述正弦交流电进程的物理量包括（　　）。

    A.幅值、频率、相位　　　　　　　　　　B.有效值、角频率、初相位

    C.相位、初相位、相位差　　　　　　　　D.瞬时值、周期、相位差

二、多选题

1.下列关于正弦交流电的说法正确的是（　　）。

    A.大小和方向都在发生变化的周期电流或电压

    B.按正弦规律变化的周期电流和电压

    C.在一个周期内的平均值为 0 的周期电流或电压

    D.按三角波形变化的周期电流或电压

2.下列关于 R、L、C 单一参数元件的电流、电压瞬时值表达式正确的是（　　）。

    A.$u=iR$　　　　　　B.$u=iL$　　　　　　C.$u=L\mathrm{d}i/\mathrm{d}t$　　　　　　D.$i=C\mathrm{d}u/\mathrm{d}t$

3.下列关于相量式 $Z=|Z|\angle\varphi$ 说法正确的是（　　）。

    A.$|Z|=R+X_L+X_C$　　　　　　　　　　B.$|Z|=\sqrt{R^2+(X_L-X_C)^2}$

C.$\varphi<0$ 时,是感性电路   D.电压与电流的相位差由 φ 决定

4.关于交流电路的功率,下列说法正确的是(　　)。

A.有功功率是电路中电阻将电能转换成热能的功率

B.无功功率是电感和电容与电源间进行能量交换的最大规模

C.电感和电容只有无功功率,没有有功功率,所以是储能元件

D.将电能转换成机械能的功率是视在功率

5.以下关于视在功率说法正确的是(　　)。

A.电路的视在功率是指电路工作时从电源设备吸收的电功率

B.电源设备的容量是指电源设备能够提对外输出的最大视在功率

C.电路的视在功率等于有功功率和无功功率之和

D.电路的视在功率 $S=UI=\sqrt{P^2+(Q_L-Q_C)^2}$

6.关于对称三相电源连接下列说法正确的是(　　)。

A.星形连接是将三相绕组的尾端连在一块,首端引出相线

B.三角形连接时是将三相绕组的首尾端依次相连

C.三角形连接时若某相绕组首尾端相连,电源回路会出现较大的回路电流

D.星形连接时,若将某相绕组首尾端相连,不会影响对外输出电压

7.下列关于三相负载的说法正确的是(　　)。

A.当三相负载各相负载阻抗的模相等时,即是对称三相负载

B.由单相负载构成的三相负载多为不对称三相负载

C.三相负载作星形连接时,相电流与线电流相等

D.三相负载作三角形连接时,线电流等于相电流的 $\sqrt{3}$ 倍

8.关于对称三相交流电路说法正确的是(　　)。

A.对称三相电路取消中性线时,不影响负载工作状态

B.要想电源中性点 N 与负载中性点 N' 间的电压等于零,必须短接 N、N' 点

C.对称电路的负载电流、电压对称

D.对称电路负载电流对称,负载电压不对称

9.下列关于提高功率因数的说法正确的是(　　)。

A.提高功率因数时,负载设备工作电流降低

B.提高功率因数时,电路线路工作电流降低

C.提高功率因数时,负载功率因数不变

D.提高功率因数时,并联电容越大效果越明显

三、判断题

1.(　　)一般频率为 50 Hz、60 Hz 的交流电,称为工频交流电。

2.(　　)功率因数可以从功率三角形求得,但无法从阻抗三角形求得。

3.(　　)在纯电容正弦交流电路中,电容中电流正比于其端电压的变化率,电流的相位滞后于电压 90°。

4.(　　)三相电源绕组的三角形连接只需将三相电源绕组连接成一个闭合回路。

5.(　　)在有功功率一定时,用户的平均功率因数提高,则所需要的无功功率越大。

6.(　　)相位角的绝对值不用大于 180°的角度表示。凡大于 180°的正角度换算成小于 180°的负角度,而大于 180°的负角则不用换算。

7.(　　)当 $X_L>X_C$,$U_L-U_C>0$ 时,电路性质为感性电路,电压超前电流 90°。

8.（　　）为了区别三相正弦交流电的相位，我国规定三相电源的符号用 L_1、L_2、L_3 表示，设备端子上的三相电源用 U、V、W 表示。

9.（　　）在"工频"交流电源两端接入感抗为 $10\ \Omega$ 的负载，如果在负载两端并联接入容抗为 $20\ \Omega$ 的电容器，则电路的总电流将减小。

10.（　　）日光灯是利用镇流器中自感电势来点燃灯管，同时限制灯管的工作电流。

11.（　　）含有大电感元件的电路被切断的瞬间，因电感两端的自感电势很高，在开关刀口或继电器触点的断开处会产生电弧，容易烧坏刀口或触点或者容易损坏电气设备的元件。

12.（　　）在含有大电感元件的电路中都有灭弧装置，最简单的办法是在开关或电感两端并联适当的电阻、电容或电阻和电容串联支路，使电感电流有一个泄放通路。

13.（　　）当正弦交流电源电压有效值不变，频率升高一倍时，电路电流不变。

14.（　　）电流互感器的一次绕组串联在线路中，二次绕组接仪表或继电器。将线路中的大电流变成标准的小电流（5 A 或 1 A），传给测量仪表或继电器。

15.（　　）用钳形电流表测量三相平衡负载电流时，假如钳口中放入三相导线，则此时的指示值是一相电流值的三倍。

16.（　　）用绝缘电阻表进行测量时，L 接被测对象的导体，E 接设备外壳或另一相导体，G 可接被测对象 L 端所接的绝缘物上，并用软裸线绕上 3～5 匝。

17.（　　）绝缘电阻表由磁电系比例表、手摇直流发电机和测量线路三部分组成。

18.（　　）交流电能表分为单相电能表和三相电能表，分别用于单相及三相交流系统中电能的计量。

19.（　　）电能表的电流参数有两个值，如 5(20)A，表示电能表额定电流为 5 A，最大负荷电流可达 20 A。

20.（　　）直入式单相电能表，电流线圈串接在负载回路中，导线粗，匝数少，直流电阻值近似为 0；电压线圈并接在输入电压上，导线细，匝数多，直流电阻值较大，一般为 700 Ω～1.6 kΩ。

21.（　　）电容器所储存的电场能取决于电容器两端的电压，电感线圈所储存的磁场能取决于通过电感线圈的电流。

22.（　　）低压断路器的瞬时动作电磁式脱扣器和热脱扣器都是起短路保护作用的。

23.（　　）低压塑壳式断路器分闸后，在合闸前，必须将复位按钮按下后，才能进行合闸。

24.（　　）线路中安装漏电保护器之后，就可以去掉原有的接地保护或接零保护。

25.（　　）漏电电流动作保护器的额定电流一般按负载电流的 1.3～2 倍来选取。

26.（　　）照明灯具接线中，开关必须装在相线上，即开关断火。

27.（　　）螺口灯头接线时，相线应接在中心端子上，中性线应接在螺纹口的端子上。

28.（　　）接零保护系统均应对保护零线做重复接地。

29.（　　）保护地线 PE 上，严禁装设开关和熔断器。

30.（　　）采用螺口的照明灯具，当开关闭合时触摸灯口能电人，而当开关断开时也电人，其原因是开关控制装在了零线上，相线接到了螺口上。

四、计算题

1. RLC 串联电路中 $R=5$ kΩ、$L=6$ mH、$C=0.001\ \mu$F，$u=5\sqrt{2}\sin 10^6 t$ kV。求：

（1）电流 i 和各元件上的电压，并画出相量图。

（2）当电源频率变化为 1×10^5 rad/s 时，电路性质是否发生改变？

2. 日光灯工作时，主要呈现电阻性。串联镇流器后可以看作电阻 R 与电感 L 串联的电路。若日光灯支路功率为 40 W，电源电压为 220 V，频率为 50 Hz，电流为 0.4 A，求：

（1）日光灯支路的功率因数 $\cos\varphi$；

（2）功率因数提高到 1 时，电路总电流 I；

（3）一般 40 W 日光灯并联电容器为 4.75 μF，此时电路功率因数 $\cos\varphi$ 为多大？

3.某工厂有三个工作车间，每个工作车间的照明分别由三相电源的一相供电。三相电源线电压为 380 V，供电方式为三相四线制。每个工作间装有 220 V、100 W 的白炽灯 10 盏。

（1）若三个车间全部满载时，中性线电流和线电流各为多少？

（2）若第一车间的灯全部关闭，第二车间的灯全部点亮，第三车间点亮两盏灯，且电源中性线因故断开。求此时第二、三车间的灯两端电压各为多少？电灯的工作状态怎样变化？

4.某型号电动机的功率 P_N＝4 kW，功率因数 $\cos\varphi$＝0.85，效率 η＝85%，每相绕组额定电压 U_N＝380 V，电源线电压 U_l＝380 V（电动机的功率是指输出的机械功率，电源功率 $P_1＝P_N/\eta$）。问：

（1）使用电动机时，电动机三相绕组应采用何种连接方式？

（2）此时电动机的线电流 I_l 和相电流 I_p 各为多少？

（3）若误将电动机绕组作星形连接，电动机输出功率为多大？

5.线电压为 380 V 作星形连接的对称三相电源与三角形连接的对称负载相连，若负载每相阻抗 Z＝30＋j40 Ω。试求负载的相电流、线电流，电源输出的有功功率，并画出电压和电流的相量图。

【资讯目标】

● 能复述 RLC 串联谐振电路的谐振条件、谐振频率、特性阻抗、通频带、品质因素等概念;

● 能复述 RLC 串联谐振电路的阻抗和电流的幅频特性、电压和电流的相频特性等电路特性;

● 能复述 RLC 并联谐振电路的谐振条件、谐振频率、特性阻抗、通频带、品质因数等概念;

● 能复述 RLC 并联谐振电路的阻抗和电流的幅频特性、电压和电流的相频特性等电路特性;

● 能复述 RLC 串、并联谐振电路通频带、选择性(品质因数)间的关系;

● 能复述 RLC 串、并联谐振电路典型应用及工作原理;

● 能复述换路定理的内容,并利用换路定理计算电路换路时的初值;

● 能复述暂态电路的初值、终值和时间常数等概念;并能用"三要素"法分析暂态电路;

● 能复述 RL、RC 暂态电路零输入、零状态和全响应等电路的主要特性;

● 能复述 RL、RC 暂态电路典型应用及工作原理。

【实施目标】

● 能复述半导体二极管、三极管、光敏电阻、可控硅、驻极体话筒等主要电路元件的工作原理;

● 能用万用表检测半导体二极管、三极管、光敏电阻、可控硅、驻极体话筒等主要电路元件;

● 能用 RLC 测量仪测量电感元件的直流电阻及电感量、电容容量等元件参数;

● 能分析电子镇流器工作原理,能调试、检测电子镇流器并能排除故障;

● 能安装用"电子镇流器"启动的日光灯照明电路,并能排除电路故障;

● 能分析声光控制器工作原理,能调试、检测声光控制器并能排除故障;

● 能安装用"声光控制器"控制的白炽灯照明电路,并能排除电路故障。

3.1 谐振与暂态电路分析

◆ 3.1.1 *RLC* 串联谐振电路

在同时存在电感 L 和电容 C 元件的交流电路中，因电感感抗 X_L 与容抗 X_C 一般不相等，电路两端的电压 $\dot{U}$ 与电流 $\dot{I}$ 存在相位差，即相位差 $\Delta\varphi\neq0$，电路呈感性或容性。

通过调节电感 L、电容 C 元件的参数或电源 U_s 的频率，使电路电感感抗 X_L 与容抗 X_C 相等，电路两端的电压 $\dot{U}$ 与电流 $\dot{I}$ 相位差为零，即相位差 $\Delta\varphi=0$，电路呈电阻性。电路学中把电路的这种现象称为谐振现象，简称谐振。电路谐振的物理本质是电路中电感与电容间无功功率完全补偿，能量交换只在电感 L 和电容 C 元件之间进行，外电路与电源间无能量交换，即电路功率因数 $\cos\varphi=1$。

谐振现象在电工和无线电技术中有着非常广泛的应用，但在电力输配电系统中因电路发生谐振时产生的高电压或强电流会破坏系统的正常工作状态，严重时会烧毁电气设备，故必须加以避免。

按发生谐振的电路不同，谐振现象可分为串联谐振和并联谐振。下面先讨论串联谐振电路。

一、串联谐振的条件

如图 3-1-1 所示 *RLC* 串联电路，电路阻抗为

$$Z = R + \mathrm{j}(X_L - X_C) = R + \mathrm{j}(\omega L - \frac{1}{\omega C})$$

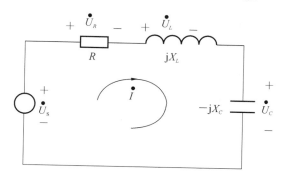

图 3-1-1 *RLC* 串联电路

由谐振的定义，得出串联谐振的条件为

$$\omega L - \frac{1}{\omega C} = 0$$

电路发生谐振的角频率称为谐振角频率，用 ω_0 表示，根据谐振条件可得

$$\omega_0 = \frac{1}{\sqrt{LC}} \tag{3-1-1}$$

电路发生谐振的频率称为谐振频率，用 f_0 表示，由 $\omega=2\pi f$ 有

$$f_0 = \frac{1}{2\pi\sqrt{LC}} \tag{3-1-2}$$

由此可见,谐振频率由电路自身参数决定,又称为电路的固有频率。因此对于任一确定了电感 L、电容 C 元件参数的 RLC 串联电路来说,总有一个与之对应的谐振频率实现电路谐振,它反映了电路的一种固有性质。

通过调节电路元件参数使电路谐振的过程称为调谐。一方面,可固定电路参数(L 或 C),改变电源频率使之与 RLC 串联电路固有频率相等;另一方面,也可以固定电源频率,改变电感或电容,使 RLC 串联电路固有频率与电源频率相等。

二、串联谐振的特性

当 RLC 串联电路发生谐振时,电路具有以下特性。

1. 电路阻抗 Z 最小,电流 I 最大

因为电抗 X 为零,阻抗最小且为一纯电阻,即

$$|Z| = \sqrt{R^2 + \left(\omega L - \frac{1}{\omega C}\right)^2} = R \qquad (3\text{-}1\text{-}3)$$

电路中的电流 $\dot{I}_0$ 最大,并且与外加电压 $\dot{U}_S$ 相位相同,即

$$I_0 = \frac{U_S}{Z} = \frac{U_S}{R} = I_{\max} \qquad (3\text{-}1\text{-}4)$$

式中:I_0 为电路谐振时的电流,称为谐振电流。

2. 串联谐振电路的特性阻抗 ρ 与谐振频率无关

串联电路谐振时,虽然电抗为零,但感抗和容抗都不为零,且感抗与容抗大小相等,此时的感抗和容抗称为电路的特性阻抗,用字符 ρ 表示,即

$$\rho = \omega_0 L = \frac{1}{\omega_0 C} = \frac{1}{\sqrt{LC}} \times L = \sqrt{\frac{L}{C}} \qquad (3\text{-}1\text{-}5)$$

式中:特性阻抗 ρ 的单位为欧姆(Ω)。上式表明特性阻抗是由电路参数 L 和 C 决定的常量,是 RLC 串联电路的一种固有特性,与谐振频率 ω_0 的大小无关。

3. 串联谐振电路电抗电压为零,LC 串联电路相当于短路

串联电路谐振时,因为感抗与容抗大小相等,所以电抗电压为零,因此有

$$\dot{U}_X = \dot{U}_L + \dot{U}_C = \mathrm{j}\left(\omega_0 L - \frac{1}{\omega_0 C}\right)\dot{I}_0 = 0$$

即 $U_X = 0$,LC 串联电路相当于短路,且

$$\dot{U}_L = -\dot{U}_C \qquad (3\text{-}1\text{-}6)$$

又根据相量形式的基尔霍夫电压定律有

$$\dot{U}_S = \dot{U}_R + \dot{U}_L + \dot{U}_C$$

所以,又有

$$\dot{U}_S = \dot{U}_R \qquad (3\text{-}1\text{-}7)$$

即谐振时 $\dot{U}_L$ 与 $\dot{U}_C$ 的有效值大小相等,相位相反,相互完全补偿;电阻电压与电源电压相等,且同频同相。其电压、电流相量图如图 3-1-2所示。

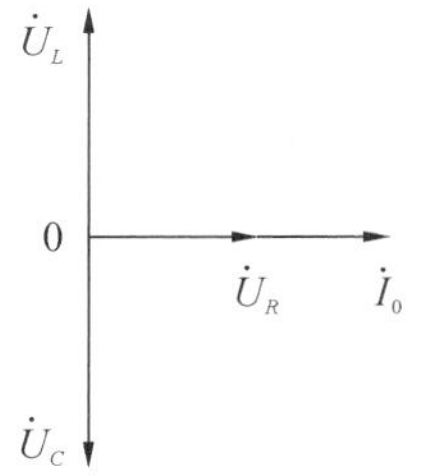

图 3-1-2 U、I 相量图

4. 串联谐振电路具有电压放大作用

RLC 串联电路谐振时,电感 L 的谐振电压为

$$U_{L0} = \omega_0 L\, I_0 = \sqrt{\frac{L}{C}} \times \frac{U_s}{R} = \frac{1}{R}\sqrt{\frac{L}{C}}\, U_s = \frac{\rho}{R} U_s = Q U_s$$

同理有

$$U_{C0} = \frac{1}{\omega_0 C} I_0 = \sqrt{\frac{L}{C}} \times \frac{U_s}{R} = \frac{1}{R}\sqrt{\frac{L}{C}}\, U_s = \frac{\rho}{R} U_s = Q U_s$$

即

$$U_{L0} = U_{C0} = Q U_s \tag{3-1-8}$$

式中:Q 为电路谐振时,串联电路的特性阻抗 ρ 与电阻 R 的比值,称为电路的品质因数。工程上简称 Q 值,是一个只与电路参数相关且无量纲的物理量,是串联谐振电路的重要特性之一。其定义式为

$$Q = \frac{\omega_0 L}{R} = \frac{1}{\omega_0 CR} = \frac{\rho}{R} = \frac{1}{R}\sqrt{\frac{L}{C}} \tag{3-1-9}$$

由式(3-1-8)可知,Q 值也可表示为

$$Q = \frac{U_{L0}}{U_s} = \frac{U_{C0}}{U_s} \tag{3-1-10}$$

由式(3-1-8)可知,电路谐振时电感、电容上的谐振电压U_{L0}、U_{C0}的模值相等,当 $Q \gg 1$ 时,U_{L0} 或 U_{C0} 的值就远大于电源电压U_s。因此,可以说 RLC 串联谐振电路具有电压放大作用,RLC 串联谐振又称电压谐振。

在电子工程中,Q 值一般取 $10\sim500$。在收音机中利用串联谐振电路来选择电台信号,就是应用这一特点;而在电力工程中,为避免出现过高的电压,破坏电气设备的绝缘或损坏电气设备本身,一般要避免发生串联谐振现象。

5. 串联谐振电路功率及功率因数

RLC 串联电路谐振时,电感 L 的无功功率Q_{L0} 为

$$Q_{L0} = I_0^2\, \omega_0 L = \frac{1}{R^2}\sqrt{\frac{L}{C}}\, U_s^2 = \frac{Q}{R} U_s^2$$

同理,电容 C 的无功功率Q_{C0} 为

$$Q_{C0} = I_0^2\, \frac{1}{\omega_0 C} = \frac{1}{R^2}\sqrt{\frac{L}{C}}\, U_s^2 = \frac{Q}{R} U_s^2$$

串联谐振电路总的无功功率Q_0 为

$$Q_0 = Q_{L0} - Q_{C0} = 0$$

此时,电路只有电阻 R 的有功功率P_0,且与电源U_s输出视在功率 S 相等。即

$$P_0 = I_0^2 R = I_0 U_s = S$$

则串联谐振电路功率因数 $\cos\varphi$ 为

$$\cos\varphi = \frac{P_0}{S} = 1$$

从另一角度来看,当 RLC 串联电路谐振时,电压与电流相位相同,即 $\varphi = 0°$,所以,电路功率因数 $\cos\varphi$ 为

$$\cos\varphi = \cos 0° = 1$$

则电路无功功率Q_0 为

$$Q_0 = I_0 U_s \sin\varphi = I_0 U_s \sin 0° = 0\,\mathrm{Var}$$

电路有功功率 P_0 为

$$P_0 = I_0 U_S \cos\varphi = I_0 U_S \cos 0° = I_0 U_S$$

电源视在功率 S 为

$$S = \sqrt{Q_0{}^2 + P_0{}^2} = P_0$$

即 RLC 串联电路谐振时电路只有电阻元件消耗的功率，电路的无功功率为零，电路中电感 L 的磁场储能和电容 C 的电场储能仅在电感 L 和电容 C 之间相互转换，与电源没有储能交换。

三、串联谐振电路的频率特性

RLC 串联电路中感抗 X_L、容抗 X_C、电抗 X、阻抗 Z、阻抗角 φ、电流 I 等电路参数均与电源频率 ω 相关，均为与电源频率 ω 相关的函数，也均可用随频率变化的曲线来表示其变化规律，这些电路参数随频率变化的规律叫频率特性，这些电路参数随频率变化的曲线叫频率特性曲线。

1. 阻抗 Z 的频率特性

由于 RLC 串联电路的阻抗 Z 为

$$Z = R + jX = R + j(X_L - X_C) = R + j\left(\omega L - \frac{1}{\omega C}\right)$$

所以阻抗 Z 的幅频特性函数为

$$|Z| = \sqrt{R^2 + X^2} = \sqrt{R^2 + \left(\omega L - \frac{1}{\omega C}\right)^2} \tag{3-1-11}$$

其幅频特性曲线，如图 3-1-3 所示。

阻抗 Z 的相频特性函数为

$$\varphi = \tan^{-1}\frac{X}{R} = \tan^{-1}\frac{\omega L - \dfrac{1}{\omega C}}{R} \tag{3-1-12}$$

其相频特性曲线，如图 3-1-4 所示。

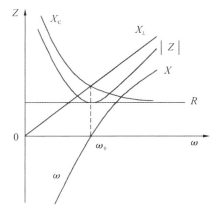
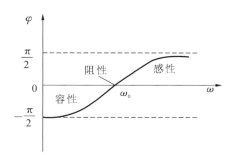

图 3-1-3　RLC 串联电路阻抗幅频特性曲线　　图 3-1-4　RLC 串联电路阻抗相频特性曲线

可见，当电源频率 ω 由零逐渐增大时，感抗 X_L 成正比例（直线）逐渐增大；而容抗 X_C 则随角频率 ω 增大而逐渐减小；电路的电抗 X 则由负的无限大变化到正的无限大。

当电源频率 ω 逐渐变化至与 RLC 串联电路的固有谐振频率 ω_0 相同，即 $\omega = \omega_0$，发生谐振

时,$\omega_0 L = 1/\omega_0 C$,电抗 X 为零,阻抗的模 $|Z| = R$ 最小,阻抗角 $\varphi = 0°$,电路的性质为阻性;当电源频率 ω 小于 RLC 串联电路的固有谐振频率 ω_0,即 $\omega < \omega_0$ 时,$\omega_0 L < 1/\omega_0 C$,电抗 X 不为零,阻抗的模 $|Z| > R$ 增加,阻抗角 $-90° < \varphi < 0°$,电路的性质为容性;当电源频率 ω 大于 RLC 串联电路的固有谐振频率 ω_0,即 $\omega > \omega_0$ 时,$\omega_0 L > 1/\omega_0 C$,电抗 X 同样不为零,阻抗的模 $|Z| > R$ 增加,阻抗角 $0° < \varphi < 90°$,电路的性质为感性。

2. 电流 I 的幅频特性

当电源电压一定时,电路的电流幅频特性函数为

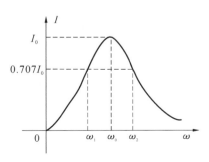

$$I = \frac{U_S}{|Z|} = \frac{U_S}{\sqrt{R^2 + \left(\omega L - \dfrac{1}{\omega C}\right)^2}} \quad (3\text{-}1\text{-}13)$$

由上式可知,RLC 串联电路电流 I 也随电源频率 ω 的变化而变化,其幅频特性曲线如图 3-1-5 所示,称为电流谐振曲线。

图 3-1-5　电流谐振曲线

可见,当电路谐振 $\omega = \omega_0$ 时,电流达到最大值,即谐振电流 I_0 最大,失谐时电源频率 ω 向下或向上偏离谐振频率 ω_0 时,电抗 X 都会增大,则电流 I 越小。这表明 RLC 串联谐振电路具有选择出最接近于谐振频率 ω_0 附近信号电流的能力,这种性能称为电路的带通选频特性。

3. 电流幅频特性曲线的归一化处理

若 RLC 串联电路中电感 L、电容 C 参数相同,电路的固有谐振频率 ω_0 相同,当电阻 R 阻值不同时,则电路的谐振电流 I_0、品质因数 Q 也不同。不同品质因数的串联谐振电流曲线如图 3-1-6 所示。

为了使电流谐振曲线具有普遍意义,将横坐标改为 ω/ω_0,纵坐标改为 I/I_0,可以作出具有相同谐振频率 ω_0、不同 Q 值的通用谐振曲线,如图 3-1-7 所示。由此图可见,较大的 Q 值对应较尖锐的电流谐振曲线,而较尖锐的电流谐振曲线意味着电路有较强的选择性。所以 Q 值大,电路的选频特性好,但通频带变窄。

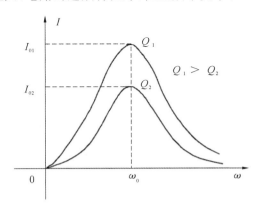

图 3-1-6　不同 Q 值电流谐振曲线

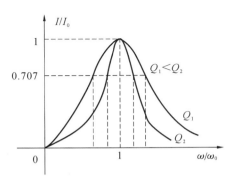

图 3-1-7　通用电流谐振曲线

4. 串联谐振电路的选频特性

1）串联谐振电路的通频带 BW

工程上常将失谐电流 I 下降为谐振电流 I_0 的 0.707 倍所对应的两个频率点 ω_1、ω_2 分别称为下限截止频率（或低频半功率频率）、上限截止频率（或高频半功率频率）,两个频率点 ω_1、

ω_2 之间的频率宽度称为带宽,又称为通频带,用符号 BW 表示。通频带规定了谐振电路容许通过信号的频率范围。如图 3-1-5 所示谐振曲线的通频带宽度为

$$BW = \omega_2 - \omega_1 = 2\pi(f_2 - f_1) \tag{3-1-14}$$

2)串联谐振通频带 BW 与品质因数 Q 的关系

按照"通频带 BW"的定义,电路失谐电流 I 与谐振电流 I_0 之比为 0.707,即

$$\frac{I}{I_0} = \frac{\dfrac{U_s}{R}}{\dfrac{U_s}{\sqrt{R^2 + \left(\omega L - \dfrac{1}{\omega C}\right)^2}}} = \frac{1}{\sqrt{1 + \left(\omega L - \dfrac{1}{\omega C}\right)^2}} = \frac{\sqrt{2}}{2}$$

两边平方得

$$\frac{1}{1 + \dfrac{1}{R^2}\left(\omega L - \dfrac{1}{\omega C}\right)^2} = \frac{1}{2}$$

将 $Q = \dfrac{\omega_0 L}{R} = \dfrac{1}{R\omega_0 C}$ 带入上式得

$$\frac{1}{1 + Q^2\left(\dfrac{\omega}{\omega_0} - \dfrac{\omega_0}{\omega}\right)^2} = \frac{1}{2}$$

上式变形得

$$Q^2\left(\frac{\omega}{\omega_0} - \frac{\omega_0}{\omega}\right)^2 = 1$$

两边开方得

$$Q\left(\frac{\omega}{\omega_0} - \frac{\omega_0}{\omega}\right) = \pm 1$$

由

$$Q\left(\frac{\omega}{\omega_0} - \frac{\omega_0}{\omega}\right) = -1, \quad Q\left(\frac{\omega}{\omega_0} - \frac{\omega_0}{\omega}\right) = 1$$

分别求出下、上限截止频率 ω_1、ω_2,分别为

$$\omega_1 = \left(-\frac{1}{2Q} + \sqrt{\frac{1}{4Q^2} + 1}\right)\omega_0, \quad \omega_2 = \left(\frac{1}{2Q} + \sqrt{\frac{1}{4Q^2} + 1}\right)\omega_0$$

所以,通频带 BW 为

$$BW = \omega_2 - \omega_1 = \frac{\omega_0}{Q}$$

或

$$BW \cdot Q = \omega_0 \tag{3-1-15}$$

上式表明串联谐振电路的谐振频率 ω_0、通频带 BW 和品质因数 Q 之间的关系。显然 Q 值越大,通频带越窄,谐振曲线越尖锐,频率选择性越好;反之,Q 值越小,通频带越宽,谐振曲线越平钝,频率选择性越差。

在无线电技术中,往往是从不同的角度来评价通频带宽窄的。当强调电路的选择性时,就希望通频带窄一些;当强调电路的信号通过能力时,则希望通频带宽一些。在实际选择电路的 Q 值时,就需要兼顾这两方面的要求。

5. RLC 串联谐振电路应用举例

1）用 LC 串联电路组成带阻滤波器

如图 3-1-8 所示，在 RLC 串联电路中，取"LC"串联部分电压做输出，其带阻滤波特性如图 3-1-9 所示，即一定频率范围内的信号被过滤掉，不能输出到负载电阻 R_L，或者说频率在谐振频率附近的信号"陷落"在 LC 串联支路上。这种带阻滤波器又叫"陷波器"。

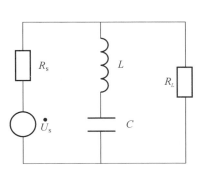

图 3-1-8　LC 串联带阻滤波器

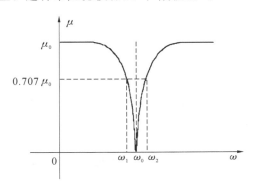

图 3-1-9　陷波器滤波特性

2）收音机选频接收电路

如图 3-1-10 所示为收音机的选频接收电路及其等效电路。各地不同频率的广播电台在其所发射的无线电波作用下，将在电路的线圈中产生感应电动势 e_1、e_2、e_3 等，从而形成一定的电流。即有多个广播电台的信号作用于收电机的接收电路，如果调节可调电容 C，使 RLC 串联电路谐振频率与电台 e_1 信号频率 f_1 相同，那么，对 e_1 来说，电路呈现的阻抗最小，电路中产生的电流最大，在电容两端就得到一个较高的输出电压。这时就收到了频率为 f_1 的电台。

对 e_2、e_3 来说，由于电路未对这些感应电动势产生谐振，所以电路对它们呈现较大的阻抗，相应的在电路中形成的电流很小，电容两端输出的电压很小。这个调节电容的过程，称为调谐。

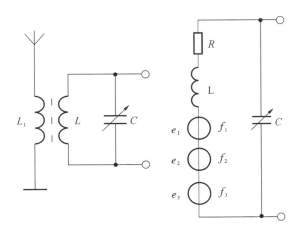

图 3-1-10　收音机的选频接收电路及其等效电路

四、典型例题

例 3-1-1　设 RLC 串联电路元件及参数为 $L=1$ mH，$C=0.253$ μF，$R=12.6$ Ω。

试计算电路谐振频率ω_0、品质因数 Q 和通频带 BW 为多少？

解：RLC 串联电路谐振频率ω_0为

$$\omega_0 = \frac{1}{\sqrt{LC}} = \frac{1}{\sqrt{1 \times 10^{-3}\,\mathrm{H} \times 0.253 \times 10^{-6}\,\mathrm{F}}} = 6.29 \times 10^4\ \mathrm{rad/s}$$

RLC 串联电路品质因数 Q 为

$$Q = \frac{1}{R}\sqrt{\frac{L}{C}} = \frac{1}{12.6\ \Omega}\sqrt{\frac{1 \times 10^{-3}\,\mathrm{H}}{0.253 \times 10^{-6}\,\mathrm{F}}} \approx 5.0$$

RLC 串联电路通频带 BW 为

$$\mathrm{BW} = \frac{\omega_0}{Q} = \frac{6.29 \times 10^4\ \mathrm{rad/s}}{5.0} = 1.26 \times 10^4\ \mathrm{rad/s}$$

例 3-1-2　某收音机的输入电路线圈的电感 $L = 0.3\ \mathrm{mH}$，电阻 $R = 16\ \Omega$。如欲收听 640 kHz 某电台的广播，应将可变电容 C 调到多少？ 如在调谐回路中感应出电压 $U = 2\ \mu\mathrm{V}$，试求该回路中信号的电流I_0为多大，能在线圈（或电容）两端得到多大电压U_0？

解：根据 $f = \dfrac{1}{2\pi\sqrt{LC}}$ 可得

$$640 \times 10^3\ \mathrm{Hz} = \frac{1}{2\pi\sqrt{0.3 \times 10^{-3}\,\mathrm{H} \times C}}$$

求解可得

$$C = 204\ \mathrm{pF}$$

电路谐振时，电路谐振电流I_0为

$$I_0 = \frac{U}{R} = \frac{2 \times 10^{-6}\ \mathrm{V}}{16\ \Omega} = 0.13\ \mu\mathrm{A}$$

电路谐振时，能在线圈（或电容）两端得到电压U_0为

$$U_0 = QU = \frac{1}{R}\sqrt{\frac{L}{C}} \times U = \frac{1}{16}\sqrt{\frac{0.3 \times 10^{-3}}{204 \times 10^{-12}}} \times 2 \times 10^{-6}\ \mathrm{V}$$

$$U_0 = 156\ \mu\mathrm{V}$$

◆　3.1.2　RLC 并联谐振电路

串联谐振电路适用于信号源内阻较小的情况。因为信号源内阻与谐振电路相串联，当信号源内阻较大时，就会使串联谐振电路的品质因数大为降低，从而影响谐振电路的选择性。当信号源的内阻较大时，就应采用并联谐振电路。

工程上广泛应用电感线圈和电容器组成的并联谐振电路，实际线圈总是有电阻的，因此将电感线圈与电容器并联时，其等效电路模型如图 3-1-11 所示。R 为线圈的等效电阻。

一、并联谐振的条件

如图 3-1-11 所示，RLC 并联谐振电路的导纳为

$$Y = \frac{1}{R + \mathrm{j}\omega L} + \mathrm{j}\omega C = \frac{R}{R^2 + (\omega L)^2} + \mathrm{j}\left[\omega C - \frac{\omega L}{R^2 + (\omega L)^2}\right] \tag{3-1-16}$$

对照并联电路导纳表达式 $Y = G + \mathrm{j}(B_C - B_L)$ 可知，图 3-1-11 所示电路可等效为图 3-1-12所示电路。

电路谐振时电路中干路电流$\dot{I}$与电路两端电压$\dot{U}$相位相同,则式(3-1-16)中电纳部分等于零,即

$$B_C - B_L = \omega C - \frac{\omega L}{R^2 + (\omega L)^2} = 0$$

所以有

$$\omega C = \frac{\omega L}{R^2 + (\omega L)^2}$$

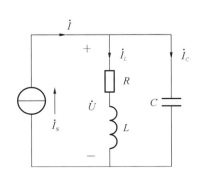

图 3-1-11　实用 *RLC* 并联谐振电路

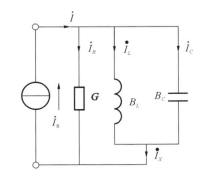

图 3-1-12　基本 *RLC* 并联谐振电路

电路谐振时的谐振角频率为

$$\omega_0 = \frac{1}{\sqrt{LC}} \sqrt{1 - \frac{CR^2}{L}} \qquad (3\text{-}1\text{-}17)$$

由式(3-1-17)可知,只有当$R < \sqrt{\frac{L}{C}}$时,电路谐振角频率ω_0才是实数,电路才会发生谐振。所以 *RLC* 并联电路,除了通过调节电源频率ω、电感 *L* 的感量和电容 *C* 的容量,可使电路谐振外,还必须使电阻$R < \sqrt{\frac{L}{C}}$,才能使电路谐振。

由式(3-1-17)还可知,并联谐振电路的谐振频率小于串联谐振电路的谐振角频率,只有当$R = 0$或$R \to 0$时,才有$\omega_0 = \frac{1}{\sqrt{LC}}$,即并联谐振电路的谐振角频率等于串联谐振电路的谐振角频率。

因此,并联谐振电路的谐振角频率ω_0,不仅与电感 *L* 和电容 *C* 有关,还与电阻 *R* 有关,且小于串联谐振电路的谐振角频率。并联谐振电路的谐振角频率ω_0与电路的电阻 *R* 有关,是并联谐振电路不同于串联谐振电路的重要特征。

实际应用的并联谐振电路,线圈本身的电阻 *R* 很小,在工作频率范围内一般$R \ll \omega L$,谐振时$R \ll \omega_0 L$,即$R \ll \sqrt{\frac{L}{C}}$,满足$R = 0$或$R \to 0$的条件。

也就是说,当线圈的电阻很小时,满足$R \ll \sqrt{\frac{L}{C}}$的条件下,并联谐振电路的谐振角频率和串联谐振电路的谐振角频率近似相等。

$$\omega_0 \approx \frac{1}{\sqrt{LC}} \qquad (3\text{-}1\text{-}18)$$

或谐振频率f_0为

$$f_0 \approx \frac{1}{2\pi \sqrt{LC}} \tag{3-1-19}$$

二、RLC 并联谐振电路的特性

当 RLC 并联电路发生谐振时,电路具有以下特性。

1. 电路阻抗 Z 最大,且为一纯电阻 R

因为电纳 B 为零,导纳的模最小且为一纯电导 G,即

$$|Y| = \sqrt{G^2 + (B_C - B_L)^2} = G$$

所以,电路阻抗 Z 最大

$$Z = \frac{1}{G} = \frac{R^2 + (\omega_0 L)^2}{R} = R + \frac{(\omega_0 L)^2}{R}$$

又因为 $R \ll \omega_0 L$ 和 $\omega_0 \approx 1/\sqrt{LC}$,所以可得

$$Z \approx \frac{L}{RC} \tag{3-1-20}$$

并联谐振电路的特性阻抗与串联谐振电路的特性阻抗意义相同。即

$$\rho = \omega_0 L = \frac{1}{\omega_0 C} = \sqrt{\frac{L}{C}} \tag{3-1-21}$$

并联谐振电路的品质因数 Q 定义为谐振时容纳 B_C 或感纳 B_L 与输入电导(等效电导)G 的比值,即

$$Q = \frac{\omega_0 C}{G} \approx \frac{1}{R}\sqrt{\frac{L}{C}} = \frac{\rho}{R} \tag{3-1-22}$$

将式(3-1-21)和式(3-1-22)代入式(3-1-20)可得

$$Z \approx \frac{L}{RC} = Q\rho = Q^2 R \tag{3-1-23}$$

由式(3-1-23)可知,并联电路谐振时,电路的等效电阻只由电路参数决定,与信号频率 ω 无关。因为实用 RLC 并联谐振电路虽然 R 很小,但 Q 值很大,所以并联电路谐振时阻抗 Z 最大。

当电源为恒流源时,谐振电路端口电压 $\dot{U}_0$ 最大,并且与外加电流 $\dot{I}$ 相位相同,即

$$\dot{U}_0 = \dot{I} \cdot Z = Q\rho \dot{I} = Q^2 R \dot{I} = \dot{U}_{max} \tag{3-1-24}$$

式中:U_0 为电路谐振时的电压,称为谐振电压。

2. 并联电路谐振时,电路的总电流最小,且与电路的端电压相位相同

若与电压源相连且电路谐振时,由于电路阻抗 Z 模值最大,且为纯电阻性,所以,RLC 并联谐振电路的总电流 $\dot{I}_0$ 最小,且与电路端电压 $\dot{U}_0$ 同相。即

$$\dot{I}_0 = \frac{\dot{U}_0}{Z} = \frac{\dot{U}_0}{Q\rho} = \frac{\dot{U}_0}{Q^2 R} = \dot{I}_{min} \tag{3-1-25}$$

3. 并联电路谐振时,电感电流与电容电流近似相等,相位相反

RLC 并联电路发生谐振时,电感 L 支路上的电流 I_{L0} 为

$$I_{L0} = \frac{U_0}{\sqrt{R^2 + (\omega_0 L)^2}} \approx \frac{U_0}{\omega_0 L} = \frac{U_0 \cdot G}{\omega_0 L \cdot G} = \frac{1}{\omega_0 L \cdot G} I_0 = Q I_0$$

电容 C 支路上的电流 I_{C0} 为

$$I_{C0} = \omega_0 C U_0 = \frac{\omega_0 C U_0 G}{G} = \frac{\omega_0 C}{G} I_0 = Q I_0$$

以上两式表明,当 $R \ll \omega_0 L$ 时,流经电感 L 支路上的电流 I_{L0} 和流经电容 C 支路上的电流 I_{C0} 几乎相等,且相位相反,即 $\dot{I}_{L0} \approx -\dot{I}_{C0}$。其相量图如图 3-1-13 所示。

4. 并联谐振电路具有电流放大作用

RLC 并联谐振电路的品质因数 $Q > 1$ 时,电感 L 支路上的电流 I_{L0} 或电容 C 支路上的电流 I_{C0} 可能大大超过干路总电流 I_0,即流过电感或电容支路的电流是总电流的 Q 倍,出现过电流现象,即

$$I_{L0} \approx I_{C0} = Q I_0$$

无线电技术中 Q 值一般可达几十到几百,Q 值越大,谐振时电感 L 与电容 C 两支路电流比总电流越大,因此并联谐振又称为电流谐振。同样,电力线路中不允许产生并联谐振,以免线路过流损坏线路绝缘或电气设备。

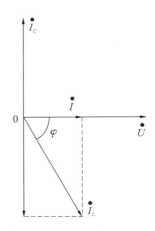

图 3-1-13　RLC 并联谐振电路相量图

5. RLC 并联谐振电路功率及功率因数

RLC 并联谐振电路中电容 C 的无功功率 Q_C 为

$$Q_C = I_{C0}^2 \times \frac{1}{\omega_0 C} = Q^2 \rho I_0^2$$

感性无功功率 Q_L 为

$$Q_L = \frac{R^2 + (\omega L)^2}{\omega L} \approx I_{L0}^2 \times \omega L = Q^2 \rho I_0^2$$

RLC 并联谐振电路总的无功功率为

$$Q = Q_C - Q_L = 0$$

因并联谐振电路总的无功功率 $Q = 0$,所以电路有功功率 P_0 与视在功率 S 相等。电路有功功率 P_0 为

$$P_0 = I_0^2 Q \rho = I_0^2 Q^2 R = S$$

同样,由于电路呈阻性,干路电流、电压同相,所以电路功率因数 $\cos\varphi$ 为

$$\cos\varphi = \cos 0° = 1$$

三、RLC 并联谐振电路的选频特性

与 RLC 串联谐振类似,并联谐振同样可进行选频。如电子线路中的 LC 正弦振荡器就是利用并联谐振选频特性,使其只对某一频率的信号满足振荡条件。同样,选频特性的好坏也由 Q 值决定。

1. RLC 并联谐振电路阻抗的频率特性

RLC 并联电路的阻抗 Z 为

$$Z = (R + j\omega L) \mathbin{/\mkern-5mu/} \frac{1}{j\omega C} = \frac{(R + j\omega L)\dfrac{1}{j\omega C}}{R + j\left(\omega L - \dfrac{1}{\omega C}\right)}$$

因为实际电感线圈 R 很小,即 $R \ll \omega L$,所以 RLC 并联电路阻抗 Z 可简化为

$$Z \approx \dfrac{\dfrac{L}{C}}{R + \mathrm{j}\left(\omega L - \dfrac{1}{\omega C}\right)} = \dfrac{\dfrac{\rho^2}{R}}{1 + \mathrm{j}\,\dfrac{1}{R}\left(\omega L - \dfrac{1}{\omega C}\right)} = \dfrac{Z_0}{1 + \mathrm{j}\,\dfrac{\omega_0 L}{R}\left(\dfrac{\omega}{\omega_0} - \dfrac{\omega_0}{\omega}\right)} = \dfrac{Z_0}{1 + \mathrm{j}Q\left(\dfrac{\omega}{\omega_0} - \dfrac{\omega_0}{\omega}\right)}$$

则 RLC 并联电路阻抗模 $|Z|$ 为

$$|Z| = \dfrac{Z_0}{\sqrt{1 + Q^2\left(\dfrac{\omega}{\omega_0} - \dfrac{\omega_0}{\omega}\right)^2}} \tag{3-1-26}$$

$$\dfrac{|Z|}{Z_0} = \dfrac{1}{\sqrt{1 + Q^2\left(\dfrac{\omega}{\omega_0} - \dfrac{\omega_0}{\omega}\right)^2}} \tag{3-1-27}$$

由式(3-1-26)、式(3-1-27)可知，RLC 并联电路阻抗与电源的频率有关，且在电路谐振时最大。其幅频特性曲线如图 3-1-14、图 3-1-15 所示。

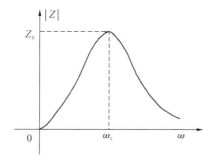

图 3-1-14　RLC 并联谐振电路阻抗特性曲线　　　图 3-1-15　RLC 并联谐振电路通用阻抗特性曲线

2. RLC 并联电路的电压频率特性

RLC 并联电路的端电压 U 为

$$U = I\,|Z| = \dfrac{I\,Z_0}{\sqrt{1 + Q^2\left(\dfrac{\omega}{\omega_0} - \dfrac{\omega_0}{\omega}\right)^2}} = \dfrac{U_0}{\sqrt{1 + Q^2\left(\dfrac{\omega}{\omega_0} - \dfrac{\omega_0}{\omega}\right)^2}}$$

$$\dfrac{U}{U_0} = \dfrac{1}{\sqrt{1 + Q^2\left(\dfrac{\omega}{\omega_0} - \dfrac{\omega_0}{\omega}\right)^2}} \tag{3-1-28}$$

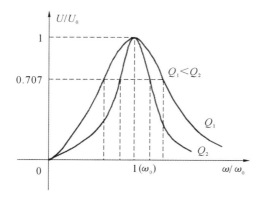

图 3-1-16　RLC 并联谐振电路电压特性曲线

由式(3-1-28)可知，RLC 并联电路端电压 U 与电源的频率有关，且在电路谐振时最大。其幅频特性曲线如图 3-1-16 所示。

3. RLC 并联谐振电路的选频特性

如图 3-1-16 所示，RLC 并联电路谐振时输出电压的值为最大值，所以 RLC 并联谐振电路具有选择频率为 ω_0 的电压信号的能力，而且电路的 Q 值越高，选择性就越好。

同串联谐振电路相类似，并联谐振电路的通频带 BW 定义为输出失谐电压 U 下降为最大端电压 U_0 的 0.707 倍时的频率范围。

即

$$U = \frac{U_0}{\sqrt{1 + Q^2 \left(\dfrac{\omega}{\omega_0} - \dfrac{\omega_0}{\omega} \right)^2}} = \frac{U_0}{\sqrt{2}} \tag{3-1-29}$$

求解式(3-1-29)可得，RLC 并联谐振电路的通频带 BW 为

$$\text{BW} = \omega_2 - \omega_1 = \frac{\omega_0}{Q} \tag{3-1-30}$$

由式(3-1-30)可知，与串联谐振电路相同，并联谐振电路同样存在通频带与选择性的矛盾，实际电路应根据需要选取参数。

四、RLC 并联谐振电路的应用

当 RLC 并联谐振电路发生谐振时，阻抗最大，而电流最小。所以，在工程实际应用中，并联谐振电路可以用于选频、滤波等电路。

如图 3-1-17 所示，利用 RLC 并联谐振时阻抗最大这一特性，常把并联谐振回路作为调谐放大器的选频回路。其等效电路如图 3-1-18 所示。因三极管 V 的集电极电流 I_C 恒定，等效为理想恒流源，选频回路 L_1C 谐振时阻抗最大，LC 并联回路两端电压 u_1 最大，经变压器 T 的次级 L_2 耦合输出电压 u_0 最大，起到选频作用。

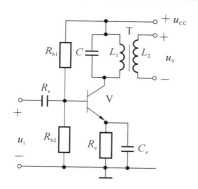

图 3-1-17 调谐放大器电路

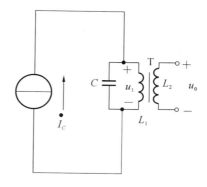

图 3-1-18 调谐放大器等效电路

如图 3-1-19 所示，利用 RLC 并联谐振时电流最小这一特性，把并联谐振回路与负载 R_L 串联，可用作滤波电路。当 LC 谐振于信号频率 f_1 时，因其电流最小，所以在负载 R_L 两端电压 u_1 最小，达到滤除频率为 f_1 的信号的目的。其输出电压的幅频特性如图 3-1-20 所示。

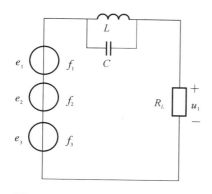

图 3-1-19 RLC 并联谐振滤波电路

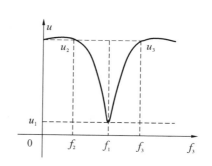

图 3-1-20 滤波电路电压幅频特性曲线

五、典型例题

例 3-1-3 一有损电感线圈的电阻 $R=10\ \Omega$、$L=100\ \mu H$，与 $C=100$ pF 的电容并联，信号源电流 $I_S=1\ \mu A$。求电路谐振时电源的角频率、电路阻抗、品质因数和电容谐振电流各为多大？

解：因为 RLC 并联电路特性阻抗 ρ 为

$$\rho = \sqrt{\frac{L}{C}} = \sqrt{\frac{100 \times 10^{-6}\ \text{H}}{100 \times 10^{-12}\ \text{F}}} = 1000\ \Omega \gg R$$

所以，电路谐振时电源的角频率 ω_0 为

$$\omega_0 = \frac{1}{\sqrt{LC}} = \frac{1}{\sqrt{100 \times 10^{-6}\ \text{H} \times 100 \times 10^{-12}\ \text{F}}} = 10^7\ \text{rad/s}$$

电路阻抗 $|Z_0|$ 为

$$|Z_0| = Q^2 R = \frac{L}{RC} = \frac{100 \times 10^{-6}\ \text{H}}{10\ \Omega \times 100 \times 10^{-12}\ \text{F}} = 100\ \text{k}\Omega$$

电源电压 U_0 为

$$U_0 = I_S |Z_0| = 1 \times 10^{-6}\ \text{A} \times 100\ \text{k}\Omega = 0.1\ \text{V}$$

因为电路谐振时，电路品质因数 Q 为

$$Q = \frac{1}{R}\sqrt{\frac{L}{C}} = \frac{1}{10\ \Omega}\sqrt{\frac{100 \times 10^{-6}\ \text{H}}{100 \times 10^{-12}\ \text{F}}} = 100$$

流过线圈的电流 I_{L0} 和流过电容的电流 I_{C0} 分别为

$$I_{L0} = I_{C0} = Q I_S = 100 \times 1 \times 10^{-6}\ \text{A} = 0.1\ \text{mA}$$

例 3-1-4 如图 3-1-21 所示，已知 $L=100$ mH，输入信号中含有 $f_0=100$ Hz，$f_1=500$ Hz，$f_2=1$ kHz 的三种频率信号，若要将 f_1 滤除，则应选多大的电容？

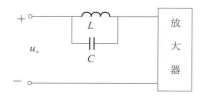

图 3-1-21 例 3-1-4 图

解：当 LC 并联电路谐振于 f_1 时，可滤除该频率信号。由并联谐振频率

$$f_1 = \frac{1}{2\pi \sqrt{LC}}$$

可得

$$C = \frac{1}{(2\pi f_1)^2 L}$$

$$= \frac{1}{(2\pi \times 500\ \text{Hz})^2 \times 100 \times 10^{-3}\ \text{H}}$$

$$= 1.01\ \mu\text{F}$$

即调节电容 C 为 $1.01\ \mu$F 时，可滤除频率为 f_1 的信号。

3.1.3 动态电路及换路定律

通过前面的学习已经知道，当电路中有储能元件，如电路结构或参数发生改变时，电感 L 的电流和电容 C 的电压是不能突变的。也就是说有储能元件的电路结构或参数发生改变时，电路中的电流、电压并不能瞬间进入稳定状态，而是有一个逐渐变化的过程。这个由储能元件引起的电路中电流、电压逐渐变化的过程称为电路的过渡过程，此时电路工作状态称为暂态或动态。这种含有储能元件且处于过渡过程的电路称为暂态或动态电路。开启过渡过程之前及之后处于稳定工作状态时的电路，称为稳态电路。前面分析的电路均为稳态电路。

一、电路的过渡过程

如图 3-1-22 所示电路,如开关 S 闭合前电容初始储能为零,当 $t=0$ 时开关 S 闭合,此时直流电源 U_s 就会给电容 C 充电,电容 C 上储能逐渐增加,电压 u_C 逐渐上升,变化规律如图 3-1-23 所示。即电路有一个由一个状态向另一个状态逐渐变化的动态过程,这个变化过程称为过渡过程。

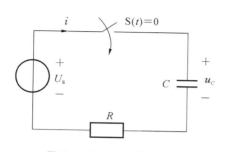

图 3-1-22　电容充电电路　　　　　　图 3-1-23　电容电压特性

在电容充电过程中,电容 C 上的电压将从初始的 0 V 开始逐渐增加,最后接近电源电压时趋于稳定。这个过程分成三个阶段:

(1) 开关 S 闭合前($t<0$),电路处于稳定状态的,电容 C 上的电压 $u_C=0$ V,并保持不变。

(2) 开关 S 闭合($t=0$)后,在 $t=0 \sim t_1$ 时间段内电容充电,电容上的电压 u_C、电流 i_C 随时间变化,这个过程称为过渡过程。

(3) 经过 t_1 时间后($t>t_1$),电容充电基本结束,电容 C 上的电压 $u_C=U_s$,并保持不变,这时电路重新进入另一个新的稳定状态。

由此可见,电路的过渡过程是电路从一个稳定状态(旧稳态)向另一个稳定状态(新稳态)过渡的中间过程。

引起电路发生过渡过程的原因有以下两个:

(1) 内因:电路中有电感 L、电容 C 等储能元件,且换路前后储能元件的储能发生变化。

(2) 外因:电路中存在电路结构或参数的改变,即有换路操作。

动态电路的分析就是研究电路在过渡过程中电压、电流的变化规律。

二、换路定律

电路接通或断开,电路元件参数的变化等能引起电路过渡过程的电路变化统称为换路。纯电阻电路在换路时没有过渡期,含有储能元件的电路在换路时才有过渡过程,因为只有储能元件在换路时才会发生能量变化,能量的储存和释放是需要一定时间来完成的,是一个只能渐变,不能突变的过程。换路定律是用来确定电路过渡过程的初值的定律。

以电路换路瞬间开始计时,设为 $t=0$;换路前的最后时刻,设为 $t=0_-$;换路后的最初时刻,设为 $t=0_+$;换路后电路再次进入新稳态时刻,设为 $t=\infty$。

换路定律内容为:在换路瞬间,电容两端电压不能跃变,电感中电流不能跃变。即

$$u_C(0_+)=u_C(0_-); \qquad i_L(0_+)=i_L(0_-) \qquad (3\text{-}1\text{-}31)$$

由换路定律可知,电容电压和电感电流在换路瞬间保持不变。电路其他物理量,如电容上的电流,电感上的电压,电阻上的电压和电流都会发生跃变。

若电路在换路前,动态元件事先没有储存能量,则有

$$u_C(0_+)=u_C(0_-)=0; \qquad i_L(0_+)=i_L(0_-)=0$$

说明在换路后的最初时刻,电容电压为 0,可视为短路;电感电流为 0,可视为开路。正好与直流稳态电路中储能元件状态(电感短路、电容开路)相反。

若电路在换路前,动态元件事先已有储存能量,电容电压为 u_C,电感电流为 i_L,则有

$$u_C(0_+) = u_C(0_-) = u_C; i_L(0_+) = i_L(0_-) = i_L$$

说明在换路后的最初时刻,电容电压为 u_C,可用电压为 u_C 的恒压源代替;电感电流为 i_L,可用电流为 i_L 的恒流源代替。

三、动态电路初值和终值计算

换路定律是分析动态电路最基本的定律。利用换路定律计算动态电路初值时应注意:

$t = 0_-$ 时刻的值是换路前的最后时刻,电路处于旧稳态,此时可按照旧稳态电路来分析计算电感 $i_L(0_-)$ 和电容 $u_C(0_-)$ 的稳态值;

$t = 0_+$ 时刻的值是换路后的最初时刻,电路已进入过渡过程,应根据换路定律求解电感 $i_L(0_+)$ 和电容 $u_C(0_+)$ 的初值;

$t = \infty$ 时刻,即换路且经过一段时间后,过渡过程结束,电路重新进入新稳态,此刻仍可按照新稳态电路来分析计算电感 $i_L(\infty)$ 和电容 $u_C(\infty)$ 的终值。

1. 动态电路初值计算

电路的初始值,即 $t(0_+)$ 时刻所对应电路参数值。初始值的计算一般可遵循下面几个步骤:

(1)换路前:电路处于旧稳态,直流电路中,电感可看成短路,电容可看成开路,以此分析计算旧稳态中储能元件稳态值 $u_C(0_-)$ 或 $i_L(0_-)$。

(2)换路中:电路进入过渡过程,由换路定律可得 $u_C(0_+)$ 或 $i_L(0_+)$ 初值。

(3)换路后:电路其他参数初始值则根据 $t(0_+)$ 时刻电路结构与参数求得。

若电路在换路前,动态元件事先没有储存能量,电容上电压 $u_C(0_+)$ 为 0,可视为短路;电感上电流 $i_L(0_+)$ 为 0,可视为开路。若电路在换路前,动态元件事先已有储存能量,电容上电压为 $u_C(0_+) > 0$,可用电压为 $u_C(0_+)$ 的恒压源代替;电感上电流为 $i_L(0_+) > 0$,可用电流为 $i_L(0_+)$ 的恒流源代替。

2. 动态电路终值计算

换路后并经 $t = \infty$ 后,电路进入新的稳态,则按新稳态电路结构与参数(在直流稳态电路中,电感短路,电容开路)分析计算电路的终值。

四、典型例题

例 3-1-5   如图 3-1-24 所示,已知 $U_{S1} = 6\ V, U_{S2} = 18\ V, R = 4\ \Omega$。电路在 $t = 0$ 时,开关 S 由位置 1 置于位置 2,设换路前电路已稳定,求:(1)换路后的初始值 $u_C(0_+)$、$u_R(0_+)$ 和 $i_R(0_+)$;(2)若 $U_{S1} = 0\ V$,其他参数不变,求 $u_C(0_+)$、$u_R(0_+)$ 和 $i_R(0_+)$;(3)求换路后,$t = \infty$ 时,电路的 $u_C(\infty)$、$u_R(\infty)$ 和 $i_R(\infty)$。

解:(1)换路前:S 在 1 位置,电路处于旧稳态,电路中电容元件可看成开路,则有

$$u_C(0_-) = 6\ V$$

换路后:S 打向 2 位置,电路进入动态过渡过程,由换路定律可知

$$u_C(0_+) = u_C(0_-) = 6\ V$$

可用电压值为 6 V 的恒压源代替,其等效电路如图 3-1-25 所示。

此时,电阻电压初值为

$$u_R(0_+) = U_{S2} - u_C(0_+) = 18\ V - 6\ V = 12\ V$$

电阻电流初值为

$$i_R(0_+) = \frac{u_R(0_+)}{R} = \frac{12 \text{ V}}{4 \text{ }\Omega} = 3 \text{ A}$$

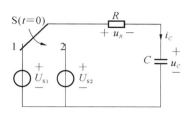

图 3-1-24 例 3-1-5 电路图

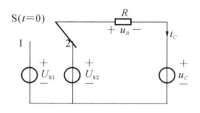

图 3-1-25 例 3-1-5 等效电路图

（2）换路前，S 在 1 位置，电路处于旧稳态时，若 $U_{S1}=0$ V，当 $t=0$ 时刻，S 置于 2 位置换路后电路开始进入过渡过程。电容电压初值为

$$u_C(0_+) = u_C(0_-) = 0 \text{ V}$$

此时电容可看作短路，电阻上的电压初值就等于电源电压。即

$$u_R(0_+) = U_{S2} - u_C(0_+) = 18 \text{ V}$$

电阻电流初值为

$$i_R(0_+) = \frac{u_R(0_+)}{R} = \frac{18 \text{ V}}{4 \text{ }\Omega} = 4.5 \text{ A}$$

（3）换路后，$t=\infty$ 时，电路进入新的稳态，电容相当于开路。电容电压、电阻电压和电阻电流终值为

$$u_C(\infty) = U_{S2} = 18 \text{ V}$$

$$u_R(\infty) = 0 \text{ V} \qquad i_R(\infty) = 0 \text{ A}$$

例 3-1-6　如图 3-1-26 所示，已知 $U_S=16$ V，$R_1=4$ Ω，$R_2=R_3=12$ Ω，若电路在 $t=0$ 时，开关 S 闭合，设换路前电路已稳定，求换路后的各支路电流初始值 $i_1(0_+)$、$i_2(0_+)$ 和 $i_3(0_+)$ 及电容电压的稳态值 $u_C(\infty)$、$i_L(\infty)$。

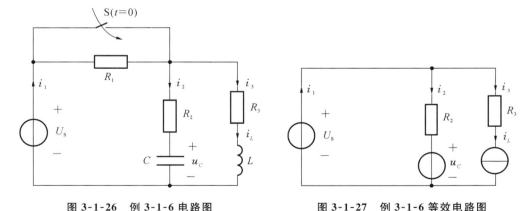

图 3-1-26 例 3-1-6 电路图　　　　　　图 3-1-27 例 3-1-6 等效电路图

解：换路前（S 打开，旧稳态），电容相当于开路，电感相当于短路，则有

$$i_1(0_-) = i_3(0_-) = i_L(0_-) = \frac{U_S}{R_1+R_3} = \frac{16 \text{ V}}{(4+12) \text{ }\Omega} = 1 \text{ A}$$

$$u_C(0_-) = i_3(0_-) \times R_3 = 1 \text{ A} \times 12 \text{ }\Omega = 12 \text{ V}$$

$$i_2(0_-) = 0 \text{ A}$$

换路后（S 闭合，暂态），电容电压和电感电流不能跃变，则

$$u_C(0_+) = u_C(0_-) = 12\text{ V}$$
$$i_L(0_+) = i_3(0_-) = 1\text{ A}$$

可用电压值为 12 V 的恒压源和电流值为 1 A 的恒流源代替,其等效电路如图 3-1-27 所示。所以有

$$i_3(0_+) = i_3(0_-) = i_L(0_+) = 1\text{ A}$$
$$i_2(0_+) = \frac{U_{S1} - u_C(0_+)}{R_2} = \frac{16\text{ V} - 12\text{ V}}{12\ \Omega} = 0.33\text{ A}$$
$$i_1(0_+) = i_2(0_+) + i_3(0_+) = 1\text{ A} + 0.33\text{ A} = 1.33\text{ A}$$

换路后(S 闭合,新稳态),电容开路,电感短路,可得

$$u_C(\infty) = 16\text{ V}$$
$$i_L(\infty) = i_3(\infty) = \frac{U_S}{R_3} = \frac{16\text{ V}}{12\ \Omega} = 1.33\text{ A}$$

◆ 3.1.4　一阶 RC 动态电路

一阶动态电路,就是可用一阶微分方程描述电路电压关系的电路,即实际电路中若除电压源(或电流源)和电阻元件外,只含一种储能元件(电容或电感)的电路。在含有储能元件的电路中,若无电源激励,仅由储能元件的初始储能引起的过渡过程称为"零输入响应";若只有电源激励,储能元件没有初始储能引起的过渡过程称为"零状态响应";若既有电源激励,又有储能元件初始储能引起的过渡过程称为"全响应"。

如图 3-1-28 所示,若开关 S(t=0)置于"1"时,且电容 $u_C(0+)=0$,此时,电容的"充电"过程为"零状态响应";之后,若开关 S(t=0)置于"2"时,因电容 $u_C(0+)\neq0$,且电路中无电源,此时,电容的"放电"过程为"零输入响应";若电容"充电"后,开关 S(t=0)置于"3"时,因电容 $u_C(0+)\neq0$,且电路中电源 $U_S\neq0$ 时,电容"放电"或"充电"过程为"全响应"。

如图 3-1-29 所示,根据基尔霍夫电压定律有

$$u_C - u_R = U_S,\text{ 即 } u_C - i_C R = U_S$$

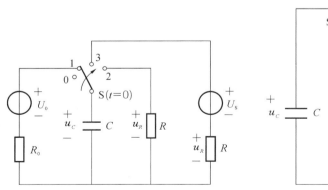

图 3-1-28　RC 动态电路

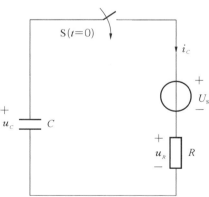

图 3-1-29　RC 动态等效电路

又因为电容元件伏安关系为

$$i_C = -C\frac{\mathrm{d}u_C}{\mathrm{d}t}$$

将其代入 $u_C - i_C R = U_S$ 中,则动态电路回路电压方程为

$$u_C + RC \frac{\mathrm{d}u_C}{\mathrm{d}t} = U_\mathrm{s} \tag{3-1-32}$$

由式(3-1-32)可知其为电容电压 u_C 的一阶微分方程,所对应电路为一阶动态电路。

一、RC 电路的零输入响应

在式(3-1-32)中,若电源电压 $U_\mathrm{s} = 0$, $u_C(0_+) \neq 0$ 时,即为电容"零输入响应",其等效电路如图 3-1-30 所示。电路电压方程为

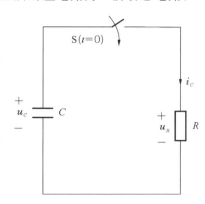

$$u_C + RC \frac{\mathrm{d}u_C}{\mathrm{d}t} = 0 \tag{3-1-33}$$

式(3-1-33)为常系数一阶微分齐次方程。由高等数学知识可知常系数一阶微分齐次方程通解一般形式为

$$u_C(t) = A \, \mathrm{e}^{pt} \tag{3-1-34}$$

其中 A 为待定积分常数,由初始条件确定。当 $t=0$ 换路时,由换路定律可得

图 3-1-30 RC 零输入响应

$$u_C(0_+) = u_C(0_-) = U_0$$

代入式(3-1-34)得 $A \, \mathrm{e}^{p \cdot 0} = U_0$,即

$$A = U_0 \tag{3-1-35}$$

将式(3-1-35)代入式(3-1-34)中,可得微分方程通解一般形式为

$$u_C(t) = U_0 \, \mathrm{e}^{pt} \tag{3-1-36}$$

p 为通解的特征根。将式(3-1-36)代入式(3-1-34)中,可得

$$U_0 \, \mathrm{e}^{pt} + pRC \, U_0 \mathrm{e}^{pt} = 0$$

对应特征方程为

$$1 + pRC = 0$$

解得通解特征根 p 为

$$p = -\frac{1}{RC} \tag{3-1-37}$$

将式(3-1-37)代入式(3-1-36)中,可得微分方程通解一般形式为

$$u_C(t) = U_0 \, \mathrm{e}^{-\frac{1}{RC}t} \quad t \geqslant 0 \tag{3-1-38}$$

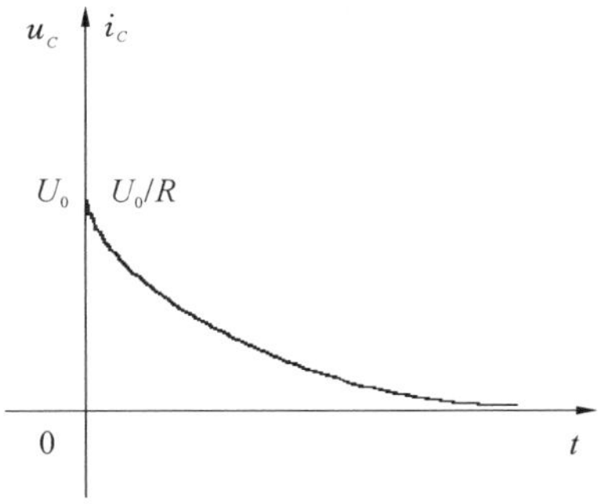

由式(3-1-38)可见电路换路后,电容电压由初始值 U_0 按指数规律衰减,随后直至为零,进入新的稳态。放电电流为

$$i_C(t) = \frac{U_0}{R} \, \mathrm{e}^{-\frac{1}{RC}t} \quad t > 0 \tag{3-1-39}$$

由式(3-1-39)可见电路换路后,电容放电电流 $i_C(t)$ 在换路的瞬间由零跃变为 U_0/R,同时按指数规律衰减直至为零。

电容电压 $u_C(t)$ 及电流 $i_C(t)$ 随时间变化的曲线如图 3-1-31 所示。

图 3-1-31 RC 零输入响应曲线

令式(3-1-38)中 RC 为 τ,即

$$\tau = RC \tag{3-1-40}$$

则有

$$u_C(t) = U_0 \, \mathrm{e}^{-\frac{1}{\tau}t} \quad t \geqslant 0 \qquad (3\text{-}1\text{-}41)$$

$$i_C(t) = \frac{U_0}{R} \, \mathrm{e}^{-\frac{1}{\tau}t} \quad t > 0 \qquad (3\text{-}1\text{-}42)$$

电阻电压 $u_R(t)$ 为

$$u_R(t) = U_0 \, \mathrm{e}^{-\frac{1}{\tau}t} \quad t > 0 \qquad (3\text{-}1\text{-}43)$$

采用国际单位时,有

$$[\tau] = [RC] = \Omega \cdot \mathrm{F} = \Omega \cdot \frac{\mathrm{C}}{\mathrm{V}} = \Omega \cdot \frac{\mathrm{As}}{\mathrm{V}} = \mathrm{s}(\text{秒})$$

τ 的单位与时间单位相同,且与电路状态无关,所以将 $\tau = RC$ 称为 RC 电路的时间常数。

RC 电路的时间常数 τ 与电路的电阻 R 和电容容量 C 成正比。说明在相同的初始电压 U_0 与电阻 R 情况下,电容 C 越大,储存的电场能量越多,放电所需时间也就越长;相同 U_0 与电容 C 情况下,R 越大,电容 C 放电电流越小,能量的释放越慢,所需放电时间越长。

在放电过程中电容不断放出能量,电阻则不断消耗能量,最后,原来储存在电容中的电场能全部为电阻吸收而转换为热能。

若电容 C 开始放电时 $u_C(0) = U_0$,则经一个时间常数 τ 放电后,有

$$u_C(\tau) = U_0 \, \mathrm{e}^{-1} = 0.368 U_0$$

时间常数 τ 的物理意义为,电容放电衰减到初始电压 U_0 的 36.8% 时所需的时间。以后每经历一个时间常数 τ 的时间,电容电压 u_C 衰减剩余量的 63.2%,即

$$\Delta u_C = 63.2\%(U_0 - u_C)$$

放电时电容电压 $u_C(t)$ 与时间常数 τ 的关系,如表 3-1-1 所示。

表 3-1-1   放电时电容电压 $u_C(t)$ 与时间常数 τ 的关系

时间 t/s	0	1τ	2τ	3τ	4τ	5τ
电压 $u_C(t)$	U_0	$0.368 U_0$	$0.135 U_0$	$0.049 U_0$	$0.018 U_0$	$0.007 U_0$

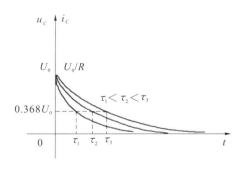

图 3-1-32   不同 τ 值的 u_C-t 变化曲线

由式(3-1-41)可知,从理论上讲,当 $t = \infty$ 时 $u_C(t)$ 才衰减为零,即电容放电要经历无限长的时间才结束。实际上,由表 3-1-1 可知,电容经 $3\tau \sim 5\tau$ 时间后,$u_C(t)$ 已衰减至 $10\% U_0$ 以下,即可以认为电容经 $3\tau \sim 5\tau$ 后,过渡过程就已结束。所以,电路的时间常数 τ 决定了零输入响应衰减的快慢,时间常数越大,衰减越慢,放电持续的时间越长。

图 3-1-32 所示为 RC 电路在不同 τ 值下电压 $u_C(t)$ 随时间 t 变化的曲线。

二、RC 电路的零状态响应

在式(3-1-32)中,若电源电压 $U_S \neq 0$,$u_C(0_+) = 0$ 时,即为电容 C"零状态响应"。此时,储能元件电容 C 的初始储能为零,即初始状态 $u_C(0_+)$ 和 $u_C(0_-)$ 都为零,仅由外激励 U_S 引起动态响应。

其等效电路如图 3-1-33 所示。电路电压方程为

$$u_C + RC \frac{\mathrm{d}u_C}{\mathrm{d}t} = U_s \qquad (3\text{-}1\text{-}44)$$

式(3-1-33)为一阶常系数微分非齐次方程。由高等数学知识可知一阶常系数微分非齐次方程全解形式为

$$u_C = u_C{'} + u_C{''} \qquad (3\text{-}1\text{-}45)$$

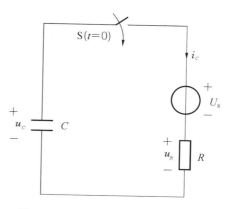

图 3-1-33 **RC** 零状态响应等效电路

式中：$u_C{'}$ 为一阶常系数微分非齐次方程的一个特解；$u_C{''}$ 为一阶常系数微分齐次方程的通解。

其中 $u_C{'}$ 是任何一个满足式(3-1-44)的特解，而电路的稳态值总是满足方程式(3-1-44)的，通常取电路稳态值作为特解，所以特解 $u_C{'}$ 又称为稳态分量。它与外施激励 U_s 有关，由电路过渡过程结束时 $(t=\infty)$ 的值确定，即

$$u_C{'} = u_C(\infty)$$

$u_C{'}$ 的特点是它随时间变化的规律和电源随时间变化的规律相同，它不仅取决于电路的结构和参数，而且取决于电源。当激励为正弦交流电源时，特解为交流稳态分量；当激励为直流电源 U_s 时，$u_C{'}$ 为常量，即

$$u_C{'} = K（常量）$$

代入式(3-1-44)得

$$K + RC \frac{\mathrm{d}K}{\mathrm{d}t} = U_s$$

即有 $K=U_s=u_C{'}$。代入式(3-1-45)有

$$u_C = U_s + u_C{''} \qquad (3\text{-}1\text{-}46)$$

式中：$u_C{''}$ 为一阶常系数微分齐次方程的通解，又称补函数，是一个时间的函数。从电路分析来看，它是一个过渡过程中出现的分量，所以 $u_C{''}$ 又称为暂态分量，即

$$u_C{''} = A\,\mathrm{e}^{pt}$$

式中：A 为积分常数，由电路初始条件确定；p 为特征方程的根。代入式(3-1-46)中得

$$u_C = U_s + A\,\mathrm{e}^{pt} \qquad (3\text{-}1\text{-}47)$$

由换路定律可知，在 $t=0$ 的瞬间换路时，有

$$u_C(0_+) = u_C(0_-) = U_s + A$$

即

$$A = -U_s$$

所以，式(3-1-47)变形为

$$u_C = U_s - U_s\,\mathrm{e}^{pt} = U_s(1 - \mathrm{e}^{pt}) \qquad (3\text{-}1\text{-}48)$$

代入式(3-1-44)中，可得

$$U_s(1 - \mathrm{e}^{pt}) + RC \frac{\mathrm{d}\,U_s(1 - \mathrm{e}^{pt})}{\mathrm{d}t} = U_s$$

$$1 - \mathrm{e}^{pt} + RC \frac{\mathrm{d}(1 - \mathrm{e}^{pt})}{\mathrm{d}t} = 1$$

$$-\mathrm{e}^{pt} - RCp\,\mathrm{e}^{pt} = 0$$

其对应的微分方程的特征方程式为

$$RCp + 1 = 0$$

所以,特征方程的根

$$p = -\frac{1}{RC} = -\frac{1}{\tau}$$

由此可得,通解$u_C{''}$为

$$u_C{''} = -U_\mathrm{s}\,\mathrm{e}^{-\frac{1}{RC}t} = -U_\mathrm{s}\,\mathrm{e}^{-\frac{t}{\tau}}$$

式(3-1-44)的全解为

$$u_C = U_\mathrm{s}(1 - \mathrm{e}^{-\frac{1}{RC}t}) = U_\mathrm{s}(1 - \mathrm{e}^{-\frac{t}{\tau}})t \geqslant 0 \tag{3-1-49}$$

并可得

$$u_R = U_\mathrm{s} - u_C = U_\mathrm{s}\,\mathrm{e}^{-\frac{t}{\tau}}t > 0$$

$$i_R = i_C = \frac{U_\mathrm{s} - u_C}{R} = \frac{U_\mathrm{s}}{R}\,\mathrm{e}^{-\frac{t}{\tau}}t > 0$$

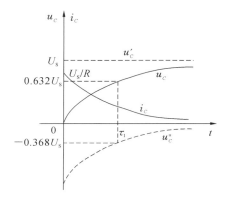

图 3-1-34　RC 零状态响应 u_C-t 曲线

由式(3-1-49)可知,电容充电时电压 u_C 由稳态分量U_s和暂态分量$-U_\mathrm{s}\mathrm{e}^{-\frac{t}{\tau}}$两个分量叠加而成。$u_C$ 随时间 t 变化的曲线如图 3-1-34 所示。

充电过程中电容电压由零随时间逐渐增长,其增长率按指数规律衰减,最后电容电压趋于直流电压源的电压U_s。充电电流的方向与电容电压的方向一致,充电开始时其值最大($i_C = U_\mathrm{s}/R$),以后按指数规律衰减直至为零。

经历等于时间常数的时间,即 $t = \tau$ 时电容电压 u_C 增长为

$$u_C = U_\mathrm{s}(1 - \mathrm{e}^{-1}) = 0.632\,U_\mathrm{s}$$

可见,时间常数是电容电压 u_C 从零上升到稳态值U_s的 63.2% 所需的时间,以后每经过一个时间常数 τ 的时间,电容电压 u_C 增加剩余量的 63.2%,即

$$\Delta u_C = 63.2\%(U_\mathrm{s} - u_C)$$

如图 3-1-34 所示,时间常数 τ 也是电容电压 u_C 的暂态分量$u_C{''}$衰减初始值的 36.8% 所需的时间。

表 3-1-2 所示为充电时电容电压 $u_C(t)$ 与时间常数 τ 的关系。

表 3-1-2　充电时电容电压 $u_C(t)$ 与时间常数 τ 的关系

时间 t/s	0	1τ	2τ	3τ	4τ	5τ
电压 $u_C(t)$	0	$0.632\,U_\mathrm{s}$	$0.865\,U_\mathrm{s}$	$0.956\,U_\mathrm{s}$	$0.982\,U_\mathrm{s}$	$0.993\,U_\mathrm{s}$

理论上,电容充电的过渡过程的结束需要经历无限长的时间,但在实践中当经过 $3\tau \sim 5\tau$ 的时间 u_C 已增加至 $0.956U_\mathrm{s} \sim 0.993U_\mathrm{s}$,即已上升到稳态值的 $95.6\% \sim 99.3\%$,可以认为过渡过程已经结束。

所以,时间常数的大小决定了一阶电路零状态响应进行的快慢,时间常数越大,暂态分量衰减越慢,充电持续时间越长。

充电时,由于电路中有电阻 R,电源供给的能量一部分转换成电场能量储存在电容 C 中,一部分则被电阻 R 消耗掉。充电过程中电阻 R 消耗的电能为

$$W_R = \int_0^\infty i^2 R \mathrm{d}t = \int_0^\infty R\left(\frac{U_s}{R} \mathrm{e}^{-\frac{t}{RC}}\right)^2 \mathrm{d}t = \frac{1}{2}C U_s^2 = W_C$$

可见,不论电阻 R、电容 C 值如何,电源供给的能量只有一半转换成电场能量储存在电容 C 中,充电效率为 50%。

三、RC 电路的全响应

在式(3-1-32)中,若电源电压 $U_s \neq 0$,$u_C(0_-) \neq 0$ 时,即为电容 C "全响应"。此时,储能元件电容 C 的初始储能不为零,即零初始状态 $u_C(0_+)$ 和 $u_C(0_-)$ 都不为零,换路后电容 C 由外激励 U_s 及其初始储能共同引起动态响应。

其等效电路如图 3-1-33 所示。设 $u_C(0_-) = U_0$,换路后电路电压方程仍为

$$u_C + RC\frac{\mathrm{d}u_C}{\mathrm{d}t} = U_s \tag{3-1-50}$$

其解为

$$u_C = u_C' + u_C'' = U_s + A\,\mathrm{e}^{-\frac{t}{\tau}} \tag{3-1-51}$$

与零状态相比较,其终值 $u_C(\infty)$ 与时间常数 τ 相同,只是初始值不同而已。代入初始条件 $t=0$ 时,$u_C(0_+) = u_C(0_-) = U_0$ 得

$$U_0 = U_s + A$$

即

$$A = U_0 - U_s$$

所以电容 C 电压的全响应全解为

$$u_C = U_s + (U_0 - U_s)\mathrm{e}^{-\frac{t}{\tau}} \quad t \geq 0 \tag{3-1-52}$$

并可得电阻 R 电流、电压为

$$u_R = U_s - u_C = (U_s - U_0)\mathrm{e}^{-\frac{t}{\tau}} \quad t > 0$$

$$i_R = i_C = \frac{U_s - u_C}{R} = \frac{(U_s - U_0)}{R}\mathrm{e}^{-\frac{t}{\tau}} \quad t > 0$$

u_C 和 i_R 随时间变化的曲线如图 3-1-35 所示。其中 u_C 从初始值 U_0 按指数规律逐渐上升至稳态值 U_s,而充电电流 i_R 则从初始值 $(U_0 - U_s)/R$ 按指数规律逐渐下降至零。

由式(3-1-52)可知,电容的全响应电压 u_C 由稳态分量 U_s 和暂态分量 $(U_s - U_0)\mathrm{e}^{-\frac{t}{\tau}}$ 叠加而成,如图 3-1-36 所示。即

全响应 = 稳态分量 + 暂态分量

稳态分量取决于外加电源激励。当外加电源激励是直流电源,稳态分量为恒定不变量;当外加电源

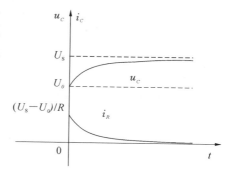

图 3-1-35 RC 全响应 u_C、i_R 变化曲线

激励为正弦电源时,稳态分量是同频率正弦量。暂态分量是按指数规律衰减变化的,取决于电路的特性,其大小既与初始状态有关,也与外加电源激励有关。表达式(3-1-52)可变形为

$$u_C = U_0\,\mathrm{e}^{-\frac{t}{\tau}} + U_s(1 - \mathrm{e}^{-\frac{t}{\tau}}) \quad t \geq 0 \tag{3-1-53}$$

由式(3-1-53)可知,电容全响应 u_C 也可由零输入响应$U_0 e^{-\frac{t}{\tau}}$和零状态响应$U_S(1-e^{-\frac{t}{\tau}})$叠加而成,如图 3-1-37 所示。即

$$全响应 = 零输入响应 + 零状态响应$$

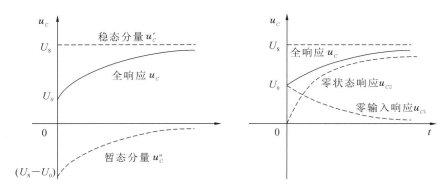

图 3-1-36   *RC* 全响应分解形式一   图 3-1-37   *RC* 全响应分解形式二

其实,零输入响应和零状态响应也均可分解为稳态分量(零输入响应的稳态分量为零,零状态响应的稳态分量为U_S)和暂态分量,两者的稳态分量之和就是全响应的稳态分量,两者的暂态分量之和就是全响应的暂态分量。

把全响应分解为稳态响应和暂态响应,直观反映了电路的动态变化过程,便于分析过渡过程的特点;把全响应分解为零输入响应和零状态响应,准确反映了响应与电源激励在能量方面的因果关系,并且便于分析计算。

四、典型例题

例 3-1-7   如图 3-1-38 所示,$U_S = 12$ V,$R_1 = 2$ kΩ,$R_2 = 6$ kΩ,$R_3 = 3$ kΩ,$C = 2$ μF。电路原处于稳态,$t = 0$ 时开关 S 断开。试求:(1)换路后的 u_C 及i_C;(2)$t = 2$ ms 时的电容电压 u_C 和电流i_C。

解:(1)求电路换路后,电容初始电压 $u_C(0_+)$。电路中电阻R_2与R_3并联的等效电阻为

$$R = \frac{R_2 R_3}{R_2 + R_3} = \frac{6 \text{ k}\Omega \times 3 \text{ k}\Omega}{6 \text{ k}\Omega + 3 \text{ k}\Omega} = 2 \text{ k}\Omega$$

由于换路前电路处于直流稳态,电容相当于开路,则

$$u_C(0_-) = \frac{R}{R_1 + R} U_S = \frac{2 \text{ k}\Omega}{2 \text{ k}\Omega + 2 \text{ k}\Omega} \times 12 \text{ V} = 6 \text{ V}$$

按换路定律可得

$$u_C(0_+) = u_C(0_-) = 6 \text{ V}$$

即

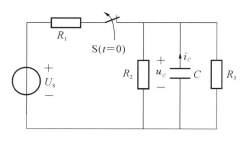

图 3-1-38   例 3-1-7 电路图

$$U_0 = 6 \text{ V}$$

(2)求电路时间常数 τ。

换路后,电容经电阻R_2与R_3并联的等效电阻 R 放电,故电路时间常数 τ 为

$$\tau = RC = 2 \times 10^3 \times 2 \times 10^{-6} \text{s} = 4 \text{ ms}$$

(3)求电路换路后的电容电压 u_C。

$$u_C = U_0 \, \mathrm{e}^{-\frac{t}{\tau}} = 6 \times \mathrm{e}^{-\frac{t}{4 \times 10^{-3}}} \, \mathrm{V} = 6 \, \mathrm{e}^{-250t} \, \mathrm{V}$$

电容电流 i_C 为

$$i_C = C \frac{\mathrm{d}u_C}{\mathrm{d}t} = 2 \times 10^{-6} \times \frac{\mathrm{d}(6 \, \mathrm{e}^{-250t})}{\mathrm{d}t} \, \mathrm{mA} = -3 \, \mathrm{e}^{-250t} \, \mathrm{mA}$$

（4）求电路换路后的电容电压 u_C。

$$u_C = 6 \, \mathrm{e}^{-250 \times 2 \times 10^{-3}} \, \mathrm{V} = 6 \, \mathrm{e}^{-0.5} \, \mathrm{V} = 3.64 \, \mathrm{V}$$

电容电流 i_C 为

$$i_C = -3 \, \mathrm{e}^{-250 \times 2 \times 10^{-3}} \, \mathrm{mA} = -3 \, \mathrm{e}^{-0.5} \, \mathrm{mA} = -1.82 \, \mathrm{mA}$$

上式中的"—"号表示放电电流 i_C 的实际方向与电容电压 u_C 参考方向相反。

例 3-1-8 一组 $C = 36 \, \mu\mathrm{F}$ 的电容器从高压电路断开，断开时若电容器电压 $U_0 = 3.6 \, \mathrm{kV}$，断开后，电容器经电容本身的漏电阻放电。如电容器的漏电阻 $R = 100 \, \mathrm{M\Omega}$。试问断开后，电容器经过 2 h 时间，其电压衰减为多少？

解：电路的时间常数为

$$\tau = RC = 100 \times 10^6 \times 36 \times 10^{-6} \, \mathrm{s} = 3600 \, \mathrm{s}$$

电容经 2 h 放电后，电压 u_C 为

$$u_C = U_0 \, \mathrm{e}^{-\frac{t}{\tau}} = 3.6 \times 10^3 \times \mathrm{e}^{-\frac{2 \times 3.6 \times 10^3}{3.6 \times 10^3}} \, \mathrm{V} = 487.3 \, \mathrm{V}$$

由计算结果可知，由于 C 及 R 都较大，放电时间常数 τ 较大，放电持续时间很长，虽经 2 h 放电后，电容器上仍有 487.3 V 的高压，这对人身安全是很危险的。故在检修具有大电容的电气设备时，停电后须先将其短接放电才能工作。

例 3-1-9 如图 3-1-39 所示，$U_s = 12 \, \mathrm{V}$，$R = 2 \, \Omega$，$C = 2\mathrm{F}$。电路开关 S 闭合前，电容没有储能。$t = 0$ 时开关 S 闭合。试求：（1）换路后瞬间电容充电电流为多少？（2）经多长时间电容电压充到电源电压的一半？

解：（1）换路前电容并未储能，所以电容电压 $u_C(0_-) = 0 \, \mathrm{V}$，$t = 0$ 时开关 S 闭合，由换路定律得

$$u_C(0_+) = u_C(0_-) = 0 \, \mathrm{V}$$

电容充电时间常数 τ 为

$$\tau = RC = 2 \times 2 \, \mathrm{s} = 4 \, \mathrm{s}$$

电容充电完成后，电容电压 $u_C(\infty)$ 为

$$u_C(\infty) = U_s = 12 \, \mathrm{V}$$

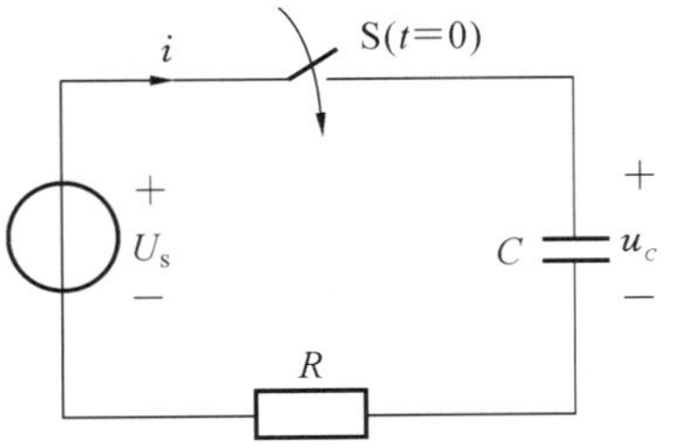

图 3-1-39　例 3-1-9 电路图

故电容充电电压 $u_C(t)$ 为

$$u_C(t) = U_s(1 - \mathrm{e}^{-\frac{t}{\tau}}) = 12(1 - \mathrm{e}^{-\frac{t}{4}}) \, \mathrm{V} = 12(1 - \mathrm{e}^{-0.25t}) \, \mathrm{V}$$

电容充电电流 i 为

$$i = C \frac{\mathrm{d}u_C}{\mathrm{d}t} = 2 \times 12 \times \frac{\mathrm{d}(1 - \mathrm{e}^{-0.25t})}{\mathrm{d}t} \, \mathrm{A} = 6 \, \mathrm{e}^{-0.25t} \, \mathrm{A}$$

当 $t = 0$ 时，充电电流 i_0 为

$$i_0 = 6 \, \mathrm{e}^{-0.25t} \, \mathrm{A} = 6 \, \mathrm{e}^0 \, \mathrm{A} = 6 \, \mathrm{A}$$

（2）电容电压充到电源电压一半时 $u_C = 6 \, \mathrm{V}$，即

$$6 = 12(1 - \mathrm{e}^{-0.25t})$$

$$\ln e^{-0.25t} = \ln 0.5$$

所用时间 t 为

$$t = \frac{\ln 2^{-1}}{-0.25} = 4\ln 2 \ \text{s} = 4 \times 0.69 \ \text{s} = 2.8 \ \text{s}$$

由上面计算可知,电容未有储能开始充电时,因电压 $u_C = 0$ V 相当于短路,故通电电流 i 较大,可高达 6 A 之大,易损坏电路元件。

◈ 3.1.5　一阶 RL 动态电路

如图 3-1-40 所示,若开关 S($t=0$)置于"1"时,且电感电流 $i_L(0+)=0$,此时电感被"激磁"为电感"零状态响应"。当电路稳定后,电路电流 $I_0 = U_0/R_0$;之后,若开关 S($t=0$)置于"2"时,因电感电流 $i_L(0+) \neq 0$,且电路中无电源,此时,电感 L 中的磁能转为电能,被"灭磁"为电感"零输入响应";若电感"激磁"后,开关 S($t=0$)置于"3"时,因电感 $i_L(0+) \neq 0$,且电路中电源 $U_s \neq 0$,此时,电感"激磁"或"灭磁"过程为电感的"全响应"。

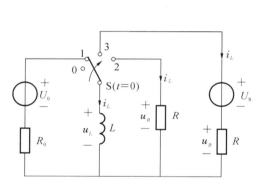

图 3-1-40　RL 动态电路

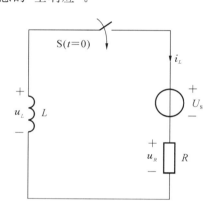

图 3-1-41　RL 动态等效电路

如图 3-1-41 所示,根据基尔霍夫电压定律有

$$u_L - u_R = U_s$$

即

$$u_L - i_L R = U_s$$

又因为电感元件伏安关系为

$$u_L = -L \frac{di_L}{dt}$$

将其代入式 $u_L - i_L R = U_s$ 中,则动态电路回路电压方程为

$$-L \frac{di_L}{dt} - i_L R = U_s \tag{3-1-54}$$

由式(3-1-54)可知其为电感电流 i_L 的一阶微分方程,所对应电路为一阶动态电路。

一、RL 电路的零输入响应

在式(3-1-54)中,若电源电压 $U_s = 0$,$i_L(0_+) \neq 0$ 时,即为电感"零输入响应",其等效电路如图 3-1-42 所示。电路电压方程为

$$L \frac{di_L}{dt} + i_L R = 0 \tag{3-1-55}$$

式(3-1-55)同样为常系数齐次一阶微分方程。其方程通解一般形式为

$$i_L(t) = A\,e^{pt} \tag{3-1-56}$$

式中：A 为待定积分常数，由初始条件确定。当 $t=0$ 换路时，由换路定律可得

$$i_L(0_+) = i_L(0_-) = I_0$$

代入式(3-1-56)中得 $A\,e^{p \cdot 0} = I_0$，即

$$A = I_0 \tag{3-1-57}$$

将式(3-1-57)代入式(3-1-56)中，可得微分方程通解一般形式为

$$i_L(t) = I_0\,e^{pt} \tag{3-1-58}$$

式中：p 为通解的特征根。将式(3-1-58)代入式(3-1-56)中，可得

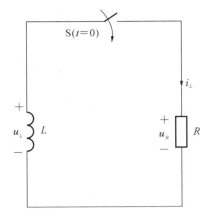

图 3-1-42　RL 零输入响应等效电路

$$Lp\,I_0 \cdot e^{pt} + R\,I_0 \cdot e^{pt} = 0$$

对应特征方程为

$$R + pL = 0$$

解得通解特征根 p 为

$$p = -\frac{R}{L} \tag{3-1-59}$$

将式(3-1-59)代入式(3-1-58)中，可得微分方程通解一般形式为

$$i_L(t) = I_0\,e^{-\frac{R}{L}t} \quad t \geqslant 0 \tag{3-1-60}$$

由式(3-1-60)可见电路换路后，电感电流由初始值 I_0 按指数规律衰减，随后直至为零，进入新的稳态。放电电流为

$$i_L(t) = I_0\,e^{-\frac{R}{L}t} \quad t \geqslant 0 \tag{3-1-61}$$

由式(3-1-61)可见电路换路后，电感电压 $u_L(t)$ 在换路的瞬间由零跃变为 I_0R，同时按指数规律衰减直至为零。

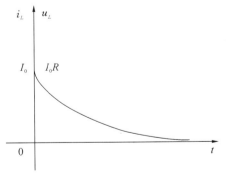

图 3-1-43　RL 零输入响应曲线

电感电流 $i_L(t)$ 及电流 $u_L(t)$ 随时间变化的曲线如图 3-1-43 所示。

令式(3-1-61)中 $\dfrac{L}{R}$ 为 τ，即

$$\tau = \frac{L}{R} \tag{3-1-62}$$

则有

$$i_L(t) = I_0\,e^{-\frac{1}{\tau}t} \quad t \geqslant 0 \tag{3-1-63}$$

$$i_R(t) = I_0\,e^{-\frac{1}{\tau}t} \quad t > 0 \tag{3-1-64}$$

电阻电流 $i_R = i_L$；电压 $u_R(t)$ 为

$$u_R(t) = R\,I_0\,e^{-\frac{1}{\tau}t} \quad t > 0 \tag{3-1-65}$$

采用国际单位时，有

$$[\tau] = \left[\frac{L}{R}\right] = \frac{H}{\Omega} = \frac{\Omega \cdot s}{\Omega} = s(秒)$$

τ 的单位与时间单位相同,且与电路状态无关,所以将 $\tau=\dfrac{L}{R}$ 称为 RL 动态电路的时间常数。

RL 电路的时间常数 τ 与电路的电阻 R 成反比,与电感感量 L 成正比。说明在相同的初始电流 I_0 与电阻 R 情况下,电容 L 越大,储存的磁场能量越多,放电灭磁所需时间也就越长;相同 I_0 与电感 L 情况下,R 越大,电感 L 放电时,能量消耗越快,放电灭磁所需放电时间越短。

在灭磁过渡过程中电感不断放出能量,电阻则不断消耗能量,最后,原来储存在电感中的磁场能量全部为电阻吸收而转换为热能。

若电感 L 开始放电时 $i_L(0)=I_0$,则经一个时间常数 τ 放电后,有

$$i_L(\tau)=I_0\,\mathrm{e}^{-1}=0.368\,I_0$$

时间常数 τ 的物理意义为,电感 L 放电衰减到初始电流 I_0 的 36.8% 时所需的时间。以后每经历一个时间常数 τ 的时间,电感电流 i_L 衰减剩余量的 63.2%,即

$$\Delta i_L=63.2\%(I_0-i_L)$$

电感 L 放电时电感电流 $i_L(t)$ 与时间常数 τ 的关系,如表 3-1-3 所示。

表 3-1-3　电感电流 $i_L(t)$ 与时间常数 τ 的关系

时间 t/s	0	1τ	2τ	3τ	4τ	5τ
电压 $i_L(t)$	I_0	$0.368\,I_0$	$0.135\,I_0$	$0.049\,I_0$	$0.018\,I_0$	$0.007\,I_0$

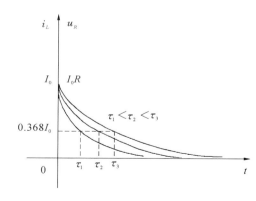

图 3-1-44　不同 τ 值的 $i_L\text{-}t$ 变化曲线

由式(3-1-61)可知,从理论上讲,当 $t=\infty$ 时 $i_L(t)$ 才能衰减为零,即电感 L 放电"灭磁"要经历无限长的时间才结束。实际上,由表 3-1-3 可知,电感经 $3\tau\sim5\tau$ 时间后,$i_L(t)$ 已衰减至 10% I_0 以下,即可以认为电感经 $3\tau\sim5\tau$ 后,过渡过程就已结束。所以,电路的时间常数 τ 决定了电感零输入响应衰减的快慢,时间常数 τ 越大,衰减越慢,电感"灭磁"放电持续的时间越长。

图 3-1-44 所示为 RL 电路在不同 τ 值下电压 $i_L(t)$ 随时间 t 变化的曲线。

二、RL 电路的零状态响应

在式(3-1-54)中,若电源电压 $U_s\neq0$,$i_L(0_+)=0$ 时,即为电感 L"零状态响应"。此时,储能元件电感 L 的初始储能为零,即零初始状态 $i_L(0_+)$ 和 $i_L(0_-)$ 都为零,仅有外激励 U_s 引起的响应。

其等效电路如图 3-1-45 所示。电路电压方程为

$$L\frac{\mathrm{d}i_L}{\mathrm{d}t}+Ri_L=U_s \qquad (3\text{-}1\text{-}66)$$

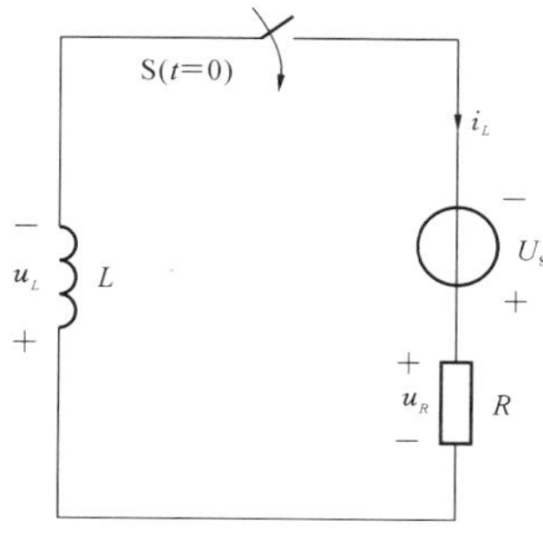

式(3-1-66)同样为一阶常系数微分非齐次方程。其全解形式为

图 3-1-45　RL 零状态响应等效电路

$$i_L=i_L{}'+i_L{}'' \qquad (3\text{-}1\text{-}67)$$

式中：i_L' 为一阶常系数微分非齐次方程的一个特解；i_L'' 为一阶常系数微分齐次方程的通解。

其中 i_L' 是任何一个满足式（3-1-66）的特解，是 RL 零输入电路的稳态量。它与外施激励 U_s 有关，由电路过渡过程结束时（$t=\infty$）的值确定，即

$$i_L' = i_L(\infty)$$

i_L' 的特点是它随时间变化的规律和电源随时间变化的规律相同，它不仅取决于电路的结构和参数，而且取决于电源。当激励为正弦交流电源时，特解为交流稳态分量；当激励为直流电源 U_s 时，i_L' 为常量，即

$$i_L' = K（常量）$$

代入式（3-1-66）得

$$L\frac{\mathrm{d}K}{\mathrm{d}t} + RK = U_s$$

即有 $K = U_s/R = I_0 = i_L'$。代入式（3-1-67）有

$$i_L = I_0 + i_L'' \tag{3-1-68}$$

式中：i_L'' 为一阶常系数微分齐次方程的通解，同样是一个时间的函数。从电路分析来看，它是一个过渡过程中出现的分量，所以 i_L'' 又称为暂态分量，即

$$i_L'' = A\,\mathrm{e}^{pt}$$

式中：A 仍为积分常数，由电路初始条件确定；p 为特征方程的根。代入式（3-1-68）中得

$$i_L = I_0 + A\,\mathrm{e}^{pt} \tag{3-1-69}$$

由换路定律可知，在 $t=0$ 时的瞬间换路时，有

$$i_L(0_+) = i_L(0_-) = I_0 + A = 0$$

即

$$A = -I_0$$

所以，式（3-1-69）可变形为

$$i_L = I_0 - I_0\,\mathrm{e}^{pt} = I_0(1 - \mathrm{e}^{pt}) \tag{3-1-70}$$

代入式（3-1-66）中，可得

$$L\frac{\mathrm{d}[I_0(1-\mathrm{e}^{pt})]}{\mathrm{d}t} + R\,I_0(1-\mathrm{e}^{pt}) = U_s \tag{3-1-71}$$

$$-Lp\,\mathrm{e}^{pt} - R\,\mathrm{e}^{pt} = 0$$

其对应的微分方程的特征方程式为

$$Lp + R = 0$$

所以，特征方程的根

$$p = -\frac{R}{L} = -\frac{1}{\tau}$$

由此可得，通解 i_L'' 为

$$i_L'' = -I_0\,\mathrm{e}^{-\frac{R}{L}t} = -I_0\,\mathrm{e}^{-\frac{t}{\tau}}$$

式（3-1-66）的全解为

$$i_L = I_0(1 - \mathrm{e}^{-\frac{R}{L}t}) = I_0(1 - \mathrm{e}^{-\frac{t}{\tau}})\quad t \geqslant 0 \tag{3-1-72}$$

并可得

$$u_R = i_L R = I_0 R(1 - \mathrm{e}^{-\frac{t}{\tau}})\quad t > 0$$

$$i_R = i_L = I_0(1 - e^{-\frac{R}{L}t}) = \frac{U_s}{R}(1 - e^{-\frac{t}{\tau}})\, t > 0$$

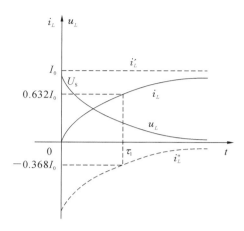

图 3-1-46　RL 零状态响应 i_L-t 曲线

由式(3-1-72)可知,电感充电"激磁"时电流 i_L 由稳态分量 I_0 和暂态分量 $-I_0 e^{-\frac{t}{\tau}}$ 两个分量叠加而成。i_L 随时间 t 变化的曲线如图 3-1-46 所示。

电感 L 充电"激磁"过程中电感电流 i_L 由零随时间逐渐增长,其增长率按指数规律衰减,最后电感电流 i_L 趋于稳定电流 I_0。充电电流的方向与电感电压的方向一致,充电开始时其值最小($i_L(0_+)=0$),以后按指数规律增长直至为稳定电流 I_0。

经历一个时间常数的时间,即 $t=\tau$ 时电感电流 i_L 增长为

$$i_L = I_0(1 - e^{-\frac{t}{\tau}}) = 0.632\, I_0$$

可见,时间常数是电感电流 i_L 从零上升到稳态值 I_0 的 63.2% 所需的时间,以后每经过一个时间常数 τ 的时间,电感电流 i_L 增加剩余量的 63.2%,即

$$\Delta i_L = 63.2\%(I_0 - i_L)$$

如图 3-1-46 所示,时间常数 τ 也是电感电流 i_L 的暂态分量衰减到初始值的 36.8% 所需的时间。电感充电"激磁"时电感电流 $i_L(t)$ 与时间常数 τ 的关系如表 3-1-4 所示。

表 3-1-4　电感充电"激磁"时电感电流 $i_L(t)$ 与时间常数的 τ 关系

时间 t/s	0	1τ	2τ	3τ	4τ	5τ
电流 $i_L(t)$	0	$0.632\, I_0$	$0.865\, I_0$	$0.956 I_0$	$0.982 I_0$	$0.993 I_0$

理论上,电感充电"激磁"的过渡过程的结束需要经历无限长的时间,但在实践中同电容充电一样,当经过 $3\tau \sim 5\tau$ 的时间 i_L 已增加至 $0.956\, I_0 \sim 0.993 I_0$,即已上升到稳态值 I_0 的 95.6%~99.3%,可以认为过渡过程已经结束。

所以,时间常数的大小决定了一阶电路零状态响应进行的快慢,时间常数越大,暂态分量衰减越慢,充电"激磁"持续时间越长。

电感充电"激磁"时,由于电路中有电阻 R,电源供给的能量一部分转换成磁场能量储存在电感 L 中,一部分则被电阻 R 消耗掉。充电"激磁"建立稳恒磁场结束后,电感储存磁能为

$$W_L = \frac{1}{2}L\, I_0^2 \tag{3-1-73}$$

三、RL 电路的全响应

在式(3-1-54)中,若电源电压 $U_s \neq 0$,$i_L(0_+) = I \neq 0$ 时,即为电感 L "全响应"。此时,储能元件电感 L 的初始储能不为零,即零初始状态 $i_L(0_+)$ 和 $i_L(0_-)$ 都不为零,换路后电感 L 由外激励 U_s 及其初始储能共同引起动态响应。

其等效电路如图 3-1-47 所示。电路电压方程仍为

$$L\frac{di_L}{dt} + R\, i_L = U_s \tag{3-1-74}$$

式(3-1-74)同样为一阶常系数微分非齐次方程。其全解形式为

$$i_L = i_L' + i_L'' \tag{3-1-75}$$

式中：i_L'为一阶常系数微分非齐次方程的一个特解；i_L''为一阶常系数微分齐次方程的通解。

其中i_L'是 RL 全响应电路的稳态量。它与外施激励U_S有关，由电路过渡过程结束时($t=\infty$)的值确定。当激励为直流电源U_S时，仍有 $i_L'=I_0=U_S/R$。代入式(3-1-75)有

$$i_L = I_0 + i_L'' \tag{3-1-76}$$

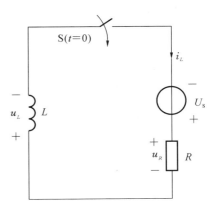

图 3-1-47　RL 全响应等效电路

式中：i_L''为一阶常系数微分齐次方程的通解 $A\,e^{pt}$，同样是一个时间的函数。从电路分析来看，它是过渡过程中出现的分量。特征根 p 仍为$-L/R$，积分常数 A 由电路初始条件确定。

由换路定律可知，在 $t=0$ 时的瞬间换路时，有

$$i_L(0_+) = i_L(0_-) = I_0 + A = I$$

即

$$A = I - I_0$$

所以电感 L 的全响应的暂态分量i_L''为

$$i_L'' = (I - I_0)\,e^{-\frac{R}{L}t}$$

将上式代入式(3-1-76)即得式(3-1-77)和式(3-1-78)：

$$i_L = I_0 + (I - I_0)\,e^{-\frac{R}{L}t}t \geqslant 0 \tag{3-1-77}$$

$$i_L = I\,e^{-\frac{R}{L}t} + I_0(1 - e^{-\frac{R}{L}t})t \geqslant 0 \tag{3-1-78}$$

同样，由式(3-1-77)可知，电感 L 的全响应过程可认为是稳态分量I_0与暂态分量 $(I-I_0)e^{-\frac{R}{L}t}$ 的叠加，如图 3-1-48 所示。

由式(3-1-78)可知，电感 L 的全响应过程也可认为是零输入响应 $I\,e^{-\frac{R}{L}t}$ 与零状态响应 $I_0(1-e^{-\frac{R}{L}t})$ 的叠加，如图 3-1-49 所示。

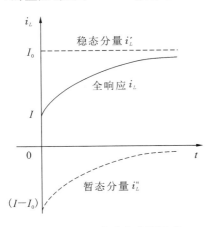

图 3-1-48　RL 全响应分解形式一

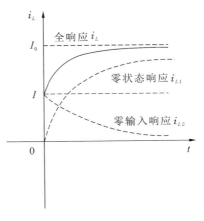

图 3-1-49　RL 全响应分解形式二

四、典型例题

例 3-1-10 如图 3-1-50 所示,已知 $R=0.7\ \Omega$、$L=0.4\ H$、$U_\mathrm{S}=35\ V$,电压表量程为 $100\ V$,内阻 $R_\mathrm{V}=5\ k\Omega$,开关 S 开路前电路已处于稳态。设 $t=0$ 时开关断开,试求电流 $i_L(t)$ 和电压表两端电压 $u_\mathrm{V}(0)$。

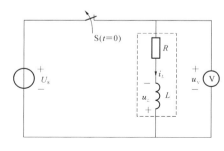

图 3-1-50　例 3-1-10 图

解:开关 S 断开后,电路中无电源属于 RL 零输入暂态过程。由换路定律可知电路换路后电流 $i_L(t)$ 为

$$i_L(t)=I_0\,\mathrm{e}^{-\frac{t}{\tau}}\ (t\geqslant0)$$

电路时间常数 τ 为

$$\tau=\frac{L}{R+R_\mathrm{V}}=\frac{0.4}{0.7+5\times10^3}\ \mathrm{s}=80\ \mu\mathrm{s}$$

换路前稳态电流 I_0 为

$$I_0=\frac{U_\mathrm{S}}{R}=\frac{35}{0.7}\ \mathrm{A}=50\ \mathrm{A}$$

故换路后电感电流 $i_L(t)$ 为

$$i_L(t)=50\,\mathrm{e}^{-\frac{t}{80\times10^{-6}}}\ \mathrm{A}=50\,\mathrm{e}^{-1.25\times10^4 t}\mathrm{A}\,(t\geqslant0)$$

换路后瞬间,电压表两端电压 $u_\mathrm{V}(0)$ 为

$$u_\mathrm{V}(0)=-i_L(0)R_\mathrm{V}=-50\times5\times10^3\ \mathrm{V}=-250\ \mathrm{kV}$$

从上例可见,电感开路时电压远大于电压表量程 $100\ V$,极易导致电压表损坏。所以在电感线圈从直流电源断开的瞬间,线圈两端会产生很高的电压,此电压极易在开关断开处击穿空气产生电弧,损坏开关设备,还可能引起火灾。因此工程上常采取一些保护措施,如在线圈两端并联一只续流二极管。如图 3-1-51 所示,二极管 VD 具有单向导电性,闭合时,二极管 VD 处于反向截止状态,不影响电路正常

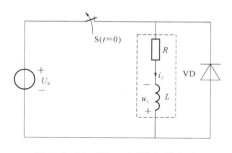

图 3-1-51　RL 二极管保护电路

工作;当开关断开瞬间,线圈两端产生的高压使二极管 VD 正向导通,通过二极管泄放高压,从而避免开关处产生电弧而损坏设备。

◆ 3.1.6　一阶动态电路的三要素法

一、一阶动态电路的三要素法

由前述一阶电路全响应的分析中可知,无论有无外施直流激励,储能元件的初始储能状态是否为零,一阶电路中各处的电压和电流都是从其初始值开始,按指数规律 $\mathrm{e}^{-\frac{t}{\tau}}$ 衰减或增长到稳态值的。而且在同一过渡过程中各处电压、电流的时间常数都相同。因此,在一阶动态电路中,任意时刻电压和电流均由其初始值(旧稳态值)、(新)稳态值和时间常数这三个参数确定的。若用 $f(t)$ 表示一阶动态电路的动态响应(电压或电流),$f(0_+)$ 表示其初始值,$f(\infty)$ 表示其稳态值,τ 表示电路的时间常数,则一阶动态电路的动态响应的一般表达式为

$$f(t)=f(\infty)+[f(0_+)-f(\infty)]\mathrm{e}^{-\frac{t}{\tau}}\quad t\geqslant0 \tag{3-1-79}$$

式(3-1-79)中 $f(0_+)$、$f(\infty)$ 和 τ 称为一阶电路的三要素,利用这三个要素可直接求出在直流激励下的一阶电路任一电压或电流的动态响应,这种方法就称为分析一阶动态电路的三要素法。

零输入响应和零状态响应是全响应的特殊情况,故式(3-1-79)同样适用于求解一阶动态电路的零输入响应和零状态响应。

若 $f(t)$ 是零输入响应,其初始值 $f(0_+) \neq 0$、稳态值 $f(\infty) = 0$,则零输入响应的一般表达式为

$$f(t) = f(0_+)\,\mathrm{e}^{-\frac{t}{\tau}}\,t \geqslant 0 \qquad\qquad (3\text{-}1\text{-}80)$$

若 $f(t)$ 是零状态响应,其初始值 $f(0_+) = 0$、稳态值 $f(\infty) \neq 0$,则零状态响应的一般表达式为

$$f(t) = f(\infty)(1 - \mathrm{e}^{-\frac{t}{\tau}})\,t \geqslant 0 \qquad\qquad (3\text{-}1\text{-}81)$$

分析一阶动态电路的三要素法,只要计算出动态响应的初始值、稳态值和时间常数,即可直接写出一阶动态电路响应的表达式。对三要素的确定应注意以下问题。

1. 确定初始值

初始值 $f(0_+)$ 是指任一响应换路后最初一瞬间 $t = 0_+$ 时的值,其值由电路 $t = 0_-$ 前时的旧稳态电路求得。

2. 确定稳态值

稳态值 $f(\infty)$ 是指任一动态响应电路在换路后电路达到新稳态时的值,其求法可画出 $t = \infty$ 时的等效电路。若外施激励为直流电源,电容相当于开路,电感相当于短路,可按直流电阻电路计算求得。

3. 确定时间常数

τ 为所求响应电路的时间常数,对于 RC 电路,$\tau = R_0 C$;对于 RL 电路,$\tau = L/R_0$。其中 R_0 是将电路中所有独立源置零后,从电容或电感两端看进去的无源二端网络的等效电阻(即戴维南等效电阻)。

对于外施激励为正弦电源的一阶动态电路,也可用三要素法求解全响应,其一般表达式仍可为

$$f(t) = f(\infty) + [f(0_+) - f(\infty)]\mathrm{e}^{-\frac{t}{\tau}}\,t \geqslant 0$$

式中:$f(\infty)$ 是 $t = \infty$ 时正弦响应的稳态值;$f(0_+)$ 是稳态值 $t = 0_+$ 正弦量初始值。在换路前后都用相量法计算,两者是两个同频率的正弦量。

二、典型例题

■例 3-1-11 如图 3-1-52 所示,电路原处于稳态,$t = 0$ 时闭合开关 S。试求换路后经过多少时间电流 i_L 能达到 15 A?

解:用三要素法求解。

(1)确定初始值。

换路前

$$i_L(0_-) = \frac{U}{R_1 + R_2} = \frac{220}{8 + 12}\,\mathrm{A} = 11\,\mathrm{A}$$

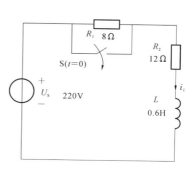

图 3-1-52 例 3-1-11 图

由换路定律得

$$i_L(0_+) = i_L(0_-) = 11 \text{ A}$$

（2）确定稳态值。

$$i_L(\infty) = \frac{U}{R_2} = \frac{220}{12} \text{ A} = 18.3 \text{ A}$$

（3）确定电路的时间常数。

$$\tau = \frac{L}{R_2} = \frac{0.6}{12} \text{ s} = 0.05 \text{ s}$$

根据式（3-1-79）可得

$$i_L(t) = 18.3 + (11 - 18.3)e^{-\frac{t}{0.05}} \text{ A} = 18.3 - 7.3 \, e^{-20t} \text{ A}$$

当电流达到 15 A 时,有

$$15 = 18.3 - 7.3 \, e^{-20t}$$

所经过的时间为

$$t = 0.039 \text{ s}$$

例 3-1-12　如图 3-1-53 所示,电路中开关闭合前电路已达稳态,当 $t = 0$ 时开关闭合。试求,$t \geqslant 0$ 时的 $u_C(t)$。

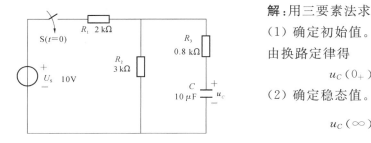

图 3-1-53　例 3-1-12 电路图

解:用三要素法求解。

（1）确定初始值。

由换路定律得

$$u_C(0_+) = u_C(0_-) = 0$$

（2）确定稳态值。

$$u_C(\infty) = \frac{R_2}{R_1 + R_2} U_s$$

$$= \frac{3}{3+2} \times 10 \text{ V} = 6 \text{ V}$$

（3）确定电路的时间常数。从电容 C 两端看进去的戴维南等效电阻为

$$R_0 = R_1 /\!/ R_2 + R_3 = \frac{2 \times 3}{2 + 3} + 0.8 \text{ k}\Omega = 2 \text{ k}\Omega$$

$$\tau = R_0 C = 2 \times 10^3 \times 10 \times 10^{-6} \text{ s} = 20 \text{ ms}$$

根据式（3-1-79）可得

$$u_C(t) = 6 + (0 - 6)e^{-\frac{t}{0.02}} = 6(1 - e^{-50t}) \text{ V} \geqslant 0$$

例 3-1-13　如图 3-1-54 所示电路为电机激磁绕组电路模型,$R = 30 \ \Omega$、$L = 2\text{H}$,接于 $U_s = 200$ V 的直流电源上。VD 为理想二极管。要求断电时绕组电压不超过正常工作电压的 3 倍,且使电流在 0.1 s 内衰减至初始值的 5%,试计算放电电阻 R_f 的值。

解:换路前

$$i_L(0_-) = \frac{U_s}{R} = \frac{200}{30} \text{ A} = 6.7 \text{ A}$$

由换路定律得

$$i_L(0_+) = i_L(0_-) = 6.7 \text{ A}$$

$$\tau = \frac{L}{R + R_f} = \frac{2}{30 + R_f}$$

$$i_L(t) = 6.7\,e^{-\frac{t}{\tau}}$$

当 $t = 0.1\ \text{s}$ 时,电流要衰减至初始值的 5% 以下,即

$$6.7 \times 5\% = 6.7\,e^{-\frac{t}{\tau}} = 6.7\,e^{-\frac{0.1\times(30+R_f)}{2}}$$

$$\ln 0.05 = -\frac{0.1\times(30+R_f)}{2}$$

解得

$$R_f = 30\ \Omega$$

此时,电路时间常数 τ 为

$$\tau = \frac{2}{30+30}\ \text{s} \approx 0.033\ \text{s}$$

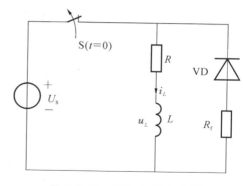

图 3-1-54 例 3-1-13 电路图

激磁绕组动态电流为

$$i_L(t) = 6.7\,e^{-30t}\ \text{A}$$

激磁绕组动态电压为

$$u_L(t) = L\frac{\mathrm{d}i_L(t)}{\mathrm{d}t} = L\frac{\mathrm{d}(6.7\,e^{-30t})}{\mathrm{d}t} = -6.7\times30\,e^{-30t}\ \text{V} = -200\,e^{-30t}\ \text{V}$$

当 $t = 0$ 时,绕组电压 $u_L(0)$ 不超过正常工作电压的 3 倍,则

$$3\times u_L(0) = 3\times(-200\,e^{-30\times0}) = -600\ \text{V}$$

满足绕组对泄放电压的要求。

3.2 电子镇流器与声光延时控制器安装与调试

◆ 3.2.1 电子镇流器制作与调试

一、实训任务

(1)理解并复述电子镇流器的工作原理。

(2)能使用指针式万用表检测晶体三极管。

(3)能检测电感器的电感量。

(4)制作并调试电子镇流器,估算电子镇流器 LC 串联谐振频率。

(5)能用制作的电子镇流器启动日光灯,并检测电子镇流器工作参数。

二、实训器材

(1)电子镇流器套件。

(2)指针式万用表一只,电烙铁等工具。

(3) RLC 元件参数检测仪一台。

(4)日光灯管一只,开关导线若干。

三、实训步骤

1. 电子镇流器工作原理

电子镇流器的工作原理是将工频(50 Hz 或 60 Hz)电源变换成 20~50 kHz 高频电源,直接点灯,不需其他限流器件。与电感镇流器相比,电子镇流器具有节能、高效、损耗低、体

积小、重量轻、低压启动、无频闪、无噪声等优点。

电子镇流器由抗干扰滤波器、整流滤波电路、功率因数调整器、高频变换电路、RLC 串联谐振电路、异常状态保护电路和荧光灯等组成。其中,高频变换电路是电子镇流器的心脏电路,将直流电源变换成 $20\sim50$ kHz 高频电源,去驱动荧光灯。通常采用一对功率管(三极管或场效应管)组成的自激振荡器来实现。用谐振电路来取代普通荧光灯的镇流器和启辉器,在荧光灯启辉前,可以等效为一个 RLC 串联谐振电路,其振荡频率与高频变换电路的频率一致,谐振时,在电容 C 上产生一个很高的电压,确保灯管启辉点亮;灯管点亮其等效电阻减小,与之并联电容 C 相当于被短路,大大地降低了谐振电路的 Q 值,该电路又等效为一个 RL 串联电路,L 变成了一个限流器。

图 3-2-1 所示为一款简易电子镇流器电路原理图,虽然有些电路被省去了,但其原理与大部分电路基本一致。该电路由整流滤波电路、高频振荡电路以及输出负载电路三部分构成。

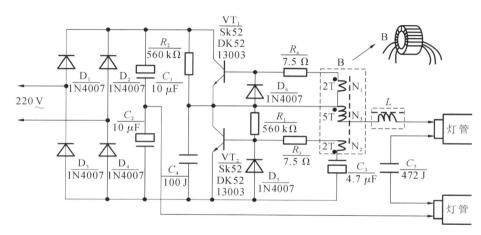

图 3-2-1　电子镇流器电路原理图

交流 220 V 经 $D_1\sim D_4$ 整流,C_1、C_2 串联滤波输出约 300 V 直流为振荡电路提供电源。开机后,电源经 R_2 对 C_4 充电,使 U_{C4} 电压迅速升高,从而使 VT_2 迅速达到饱和导通;此时由于高频磁芯变压器 B 中绕圈 N_1 的反馈作用使 VT_1 迅速截止;VT_2 一旦饱和导通,则 U_{C4} 下降,流过 B 中绕圈 N_2 的电流减小,引起 N_2 两端一个上负下正的电压。根据同名端原则,N_1 得到上正下负的反馈电压,从而又使 VT_1 迅速饱和导通,同时 B 的正反馈作用又使 VT_2 迅速截止,如此周而复始 VT_1、VT_2 交替饱和导通与截止,在 B 的线圈 N_3 两端感应出振荡方波加给负载电路。其中,R_4、D_6 和 R_3、D_5 起续流、嵌位保护三极管的作用。

负载回路由 N_3、L、C_5 构成。VT_1、VT_2 产生的高频振荡方波由 N_3 加给负载作激励源。当 VT_1 饱和导通,VT_2 截止时,C_1 正端(约 300 V 直流)→VT_1→N_3→L→上端灯丝电阻 R_{d_1}→C_5→下端灯丝电阻 R_{d_2}→C_2 正端(约 150 V 直流);当 VT_2 饱和导通,VT_1 截止时,C_2 正端(约 150 V 直流)→下端灯丝电阻 R_{d_2}→C_5→上端灯丝电阻 R_{d_1}→L→C_5→N_3→VT_2→C_2 负端(直流负极 0 V)。

灯管点亮前,由 C_5、L 等形成很大的谐振电流流过灯丝,使管内氢气电离,进而使水银变为水银蒸气,C_5 两端谐振高电压又使水银蒸气形成弧光放电,激发管壁荧光粉发光。灯管点亮后,C_5 基本上不起作用,此时 L 则起限流作用。

2.三极管检测

晶体三极管,全称应为半导体三极管,也称双极型晶体管,具有电流放大作用,是电子电路的核心元件。晶体三极管是在一块半导体基片上制作两个相距很近的 PN 结,两个 PN 结把整块半导体分成三部分,中间部分是基区,两侧部分是发射区和集电区,各区分别引出电极为基极(b 极)、发射极(e

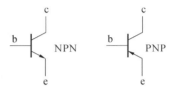

图 3-2-2 三极管电气符号

极)和集电极(c 极)。依据其半导体基片材料分为硅管和锗管,锗管由于反向穿透电流大,现在用得比较少了,大部分为硅管;根据其排列方式不同有 PNP 和 NPN 两种类型,其电气符号如图 3-2-2 所示。它最主要的功能是电流放大和开关作用。当其工作于放大状态时,能把微弱信号放大成幅度值较大的电信号;当其工作于饱和、截止状态时,可用作无触点开关。

三极管检测主要是判定三极管引脚的电极名称与三极管的类型,并检测其是否具有足够的电流放大能力。

1)判断基极(b 极),并确定管型

对于 PNP 型三极管,c、e 极分别为其内部两个 PN 结的正极,b 极为它们共同的负极,而对于 NPN 型三极管而言,则正好相反:c、e 极分别为两个 PN 结的负极,而 b 极则为它们共用的正极,根据 PN 结正向电阻小反向电阻大的特性就可以很方便地判断基极和管子的类型。具体方法如下:

(1)将万用表拨在 R×100 或 R×1k 挡上。

(2)如图 3-2-3 所示,黑表笔接触某一管脚,用红表笔分别接另外两个管脚,这样就可得到三组(每组两次)的读数,以其中一组两次测量都只有几百欧的低阻值为准。

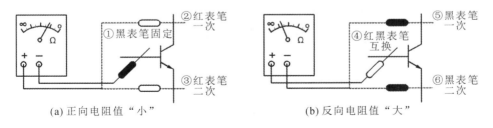

(a) 正向电阻值"小"   (b) 反向电阻值"大"

图 3-2-3 判断基极,确定管型检测示意图

(3)若公共管脚是黑表笔,所接触的是基极,且三极管的管型为 NPN 型;若公共管脚是红表笔,所接触的是也是基极,且三极管的管型为 PNP 型。

2)判别发射极(e 极)和集电极(c 极)

由于三极管在制作时,集电区和发射区的掺杂浓度不同,如果发射极、集电极使用正确时,三极管具有很强的放大能力,反之,如果发射极、集电极互换使用,则放大能力非常弱,由此即可把管子的发射极、集电极区别开来。

在判别出管型和基极 b 后,可用下列方法来判别集电极和发射极(以 NPN 型为例进行说明)。

(1)将万用表拨在 R×1k 挡上。

(2)如图 3-2-4(a)所示,用手将基极与另一管脚捏在一起(注意不要让电极直接相碰),为使测量现象明显,可将手指湿润一下,将黑表笔接在与基极捏在一起的管脚上,红表笔接另一管脚,注意观察万用表指针向右摆动的幅度。然后将两个管脚对调,重复上述测量

步骤。

（3）比较两次测量中表针向右摆动的幅度，找出摆动幅度大（即电流大）的一次。黑表笔接的是集电极，红表笔接的是发射极。

（4）对 PNP 型三极管，则将红表笔接在与基极捏在一起的管脚上，重复上述步骤，找出表针摆动幅度大的一次，红表笔接的是集电极，黑表笔接的是发射极。

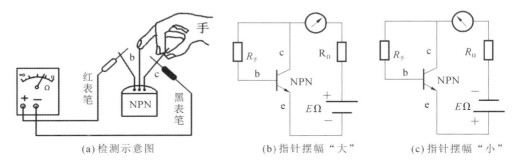

(a) 检测示意图　　　　(b) 指针摆幅"大"　　　　(c) 指针摆幅"小"

图 3-2-4　判断发射极、集电极检测示意图

这种判别电极的方法其原理是，利用万用表内部的电池，给三极管的集电极、发射极加上电压，使其具有放大能力。手捏其基极和集电极时，就相当于通过手的电阻给三极管加上一个正向偏置电流，使其导通。此时指针向右摆动幅度大小，反映出三极管电流放大能力大小。当电流偏置正确时，三极管电流放大能力强，指针摆幅大，如图 3-2-4（b）所示；当电流偏置不正确时，三极管电流放大能力弱，指针摆幅小，如图 3-2-4（c）所示。由此可以判断出三极管的集电极和发射极。同时，指针有较大的偏转幅度，说明三极管具有足够的电流放大能力。一般中、小功率三极管极间正常电阻如表 3-2-1 所示。

表 3-2-1　正常三极管极间电阻

极 间 电 阻	正 向 电 阻	反 向 电 阻	万用表挡位
b、c	几百欧至几千欧	几十千欧至几百千欧	用 R×100 或 R×1k 挡
b、e	几百欧至几千欧	几十千欧至几百千欧	
c、e	≥几十千欧	≥几百千欧	

图 3-2-5　MJE13003 功率开关三极管

如图 3-2-5 所示，MJE13003（SK5213002）是 NPN 型硅晶体管、功率开关三极管。主要应用于：日光灯、电子镇流器、充电器、高反压大功率开关三极管。MJE13003 具有特制芯片面积（1.63×1.63）、额定电流大（加大电流品种高达 1.5 A）、饱和压降低、热性能好、反向击穿电压高、漏电流小等特性。

检测大功率管时，若像检测中、小功率管那样，用 R×100 或 R×1k 挡去检测，因极间电阻很小，好像短路一样。此时，可用 R×1 或 R×10 挡去检测，检测方法与中、小功率三极管检测方法相同。

3. MLC 500CL 测试仪

如图 3-2-6 所示，MLC 500CL 测试仪是全自动量程元件测试仪，测量频率高达 500 kHz，适用于小容值电容和电感测量。它提供了非常稳定和高分辨率的测量，显示 5 位数字分辨率，

测量仪可以测量 0.00 pF～100.00 mF 电容,0.000 μH～100 H 电感。该表使用两个技术测量:LC 振荡和 RC 振荡。LC 振荡适合于小容值电容和电感的测量,RC 振荡更适合大容值测量。

1)电感测量

测试线插头连接到黑("L/C－")和红("L/C＋")插孔中,按【Mode/Range】按钮选择电感模式(Inductor);短接黑("L/C－")和红("L/C＋")测试夹,按置零【Zero】按钮清零;将被测电感接于黑("L/C－")和红("L/C＋")测试夹之间,待显示屏数值稳定后读数。

2)电容测量

测试线插头连接到黑("L/C－")和红("L/C＋")插孔中,按【Mode/Range】按钮选择电容模式(Capacitor);黑("L/C－")和红("L/C＋")测试夹

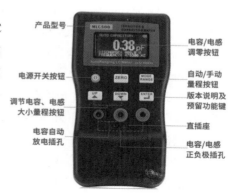

图 3-2-6　MLC 500CL 测试仪

开路,按置零【Zero】按钮清零;将被测电容接于黑("L/C－")和红("L/C＋")测试夹之间(请注意电容极性),待显示屏数值稳定后读数。

用 MLC 500CL 测试仪测量电子镇流器电感 L 的电感量和电容 C_5 的电容值,并将测量数据记录到数据表 3-2-2 中。

4.UT81B 数字示波表

UT81B 是采用嵌入式数字控制技术设计的集数字存储示波器、数字万用表等功能于一体的手持式新型数字示波万用表,如图 3-2-7 所示。示波器模式测试是一个完整的智能化测量系统,其中包括信号输入、数据采样、数据处理、自动搜捕及波形存储调用;万用表模式测试可测量交/直流电压和电流、电阻、二极管正向压降、通断、频率、占空比、电容值。在测试交直流电压、电流、频率时可通过 Mode 键转换到示波器模式的波形测试画面,方便观察测试波形。波形测试带宽为 UT81A:2 MHz,UT81B:8 MHz,为各种测量提供充足带宽,40 MS/s 恒定采样率配合峰值采样处理可捕捉尖峰脉冲和失落脉冲等工业信号,可测量交直流驱动马达、传感器、激励器、线路及控制电器等,是电子测试领域的专业维修工具。

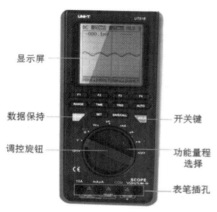

图 3-2-7　UT81B 数字示波表

1)频率与占空比测量

(1)将红表笔插入频率【Hz】插孔中,黑表笔插入【COM】中。

(2)将功能量程开关置于测量"Hz"挡位,将表笔并联到待测信号源上。

(3)从显示器上直接读取被测频率值或占空比值。按模式【MODE】按钮,切换万用表模式与示波器模式,按【F1】切换频率与占空比测量。频率、占空比测量时显示对应功能键"Freq/Duty"。

2)注意事项

(1)测量时必须符合输入幅度 a 的要求。输入幅度 a 的要求如下:

小于等于 1 MHz 时，300 mV$\leqslant a \leqslant$30 V；

大于 1 MHz 时，600 mV$\leqslant a \leqslant$5 V。

（2）不要输入高于 30 V 的被测频率电压，避免危害人身安全。

（3）在完成所有的测量操作后，要断开表笔与被测电路的连接。

（4）由其他功能转换至此功能时，仪表需要数秒钟进入状态，这属于正常现象。

用 UT81B 测量电子镇流器电感 L 的工作频率，并将数据记入表 3-2-2 中。

5.运行参数测量及估算

为更好地理解和学习电子镇流器工作原理。将电子镇流器与日光灯连接好并正常工作时，测量电子镇流器电路中下列位置的运行参数，并将测量数据记录到表 3-2-2 中。

（1）交流电源电压 U_S。

（2）整流滤波输出的直流电压 U_{DC}。

（3）滤波电容 C_1、C_2 两端的电压 U_{C1}、U_{C2}。

（4）开关管 VT_1、VT_2 各极电压 U_{B1}、U_{C1}、U_{E1}、U_{B2}、U_{C2}、U_{E2}。

（5）振荡变压器 B 中的线圈 N_3 两端电压 U_{N3}。

（6）限流电感线圈 L 两端电压 U_L。

（7）日光灯两端电压 U_D。

（8）日光灯工作电流 I_D。

（9）根据电路参数估算电路谐振频率及品质因数。

测试时应注意根据不同位置的交、直流电压的类型，选用万用表不同电压挡位，同时，注意检测位置的选择，确保测试设备和仪表的安全。

表 3-2-2　电子镇流器实训测量数据

1.SK52 13003 功率三极管检测					
R_{BC}/Ω		R_{BE}/Ω		R_{CE}/Ω	
正向	反向	正向	反向	正向	反向

2.电感、电容、电阻测量				
L（电感量/mH、直流电阻/Ω、品质因数）			L_{N1}/mH	L_{N2}/mH	L_{N3}/mH
L:	R:	Q:			
C_5（pF）	灯丝电阻 1 R_{d1}（Ω）		灯丝电阻 2 R_{d2}/Ω	

3.负载电路谐振频率与品质因数测量				
主调电容器容量	f_0（测量值）	Q（测量值）	f_0（估算值）	Q（估算值）
200 pF				
400 pF				

4.运行参数测量			
电源电压 U_S/V	直流电压 U_{DC}/V	电容电压 U_{C1}/V	电容电压 U_{C2}/V
VT_1 B 极电压 U_{B1}/V	VT_1 C 极电压 U_{C1}/V		VT_1 E 极电压 U_{E1}/V

续表

| VT₂ B 极电压 | | VT₂ C 极电压 | | VT₂ E 极电压 | |
| U_{B2}/V | | U_{C2}/V | | U_{E2}/V | |

| 变压器 N₃ 电压 | 镇流线圈电压 | 灯管电压 | 灯管电流 |
| U_{N3}/V | U_L/V | U_D/V | I_D/mA |

四、分析与思考

（1）220 V 正弦交流电压经直接整流滤波后，输出直流电压为多大？如何估算？

（2）若 QBG-3D 高频 Q 表测得主高电容 C 为 100 pF 时，电感谐振频率为 200 kHz，品质因数为 60。试估算电感 L 的电感量和感抗为多大？

（3）依据实训所测电感 L 电感量和谐振电容 C_5 的电容量，估算电子镇流器的高频谐振频率为多少？

（4）依据实训所测数据，估算电子镇流器谐振电压为多大？

◆ 3.2.2　声光延时控制灯制作与调试

一、实训任务

（1）理解并复述声光延时控制器的工作原理。

（2）能使用指针式万用表检测单结晶闸管并判断质量。

（3）能用万用表检测 MIC、光敏电阻参数并判断质量。

（4）制作并调试声光延时控制器。

（5）能用制作的声光延时控制器控制白炽灯工作，并检测声光延时控制器工作参数，估算延时时间。

（6）用示波器跟踪延时电容 C_2 的动态过程。

二、实训器材

（1）声光延时控制器套件。

（2）指针式万用表一只，电烙铁等工具。

（3）ADS1000 数字存储示波器一台。

（4）220 V、40 W 白炽灯一只，开关导线若干。

三、实训步骤

1. 声光延时控制器工作原理

声光延时控制器工作电压为市电 220 V，用于控制 5～60 W 以内的白炽灯通断电。白天周围光线充足时，无论是否有声音灯始终不亮，夜间有声音（喊话或拍手）时灯亮，延时一段时间后自动关闭，起到节约用电、方便控制的作用。实际应用时，改变 R_1 的阻值可以改变本电路的工作电压，电压范围控制在 5～250 V 的交流电为宜，可控制带有钨丝不同电压下的小灯泡（如汽车灯泡），220 V 时 R_1 阻值为 150 kΩ，22 V 时为 15 kΩ，其他电压按比例增减。

如图 3-2-8 所示为声光延时控制器电路原理图。主电路 220 V 交流电压通过灯泡 HL，经 D_1～D_4 整流，R_1 限流降压，LED 稳压（兼作待机指示），C_1 滤波后输出 1.8 V 左右的直流

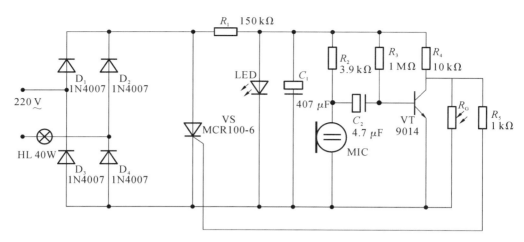

图 3-2-8　声光延时控制器电路原理图

电给控制电路供电。控制电路由驻极体话筒 MIC，电容 C_2，电阻 R_2、R_3、R_4，三极管 VT，光敏电阻 R_G 组成。

　　白天在周围光线充足的时候光敏电阻 R_G 的阻值约为 1 kΩ，三极管 VT 的集电极电压始终处于低电位，就算此时拍手，电路也无反应；到夜间时，光敏电阻的阻值上升到 1 MΩ 左右，对 VT 解除了钳位作用，此时 VT 处于放大状态，如果无声响，那么 VT 的集电极仍为低电位，晶闸管因无触发电压而关断，白炽灯处于熄灭状态。

　　当喊话或拍手时，声音信号被 MIC 接收转换成电信号，通过 C_2 耦合到 VT 的基极，音频信号的正半周加到 VT 基极时，VT 由放大状态进入饱和状态，相当于将晶闸管的控制极接地，电路无反应，同时，电源经 R_2 给电容 C_2 充电；而当音频信号的负半周加到 VT 基极时，迫使其由放大状态变为截止状态，集电极上升为高电位，输出电压触发晶闸管导通，等效于开关闭合，使主电路有电流流过，串联在主回路的灯泡得电工作发光。同时，电容 C_2 因正极为高电位，负极为低电位，电流通过 R_3 缓慢地放电，当 C_2 两端电压达到平衡时，VT 重新处于放大状态，晶闸管关断，电灯熄灭。因此，改变 C_2 容量大小可以改变电灯延时熄灭时间。此开关可带 100 W 以下的负载，适用于家庭照明和楼梯走廊等场所。

　　2. MCR100-6 单向晶闸管特性与检测

　　1）单向晶闸管基本结构

　　晶闸管又称可控硅，是一种大功率半导体器件，它的出现使半导体器件由弱电领域扩展到强电领域。MCR 100-6 属于 MCR 100 系列单向晶闸管，其管脚排列如图 3-2-9（a）所示，从左到右依次为阴极 K、控制极 G、阳极 A。电气符号如图 3-2-9（b）所示。内部结构如图 3-2-9（c）所示，由 PNPN 四层半导体材料组成，有三个 PN 结，对外引出三个电极，第一层 P 型半导体引出的电极为阳极 A，第三层 P 型半导体引出的电极为控制极 G，第四层 N 型半导体引出的电极为阴极 K。

　　MCR100-6 单向晶闸管采用先进的玻璃钝化芯片，具有灵敏的控制极触发电流、通态压降低等特点，广泛应用于各种万能开关器、小型马达控制器、彩灯控制器、漏电保护器、灯具继电器激励器、逻辑集成电路驱动、大功率可控硅门极驱动、摩托车点火器等线路功率控制。

　　2）单向晶闸管导通关断条件

　　单向晶闸管具有触发导通，并维持导通的单向导电性，工作时只有导通和关断两种状

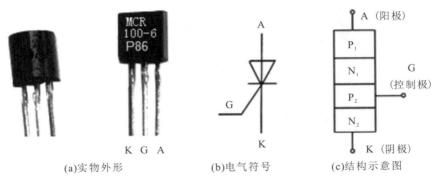

| (a)实物外形 | (b)电气符号 | (c)结构示意图 |

图 3-2-9　单向晶闸管

态。通过调节单向晶闸管的导通角,可以调节其输出电压的平均值,具有调节电压的功能。

电路中当晶闸管 A、K 极之间为反向电压时,无论控制极 G 是否加电压,晶闸管均不导通;当晶闸管 A、K 之间为正向电压时,若控制极 G 不加电压或加反向电压,晶闸管仍然不导通;当晶闸管 A、K 之间为正向电压时,若控制极 G 加正向电压,晶闸管饱和导通。A、K 两极导通后电压$U_{AK} \approx 0.6 \sim 1.2$ V。

晶闸管导通后,即使失去控制极 G 电压,由于晶闸管内部的正反馈作用,使晶闸管仍然能够维持导通。由此可见,控制极电压仅仅起到触发晶闸管导通的作用。这与普通晶体三极管基极电流I_B控制集电极电流I_C的原理有所不同。

由此可见,晶闸管导通的条件为:

(1) 阳极 A 和阴极 K 之间加正向电压,即$U_{AK} > 0$。

(2) 控制极 G 和阴极 K 之间加正向触发电压,即$U_{GK} > 0$。

(3) 阳极电流不小于晶闸管最小维持导通电流,即$I_A \geqslant I_{Hmin}$。

晶闸管关断条件为:

(1) 阳极和阴极之间加反向电压,即$U_{AK} < 0$。

(2) 阳极和阴极之间加正向电压时,不加控制极触发电压,即$U_{GK} \leqslant 0$。

(3) 当晶闸管导通之后,使阳极和阴极之间的电压反向或降低阳极和阴极间的电压,使晶闸管导通电流小于晶闸管维持电流,即$I_A < I_{Hmin}$,从而关断晶闸管。

3) 单向晶闸管的检测

晶闸管可以用万用表电阻挡进行检测。

(1) 检测单向晶闸管极间电阻。

检测时,万用表置于"R×10Ω"挡,黑表笔接控制极 G,红表笔接阴极 K,如图 3-2-10(a)所示,这时测量的是 G、K 间 PN 结的正向电阻,阻值较小(小于 2 kΩ);交换表笔后测其反向电阻,阻值较大(大于 80 kΩ)或为无穷大。

黑表笔接控制极 G,红表笔接至阳极 A,阻值应为几百千欧或无穷大,如图 3-2-10(b)所示。对调两表笔后再测,阻值仍应为几百千欧或无穷大。因为 G、A 间为两个 PN 结反向串联,正常情况下正、反向电阻均为无穷大。

(2) 检测单向晶闸管触发能力。

将万用表置于"R×1Ω"挡,黑表笔接阳极 A,红表笔接阴极 K,表针指示应为无穷大。将控制极 G 与阳极 A 短接一下(短接后随即断开 G 极),表针应向右偏转并保持在十几欧姆

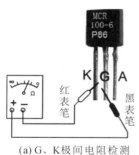
(a) G、K极间电阻检测

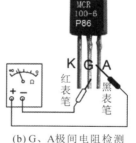
(b) G、A极间电阻检测

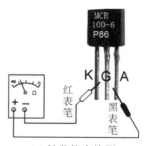
(c) 触发能力检测

图 3-2-10   晶闸管检测

处,如图 3-2-10(c)所示。否则说明晶闸管导通能力弱或已损坏。

将晶闸管 G、K 极间,G、A 极间电阻以及触发导通电阻测量结果记入表 3-2-3 中。

(a) 外形

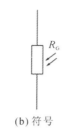
(b) 符号

图 3-2-11   光敏电阻

3. 光敏电阻检测

光敏电阻是用硫化镉(CdS)或硒化镉(CdSe)材料制成的特殊电阻器。对光线非常敏感,无光线照射时呈高阻态,有光线照射时材料中便激发出自由电子与空穴,使光敏材料体电阻减小,随光照度的增加电阻值迅速降低。光敏电阻适用于光电自动控制照度计、电子照相机、光电控制及光报警装置中。光敏电阻的外形及符号如图 3-2-11 所示。

没有光照时,器件的电阻值称为暗电阻,用R_A表示。暗电阻一般为 100 千欧至几十兆欧。在规定照度下的电阻值称为亮电阻,用R_L表示。亮电阻一般下降为几千欧,甚至几百欧。显然暗电阻R_A越高越好,亮电阻R_L越低越好。

检查光敏电阻时,可选择万用表的 R×1k 挡。红、黑表笔分别与光敏电阻的两管脚线接通,用黑纸片遮住光敏电阻,暗电阻R_A读数应该接近于无穷大;有光照时亮电阻R_L减小。也可将光敏电阻帽对准入射光线,用小纸片在其上面晃动改变照度,万用表指针因光敏电阻接收光线的强弱变化而左、右摆动。假如指针始终停在无穷大处,说明光敏材料损坏或内部引线开路。

将光敏电阻测量结果记入表 3-2-3 中。

4. 驻极体话筒(MIC)检测

驻极体话筒是一种常见的电-声转换器件。由于其体积小、寿命长、结构简单、价格低廉而获得广泛的应用。驻极体话筒属于电容式话筒的一种。驻极体薄膜作为电解质加在电容器金属极板之间。当薄膜受声波作用而振动时,就引起电容量的变化,并在极板上产生电荷。若施以直流工作电压,即可输出音频信号实现电声转换。

驻极体的输出阻抗高达几十兆欧,使用时需加一级阻抗变换器,将高阻抗变成几百欧至几千欧的低阻抗。阻抗变换器通常是由低噪声场效应管构成的源输出器。电路形式又分为正极接地和负极接地两种形式。驻极体一般采用两端或三端式引线。常见的驻极体话筒外形如图 3-2-12 所示。

如图 3-2-13 所示,用万用表检测驻极体话筒时,选择"R×100Ω"挡,将黑表笔接话筒的正极,红表笔接负极。此时的电阻值为驻极体话筒的输出阻抗,为几百欧到几千欧。然后正对话筒吹气,指针应在几百欧至几千欧范围内大幅度摆动。假如指针不动,可交换表笔重新测试,若指针仍然不动,说明话筒已损坏;若指针摆幅很小,说明话筒的灵敏度较低。对于三端式驻极体话筒,检测时应将黑表笔接电源正端,红表笔接输出端,接地端悬空。

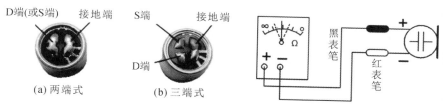

图 3-2-12　驻极体话筒　　　　图 3-2-13　驻极体话筒检测

将驻极体话筒检测结果记入表 3-2-3 中。

5.示波器跟踪延时电容的暂态波形

ADS1000 系列数字示波器是小型轻便的便携式仪器,体积小巧,操作灵活,可以用地电压为参考进行测量。ADS1000 系列,性能优异,功能强大,实时采样频率高达 2 Gsa/s,完全满足捕捉速度快、复杂信号的市场需求。

1) ADS1000 系列数字示波器前面板

ADS1000 系列数字示波器向用户提供简单而功能明晰的前面板,以方便用户进行基本的操作。如图 3-2-14 所示,面板上包括旋钮和功能按键,显示屏右侧的一列 5 个灰色按键为菜单操作键,通过它们可以设置当前菜单的不同选项,其他按键为功能键,通过它们可以进入不同功能菜单或直接获得特定的功能应用。

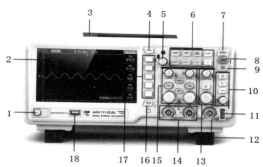

图 3-2-14　ADS1000 数字示波器前面板

1—电源开关;2—LCD 显示屏;3—手柄;4—打印键;5—万能键;6—常用功能键;7—单次触发按钮;8—AUTO 键;
9—运行/停止键;10—触发控制;11—探头补偿信号;12—外触发输入通道;13—水平控制;14—模拟通道;
15—垂直控制;16—菜单控制;17—选项按键;18—USB 接口

2) 功能检查

执行快速功能检查可验证示波器是否正常工作,可按如下步骤进行。

(1)打开示波器电源。示波器执行所有自检项目,并确认通过自检,按下"GDFAULT SETUP"按钮。探头选项默认的衰减设置为 1×。

(2)将示波器探头上的开关设定到 1×,并将探头与示波器的"通道 1(CH1)"连接,将探头钩形头连接到标有" ⊓ "探头原件上,接地夹子夹到标有" ⏚ "接地片上,如图 3-2-15

所示。

（3）按下"AUTO"按钮,几秒钟内,应当看到频率为1 kHz电压峰-峰值约为3 V的方波,如图3-2-16所示。

（4）按两次"CH1菜单"按钮删除通道1,按下"CH2菜单"按钮显示通道2,重复步骤（2）和步骤（3）。

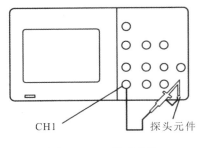

图3-2-15　探头连接

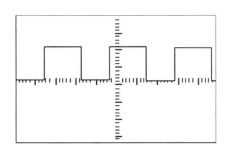

图3-2-16　1 kHz方波波形

3）探头衰减设置与补偿

探头有不同的衰减系数,它影响信号的垂直刻度。"探头检查"功能验证探头衰减选项是否与探头的衰减匹配。

可以按下垂直菜单按钮（例如"CH1菜单"按钮）。然后选择与探头衰减系数匹配的探头选项（探头选项默认的设置为1×）。确保探头上的衰减开关与示波器中探头选项匹配。开关设置为1×和10×。

图3-2-17　探头开关

未经补偿或补偿偏差的探头会导致测量误差或错误。在首次将探头与任意通道连接时,可以手动按如下步骤调整探头补偿,使探头与通道匹配。

（1）在通道菜单中将探头选项衰减设置为10×,将探头上的开关设定为10×,如图3-2-17所示,并将示波器探头与通道1连接。如使用探头钩形头,应确保钩形头端部牢固地插在探头上。

（2）将探头端部连接到"探头元件"连接器上。基准导线连接到"探头元件的接地"连接器上。显示通道,然后按下"AUTO"按钮。

（3）检查所显示的波形,如图3-2-18所示。调整探头上的可调电容,使之补偿适当。

(a) 欠补偿　　　　　(b) 补偿适当　　　　　(c) 过补偿

图3-2-18　探头补偿波形

4）延时电容暂态波形测试

使用ADS1000系列数字示波器,可按如下步骤快速显示延时电容C_2的暂态波形。

（1）按下"CH1菜单"按钮,并将探头上的开关设定为1×。

（2）将通道1探头连接到电路被测点（延时电容C_2的两端）。按下"AUTO"按钮。示波器将自动设置垂直、水平、触发控制等选项。可在此基础上手动调整上述控制,直至波形的显示符合要求。

（3）将测试波形图绘制到表 3-2-3 中。

6. 延时时间测量与估算

将声光延时控制器接入电路。用遮光片遮住光敏电阻的光线接收窗口,使声光延时控制器工作在临界导通状态,发声使白炽灯发光工作。用秒表测量声光延时控制器的延时时间,并将测量结果记入表 3-2-3 中。

根据电路估算延时控制器的延时时间。在工程上一般在 $3\tau \sim 5\tau$ 内电容放电结束。并将估算结果记入表 3-2-3 中。

7. 其他工作参数测量

测量声光控制器不同工作状态下的电路关键点参数,深入理解并掌握声光延时控制器的工作原理和工作状态。所测电路参数见表 3-2-3,并将测量结果记录到该数据表中。

表 3-2-3　光延时控制器数据表

1. MCR100-6 晶闸管检测					
R_{GK} / kΩ		R_{GA} / kΩ		R_{AK} / kΩ	
正向	反向	正向	反向	截止	导通

2. 光敏电阻检测		
暗电阻 R_A / kΩ	亮电阻 R_L / kΩ	亮电阻变化范围 / kΩ

3. 驻极体话筒检测		
引出线形式	输出电阻 R_0 / kΩ	输出电阻变化范围 / kΩ

4. 延时波形与延时时间		
延时波形	延时时间(实测值)	延时时间(估算值)

5. 工作参数测				
状态	U_{VS}/V	U_{LED}/V	U_{VTB}/V	U_{VTC}/V
待机				
工作				

四、分析与思考

（1）单结晶闸管与普通三极管的导通控制原理有何不同?

（2）电路中电容 C_2 的容量改为 22 μF 时,灯光控制器的延时时间范围为多少?

（3）电路中电阻 R_1 的作用是什么?

习 题

一、单选题

1.已知 RLC 串联电路中,$R=10\ \Omega$,$L=0.5\ \text{mH}$,$C=2000\ \text{pF}$。则电路通频带 BW 是(　　)。

　A. 200 krad/s　　　　B. 100 kHz　　　　　C. 100 krad/s　　　　D. 200 kHz

2.已知线圈 $R=1000\ \Omega$,$L=1\text{H}$ 与 $C=2\ \mu\text{F}$ 的电容并联,则并联电路能否发生谐振(　　)。

　A. 不能

　B. 能

　C. 能否工作于谐振状态,完全取决于电源频率

　D. 不能确定

3.当电路发生串联谐振时,以下说法正确的是(　　)。

　A. 电容电压等于电感电压,电路电流最小

　B. 电容电压等于电感电压,相位相同

　C. $X_L=X_C$,电路电流最小

　D. $X_L=X_C$,电路电流最大

4.简单 RLC 电路发生并联谐振时,以下说法正确的是(　　)。

　A. 电容电流等于电感电流,端口电压最小

　B. 电容电流等于电感电流,相位相同

　C. $X_L=X_C$,此时电路阻抗最大

　D. $X_L=X_C$,此时电路阻抗最小

5.利用谐振进行信号选择时,以下说法正确的是(　　)。

　A. 串谐适合内阻较小的电压型信号源,并谐适合内阻较大的电流型信号源

　B. 串谐适合内阻较大的电压型信号源,并谐适合内阻较小的电流型信号源

　C. 串谐、并谐均适合内阻较大的电流型信号源

　D. 串谐、并谐均适合内阻较小的电压型信号源

6.RLC 串联电路,若谐振频率为 ω_0,当电源频率为 $2\omega_0$ 时,电路呈现性质是(　　)。

　A. 感性　　　　　　B. 容性　　　　　　C. 阻性　　　　　　　D. 不能确定

7.动态电路中受换路定律的约束而不能突变的元件参数是(　　)。

　A. 电阻电压 u_R 和电感电压 u_L　　　　　　B. 电容电压 u_C 和电感电流 i_L

　C. 电阻电流 i_R 和电容电压 u_C　　　　　　D. 电容电压 u_C 和电感电压 u_L

二、多选题

1.RLC 电路调谐的方法有(　　)。

　A. 电容调谐　　　　B. 电感调谐　　　　C. 电阻调谐　　　　D. 电源频率调谐

2.电路的电容和电感元件并不消耗电能,所以又称为(　　)。

　A. 动态元件　　　　B. 记忆元件　　　　C. 储能元件　　　　D. 耗能元件

3.电路从"旧稳态"进入"新稳态"时的不稳定状态,又称为(　　)。

　A. 过渡过程　　　　B. 暂态过程　　　　C. 动态过程　　　　D. 充放电过程

4.电路发生过渡过程的内、外因条件包括(　　)。

　A. 电路有电源通断的换路操作　　　　B. 电路有储能元件

　C. 电路结构变化或元件参数变化　　　　D. 储能元件在换路前后有储能变化

5. 如在暂态过程发生的瞬间,不采取防范措施,致使设备损坏的原因可能是( )。

A. 出现过电压　　　B. 出现过电阻　　　C. 时间常数过大　　　D. 出现过电流

6. 下面关于全响应说法正确的是( )。

A. 全响应＝零状态响应＋零输入响应

B. 全响应＝新稳态恒定量＋暂态量

C. 全响应＝新稳态恒定量＋零输入响应

D. 全响应＝零状态响应＋暂态量

7. 电路过渡过程有利,有弊,如电子技术中常运用它的以下哪些功能( )。

A. 产生波形　　　B. 放大作用　　　C. 滤波功能　　　D. 延时功能

三、判断题

1.(　)串联谐振时,电路总的无功功率 $Q=0$。

2.(　)调频调谐是保持电感 L 和电容 C 不变,调节电源频率 f。

3.(　)电感调谐是保持电源频率 f 和电容 C 不变,调节电感 L。

4.(　)串联谐振时,电感电压与电容电压大小相等、相位相同,且可能远大于电路总电压。

5.(　)由于电路谐振时,可能出现高电压与强电流,所以无论是供配电电路,还是电子电路均不能出现谐振状态。

6.(　)时间常数 $\tau=RC$ 或 L/R,其中 R 值是换路后断开储能元件 C 或 L,由储能元件两端看进去,用戴维南等效电路求得的等效内阻。

7.(　)当电路发生换路时,储能元件在外激励和原始能量的共同作用下所引起的电路响应称为零输入响应。

8.(　)电路换路时,电容电压不能跃变,但电容电流可以突变。

9.(　)电路发生换路操作,且有储能元件就一定有过渡过程。

10.(　)根据换路定律有,电感元件的 $u_L(0_+)=u_L(0_-)$。

四、计算题

1. 已知 $R=5\ \Omega$、$L=64\ \mu H$、$C=100\ pF$ 的 RLC 串联电路,电源电压 $U_S=2\ V$。试求电路谐振阻抗 Z_0、谐振频率为 ω_0、品质因数 Q、谐振电流 I_0 和谐振时电容电压 U_{C0} 分别为多大?

2. 已知一线圈电阻 $R=5\ \Omega$,$L=200\ \mu H$ 与电容 $C=20\ pF$ 并联的实用 RLC 并联电路,电源电压 $U_S=220\ V$。试求电路的谐振频率 f_0、品质因数 Q、谐振电路的等效阻抗 Z_0,以及各支路电流及总电流各为多大?

3. 如题图 3-1 所示,当开关 S 闭合,电路进入新稳态时电感电流 $i_L(0_+)$ 和电容电压 $u_C(0_+)$ 的初值各为多大?

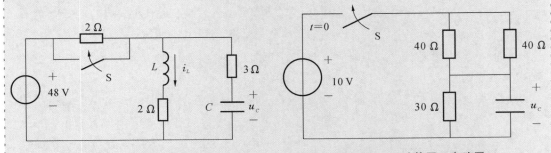

题图 3-1　计算题 3 电路图　　　　题图 3-2　计算题 4 电路图

4. 如题图 3-2 所示电路中,各元件参数如图中所示,电容 $C=5\ \mu F$,$u_C(0_+)=2\ V$,试用"三要素法"求解换路后的电容电压 $u_C(t)$、电流 $i_C(t)$。

情境四

变压器与交流异步电动机结构分析与测试

【资讯目标】
● 能复述磁性材料种类、特性与用途；
● 能复述自感、互感与电磁感应定律；
● 熟知磁路与磁路欧姆定律；
● 能进行简单磁路计算；
● 能复述交、直流电磁铁工作原理；
● 能复述互感线圈的串联、并联等效电感量计算方法；
● 能复述降低磁滞与涡流的原理及措施；
● 能复述理想变压器结构、功能与工作原理；
● 能复述三相电力变压器铭牌及参数；
● 能复述变压器的工作特性；
● 能复述三相变压器结构、连接方式；
● 能复述三相交流异步电动机结构、工作原理；

● 能复述单相交流异步电动机结构、工作原理；
● 能复述三相交流异步电动机铭牌及参数；
● 能复述三相交流异步电动机启动、制动、调速、反转等控制方法。

【实施目标】
● 能检测变压器绕组的阻抗；
● 能复述判断变压器绕组的极性与同名端的原理及方法；
● 能测定变压器绕组的极性与同名端；
● 能检测交流异步电动机绕组的阻抗；
● 能复述判断交流异步电动机绕组的极性与同名端的原理及方法；
● 能测定三相交流异步电动机的绕组极性与同名端。

4.1 磁路与互感耦合电感连接

4.1.1 磁场基本物理量与特性

许多常见的电工设备和仪表,如变压器、电动机和电工仪表等,其工作原理多为电磁感应或电磁相互作用,其物理过程常常同时包含"电"和"磁"两方面紧密相连的现象。在许多电工设备和仪表中只分析其电路特性是不够的,还必须从磁路特性加以分析才能全面说明其结构及工作原理。

具有磁性的铁磁性物体和电流周围均存在磁场,磁场对处于其中的铁磁物体、电流及电荷具有磁力的作用。磁路实质是约束磁场的闭合路径,即磁场被局限在磁路中循环传播。因此,磁场和磁路关系类似于电场与电路的关系。

一、磁场的基本物理量

1.磁感应强度 B(磁通密度)

磁感应强度是表示磁场内某点磁场的强弱和方向的物理量,用符号 B 表示。如图 4-1-1 所示,当载有电流 I、长度为 L 的导体与磁感应强度 B 的方向垂直时,受到的磁场力 F 最大为

$$F = BLI \tag{4-1-1}$$

因此

$$B = \frac{F}{LI} \tag{4-1-2}$$

式(4-1-2)表明,磁场中某点的磁感应强度,在数值上等于与磁场垂直的单位长度载流导体中,单位电流所受磁场作用力大小。在国际单位制中,其单位为特斯拉,简称特(T)。

物理学中常用磁感应线(或称磁力线)来形象直观地描述磁场中各处磁感应强度。磁感应线的疏密程度表示该点磁感应强度的大小,密度大者表示磁感应强度大,密度小者表示磁感应强度小。曲线上每一点的切线方向表示该点磁场方向(且磁力线互不交叉)。

磁感应强度是矢量。如果空间某处磁场是由几个磁场共同激发的,则该点处合磁场(实际磁场)是几个分磁场的

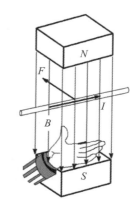

图 4-1-1 磁场对电流力的作用

矢量和。如果磁场内各点的磁感应强度大小相等,方向相同,则称为均匀磁场。

2.磁通 Φ

穿过磁场并垂直于某一面积 S 的磁力线条数称为该面积的磁通 Φ,可用下式表示,即

$$\Phi = \int_S B \, dS \tag{4-1-3}$$

由式(4-1-3)可以看出,磁通是一个标量,虽没有空间方向,但有正负之分。Φ 的正负表示明磁感应线穿过的方向。若 S 为一闭合面,且 Φ 为正,则说明磁感应线穿出闭合面;Φ 为

负,则说明磁感应线穿入闭合面。

均匀磁场中,若面积 S 与磁场方向垂直,则

$$\Phi = BS \tag{4-1-4}$$

或

$$B = \frac{\Phi}{S} \tag{4-1-5}$$

由式(4-1-5)可知,磁感应强度 $\boldsymbol{B}$ 在数值上也等于与磁场方向相垂直的单位面积所通过的磁通,所以 $\boldsymbol{B}$ 又称为磁通密度。

在国际单位制中,Φ 的单位是韦伯,简称韦(Wb),S 的单位为平方米(m^2),磁感应强度 $\boldsymbol{B}$ 的单位为韦/米²(Wb/m^2),即特(T)。

3. 磁导率 μ

电流能在其周围空间中产生磁场。分析研究表明,磁场中某处磁感应强度 $\boldsymbol{B}$ 的大小,不仅与产生该磁场的电流 I 因素有关,而且还与磁场中介质的导磁性有关。

磁导率就是描述磁场中介质导磁性能的物理量,通常用 μ 表示。μ 越大,物质的导磁性能越好;μ 越小,物质的导磁性能越差。其单位是亨/米(H/m)。实验表明,真空的磁导率 μ_0 为

$$\mu_0 = 4\pi \times 10^{-7} \text{ H/m}$$

通常把其他物质的磁导率 μ 与真空磁导率 μ_0 的比值称为该物质的相对磁导率,用符号 μ_r 表示,即

$$\mu_r = \frac{\mu}{\mu_0} \tag{4-1-6}$$

自然界中的所有物质按照其导磁性能不同,可分为磁性材料和非磁性材料两大类。非磁性材料如空气、铜、木材、塑料和橡胶等导磁性能较差,其磁导率小($\mu \approx \mu_0$),不具有磁化的特性;磁性材料如铁、钴、镍及其合金(铸铁、铸钢、硅钢和坡莫合金等)有很高的导磁能力,其磁导率较大($\mu \gg \mu_0$),具有易于磁化的特性。常用材料的相对磁导率,如表 4-1-1 所示。

表 4-1-1　常用材料的相对磁导率

物　质　名　称	相对磁导率 μ_r
空气、木材、铜、铝、橡胶、塑料等	<1
铸铁	$200 \sim 400$
铸钢	$500 \sim 2200$
电工钢片	$7000 \sim 10\,000$
坡莫合金	$20\,000 \sim 200\,000$

4. 磁场强度 $\boldsymbol{H}$

磁场强度是描述磁场与产生磁场的电流之间的关系(环路定理)的物理量。磁场中某处的磁感应强度 $\boldsymbol{B}$ 的大小不仅与该处介质的磁导率 μ 有关,还与产生该磁场的电流 I 因素有关。

磁场强度 $\boldsymbol{H}$ 是一个矢量。磁场中某点磁场强度 $\boldsymbol{H}$ 的大小等于该点的磁感应强度 $\boldsymbol{B}$ 与磁介质的磁导率 μ 之比,即

$$H = \frac{B}{\mu} \tag{4-1-7}$$

磁场强度 H 的国际单位制单位是安/米（A/m）。磁场强度 H 的方向与该点的磁感应强度 B 方向相同。如通电线圈内的磁场强度 H 只与线圈通过的电流有关，而与线圈内的材料（即介质的磁导率 μ）无关。

二、磁场的基本性质

1. 磁通连续性原理

磁感应线是没有起止的闭合曲线，穿入某一闭合曲面的磁感应线总数必定等于穿出该曲面的磁感应线的总数。即穿入磁场中任一闭合面的磁通 Φ 恒等于零，这就是磁通的连续性原理。即

$$\oint B \mathrm{d}S = 0 \tag{4-1-8}$$

2. 安培环路定律

安培环路定律反映磁场强度 H 与产生该磁场的电流 I 之间的关系。其内容是：在磁场中，磁场强度 H 矢量沿任一闭合路径 l 的线积分等于该闭合路径内所包围的全部电流的代数和。即

$$\oint H \mathrm{d}l = \sum i \tag{4-1-9}$$

式（4-1-9）中，当电流的参考方向与闭合路径绕行方向符合右手螺旋关系时，电流取"＋"号，反之取"－"号。

对图 4-1-2 所示的闭合路径 l 而言，安培环路定律可写为

$$\oint H \mathrm{d}l = i_1 + i_2 - i_3$$

安培环路定律又称全电流定律。应用该定律时，常取磁感应线作为闭合路径，先求出磁场强度 H，再求得相应的磁感应强度 B。这对计算结构对称的磁介质中磁感应强度 B 是十分方便的。

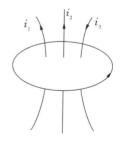

图 4-1-2　安培环路定律

三、典型例题

例 4-1-1　如图 4-1-3 所示为一长直导线，其中电流 $I = 2$ A。试分别计算当介质为真空时和当介质为 $\mu_r = 10\ 000$ 的硅钢时，距该导线 0.5 m 处的磁场强度和磁感应强度的大小。

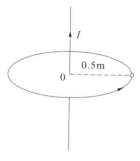

图 4-1-3　例 4-1-1 图

解：电流 I 形成的磁感应线都是一些以直导线为圆心的同心圆，而且在同一条磁感应线上的磁场强度 B 的大小相等，方向为圆周的切线方向。根据安培环路定律可知，在距导线 r 处有

$$\oint H \mathrm{d}l = 2\pi r H = I$$

所以距导线 r 处的磁场强度 H 为

$$H = \frac{I}{2\pi r}$$

距导线 r 处的磁感应强度 B 为

$$B = \mu H = \mu \frac{I}{2\pi r}$$

（1）当距导线 r 处介质为真空时，有

$$H = \frac{I}{2\pi r} = \frac{2}{2 \times 3.14 \times 0.5} A/m = 0.64 \ A/m$$

$$B_0 = \mu_0 H = 4\pi \times 10^{-7} \times 0.64 T = 8 \times 10^{-7} T$$

（2）当距导线 r 处介质为 $\mu_r = 10\ 000$ 的硅钢时，有

$$B = \mu_r H = 10^4 \times 0.64 T = 6.4 \times 10^3 T$$

由上述结果可知，两种不同磁导率介质中，当产生磁场的电流相同时，磁场强度 H 相等（即 $H = 0.64 \ A/m$），但因为硅钢的导磁性能比空气高得多，故而两种情况磁感应强度 B 相差甚远（即 $B = 10^4 B_0$）。这表明同样的励磁电流导磁性能好的磁介质能获得更强的磁感应强度。

实际应用中，许多电气设备如电磁铁、互感器、变压器、电动机等设备的励磁绕组都缠绕在磁导率 μ 较高的铁芯上，就是为了利用较小的励磁电流 I 来获取较大的磁感应强度 B。

◆ ### 4.1.2 铁磁性物质与磁化特性

一、铁磁性物质

具有良好的导磁性能、较高的磁导率（$\mu_r \gg 1$），能被外磁场 H 磁化的物质，称为铁磁性物质。如铁、钴、镍及其合金（铸铁、铸钢、硅钢、坡莫合金）等。铁磁性物质具有高导磁性及磁饱和性两个主要特性。

1. 高导磁性

铁磁性物质具有很强的导磁能力，在源磁场 H 作用下，其内部磁感应强度 B 会显著增强。

在铁磁性物质内部结构存在着许多磁化小区域，每个磁化小区域内存在的分子电流具有均匀的磁性，这种小区域称为磁畴。当没有源磁场 H 作用时，磁畴随机排列，磁场相互抵消，对外不显示磁性，如图 4-1-4(a) 所示。当有一定强度的源磁场 H 作用时，这些磁畴会顺着源磁场 H 的方向转向，随着源磁场 H 的增强，磁畴逐渐转到与源磁场 H 相同的方向上，铁磁物质被磁化，产生了一个较强的与源磁场同向的附加磁场，如图 4-1-4(b) 所示，使铁磁性物质内磁感应强度 B 显著增强。

   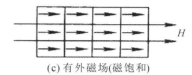

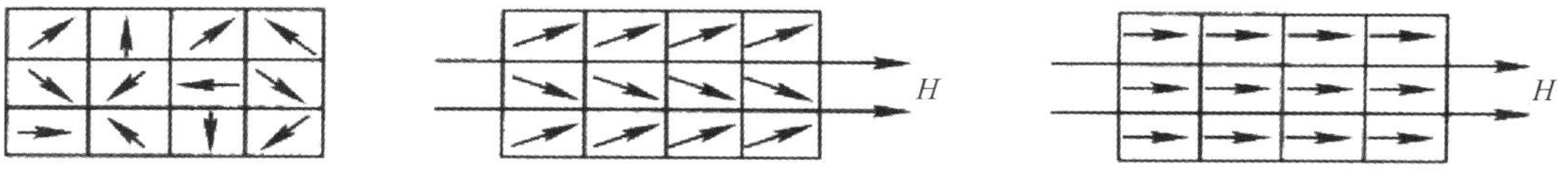

(a) 没有外磁场   (b) 有外磁场(未饱和)   (c) 有外磁场(磁饱和)

图 4-1-4 铁磁物质磁化过程

铁磁性物质的高导磁性能被广泛地应用于电工设备中，例如电动机、变压器及其他各种电磁设备电磁线圈中的铁芯。在这种具有铁芯的电磁线圈中通入较小的励磁电流 I，便可产生较大的磁感应强度 B 和磁通 Φ。

非铁磁性材料内部没有磁畴的结构，其磁导率低（$\mu_r \approx 1$），因而，不具有被磁化的特性。

2. 磁饱和性

在铁磁性物质的磁化过程中，随着励磁电流的增大，外磁场和附加磁场都将增大。当外

磁场增大到一定值时,磁性物质内的磁畴几乎已全部转向与外磁场一致的方向,附加磁场不再随外磁场增强而继续增强,这种现象称为磁饱和现象。铁磁性物质内部磁感应强度 B 达到磁饱和时,对外显示的磁性达到最大值,如图 4-1-4(c)所示。

二、铁磁性物质的磁化特性

材料的磁化特性可用 B-H 磁化曲线来表示,它是铁磁性物质的磁感应强度 B 与磁场强度 H 的关系曲线,可由试验测定。如图 4-1-5 所示是测试磁化曲线的试验电路,将待测的铁磁物质制成圆环形,并将线圈密绕于环上,通以励磁电流 I。试验时,使励磁电流 I 由零逐渐增加,即外加磁场 H 由零逐渐增加,被磁化物质内磁感应强度 B 随之变化。以 H 为横坐标、B 为纵坐标,将测得的多组 B-H 对应值逐点绘制出来,即可得到铁磁物质的磁化曲线,如图 4-1-6 所示。

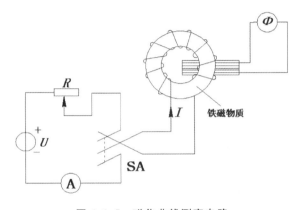

图 4-1-5 磁化曲线测定电路

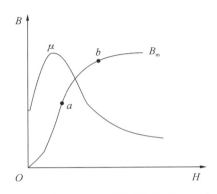

图 4-1-6 起始磁化曲线

1. 起始磁化曲线

若待测的铁芯原来没有磁性(即当 $H=0$ 时,$B=0$),则这样得到的 B-H 曲线称为起始磁化曲线,如图 4-1-6 所示。起始曲线大致可分为以下三段:

曲线 Oa 段:由于磁畴在外磁场作用下,迅速依外磁场 H 的方向排列,因而内部感应强度 B 值增加很快,内部感应强度 B 随外部磁场 H 差不多成正比急剧增加,因此,OA 段曲线的斜率较大,近似成线性。这时磁导率 μ 值也近似成线性迅速增大。

曲线 ab 段:大部分磁畴已转到与外磁场 H 方向一致,所以随着外部磁场 H 的增大,内部感应强度 B 值增加变缓,磁导率 μ 值逐渐减小。

曲线的 b 点以后一段:因磁畴几乎全部转到与外磁场 H 方向一致,故外磁场 H 值增加时内部感应强度 B 值几乎不再增加,这时内部感应强度 B 值已达到磁饱和值B_m。这时磁导率 μ 值最大。

所以,铁磁物质的磁导率 μ 并不是一成不变的,即 μ 不是一个常数。磁化初始阶段磁导率 μ 增加快,接近饱和时磁导率 μ 最大,然后逐渐下降。这是许多电气设备如电磁铁、互感器、变压器、电动机等设备的铁芯上都工作在接近于磁饱和状态的原因。此时,用不大的电流 I 能感应出较大的磁感应强度 B。

2. 磁滞回线

当铁芯线圈中通入交变电流 i 时,交变的电流产生交变的磁场 H,铁芯被反复磁化。在电流 i 变化周期中,铁芯磁感应强度 B 随磁场强度 H 改变而变化的关系曲线如图4-1-7所示。

如图 4-1-7 所示,Oa 段曲线是铁磁物质起始磁化曲线。当磁感应强度 B 达到饱和值后,磁场强度 H 将从最大值 H_m 逐渐减小,磁感应强度 B 也随之减小,铁磁物质逐渐去磁。当磁场强度 H 减小时,磁感应强度 B 并不沿着原来的曲线回降,而是沿着另一条比它高的曲线 ab 缓慢下降。当磁场强度 H 减到零时,磁感应强度 B 并不回到零值,而保留一定的数值 B_r,称之为剩磁。如要消去剩磁 B_r,使磁感应强度 $B=0$,则应施加一反向磁场,当磁场强度 H 反向增加到 $-H_c$ 时,磁感应强度 B 值等于零,H_c 称为矫顽力,如 bc 曲线段所示。

铁磁物质在周期性反复磁化过程中,磁感应强度 B 的变化落后于磁场强度 H 变化的性质称为铁磁性物质的磁滞性。铁磁性物质在交变磁场中反复被磁化所形成的 B-H 闭合曲线称为磁滞回线。

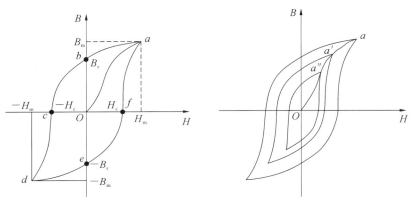

图 4-1-7　磁滞回线　　　　　　图 4-1-8　基本磁化曲线

3. 基本磁化曲线

从磁滞回线可知,同一个磁场强度 H,对应两个磁感应强度 B 的值,分别与铁磁材料的磁化和去磁的磁感应强度 B 的值对应。为便于计算,工程上对那些磁滞回线狭窄的铁磁材料,其 B-H 曲线可用众多磁滞回线的正顶点(a、a'、a'')连成的曲线来近似替代,这条曲线称为铁磁物质的基本磁化曲线,如图 4-1-8 中 Oa 段曲线所示。

各种材料的基本起始磁化曲线及所对应的数据表可在相关产品目录或有关手册上查到。如表 4-1-2 所示为几种常见铁磁材料的基本磁化数据表。

表 4-1-2　几种常见铁磁材料的基本磁化数据表

铸钢(B 的单位为 T、H 的单位为 A/m)									
B/T	0	0.01	0.02	0.03	0.04	0.05	0.06	0.07	0.08	0.09
0.7	584	593	603	613	623	632	642	652	662	672
0.8	682	693	703	724	734	745	755	766	776	787
0.9	798	810	823	835	848	860	873	885	898	911
1.0	924	938	953	969	986	1004	1022	1039	1053	1073
1.1	1090	1108	1127	1147	1167	1187	1207	1227	1248	1269
1.2	1290	1315	1340	1370	1400	1430	1460	1490	1520	1555
1.3	1590	1630	1670	1720	1760	1810	1860	1920	1970	2030
1.4	2090	2160	2230	2300	2370	2440	2530	2620	2710	2800
1.5	2890	2990	3100	3210	3320	3430	3560	3700	3830	3960

续表

| D21 硅钢片（B 的单位为 T、H 的单位为 A/m） | | | | | | | | | |
B/T	0	0.01	0.02	0.03	0.04	0.05	0.06	0.07	0.08	0.09
0.5	171	175	179	183	187	191	195	199	203	207
0.6	212	217	222	227	232	237	242	248	254	260
0.7	267	274	281	288	295	302	309	316	324	332
0.8	340	348	356	364	372	380	389	398	407	416
0.9	425	435	445	455	465	475	488	500	512	524
1.0	536	549	562	575	588	602	616	630	645	660
1.1	675	691	708	726	745	765	786	808	831	855
1.2	880	906	933	961	990	1020	1050	1090	1120	1160
1.3	1200	1250	1300	1350	1400	1450	1500	1560	1620	1680
1.4	1740	1820	1890	1980	2060	2160	2260	2380	2500	2640

三、铁磁性物质的分类

不同的铁磁材料具有不同的磁化性能、不同的磁滞回线，以及不同的剩磁力和矫顽力，因而其用途也各不相同。工程上根据铁磁材料的磁滞回线形状和用途，将铁磁材料分为软磁性材料和硬磁性材料两大类，其不同的磁滞回线如图 4-1-9 所示。

1. 软磁性材料

其特点是磁滞回线比较狭长，磁导率 μ 大，剩磁力和矫顽力小。即软磁性材料易于磁化，也易于退磁，适用于周期性反复磁化的场合和电气设备，常用来制造交流异步电动机、变压器和电磁铁等电气设备的铁芯。常见的软磁性材料有纯铁、硅钢片、铸钢和坡莫合金等。

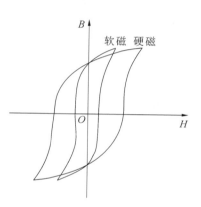

图 4-1-9　不同材料的磁滞回线

2. 硬磁性材料

其特点是磁滞回线比较宽，剩磁力和矫顽力都很大，磁滞特性显著。即硬磁性材料一经磁化后，能保留很大的剩磁，且不易退磁。硬磁性材料适宜于制作永久磁铁，广泛应用于各种磁电系仪表、扬声器、永磁电动机中。硬磁性材料主要有碳钢、钨钢、钴钢、铝镍合金和铝镍钴合金等。

当硬磁性材料磁滞回线很宽，近似矩形时，也称该材料为矩磁材料。其剩磁力和矫顽力都特别大。

◆ 4.1.3 磁路与磁路欧姆定理

一、磁路的概念

物理学上，把磁通 Φ 集中通过的路径称为磁路。磁路一般由铁芯和气隙构成，铁芯上绕有线圈。铁芯具有较高的磁导率 μ，并工作于磁饱和附近。因此，一方面，工作时线圈中通以较小的励磁电流铁芯中即可获得较强的磁感应强度，另一方面铁芯的形状和路径也改变了磁场在空间的分布状态，能使绝大部分磁通集中沿铁芯所构成的路径循环。

　　实际生产生活中,许多电气设备如电动机、变压器和继电器等都是依据电磁感应原理设计制造并工作运行的。工程上,根据实际需要,把铁磁材料制成适当形状来控制磁通的路径。如图 4-1-10 所示是几种常见电气设备的磁路。

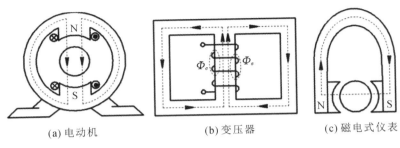

| (a) 电动机 | (b) 变压器 | (c) 磁电式仪表 |

图 4-1-10　几种常见电气设备的磁路

　　绝大部分通过铁芯构成闭合回路循环的磁通叫作主磁通,用 Φ 表示;有极少部分穿出铁芯经过线圈周围的空气形成闭合回路的磁通,称为漏磁通,用Φ_σ表示,如图 4-1-10(b)所示。在实际电气设备中,漏磁通Φ_σ远小于主磁通 Φ,在磁路的一般计算中,常忽略不计。

　　磁路通常分为无分支磁路和有分支磁路,图 4-1-10(c)所示为无分支磁路,图 4-1-10(a)、(b)所示为有分支磁路。

二、磁路欧姆定律

　　如图 4-1-11 所示为铁磁物质构成的无分支磁路,若磁路的平均长度 l(即中心线长度)比截面 S 的线形尺寸大许多时,则在横截面上的磁通可近似地认为是均匀分布的。

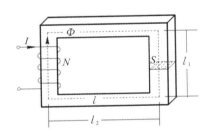

图 4-1-11　磁路欧姆定理

　　如果励磁电流为 I,线圈的匝数为 N,则建立在铁芯中的磁通 Φ 为

$$\Phi = BS = \mu HS \qquad (4\text{-}1\text{-}10)$$

由安培环路定律 $Hl = NI$ 得

$$\Phi = \mu \frac{NI}{l}S = \frac{Hl}{\dfrac{l}{\mu S}} \qquad (4\text{-}1\text{-}11)$$

令$F_m = NI$、$U_m = Hl$、$R_m = l/\mu S$。代入式(4-1-11)可得

$$\Phi = \frac{F_m}{R_m} = \frac{U_m}{R_m} \qquad (4\text{-}1\text{-}12)$$

或

$$F_m = U_m = \Phi R_m \qquad (4\text{-}1\text{-}13)$$

　　式(4-1-13)形式与电路欧姆定律相似,称为磁路欧姆定律。

　　其中,F_m 为磁路的磁动势,由安培环路定律可知,F_m 仅与闭合磁路中的电流代数和有关;U_m 称为某段磁路的磁压降,与磁路磁场 H 及磁路距离 l 成正比,F_m、U_m 的单位均与电流 I 单位相同,为安培(A);R_m 称为某段磁路的磁阻,与磁路距离 l 成正比,铁磁材料磁导率 μ 和磁路截面 S 成反比,其单位为 1/亨(1/H)。

　　由于铁磁性物质的磁导率 μ 随励磁电流而变化,所以磁阻R_m为非线性物理量,这给磁路欧姆定律的应用带来局限性。一般情况下,不能直接用磁的欧姆定律来进行磁通 Φ 的定量计算,多用于对磁路进行定性分析。

需要注意的是,磁路和电路虽然在形式上具有相似性,但它们的物理本质是不同的。在电路中虽然有电动势,但未必有电流(开路时电流为零);且当电流通过电阻时要消耗电能产生热量。而在磁路中,有磁动势则必有磁通,空气隙不能使磁路开路,并且恒定的磁通穿过磁路时没有功率损耗。

磁路与电路类似,其物理量的比较如表 4-1-3 所示。

表 4-1-3　电路与磁路相似性比较

电　　路	磁　　路
电流 I	磁通 Φ
电动势 E	磁动势 $F_m = NI$
电压 U	磁压 $U_m = Hl$
电阻 $R = \rho \dfrac{l}{S}$	磁阻 $R_m = \dfrac{l}{\mu S}$
电路欧姆定律 $I = \dfrac{U}{R}$	磁路欧姆定律 $\Phi = \dfrac{F_m}{R_m}$

三、简单直流磁路的计算

当励磁电流为恒定直流电时,在磁路中将产生恒定磁通,这样的磁路称为恒定磁通磁路或直流磁路;励磁电流为交流时,将在磁路中产生交变磁通,这样的磁路叫交变磁通磁路。关于磁路的计算一般分为两类:

(1)给定磁通,而后按照所给定磁通及磁路各段的尺寸和材料去求所需磁动势,即已知 Φ 求 F_m。

(2)给定磁动势,求各支路的磁通,即已知 F_m 求 Φ。在磁路计算中较多遇到的是前一类问题。以下仅介绍简单无支路直流磁路的计算。

对于无分支磁路,当已知磁通 Φ 求磁动势 NI 时,在漏磁通忽略不计时,可按下述步骤求解:

(1)根据材料和截面的不同把磁路进行分段,材料相同、截面积也相等的部分算作一段。

(2)根据磁路几何尺寸计算各段磁路的截面积。

当磁路材料是由涂绝缘漆的硅钢片叠成时,则应扣除漆层的厚度,有效面积 S_a 为

$$S_a = kS_0 \approx 0.9 S_0 \tag{4-1-14}$$

式中:S_0 为视在面积,指铁芯按几何尺寸求得的面积;k 称为填充系数,其值与硅钢片松紧及绝缘漆的厚度有关,一般在 $0.9 \sim 0.97$。

如果磁路中有气隙存在,则磁通通过气隙时将向外扩张形成边际效应,如图 4-1-12 所示,因此空气隙的有效面积 S_a 略有增大。

当铁芯截面是矩形时,如图 4-1-12(a)所示,S_a 为

$$S_a = (a+\delta)(b+\delta) \approx ab + (a+b)\delta \tag{4-1-15}$$

当铁芯截面是半径为 r 的圆形时,如图 4-1-12(b)所示,S_a 为

$$S_a = \pi \left(r + \frac{\delta}{2} \right)^2 = \pi r^2 + \pi r \delta \tag{4-1-16}$$

(3)由已知磁通 Φ 和各段磁路的截面积 S_a,根据 $B = \Phi / S_a$ 算出各段磁路的磁感应强度 B。

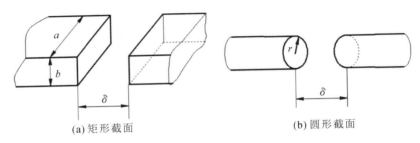

(a) 矩形截面　　　　　　(b) 圆形截面

图 4-1-12　空气隙有效面积计算

（4）根据每一段的磁感应强度 B 求得磁场强度 H。

对于空气隙或其他非磁性材料,可用下面公式计算,即

$$H_0 = \frac{B}{\mu_0} = \frac{B}{4\pi \times 10^{-7}} \approx 0.8 \times 10^6 B \qquad (4\text{-}1\text{-}17)$$

对于铁磁性材料,可根据磁化曲线或数据表查得,如表 4-1-2 所示。

（5）根据每一段的磁场强度 H 和平均长度 l,计算磁路的磁压降之和:

$$U_m = H_1 l_1 + H_2 l_2 + \cdots + H_n l_n$$

（6）与电路类似,磁路磁压降的代数和等于电路磁动势 NI 的代数和,即

$$NI = \sum U_m \qquad (4\text{-}1\text{-}18)$$

由此,可计算出励磁绕组的匝数 N 和励磁电流 I。

四、典型例题

例 4-1-2　如图 4-1-13 所示磁路,铁芯用 D_{21} 电工硅钢片构成。已知 $l_1 = 80$ mm、$l_2 = 200$ mm、$a = 50$ mm、$b = 40$ mm、$c = 30$ mm,空气隙宽度 $d = 2$ mm。若铁芯填充系数 $k = 0.9$,线圈匝数 $N = 150$,试求要在该磁路中获取磁通 $\Phi = 1.2 \times 10^{-3}$ Wb 时所需电流 I 为多大?

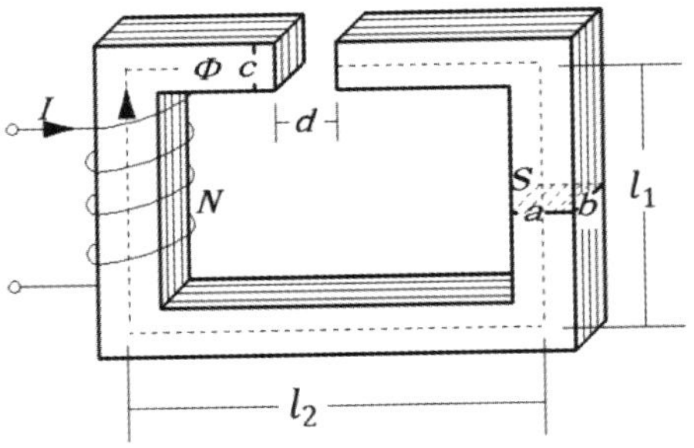

解:如图 4-1-13 所示,磁路由 D_{21} 电工硅钢片和空气隙构成,硅钢片有两种截面积,所以该磁路分三段计算。

图 4-1-13　例 4-1-2 图

各段磁路平均长度及截面积分别为

$$L_1 = 2 l_1 = 2 \times 80 \text{ mm} = 0.16 \text{ m}$$

$$L_2 = 2 l_2 - d = (2 \times 200 - 2) \text{ mm} = 0.398 \text{ m}$$

$$L_0 = d = 2 \text{ mm} = 0.002 \text{ m}$$

$$S_1 = ab = 50 \times 40 \text{ mm}^2 = 2000 \text{ mm}^2 = 2 \times 10^{-3} \text{ m}^2$$

$$S_2 = bc = 40 \times 30 \text{ mm}^2 = 1200 \text{ mm}^2 = 1.2 \times 10^{-3} \text{ m}^2$$

$$S_0 = bc + (b + c) \times d = [40 \times 30 + (40 + 30) \times 2] \text{ mm}^2 = 1340 \text{ mm}^2 = 1.34 \times 10^{-3} \text{ m}^2$$

各段磁路的磁感应强度 B 分别为

$$B_1 = \frac{\Phi}{S_1} = \frac{1.2 \times 10^{-3}}{2 \times 10^{-3}} \text{T} = 0.6 \text{ T}$$

$$B_2 = \frac{\Phi}{S_2} = \frac{1.2 \times 10^{-3}}{1.2 \times 10^{-3}} \text{T} = 1.0 \text{ T}$$

$$B_0 = \frac{\Phi}{S_3} = \frac{1.2 \times 10^{-3}}{1.34 \times 10^{-3}} \text{T} = 0.89 \text{ T}$$

查表 4-1-2 可知（D_{21} 电工硅钢片），各段磁路的磁场强度 H 分别为

$$B_1 = 0.6 \text{ T 时}, H_1 = 212 \text{ A/m}$$
$$B_2 = 1.0 \text{ T 时}, H_2 = 536 \text{ A/m}$$

空气隙的磁场强度为

$$H_0 \approx 0.8 \times 10^6 B_0 = 0.8 \times 10^6 \times 0.89 \text{ A/m} = 0.72 \times 10^6 \text{ A/m}$$

各段磁路的磁压降 U_m 为

$$U_{m1} = H_1 L_1 = 212 \times 0.16 \text{ A} = 33.9 \text{ A}$$
$$U_{m2} = H_2 L_2 = 536 \times 0.398 \text{ A} = 213.3 \text{ A}$$
$$U_{m0} = H_0 L_0 = 0.72 \times 10^6 \times 2 \times 10^{-3} \text{ A} = 1.44 \times 10^3 \text{ A}$$

则磁路的总磁压降 U_m 为

$$U_m = U_{m1} + U_{m2} + U_{m0} = (33.9 + 213.3 + 1.44 \times 10^3) \text{ A} = 1.69 \times 10^3 \text{ A}$$

即有磁路磁动势 F_m 为

$$F_m = U_m = 1.69 \times 10^3 \text{ A}$$

又因为

$$F_m = NI$$

所以有磁路励磁电流 I 为

$$I = \frac{F_m}{N} = \frac{1.69 \times 10^3 \text{ A}}{150} = 11.2 \text{ A}$$

以上计算表明，空气隙虽很短，但因空气隙的磁导率 μ_0 比硅钢片的磁导率 μ 小得多，空气隙磁阻极大，所以，空气隙的磁压 U_{m0} 占总磁压 U_m 的 85% 以上，即为使磁路中磁通量 Φ 处处相等，线圈电流所产生的磁动势 F_m 主要加在空气隙上。

◆ 4.1.4 交流铁芯线圈及其功率损耗

直流铁芯线圈中通入稳恒直流电时，铁芯中产生恒定不变的磁通，线圈中不会产生感应电势。交流铁芯线圈两端加正弦交流电压时，铁芯中产生交变的磁通，从而使线圈中产生感应电势，势必影响线圈中的电流，且铁芯反复交变磁化也必定会产生铁芯损耗。

一、交流铁芯线圈电压与磁通的关系

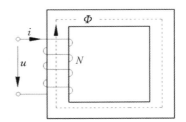

如图 4-1-14 所示为交流铁芯线圈，线圈的匝数为 N，当在线圈两端加上正弦交流电压 u 时，就有交变励磁电流 i 流过，在交变磁通势 Ni 的作用下产生交变的磁通 Φ。若电流 i 与磁通 Φ 方向符合右手螺旋法则时：

设铁芯中磁通为

$$\Phi = \Phi_m \sin\omega t$$

图 4-1-14　交流铁芯线圈

此时，线圈中就有感应电动势 e 产生，线圈两端电压 u 为

$$u = -e = N \frac{\mathrm{d}\Phi}{\mathrm{d}t} = -N \frac{\mathrm{d}}{\mathrm{d}t} \Phi_m \sin\omega t = N\Phi_m \omega \sin(\omega t + 90°)$$

由此可见,线圈电压 u 的相位比磁通 Φ 超前 $90°$。且电压的有效值 U 与磁通的最大值 Φ_m 的关系为

$$U = \frac{\omega\Phi_m N}{\sqrt{2}} = 0.707\omega N\Phi_m = 4.44fN\Phi_m \qquad (4\text{-}1\text{-}19)$$

由式(4-1-19)可知,当交变电源频率 f 和线圈匝数 N 一定时,交流铁芯线圈中磁通最大值 Φ_m 与线圈外加交变电压有效值 U 成正比,与铁芯的材料和尺寸无关。若线圈外加交变电压有效值 U 恒定,则交流铁芯中线圈中磁通最大值 Φ_m 恒定,说明交流铁芯中线圈具有最大磁通恒定的特性。

二、交流铁芯线圈的功率损耗

直流铁芯线圈中,因线圈通入稳恒直流电流,磁路磁动势不变,铁芯中的磁通 Φ 恒定,除线圈电阻产生称为铜损(用 P_{cu} 表示)的功率损耗 I^2R 外,芯中并无其他功率损耗,所以直流线圈铁芯多采用整块铁磁性材料构成的实心铁芯。而交流铁芯线圈与直流铁芯线圈并不一样。

在交流铁芯线圈中,除了在线圈电阻上有铜损 P_{cu} 外,在交变磁通的作用下,铁芯中还有称为铁损(用 P_{Fe} 表示)的功率损耗。铁损主要包括磁滞损耗和涡流损耗两部分。

1.磁滞损耗

铁磁性材料在被交流电反复磁化的过程中,因克服铁磁性材料的磁滞现象,需要消耗一定能量,这种能量损耗称为磁滞损耗。理论分析表明,磁滞损耗与磁滞回线所包围的面积成正比。磁滞损耗的危害是引起铁芯发热,电气设备中为了减小磁滞损耗,应尽量选用磁滞回线狭窄的铁磁性材料,即软磁性材料。如硅钢片等铁芯的主材就是软磁性材料。

2.涡流损耗

当铁芯中的磁通 Φ 发生周期性变化时,交变的磁通将在垂直于磁通的铁芯截面上产生旋涡状流动的电流,这种电流称为涡流,如图 4-1-15(a)所示。涡流在铁芯内流动,由于铁芯有电阻,所以要引起能量损耗,这种损耗称为涡流损耗。因为涡流产生的功率损耗与感应电压(或感应电流)的平方成正比。由式(4-1-20)可知,感应电压 U 与交变磁通的频率 f 和磁感应强度最大值 Φ_m 成正比。

$$U = 4.44fN\Phi_m = 4.44fNB_m S \qquad (4\text{-}1\text{-}20)$$

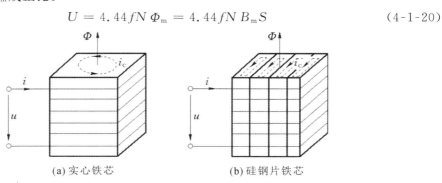

(a) 实心铁芯　　　　　　(b) 硅钢片铁芯

图 4-1-15　实心铁芯与硅钢片铁芯中的涡流

因此,涡流损耗就与 f 及铁芯截面 S 的平方成正比。涡流不仅会消耗电能,降低电气设备的效率,而且还会使铁芯发热,温度升高,对电气设备造成有害影响。

为了减少涡流损耗,常采取以下两种措施:

(1)提高铁芯材料的电阻率 ρ,一般采用在铁芯中加入少量的硅杂质的方法,提高铁芯

的电阻率。

（2）采用表面涂有绝缘漆的薄硅钢片并沿顺磁通方向叠装成铁芯，减小硅钢片截面积，使涡流在每一片较小截面内流动，从而减小涡流，降低损耗，如图 4-1-15（b）所示。

三、电磁铁

电磁铁由磁导率很高的软磁性材料铁芯、衔铁及线圈所组成，是电气工程技术中常用电气设备。常见电磁铁的结构如图 4-1-16 所示。

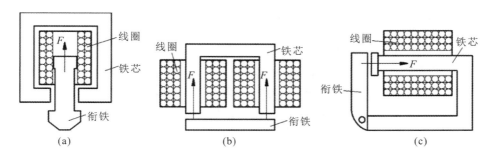

图 4-1-16　常见电磁铁的结构示意图

电磁铁工作过程如下：当线圈加上电压后，铁芯被磁化，衔铁受电磁吸力作用，并带动与其联动的机械装置动作，实现相应控制功能。切断电源后，电流为零，电磁性消失，衔铁和与其联动机械装置复位。根据工作电流的性质电磁铁分为直流电磁铁和交流电磁铁。

1. 直流电磁铁

当电磁铁的线圈中通以稳恒直流电流时，磁路中的磁通 Φ 恒定不变，这种电磁铁称为直流电磁铁。电磁铁吸力 F（单位为 N）的计算公式为

$$F = \frac{B_0^2}{2\mu_0}S = \frac{B_0^2}{2\times4\pi\times10^{-7}}S \approx 4\,B_0^2 S\times10^5 \qquad (4\text{-}1\text{-}21)$$

式中：B_0 为气隙的磁感应强度（T）；S 为空气隙磁场的截面积（m^2）；F 为电磁吸力（N）。

直流电磁铁的励磁电流由线圈的电阻和直流电压决定，当直流电压和线圈的电阻一定时，励磁电流恒定不变，磁通也不变。但是磁通 Φ 和磁感应强度 B 与磁阻 R_m 有关，在衔铁动作过程中，气隙减小，则磁阻 R_m 减小，磁通 Φ 和磁感应强度 B 增加，因此，直流电磁铁吸合后的吸力要比吸合前大得多。

2. 交流电磁铁

在交流电磁铁中，交变的励磁电流使铁芯中的磁感应强度 B 随时间变化而变化，所以电磁铁吸力的大小也随时间而变化，设电磁铁的磁感应强度 B 为

$$B(t) = B_\text{m}\sin\omega t = \sqrt{2}B\sin\omega t$$

将上式代入式（4-1-21）中，则交流电磁铁吸力 $f(t)$ 的瞬时值表达式为

$$f(t) = 4\,B(t)^2 S\times10^5 = 4\,B_\text{m}^2 S\sin^2\omega t\times10^5$$
$$= 4\,B^2 S(1-\cos2\omega t)\times10^5$$

由上式可知，交流电磁铁电磁吸力在最大值 $8\,B^2 S\times10^5$ N 和最小值 0 N 间变化。电磁吸力在 1 个周期内的平均值 F 为

$$F = \frac{1}{T}\int_0^T f(t)\,\mathrm{d}t = 4\,B^2 S\times10^5\,\frac{1}{T}\int_0^T (1-\cos2\omega t)\,\mathrm{d}t$$

$$= 4\,B^2\,S \times 10^5 \qquad\qquad (4\text{-}1\text{-}22)$$

由于交流铁芯线圈外加电压 U 恒定时,交流磁路磁通的最大值 Φ_m 不变,且与气隙的大小无关。所以交流电磁铁在吸合过程中,其平均电磁吸力 F_m 保持恒定,但线圈中的电流 i 是与磁阻 R_m 有关的。交流电磁铁未吸合时,因磁路中气隙磁阻 R_0 较大,维持同样的磁通 Φ_m 比电磁铁吸合后无气隙时所需的电流 i 要大很多。所以交流电磁铁线圈通电后,若长时间不吸合,会因长时间通过较大励磁电流而烧坏电磁线圈。

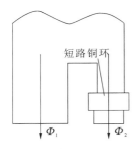

图 4-1-17　短路铜环

由于交流电磁铁吸力 $f(t)$ 是在零与最大值间变化,一个周期内二次过零点,交流电磁铁吸力过零时衔铁振动,所以会产生噪声和机械损伤。

为消除这种现象,常在交流电磁铁的交流铁芯上开槽并加装短路铜环(又称分磁环),如图 4-1-17 所示。

在交变主磁通 Φ_1 作用下,短路铜环中会产生感应电流阻碍主磁通变化,使得分磁环中的副磁通 Φ_2 滞后主磁通 Φ_1,存在相位差,因而主、副磁通 Φ_1、Φ_2 产生的电磁吸力不会同时过零,进而可消除交流铁芯振动噪声和机械损伤。

四、典型例题

例 4-1-3　如图 4-1-18 所示,直流电磁铁芯内磁通 $\Phi = 6 \times 10^{-3}$ Wb、电磁吸力磁极面边长 $a = 50$ mm、$b = 60$ mm。试计算电磁铁吸力。

解:电磁铁空气隙磁感应强度 B_0 为

$$B_0 = \frac{\Phi}{S_0} = \frac{6 \times 10^{-3}}{5 \times 6 \times 10^{-4}}\ \text{T} = 2\ \text{T}$$

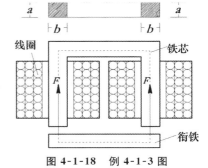

图 4-1-18　例 4-1-3 图

电磁铁两个吸力磁极面所受电磁吸力为

$$F = 2 \times 4\,B_0^2\,S_0 \times 10^5 = 8 \times 2^2 \times 30 \times 10^{-4} \times 10^5\ \text{N} = 4800\ \text{N}$$

4.1.5　耦合线圈的自感与互感

线圈因自身电流变化引起线圈中磁链变化而产生自感应电压的电磁感应现象称为自感,电路模型为理想电感元件。当两个或多个线圈彼此相互邻近时,任一线圈电流变化,除产生自感现象外,会在相邻线圈上也产生感应电压的现象称为互感,电路模型为互感元件。

一、耦合线圈的互感

如图 4-1-19 所示,磁耦合线圈 L_1 和 L_2,两线圈的匝数分别为 N_1 和 N_2,并且各线圈各匝紧密绕制。设各线圈的电流、电压参考方向为关联参考方向,当其产生的磁链参考方向符合右手螺旋定则,称为电、磁关联参考方向。

如图 4-1-19(a)所示,线圈 L_1 励磁电流 i_1 在线圈 L_1 中将产生自感磁通 Φ_1,形成自感磁链 Ψ_1($\Psi_1 = N_1\Phi_1$),设电流 i_1 与 Φ_1 方向符合右手螺旋定则,为关联参考方向时,线圈 L_1 的自感

$$L_1 = \frac{\Psi_1}{i_1} = \frac{N_1\Phi_1}{i_1}$$

同时,因线圈 L_1 与 L_2 相邻,因此磁通 Φ_1 的一部分(或全部)Φ_{21} 将与线圈 L_2 相交链,形成互感磁链 Ψ_{21}($\Psi_{21} = N_2\Phi_{21}$),显然 $\Phi_{12} \leqslant \Phi_1$,当 Φ_{21} 与感应电流 i_1 取关联参考方向时,可定义为互感

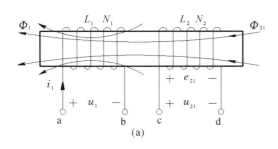 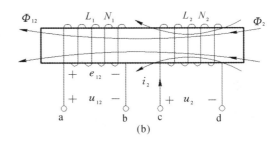

图 4-1-19 耦合线圈互感

$$M_{21} = \frac{\Psi_{21}}{i_1} \tag{4-1-23}$$

同理，线圈L_2励磁电流i_2除产生自感磁通Φ_2，形成自感磁链Ψ_2（$\Psi_2 = N_2\Phi_2$）外，磁通Φ_2的一部分（或全部）Φ_{12}将在线圈L_1形成互感磁链Ψ_{12}（$\Psi_{12} = N_1\Phi_{12}$），仍有互感

$$M_{12} = \frac{\Psi_{12}}{i_2} \tag{4-1-24}$$

式（4-1-23）和式（4-1-24）中，M_{21}和M_{12}分别表示耦合线圈L_1对线圈L_2及耦合线圈L_2对线圈L_1的互感系数。理论和实践证明，耦合线圈间的互感系数大小相等，简称为互感。即有

$$M = M_{21} = M_{12} \tag{4-1-25}$$

互感是描述两个线圈间产生磁链的能力大小的物理量。互感的单位与自感的单位相同，在国际单位制中仍是亨利（H）。

当两线圈骨架及周围介质为非铁磁性材料时，线圈互感M是只与两线圈的结构、几何尺寸、匝数、相互位置和周围介质的磁导率有关，与各线圈所通过的电流及其变化率无关的常量，构成线性耦合电感元件；当两线圈骨架为铁磁性材料构成的铁芯时，因铁磁介质的磁导率不是常量，铁芯耦合电感的磁链是电流的非线性函数，其互感M不是常量，构成非线性耦合电感元件。

二、耦合线圈的互感耦合系数

通常两个耦合线圈电流产生的相互交链绝大部分磁通称为主磁通，而彼此不交链的那一部分磁通称为漏磁通。为了表征两个线圈磁通的交链程度，把两个线圈互感磁链与自感磁链比值的几何平均值定义为耦合系数，用k来表示，即

$$k = \sqrt{\frac{\Psi_{21}}{\Psi_1} \cdot \frac{\Psi_{12}}{\Psi_2}} \tag{4-1-26}$$

式（4-1-26）从磁的角度描述线圈的耦合程度。又因：$\Psi_1 = L_1 i_1$，$\Psi_2 = L_2 i_2$，$\Psi_{12} = M i_2$，$\Psi_{21} = M i_1$，将以上各式代入式（4-1-26）中，可得

$$k = \frac{M}{\sqrt{L_1 \cdot L_2}} \tag{4-1-27}$$

式（4-1-27）从电的角度描述线圈的耦合程度。因$\Psi_{12} \leqslant \Psi_2$，$\Psi_{21} \leqslant \Psi_1$，所以两耦合线圈间耦合系数大于等于0，小于等于1，即$0 \leqslant k \leqslant 1$。耦合系数$k$越大，两线圈耦合越大，互感越强，反之，两线圈耦合越小，互感越弱。$k=1$时，两线圈耦合互感最强，此时两线圈间无漏磁通，称为全耦合；$k=0$时，两线圈无耦合互感。

当两线圈结构与几何尺寸确定时，耦合系数k的大小主要与两线圈的相互位置有关。

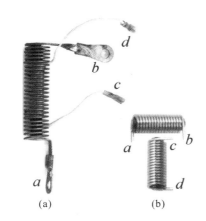

(a)　　　　(b)

图 4-1-20　耦合系数与线圈位置关系

如果两个线圈轴线重合,且紧靠或紧密绕制在一起,如图 4-1-20(a)所示,其耦合系数 k 值近似为 1。反之,如果它们相隔很远,或者它们的轴线相互垂直,如图 4-1-20(b)所示,则 k 值很小,甚至趋近于 0。由此可见,改变或调整线圈间的相互位置,可以改变耦合系数 k 的大小。当 L_1、L_2 一定时,也就相应地改变了互感 M 的大小。

在工程中,为有效地传输功率或信号,需加强互感时,总是采用全耦合方式,使 k 值尽可能接近于 1,必要时还将线圈绕制在磁导率极高的铁磁材料制成的铁芯上。

在工程上要尽量减小互感的相互作用,以避免线圈之间的相互干扰时,除采用电磁屏蔽措施外,还可通过合理布置线圈的相互位置来有效减小线圈间的互感作用。

三、耦合线圈互感电压

如图 4-1-19(a)所示,线圈 L_1 中电流 i_1 产生磁通 Φ_1,线圈 L_2 开路,与线圈 L_2 相交链的互感磁通为 Φ_{21}。显然,除 Φ_1 随电流 i_1 变化产生自感电势 e_{11} 与电压 u_{11} 外,Φ_{21} 也应随线圈 L_1 电流 i_1 的变化而变化,并在线圈 L_2 中产生互感电动势 e_{21} 和互感电压 u_{21}。

若线圈 L_1 的绕向、电流 i_1 和 Φ_1 的参考方向符合右手螺旋定则则,则 e_{21} 和 Φ_{21} 的参考方向也符合右手螺旋定则,并设 e_{21} 与 u_{21} 的参考方向相同,即所有参数都取关联参考方向(注意:电动势的正方向规定为由负到正,而端电压的正方向规定为由正到负),如图 4-1-19(a)所示。根据电磁感应定律,可得线圈 L_2 的互感电压为

$$u_{21} = -e_{21} = \frac{\mathrm{d}\Psi_{21}}{\mathrm{d}t} = M\frac{\mathrm{d}i_1}{\mathrm{d}t} \tag{4-1-28}$$

同理,若线圈 L_2 的绕向、电流 i_2 和 Φ_{12} 的参考方向符合右手螺旋定则,则 e_{12} 和 Φ_{12} 的参考方向也符合右手螺旋定则,并设 e_{12} 与 u_{12} 的参考方向相同,根据电磁感应定律,可得线圈 L_1 的互感电压为

$$u_{12} = -e_{12} = \frac{\mathrm{d}\Psi_{12}}{\mathrm{d}t} = M\frac{\mathrm{d}i_2}{\mathrm{d}t} \tag{4-1-29}$$

由上述分析可知,耦合线圈的互感电压与其相邻耦合线圈的电流变化率成正比。当相邻耦合线圈电流变化率大于 0,即 $\mathrm{d}i/\mathrm{d}t > 0$ 时,互感电压为正值,此时互感电压的实际方向与参考方向一致,反之,互感电压的实际方向与参考方向相反。

四、耦合线圈的电压、电流关系

如两相邻磁耦合线圈 L_1 和 L_2 中同时流过电流 i_1 和 i_2 时,则每个线圈的总磁链为自感磁链和互感磁链的叠加。取总磁链与自感磁链有相同的参考方向,如图 4-1-21 所示,两个线圈 L_1、L_2,其自感磁通和互感磁通方向一致,线圈内磁通增加,称之为磁通相助。

$$\left.\begin{array}{l} \Psi_1 = \Psi_{11} + \Psi_{12} = N_1(\Phi_{11} + \Phi_{12}) = L_1 i_1 + M i_2 \\ \Psi_2 = \Psi_{22} + \Psi_{21} = N_2(\Phi_{22} + \Phi_{21}) = L_2 i_2 + M i_1 \end{array}\right\} \tag{4-1-30}$$

如图 4-1-22(a)、(b)所示两个线圈,因电流方向或线圈绕制方向相反,其自感磁通与互感磁通方向相反,线圈内磁通被削弱,称之为磁通相消。根据电磁感应及右手螺旋定则可知,线圈 L_1、L_2 的总磁链 Ψ_1、Ψ_2 分别为

$$\left.\begin{array}{l} \Psi_1 = \Psi_{11} - \Psi_{12} = N_1(\Phi_{11} - \Phi_{12}) = L_1 i_1 - M i_2 \\ \Psi_2 = \Psi_{22} - \Psi_{21} = N_2(\Phi_{22} - \Phi_{21}) = L_2 i_2 - M i_1 \end{array}\right\} \tag{4-1-31}$$

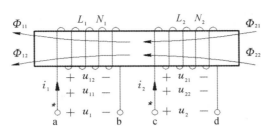

图 4-1-21　耦合线圈磁通相助

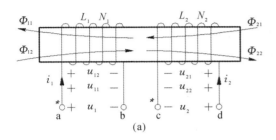

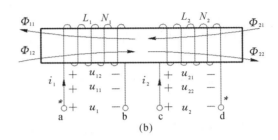

图 4-1-22　耦合电感磁通相消

设各线圈端电压（u_1、u_2）分别与各线圈的电流（i_1、i_2）取关联参考方向，且线圈电流（i_1、i_2）参考方向分别与其自感磁通（Φ_{11}、Φ_{22}）取关联参考方向，如图 4-1-21 所示，则两个线圈"磁通相助"时端电压分别为

$$
\left.
\begin{aligned}
u_1 &= u_{11} + u_{12} = \frac{\mathrm{d}\Psi_1}{\mathrm{d}t} = L_1 \frac{\mathrm{d}i_1}{\mathrm{d}t} + M \frac{\mathrm{d}i_2}{\mathrm{d}t} \\
u_2 &== u_{22} + u_{21} \frac{\mathrm{d}\Psi_2}{\mathrm{d}t} = L_2 \frac{\mathrm{d}i_2}{\mathrm{d}t} + M \frac{\mathrm{d}i_1}{\mathrm{d}t}
\end{aligned}
\right\}
\tag{4-1-32}
$$

此时，两耦合线圈互感电压（u_{12}、u_{21}）参考方向与互感磁通（Φ_{12}、Φ_{21}）参考方向符合右手螺旋定则，线圈互感电压（u_{12}、u_{21}）为正。即两个线圈"磁通相助"时有

$$
u_{12} = M \frac{\mathrm{d}i_2}{\mathrm{d}t}, u_{21} = M \frac{\mathrm{d}i_1}{\mathrm{d}t}
\tag{4-1-33}
$$

同理，如图 4-1-22(a)、(b) 所示两个线圈，各线圈端电压（u_1、u_2）分别与各线圈的电流（i_1、i_2）取关联参考方向，且线圈电流（i_1、i_2）参考方向分别与其自感磁通（Φ_{11}、Φ_{22}）参考方向符合右手螺旋定则，因其"磁通相消"，则两个线圈的端电压分别为

$$
\left.
\begin{aligned}
u_1 &= u_{11} + u_{12} = \frac{\mathrm{d}\Psi_1}{\mathrm{d}t} = L_1 \frac{\mathrm{d}i_1}{\mathrm{d}t} - M \frac{\mathrm{d}i_2}{\mathrm{d}t} \\
u_2 &== u_{22} + u_{21} \frac{\mathrm{d}\Psi_2}{\mathrm{d}t} = L_2 \frac{\mathrm{d}i_2}{\mathrm{d}t} - M \frac{\mathrm{d}i_1}{\mathrm{d}t}
\end{aligned}
\right\}
\tag{4-1-34}
$$

此时，两耦合线圈互感电压（u_{12}、u_{21}）参考方向与互感磁通（Φ_{12}、Φ_{21}）参考方向不符合右手螺旋定则，线圈互感电压（u_{12}、u_{21}）为负。即两线圈"磁通相消"时有

$$
u_{12} = -M \frac{\mathrm{d}i_2}{\mathrm{d}t}, u_{21} = -M \frac{\mathrm{d}i_1}{\mathrm{d}t}
\tag{4-1-35}
$$

综上所述，在不计耦合线圈电阻的条件下，一对耦合线圈的端电压（u_1、u_2）均分别由各自感电压（u_{11}、u_{22}）和互感电压（u_{12}、u_{22}）两部分叠加而成。取自感电压（u_{11}、u_{22}）、互感电压（u_{12}、u_{22}）与线圈端电压（u_1、u_2）的参考方向相同，且同一线圈的电压（u_1、u_2）、电流（i_1、i_2）参

考方向,各线圈电流(i_1、i_2)与其自感磁通(Φ_{11}、Φ_{22})参考方向均为关联参考方向。则各自感电压(u_{11}、u_{22})总为正,即有

$$u_{11} = L_1 \frac{\mathrm{d}i_1}{\mathrm{d}t}, u_{22} = L_2 \frac{\mathrm{d}i_2}{\mathrm{d}t} \tag{4-1-36}$$

各线圈互感电压(u_{12}、u_{22})则可正可负。当互感"磁通相助"时,互感电压(u_{12}、u_{22})为"+",如图4-1-21及式(4-1-33)所示;当互感"磁通相消"时,则互感电压(u_{12}、u_{22})为"—",如图4-1-22(a)、(b)及式(4-1-35)所示。

由以上分析可知,互感电压的正、负除与线圈电流方向有关外,还与两线圈的实际绕向和相对位置有关,而实际线圈的绕向通常不能从线圈外部判断确定,相对位置更不能直观地在电路图中表现出来,为此,电路理论上规定了线圈"同名端",以此来反映磁耦合线圈的绕向和相对位置。

五、耦合线圈同名端及元件模型

1. 耦合线圈同名端

同名端是用来说明具有磁耦合的两线圈绕向和位置关系的物理概念。两个磁耦合线圈同时通以电流时,若各个线圈中自感磁通和互感磁通方向一致,即自感磁通和互感磁通"相助",则电流流入的两个端钮为"同名端",常用"＊"或"·"标记。反之,若自感磁通和互感磁通"相消",则称为"异名端"。

如图4-1-21所示,两耦合线圈电流i_1、i_2同时从端子a、c流入时,两耦合线圈中自感磁通和互感磁通方向一致,即自感磁通和互感磁通相助,即端子a、b端为同名端,用"＊"标记,另一组未作标记的b、d端子也是同名端。显然,端子a、d和b、c为异名端。

如图4-1-22(b)所示,两耦合线圈电流i_1、i_2同时从端子a、c流入时,每个线圈中自感磁通和互感磁通方向相反,即自感磁通和互感磁通相消,则流入电流的两个端钮a、c为异名端,而a、d才为同名端,并用星号"＊"加以标记。

所以在耦合线圈中,当两个线圈的电流同时从同名端流入(或流出)时,两个电流产生的磁通相助,磁场加强,用"＊"或"."标记。如果有两个以上的线圈彼此之间存在磁耦合时,每两个耦合线圈同名端应用不同的符号一对一对地加以标记。

2. 耦合线圈同名端的判断方法

耦合线圈同名端是由线圈的相对位置和绕向确定的,如图4-1-23所示。由耦合线圈L_1、L_2的相对位置和绕向确定对应的a、b端为同名端。当开关S闭合,电流i_1从线圈L_1的a端流入并逐渐增加时,线圈L_2中互感磁通Φ_{21}也逐渐增加。根据电磁感应的楞次定律可知,线圈L_2中互感电流i_2所产生的磁通Φ_2应阻碍原互感磁通Φ_{21}变化。又根据右手螺旋定则可知,线圈L_2中的互感电流i_2从与线圈L_1的a端互为同名端的c端流出。如直流电压表V的"+"端与L_2的c端相连,则直流电压表指针正向偏转。即线圈L_2的c端为其互感电势e_2和互感电压u_2的高电位端。

由此说明,当两耦合线圈的电流同时从同名端流入且增大时,不但使各线圈内磁通相助,且会使互感线圈同名端互感电位随励磁线圈同名端电位升高而升高。同理,当励磁线圈同名端电位下降时,互感线圈同名端互感电位随之下降。这表明耦合线圈对外电路而言同名端电压极性相同。

实际情况中,往往因线圈封装在外壳中,或者线圈被绝缘层覆盖而无法判明其绕向,这时可

根据上述原理用实验的方法来判断其同名端。如图 4-1-24 所示为直流电流法确定同名端的实验电路。图中线圈L_1通过开关 S 与直流电源U_s相连,另一个线圈L_2与直流电压表 V 相连。

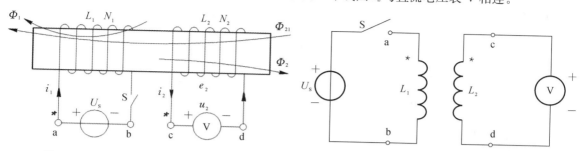

图 4-1-23　互感电流、电压与同名端关系　　　　图 4-1-24　耦合线圈同名端测定电路图

当开关 S 闭合瞬间,如果电压表 V 指针正向偏转(不必读取指示值),则线圈L_1与直流电源U_s"+"极和线圈L_2与直流电压表 V"+"端相连的 a、c 端为同名端;反之,若指针反向偏转,则 a、d 端为同名端。开关断开瞬间则指针偏转方向恰好相反。其实验过程及原理如下:

当开关 S 闭合瞬间,线圈L_1电流由端子 a 流入,并由零逐渐增加时,除 a 端电位逐渐升高外,还能使磁耦合另一线圈的同名端 c 端电位升高。这时电压表指针正向偏转,说明端钮 c 为互感电势的高电位,所以以端子 a、c 为同名端。

判断耦合线圈的同名端不只是电路分析的需要,更是实际应用的需要,实际应用中如果同名端连错,不仅达不到预期的目的,甚至会造成电气设备损坏的严重后果。

3. 耦合线圈的电路元件模型

测定耦合线圈的同名端后,就不必在电路中画出耦合线圈的实际绕向和相对位置,可用耦合电感元件的电路符号来表示,如图 4-1-25 所示。

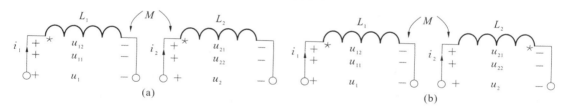

图 4-1-25　耦合电感元件电路符号

耦合电感元件是由实际耦合线圈抽象出来的理想化电路模型,由自感L_1、L_2和互感 M 三个参数以及同名端标记来表征。各线圈端电压为其自感电压与互感电压的代数和,即

$$u_1 = u_{11} + u_{12},\ u_2 = u_{22} + u_{21}$$

因各耦合线圈电流、电压取关联参考方向,且规定各线圈电流与自感磁通符合右手螺旋定则。故自感电压始终取"+",即

$$u_{11} = L_1 \frac{\mathrm{d}i_1}{\mathrm{d}t},\ u_{22} = L_2 \frac{\mathrm{d}i_2}{\mathrm{d}t}$$

互感电压的符号可按下述规则确定:若两线圈电流参考方向均由两线圈同名端流入时,如图 4-1-25(a)所示,线圈电流与其所引起的互感电压的参考方向对于同名端一致时,则它们是关联参考方向,这时互感电压为"+",即

$$u_{12} = M \frac{\mathrm{d}i_2}{\mathrm{d}t},\ u_{21} = M \frac{\mathrm{d}i_1}{\mathrm{d}t}$$

反之,若两线圈电流参考方向由两线圈异名端流入时,如图 4-1-25(b)所示,线圈电流与其所引起的互感电压的参考方向对于同名端不一致时,则它们是非关联参考方向,这时互感电压为"−",即

$$u_{12} = -M \frac{\mathrm{d}i_2}{\mathrm{d}t}, u_{21} = -M \frac{\mathrm{d}i_1}{\mathrm{d}t}$$

耦合电感元件的端口电压、电流关系分别为

$$u_1 = L_1 \frac{\mathrm{d}i_1}{\mathrm{d}t} \pm M \frac{\mathrm{d}i_2}{\mathrm{d}t}, u_2 = L_2 \frac{\mathrm{d}i_2}{\mathrm{d}t} \pm M \frac{\mathrm{d}i_1}{\mathrm{d}t}$$

六、典型例题

例 4-1-4 如图 4-1-26 所示的两磁耦合线圈,已知 $L_1 = L_2 = 100$ mH,耦合系数 $k = 0.8$。试求:(1) 互感 M;(2) 若已知 $i_1 = 10\sin(600t - 30°)$A,求互感电压 u_{21}。

解:(1) 互感 M 为

$$M = k \sqrt{L_1 L_2} = 0.8 \times \sqrt{100 \times 100} \text{ mH} = 80 \text{ mH}$$

(2) 由于 i_1 的参考方向与 u_{21} 的参考方向对于同名端不一致,故互感电压 u_{21} 为负,所以有

$$u_{21} = -M \frac{\mathrm{d}i_1}{\mathrm{d}t} = -80 \times 10^{-3} \frac{\mathrm{d}[10\sin(600t - 30°)]}{\mathrm{d}t}$$

$$u_{21} = -80 \times 10^{-3} \times 10 \times 600\cos(600t - 30°)$$

$$u_{21} = -480\sin(600t + 60°) = 480\sin(600t - 120°) \text{ V}$$

例 4-1-5 如图 4-1-27 所示,试说明图示耦合线圈的同名端。当开关 S 断开瞬间,试判断直流电压表指针偏转方向。

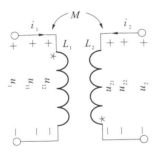

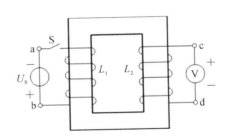

图 4-1-26　例 4-1-4 图　　　　图 4-1-27　例 4-1-5 图

解:设当开关 S 闭合瞬间,线圈 L_1 中电流由 b 端流入,并逐渐增加,线圈 L_2 中互感电流由 d 端流出。即互感电位 d 端高于 c 端,所以线圈 L_1、L_2 的 b、d 端为同名端。此时,因直流电压表"−"端与线圈 L_2 的 d 端相连,所以直流电压表指针反偏。

因此,当开关 S 断开瞬间,直流电压表指针将正向偏转。

◆ 4.1.6　耦合线圈的连接

含有耦合电感的正弦电流电路在分析计算时,仍可采用相量法,其基尔霍夫电流定律 KCL 的形式仍然不变,但在基尔霍夫电压定律 KVL 的表达式中,应计入由于耦合电感引起的互感电压。当某些支路含有耦合电感时,这些支路的电压将不仅与本支路的电流有关,同时还与那些与之有耦合关系的支路电流有关。因而对于含有耦合电感的正弦电流电路不能直接用节点分析法列写电路方程,也不能直接用复阻抗串并联公式化简电路,只有消去互感

后或用受控源表示互感后,才能用节点法分析。所以计算含有耦合电感的正弦电流电路一般都采用支路电流法或网孔分析法。含有耦合电感电路的功率计算与普通正弦交流电路的方法相同。

如果通过耦合线圈的两个电流为同频率的正弦电流,当线圈电压与电流参考方向取关联参考方向时,其各线圈自感电压的相量式为

$$\dot{U}_{11} = j\omega L_1 \dot{I}_1 = j X_1 \dot{I}_1, \dot{U}_{22} = j\omega L_2 \dot{I}_2 = j X_2 \dot{I}_2$$

同样,两耦合线圈互感电压也是同频率的正弦量。当线圈电流和由它引起的互感电压的参考方向对于同名端一致(即同名端有相同的参考电压极性)时,互感电压为正("＋"),反之,为负("－"),即互感电压为

$$\dot{U}_{12} = \pm j\omega M \dot{I}_2 = \pm j X_M \dot{I}_2, \dot{U}_{21} = \pm j\omega M \dot{I}_2 = \pm j X_M \dot{I}_1 \tag{4-1-37}$$

式中:X_M 称为互感电抗,单位为 Ω。

一、耦合线圈串联的去耦化等效模型

由于耦合线圈同名端的存在,两个耦合线圈的串联分顺向串联和反向串联两种接法。顺向串联是把两线圈的异名端相连接,电流 $\dot{I}$ 依次从两线圈的同名端流入,两线圈产生的磁场互相增强,互感电压为正,如图 4-1-28(a)所示。

反向串联是把两线圈的同名端相连接,电流 $\dot{I}$ 依次从两线圈的异名端流入,两线圈产生的磁场互相削弱,互感电压为负,如图 4-1-28(b)所示。

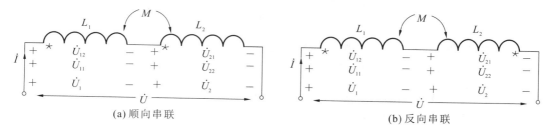

(a) 顺向串联   (b) 反向串联

图 4-1-28　耦合线圈串联

若不计两耦合线圈电阻 R_1、R_2,两个线圈的自感为 L_1、L_2,M 为两个线圈的互感。两耦合线圈电流、电压和互感电压的参考方向和极性如图 4-1-28 所示。当两耦合线圈顺向串联时,根据 KVL 两线圈的端电压分别为

$$\dot{U}_1 = \dot{U}_{11} + \dot{U}_{12} = j\omega L_1 \dot{I} + j\omega M \dot{I}$$

$$\dot{U}_2 = \dot{U}_{22} + \dot{U}_{21} = j\omega L_2 \dot{I} + j\omega M \dot{I}$$

两耦合线圈端口总电压为

$$\dot{U} = \dot{U}_1 + \dot{U}_2 = j\omega(L_1 + L_1 + 2M) \dot{I}$$

同理,当两耦合线圈反向串联时,根据 KVL,两线圈的端电压分别为

$$\dot{U}_1 = \dot{U}_{11} + \dot{U}_{12} = j\omega L_1 \dot{I} - j\omega M \dot{I}$$

$$\dot{U}_2 = \dot{U}_{22} + \dot{U}_{21} = j\omega L_2 \dot{I} - j\omega M \dot{I}$$

两耦合线圈端口总电压为

$$\dot{U} = \dot{U}_1 + \dot{U}_2 = j\omega(L_1 + L_1 - 2M)\dot{I}$$

由此可见,当两耦合线圈串联时,其等效电抗为

$$X_{eq} = \frac{\dot{U}}{\dot{I}} = j\omega(L_1 + L_1 \pm 2M)$$

其等效电感为

$$L_{eq} = L_1 + L_1 \pm 2M \qquad (4\text{-}1\text{-}38)$$

式(4-1-38)中,"+"号为顺向串联,表示各线圈电感增加互感 M;"−"号为反向串联,表示各线圈电感减少 M。利用这个结论,不但可以用实验方法判断耦合电感的同名端,即 $U = U_1 + U_2$ 时为顺向串联, $U = U_1 - U_2$ 时为反向串联。还可以用来测量耦合电感 M 的大小。即通过实验分别测得两线圈顺、反向串联的等效电感 L_F、L_R,则两线圈互感 M 为

$$M = \frac{L_F - L_R}{4} \qquad (4\text{-}1\text{-}39)$$

应该注意,反向串联互感有削弱电感的作用,这种作用称为互感的"容性"效应。在一定的条件下,可能有一个线圈的自感小于互感 M,则该线圈呈"容性"反应,即其电压滞后于电流。但串联后的等效电感也必然大于或等于零,电路仍为感性电路,即

$$L_1 + L_2 - 2M \geqslant 0$$

二、耦合线圈并联的去耦化等效模型

两个耦合电感线圈的并联有同侧并联和异侧并联两种接法。同侧并联是把两线圈的同名端相并连接,支路电流 $\dot{I}_1$、$\dot{I}_2$ 分别从两线圈的同名端流入,两线圈产生的磁场互相增强,互感电压为"+",如图 4-1-29(a)所示。

异侧并联是把两线圈的异名端相连接,支路电流 $\dot{I}_1$、$\dot{I}_2$ 分别从两线圈的异名端流入,两线圈产生的磁场互相削弱,互感电压为"−",如图 4-1-29(b)所示。

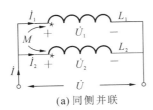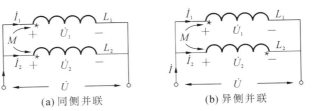

(a) 同侧并联 (b) 异侧并联

图 4-1-29 耦合线圈并联

若不计两耦合线圈电阻 R_1、R_2,两个线圈的自感为 L_1、L_2,M 为两个线圈的互感。两耦合线圈各电流、电压参考方向和极性如图 4-1-29 所示。当两耦合线圈同侧并联时,两线圈的端电压分别为

$$\dot{U}_1 = \dot{U}_{11} + \dot{U}_{12} = j\omega L_1 \dot{I}_1 + j\omega M \dot{I}_2$$

$$\dot{U}_2 = \dot{U}_{22} + \dot{U}_{21} = j\omega L_2 \dot{I}_2 + j\omega M \dot{I}_1$$

又因为,$\dot{U} = \dot{U}_1 = \dot{U}_2$,$\dot{I} = \dot{I}_1 + \dot{I}_2$,代入上述两式得

$$\left.\begin{array}{l} \dot{U}_1 = j\omega L_1 \dot{I}_1 + j\omega M(\dot{I} - \dot{I}_1) = j\omega(L_1 - M)\dot{I}_1 + j\omega M \dot{I} \\ \dot{U}_2 = j\omega L_2 \dot{I}_2 + j\omega M(\dot{I} - \dot{I}_2) = j\omega(L_2 - M)\dot{I}_2 + j\omega M \dot{I} \end{array}\right\} \quad (4\text{-}1\text{-}40)$$

由式(4-1-40)可知,耦合电感同侧并联的去耦化等效电路模型如图4-1-30(a)所示。其等效电感L_{eq}为

$$L_{eq} = \left[(L_1 - M) /\!/ (L_2 - M) + M\right]$$

$$L_{eq} = \frac{L_1 L_2 - M^2}{L_1 + L_2 - 2M} \quad (4\text{-}1\text{-}41)$$

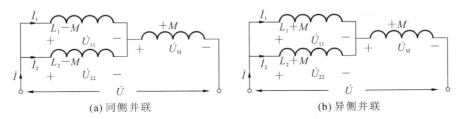

(a) 同侧并联　　　　　　　　　　(b) 异侧并联

图 4-1-30　耦合线圈并联的去耦化电路模型

同理,两耦合线圈异侧并联时,两线圈的端电压分别为

$$\dot{U}_1 = \dot{U}_{11} + \dot{U}_{12} = j\omega L_1 \dot{I}_1 - j\omega M \dot{I}_2$$

$$\dot{U}_2 = \dot{U}_{22} + \dot{U}_{21} = j\omega L_2 \dot{I}_2 - j\omega M \dot{I}_1$$

将$\dot{U} = \dot{U}_1 = \dot{U}_2$,$\dot{I} = \dot{I}_1 + \dot{I}_2$代入上述两式得

$$\left.\begin{array}{l} \dot{U}_1 = j\omega L_1 \dot{I}_1 - j\omega M(\dot{I} - \dot{I}_1) = j\omega(L_1 + M)\dot{I}_1 - j\omega M \dot{I} \\ \dot{U}_2 = j\omega L_2 \dot{I}_2 - j\omega M(\dot{I} - \dot{I}_2) = j\omega(L_2 + M)\dot{I}_2 - j\omega M \dot{I} \end{array}\right\} \quad (4\text{-}1\text{-}42)$$

由式(4-1-42)可知,耦合电感异侧并联的去耦化等效电路模型,如图 4-1-30(b)所示。其等效电感L_{eq}为

$$L_{eq} = \left[(L_1 + M) /\!/ (L_2 + M) - M\right]$$

$$L_{eq} = \frac{L_1 L_2 - M^2}{L_1 + L_2 + 2M} \quad (4\text{-}1\text{-}43)$$

所以,耦合电感并联时,等效电感可表示为

$$L_{eq} = \frac{L_1 L_2 - M^2}{L_1 + L_2 \mp 2M} \quad (4\text{-}1\text{-}44)$$

式(4-1-44)中,分母中$\mp 2M$前的"－"号对应同侧并联,即同侧并联时,磁场增强,等效电感增大,分母取"－"号;"＋"号对应异侧并联,即异侧并联时,磁场削弱,等效电感减小,分母取"＋"号。

三、耦合线圈 T 形连接的去耦化等效模型

两个耦合电感线圈的 T 形连接有同名端相连和异名端相连两种接法。同名端 T 形连接是两线圈的一对同名端相连接,另一对同名端开路。支路电流$\dot{I}_1$、$\dot{I}_2$分别从两线圈的同名端流入,两线圈产生的磁场互相增强,互感电压为正,如图 4-1-31(a)所示。

异名端连接是把两线圈的一对异名端相连接,另一对异名端开路。支路电流$\dot{I}_1$、$\dot{I}_2$分别

从两线圈的异名端流入，两线圈产生的磁场互相削弱，互感电压为负，如图 4-1-32(a)所示。

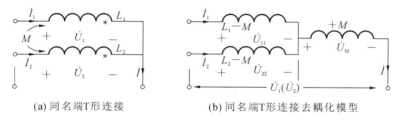

(a) 同名端T形连接   (b) 同名端T形连接去耦化模型

图 4-1-31　耦合线圈同名端 T 形连接

若不计两耦合线圈电阻R_1、R_2，两个线圈的自感为L_1、L_2，M 为两个线圈的互感。两耦合线圈各电流、电压参考方向和极性如图 4-1-31 所示。当两耦合线圈同名端作 T 形连接时，两线圈的端电压分别为

$$\dot{U}_1 = \dot{U}_{11} + \dot{U}_{12} = j\omega L_1 \dot{I}_1 + j\omega M \dot{I}_2$$

$$\dot{U}_2 = \dot{U}_{22} + \dot{U}_{21} = j\omega L_2 \dot{I}_2 + j\omega M \dot{I}_1$$

耦合线圈 T 形连接中，虽然$\dot{U}_1 \neq \dot{U}_2$但$\dot{I} = \dot{I}_1 + \dot{I}_2$，将其代入上述两式得

$$\left.\begin{array}{l} \dot{U}_1 = j\omega L_1 \dot{I}_1 + j\omega M(\dot{I} - \dot{I}_1) = j\omega(L_1 - M)\dot{I}_1 + j\omega M \dot{I} \\ \dot{U}_2 = j\omega L_2 \dot{I}_2 + j\omega M(\dot{I} - \dot{I}_2) = j\omega(L_2 - M)\dot{I}_2 + j\omega M \dot{I} \end{array}\right\} \qquad (4\text{-}1\text{-}45)$$

由式(4-1-45)可知，耦合线圈同名端作 T 形连接的去耦化等效电路模型如图 4-1-31(b)所示。

当两耦合线圈异名端作 T 形连接时，若不计两耦合线圈电阻R_1、R_2，两个线圈的自感为L_1、L_2，M 为两个线圈的互感。两耦合线圈各电流、电压参考方向和极性如图 4-1-32 所示。两线圈的端电压分别为

$$\dot{U}_1 = \dot{U}_{11} + \dot{U}_{12} = j\omega L_1 \dot{I}_1 - j\omega M \dot{I}_2$$

$$\dot{U}_2 = \dot{U}_{22} + \dot{U}_{21} = j\omega L_2 \dot{I}_2 - j\omega M \dot{I}_1$$

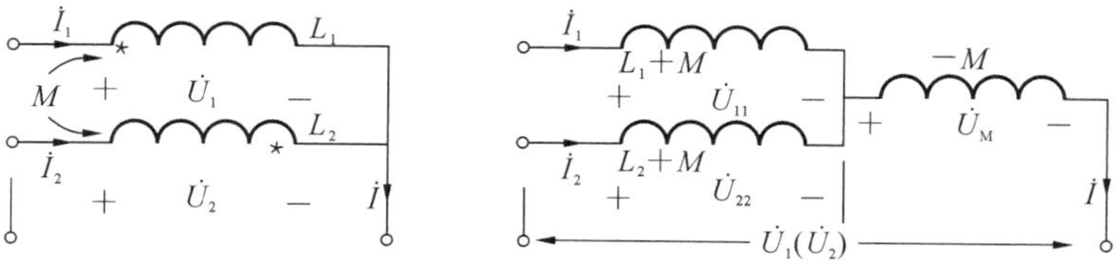

(a) 异名端T形连接   (b) 异名端T形连接去耦化模型

图 4-1-32　耦合线圈异名端 T 形连接

又因为，$\dot{I} = \dot{I}_1 + \dot{I}_2$(但$\dot{U}_1 \neq \dot{U}_2$)，代入上述两式得

$$\left.\begin{array}{l} \dot{U}_1 = j\omega L_1 \dot{I}_1 - j\omega M(\dot{I} - \dot{I}_1) = j\omega(L_1 + M)\dot{I}_1 - j\omega M \dot{I} \\ \dot{U}_2 = j\omega L_2 \dot{I}_2 - j\omega M(\dot{I} - \dot{I}_2) = j\omega(L_2 + M)\dot{I}_2 - j\omega M \dot{I} \end{array}\right\} \qquad (4\text{-}1\text{-}46)$$

由式（4-1-46）可知，耦合线圈异名端作 T 形连接的去耦化等效电路模型如图 4-1-32(b)所示。

四、典型例题

例 4-1-6　图 4-1-33(a)所示电路中,$R_1 = R_2 = 3\ \Omega$,$\omega L_1 = \omega L_2 = 4\ \Omega$,$\omega M = 2\ \Omega$,在 a、b 端口加 $U_1 = 10$ V 的正弦电压,求 c、d 端口开路电压 U_2,并作相量图。

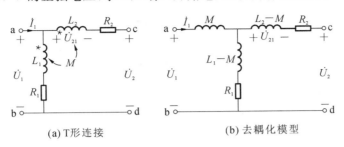

(a) T形连接　　　　　　　　(b) 去耦化模型

图 4-1-33　例 4-1-6 图

解:当 c、d 端口开路时,线圈 L_2 中无电流,因此线圈 L_1 中无互感电压 $\dot{U}_{12}$,L_2 中无自感电压 $\dot{U}_2$。设 $\dot{U}_1 = 10\angle 0°$ V,线圈 L_1 中电流 $\dot{I}_1$ 为

$$\dot{I}_1 = \frac{\dot{U}_1}{R_1 + j\omega L_1} = \frac{10\angle 0°}{3 + j4}\ \text{A} = 2\angle -53.1°\ \text{A}$$

线圈 L_2 中互感电压 $\dot{U}_{21}$ 为

$$\dot{U}_{21} = j\omega M \dot{I}_1 = j2 \times 2\angle -53.1°\ \text{V} = 4\angle 36.9°\ \text{V}$$

其参考方向,关于 L_1、L_2 中同名端取关联参考方向,则线圈 L_2 中电压 $\dot{U}_2$ 为

$$\dot{U}_2 = \dot{U}_1 - \dot{U}_{21} = (10\angle 0° - 4\angle 36.9°)\ \text{V} = 7.2\angle -19°\ \text{V}$$

相量图如图 4-1-34 所示。

本题两耦合电感线圈有一个公共端 a,且是同名端作 T 形连接,故其去耦化等效模型如图 4-1-33(b)所示。根据串联分压公式即可求得

$$\dot{U}_2 = \frac{R_1 + j\omega(L_1 - M)}{R_1 + j\omega(L_1 - M) + j\omega M}\dot{U}_1$$

$$= \frac{3 + j2}{3 + j4} \times 10\angle 0°\ \text{V} = 7.2\angle -19°\ \text{V}$$

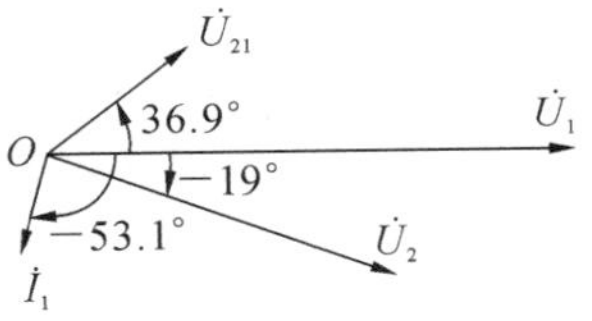

图 4-1-34　例 4-1-6 相量图

可见,在含耦合电感电路中,利用去耦化可以将含有耦合电感的电路转化为无耦合关系的等效电感电路,即可简化电路的分析计算。

例 4-1-7　如图 4-1-35 所示电路中,已知 $R = 3\ \Omega$,$L_1 = 3$ mH,$L_2 = 6$ mH,$M = 3$ mH,$C = 67\ \mu$F。试画出 $\omega = 1000$ rad/s 时的等效电路,并求其输入阻抗 Z_{eq}。

解:如图 4-1-35(a)所示,耦合线圈 L_1、L_2 为同名端相连的 T 形连接。

其去耦化等效电路模型如图 4-1-35(b)所示。其中

$$X_{L1} = \omega L_1 = 1000 \times 3 \times 10^{-3}\ \Omega = 3\ \Omega$$

$$X_{L2} = \omega L_2 = 1000 \times 6 \times 10^{-3}\ \Omega = 6\ \Omega$$

$$X_M = \omega M = 1000 \times 3 \times 10^{-3}\ \Omega = 3\ \Omega$$

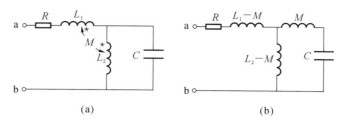

图 4-1-35   例 4-1-7 图

$$X_C = \frac{1}{\omega C} = \frac{1}{1000 \times 67 \times 10^{-6}}\ \Omega = 15\ \Omega$$

所以,其等效阻抗Z_{eq}为

$$Z_{eq} = R + j(X_{L1} - X_M) + [j(X_{L2} - X_M)\ //\ j(X_M - X_C)]$$
$$= \{3 + j(3-3) + [j(6-3)\ //\ j(3-15)]\}\ \Omega$$
$$= [3 + j3\ //\ j(-12)]\ \Omega = (3 + j4)\ \Omega = 5\angle 53°\ \Omega$$

4.1.7   铁芯理想变压器

变压器是利用耦合线圈互感原理来实现电能传输或信号传递的电气设备。根据线圈芯柱介质不同,可分为空心变压器和铁芯变压器。空心变压器线圈绕刻在非铁磁性材料制成的芯柱上,如塑料芯柱,不会产生铁芯损耗,且假设其芯柱磁介质 B-H 特性为线性的,所以这种变压器器又称为线性变压器;铁芯变压器线圈绕制在铁磁性材料制成的芯柱上,如硅钢片芯柱。

电力工程中,为使变压器一、二次绕组电感尽可能大,将变压器绕组绕制在磁导率极高的铁磁性材料制成的铁芯上。如图 4-1-36(a)所示为理想铁芯变压器的结构示意图,其结构主要由闭合铁芯和两个绕组等部分组成。其变压器元件及电路图如图 4-1-36(b)所示。理想铁芯变压器虽在实际工程中不可能出现,但高性能的变压器其参数非常接近理想变压器的参数。

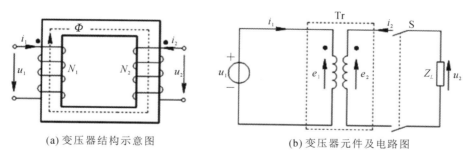

(a) 变压器结构示意图   (b) 变压器元件及电路图

图 4-1-36   变压器结构与电路图

理想铁芯变压器应当满足以下三个条件:① 变压器自身无损耗,即没有铜损和铁损。即输出功率与输入功率相等,效率为 100%。② 变压器的全部磁通都闭合在铁芯中,没有任何漏磁通。③ 铁芯材料的磁导率趋近于无限大,即一次绕组和二次绕组的电感及其互感量均为无限大。

通常来说,变压器主要具有变换电压、变换电流和变换阻抗的作用;其次,还具有"倒相"

的相位变换和一、二次绕组的隔离保护作用。

一、电压变换作用

因为变压器没有任何漏磁通,穿过一次绕组和二次绕组的磁通相同。在正弦交变磁通 Φ 的激励下,一、二次绕组中分别产生感应电动势 e_1、e_2,在图 4-1-36 所示变压器同名端和电流、电压参考方向下,一、二次绕组电压为

$$u_1 = -e_1 = N_1 \frac{d\Phi}{dt} = 4.44 f N_1 \Phi_m$$

$$u_2 = -e_2 = N_2 \frac{d\Phi}{dt} = 4.44 f N_2 \Phi_m$$

所以,有

$$\frac{u_1}{u_2} = \frac{N_1}{N_2} = n$$

若 u_1、u_2 为正弦交流电压时,则有

$$\frac{\dot{U}_1}{\dot{U}_2} = \frac{N_1}{N_2} = n$$

所以,变压器一、二次绕组电压有效值关系为

$$\frac{U_1}{U_2} = \frac{N_1}{N_2} = n \tag{4-1-47}$$

式(4-1-47)中,n 是变压器一、二次绕组匝数之比,又称为电压比(简称"变比")。如 $n > 1$ 时,$U_1 > U_2$ 为降压变压器;$n < 1$ 时,$U_1 < U_2$ 为升压变压器;$n = 1$ 时,$U_1 = U_2$ 为隔离变压器。

二、电流变换作用

由于理想变压器本身无损耗,因此,理想变压器二次侧接通负载后,任何时刻负载吸收功率与一次侧电源发出功率相等。即

$$u_1 i_1 + u_2 i_2 = 0$$

由此可得

$$\frac{i_1}{i_2} = -\frac{N_2}{N_1} = -n$$

若 i_1、i_2 为正弦交流电流时,则有

$$\frac{\dot{I}_1}{\dot{I}_2} = -\frac{N_2}{N_1} = -\frac{1}{n}$$

所以,变压器一、二次绕组电压有效值关系为

$$\frac{I_1}{I_2} = \frac{N_2}{N_1} = \frac{1}{n} \tag{4-1-48}$$

式(4-1-48)表明,变压器一次绕组和二次绕组电流之比等于一、二次绕组匝数之比的倒数,即变压器电压比的倒数。

三、阻抗变换作用

如果在二次侧接通阻抗为 Z_L,如图 4-1-37(a)所示,此时,二次侧有

$$U_2 = I_2 Z_L$$

则从一次侧看进去的输入阻抗 Z_1 为

$$Z_1 = \frac{U_1}{I_1} = \frac{N_1}{N_2} U_2 \times \frac{N_1}{N_2} \frac{1}{I_2} = \left(\frac{N_1}{N_2}\right)^2 Z_L$$

令,$Z_2 = Z_L$,即有

$$\frac{Z_1}{Z_2} = \left(\frac{N_1}{N_2}\right)^2 = n^2 \qquad (4\text{-}1\text{-}49)$$

由式(4-1-49)可见,理想变压器从一次侧看进去的输入阻抗 Z_1 为二次阻抗 Z_2 的 k^2 倍,其等效电路如图 4-1-37(b)所示。

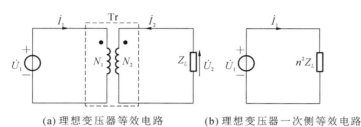

(a) 理想变压器等效电路　　　(b) 理想变压器一次侧等效电路

图 4-1-37　变压器等效变换

在电子线路和通信工程中,为了提高信号的传输功率,常采用耦合变压器将负载阻抗变换为适当的数值,以满足前级电路的阻抗匹配要求。即

$$Z_L = \frac{1}{n^2} Z_1 \qquad (4\text{-}1\text{-}50)$$

四、典型例题

例 4-1-8　有一容量为 5 kVA 的"工频"单相变压器,一次绕组电压 $U_1 = 220$ V,二次绕组空载电压 $U_{20} = 24$ V,铁芯截面 $S = 54$ cm²,若铁芯中最大磁感应强度 $B_m = 1.1$ T,求一、二次绕组匝数 N_1、N_2 各为多少?

解:铁芯中磁通最大值为

$$\Phi_m = B_m S = 1.1 \times 54 \times 10^{-4} \text{ Wb} = 59.4 \times 10^{-4} \text{ Wb}$$

则变压器一次绕组匝数为

$$N_1 = \frac{E_1}{4.44 f \Phi_m} \approx \frac{U_1}{4.44 f \Phi_m} = \frac{220}{4.44 \times 50 \times 59.4 \times 10^{-4}} = 167$$

二次绕组匝数为

$$N_2 = \frac{U_{20}}{4.44 f \Phi_m} = \frac{24}{4.44 \times 50 \times 59.4 \times 10^{-4}} = 19$$

也可以根据一、二次绕组的电压比得二次绕组匝数,为

$$N_2 = \frac{U_{20}}{U_1} N_1 = \frac{24}{220} \times 167 = 19$$

例 4-1-9　有一容量为 $S_N = 1.5$ kVA 的单相变压器,一次绕组额定电压 $U_{1N} = 220$ V,二次绕组额定电压 $U_{2N} = 36$ V,求一、二次侧额定电流。

解:因为变压器容量

$$S_N = U_{2N} I_{2N}$$

所以,二次侧额定电流

$$I_{2N} = \frac{S_N}{U_{2N}} = \frac{1.5 \times 10^3}{36} \text{ A} = 41.7 \text{ A}$$

又因为

$$\frac{I_{1N}}{I_{2N}} = \frac{1}{n} = \frac{U_{2N}}{U_{1N}}$$

所以,一次侧额定电流为

$$I_{1N} = \frac{U_{2N}}{U_{1N}} I_{2N} = \frac{36}{220} \times 41.7 \text{ A} = 6.8 \text{ A}$$

例 4-1-10 有一负载阻抗 $Z_L = 4$ Ω,若用变压器进行阻抗变换,使等效负载阻抗 $Z'_L = 64$ Ω,求变压器变比。

解:因为变压器阻抗变换关系为

$$\frac{Z_1}{Z_2} = \left(\frac{N_1}{N_2}\right)^2 = n^2$$

所以,等效负载阻抗

$$Z'_L = n^2 Z_L$$

则变压器变比为

$$n = \sqrt{\frac{Z'_L}{Z_L}} = \sqrt{\frac{64}{4}} = 4$$

4.2 变压器与交流异步电动机结构分析与测试

4.2.1 变压器结构分析与铭牌参数

变压器是根据电磁感应原理工作,广泛应用在电力输配电系统、电子技术、电气测量及自动控制等领域的静止电气设备。具有变换电压、电流和阻抗等作用。

变压器分类按输入输出电压升降,可分为升压变压器和降压变压器;按交流电的相数,可分为单相变压器和三相变压器;按用途,可分为输配电用电力变压器、调压用自耦变压器、测量仪用互感器、电加工用电焊变压器和电炉变压器、控制技术用控制变压器、电子技术用电源变压器、输入输出变压器、振荡变压器、脉冲变压器和高频变压器等。

现代工业生产及城市生活所用电,由发电厂发出后往往需要远距离传输到用电区域,直至用户。如图 4-2-1 所示,其过程需经历发电、输电、变电、配电及用电等阶段。在传输电力容量一定的情况下,输电电压越高,输电电流就越小。一方面,当输电线路距离和导线线径一定,即线路阻抗一定时可减小线路电压和电能损耗;另一方面,若要输电线路损耗一定时,则可减小输电线路导线的线径,节省导电材料。所以,高压输电既能降低输电线路电压及功率损耗,又能节省导电材料。

目前,我国交流输电电压普遍高达 500 kV 以上,最高已达交流 1000 kV,直流 800 kV。而从发电机安全运行(如绝缘性能)和制造成本来讲,发电机都不能直接生产如此高的电压。当前,发电机直接生产电压均低于 22 kV,一般有 3.15 kV、6.3 kV、10.5 kV、15.75 kV 等多种电压。因此,必须用升压变压器将电压升高后,才能远距离传输。另一方面,用户端用电

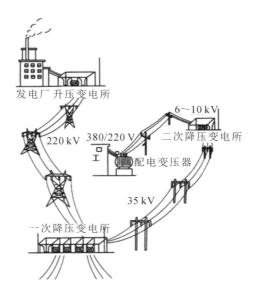

图 4-2-1　电力系统结构示意图

设备所需电压比较低,且电压高低也不相同。绝大多数用电设备工作额定电压为 380 V、220 V 或 36 V 等,少数电动机也采用 3 kV、6 kV 等电压。因此,电能传输到用电区域后,又需用降压变压器将高电压降低为用户各种用电设备所需的低电压。电力系统中电力变压器的应用如图 4-2-2 所示。图 4-2-3 所示为芯式变压器。

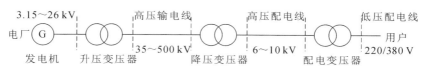

图 4-2-2　电力系统中电力变压器应用

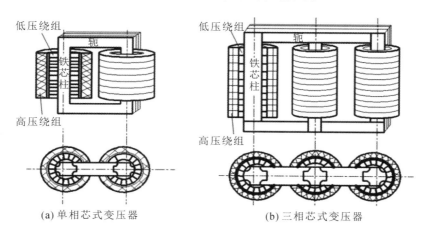

图 4-2-3　芯式变压器

变压器除用于电力系统外,还应用于需要特种电源的工矿企业、交通运输、电气测量与试验、电子技术设备等领域。

一、变压器基本结构

变压器种类繁多,但其工作原理相同,即基于电磁感应工作原理。各类变压器虽结构、外形、体积和重量等诸多方面差别巨大,但其基本结构相同,主要由铁芯和绕组两部分组成。

按铁芯和绕组的结构形式,变压器可分为芯式变压器和壳式变压器两种。如图 4-2-3 所示为单相和三相芯式变压器结构示意图。芯式变压器绕组环绕在铁芯柱上,铁芯结构简单,绕组安装和绝缘也比较容易,是变压器应用最多的结构形式。

如图 4-2-4 所示为单相壳式变压器结构示意图。单相壳式变压器,具有一个中心铁芯柱和两个分支铁芯柱(也称旁轭),中心铁芯柱的宽度为两旁轭铁芯柱宽度之和。全部绕组放在中心铁芯柱上,两个分支铁芯柱好像"外壳"似的围绕在绕组的外侧,使变压器部分绕组被铁芯包围,可以不用专门的变压器外壳,用于通过大电流的变压器,如电焊变压器和电炉变压器等,以及小容量的电源变压器等。

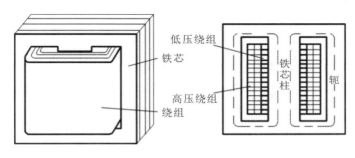

图 4-2-4 壳式单相变压器

1.变压器铁芯

铁芯是变压器的磁路。低频变压器为使铁芯具有较高的磁导率和较小的磁滞及涡流损耗,通常采用表面涂有绝缘漆膜、厚度为 0.35 mm 或 0.5 mm 的硅钢片(软磁性材料)叠装而成。在电子技术设备和自动控制中的一些变压器,要求铁芯具有更高的磁导率时,常采用坡莫合金(铁、镍合金或铁、镍及其他金属元素的合金)。

高频变压器铁芯既要求有较高的磁导率,又要求在高频条件下较小的铁芯损耗,常采用高频软磁铁氧体,也称铁淦氧。是铁的氧化物和其它金属氧化物的合金粉末按陶瓷工艺方法加工成变压器铁芯的形状,又称铁粉芯。其使用频率为 1 kHz 至 200 kHz 以上。

根据变压器铁芯的制作工艺可分叠片式铁芯和卷制式铁芯两种。如图 4-2-5 所示用条状硅钢片拼装成芯式"口字型"铁芯叠片。如图 4-2-6(a)、(b)所示,为芯式"斜口型"铁芯叠片和 C 形铁芯,也称卷片式铁芯;如图 4-2-7(a)、(b)所示是两种小型壳式变压器的常见的铁芯叠片,图 4-2-7(a)是 E 形或条形硅钢片叠成的铁芯叠片,图 4-2-7(b)是 F 形铁芯叠片。

第一层

第二层

图 4-2-5 口字型铁芯叠片

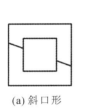
(a) 斜口形

(b) C形铁芯

(a) E形叠片

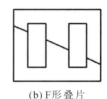
(b) F形叠片

图 4-2-6　斜口形和 C 形芯式铁芯　　　图 4-2-7　E 形和 F 形壳式铁芯

变压器叠片式铁芯装配时,先将硅钢片冲剪成所需形状,再将一片片硅钢片按其接口交错地插入已绕制好并经过绝缘处理的线圈中,最后用夹件将铁芯夹紧。铁芯装配时,要求接缝处的空气隙应越小越好,以减小铁芯磁路的磁阻以减小铁芯损耗。

卷片式铁芯采用带料硅钢片连续卷制而成,不需叠装。磁通方向符合扎制方向,铁芯导磁性能极高,空载性能好,绕组线圈需用专用设备绕制。适用于电流互感器、接触式高压器等电气设备。多级卷制铁芯和矩形卷片式铁芯则多用于小容量单相变压器。

2. 变压器绕组

变压器的线圈又称为绕组,是变压器中的电路部分,小型变压器一般用具有绝缘的漆包圆铜线绕制而成,对容量稍大的变压器则用扁铜线或扁铝线绕制。

在变压器中,接到电源端的绕组称一次绕组(或原绕组),接到负载端的绕组称二次绕组(或副绕组)。通常一、二次绕组的匝数不相同,匝数多的电压高,又称高压绕组,匝数少的电压低,又称低压绕组。按高、低压绕组的相互位置和形状不同,绕组可分为同心式和交叠式两种。

1）同心式绕组

同心式绕组是将一、二次绕组同心地套装在铁芯柱上,如图 4-2-8 所示。为便于与铁芯绝缘,把低压绕组套装在里面,高压绕组套装在外面。对低压大电流大容量的变压器,由于低压绕组引出线很粗,也可以把它放在外面。高、低压绕组之间留有空隙,可作为油浸式变压器的油道,既利于绕组散热,又作为两绕组之间的绝缘。

同心式绕组按其绕制方法的不同又可分为圆筒式、螺旋式和连续式等多种。同心式绕组的结构简单、制造容易,常用于芯式变压器中,是最常见的绕组结构形式,国产电力变压器基本上均采用这种结构。

2）交叠式绕组

交叠式绕组又称饼式绕组,它是将高压绕组及低压绕组制成若干个线饼,沿着铁芯柱的轴线方向交替排列。为了便于绝缘,一般最上层和最下层安放低压绕组。交叠式绕组的主要优点是漏抗小、机械强度高、引线方便。这种绕组形式主要用在低电压、大电流的变压器上,如容量较大的电炉变压器、电阻电焊机(如点焊、滚焊和对焊电焊机)变压器等。

变压器工作时,因为存在铁损、铜损等损耗,所以铁芯和绕组都要发热,会影响变压器绝缘材料的寿命,严重时可给损毁变压器。因此必须采取适当的散热冷却措施。小容量变压器通常采用依靠空气自然对流和辐射的空气自冷方式散发铁芯和绕组的热量。

较大容量变压器,通常采用油浸自冷,把变压器铁芯和绕组浸在装有变压器油的油箱内,利用变压器油的对流将铁芯和绕组的热量传递给油箱外壳而散发到空气中,所以油箱壳上都装置散热管以便更好散发热量。同时,油箱能更好的保护铁芯和绕组不受外力和潮湿的损害。如图 4-2-9 所示为油浸式电力变压器。

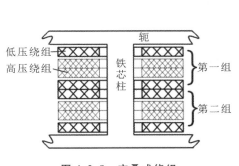

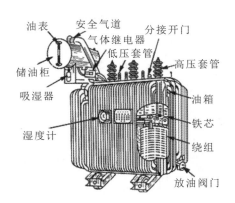

图 4-2-8 交叠式绕组   图 4-2-9 油浸式电力变压器

更大容量的变压器,则采用油箱外再加装风扇的油浸风冷、强迫油循环冷却和水内冷等冷却措施。

二、变压器的铭牌及参数

为正确选择、连接和使用变压器,必须熟透并掌握变压器的额定参数。其额定参数通常标注在变压器的铭牌上,又称为铭牌数据。还有部分参数需通过查阅相关随机技术文件获取。如图 4-2-10 所示,为某国产电力变压器的铭牌。上面标注了产品型号、额定容量、额定电压、相数、联接组标号、阻抗电压及冷却方式等变压器主要参数。

图 4-2-10 电力变压器铭牌

1. 型号

变压器全型号的表示和含义,如图 4-2-11 所示。主要表示变压器的结构特征、额定容量(kVA)、高压侧电压等级(kV)、相数、冷却方式等相关信息。

如型号为 S11-M-400/10 的电力变压器,其含义是额定容量为 400 kVA,高压侧电压等级为 10 kA 的三相油浸全密封 11 型电力变压器。

2. 额定容量S_N

变压器的额定容量S_N又称视在功率,表示额定工作条件下变压器的最大输出功率,用 kVA 表示。工作时变压器容量受环境和冷却条件的影响。

单相时

$$S_N = U_{N2} , I_{N2}$$

三相时

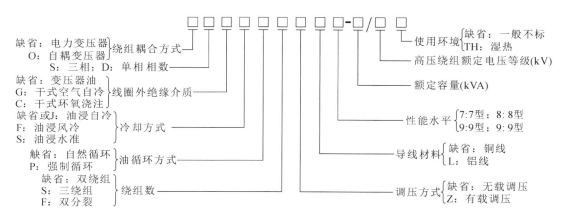

图 4-2-11　变压器全型号表示及含义

$$S_N = \sqrt{3}\, U_{N2}\,, I_{N2}$$

当忽略变压器损耗时，$U_{N1} I_{N1} = U_{N2} I_{N2}$，以此可以计算变压器一、二次侧绕组的额定电流 I_{1N}、I_{2N}。电力变压器器的额定容量是：30 kVA、50 kVA、63 kVA、80 kVA、100 kVA、125 kVA、160 kVA、200 kVA、250 kVA、315 kVA、400 kVA、500 kVA、630 kVA、800 kVA、1000 kVA 等。

3. 额定电压 U_N

变压器正常运行条件下，规定加在一次侧绕组上的端电压，称为一次侧额定电压 U_{1N}；变压器空载时，一次侧加上额定电压 U_{1N} 后，二次侧的空载电压，称为二次侧额定电压 U_{2N}，其单位均为伏或千伏（V 或 kV）。三相变压器的额定电压均为线电压。

变压器一、二次侧额定电压之比，称为电压比。常见的电压比有 10/0.4 kV 和 35/10.5 kV，指的是一次侧高压输入电压分别为 10 kV 和 35 kV，二次侧低压输出分别为 0.4 kV 和 10.5 kV（分别比线路额定电压 380 V 和 10 kV 各高 5%）。

4. 额定电流 I_N

变压器正常运行时，即二次侧输出额定容量时，一、二次侧流过的电流分别称为一次额定电流 I_{N1}，二次额定电流 I_{N2}，其单位均为安培（A）。同样，三相变压器额定电流均为线电流。

单相时

$$I_{N1} = \frac{S_N}{U_{N1}}\,, I_{N2} = \frac{S_N}{U_{N2}}$$

三相时

$$I_{N1} = \frac{S_N}{\sqrt{3}\,U_{N1}}\,, I_{N2} = \frac{S_N}{\sqrt{3}\,U_{N2}}$$

额定电流的大小主要受变压器绕组的绝缘和散热条件限制。当环境温度和冷却条件改变时，额定电流会随之变化。如干式变压器加风扇强制风循环散热后，电流可提高 50%。我国规定变压器工作时周围空气温度为 40 ℃。

5. 额定频率 f_N 及相数

变压器额定运行时，一次绕组外加交流电压的频率。我国标准工业频率（简称"工频"）为 50 Hz，美日等国家的工频为 60 Hz。

变压器相数表示为：D 表示单相变压器；S 表示三相变压器。

6. 阻抗电压 ΔU_{K}

额定频率下，变压器一侧绕组短接，另一侧外加电压，当电流达到额定值时，外加电压称为阻抗电压 U_{K}，又称短路电压。用百分数表示为

$$\Delta U_{\mathrm{K}} = \frac{U_{\mathrm{K}}}{U_{\mathrm{N}}} \times 100\% = \frac{I_{\mathrm{N}} Z_{\mathrm{K}}}{U_{\mathrm{N}}} \times 100\%$$

式中：U_{K} 为外加电压；U_{N} 为外加电压侧额定电压；I_{N} 为外加电压侧额定电流；Z_{K} 为变压器短路阻抗。常见三相电力变压器的阻抗电压如表 4-2-1 所示。

表 4-2-1　常见三相电力变压器的阻抗电压

电压等级/kV	6～10	35	60	110	220
ΔU_{K}(%)	4～4.5	6.5～8	8～9	9～11	12～24

阻抗电压是决定变压器输出侧发生短路时短路电流的重要因素。假定系统为无穷大容量，即输出短路时，输入侧电压基本恒定，则三相短路电流为

$$I_{\mathrm{K}} = \frac{100 I_{\mathrm{N}}}{\Delta U_{\mathrm{K}}}$$

7. 损耗 ΔP 及效率 η

变压器损耗包括负载损耗（ΔP_{L} 或 P_{Cu}）和空载损耗（ΔP_0 或 P_{Fe}）。负载损耗是指负载电流流过变压器绕组电阻而引起的损耗，又称铜损，与负载电流和实际容量大小有关，所以铜损又称为可变损耗。由于产品样本上规定的是额定电流时的额定负载损耗 ΔP_{K}，所以不同负载电流时的实际负载损耗 ΔP_{L} 可按下式进行折算

$$\Delta P_{\mathrm{L}} = \left(\frac{S}{S_{\mathrm{N}}}\right)^2 \times \Delta P_{\mathrm{K}} = K_{\mathrm{L}}^2 \Delta P_{\mathrm{K}}$$

式中：ΔP_{L} 为变压器实际负载损耗；ΔP_{K} 为额定负载损耗；S 为变压器实际负载容量；S_{N} 为额定容量；K_{L} 为负载系数，$K_{\mathrm{L}} = S/S_{\mathrm{N}}$。

空载损耗是指变压器二次侧开路（不带负载，且忽略极小的一次绕组电阻损耗）时的铁磁损耗（或 P_{Fe}），故又称为铁损。当输入侧电压不变时，空载损耗基本不变，所以称为不变损耗。空载损耗一般比负载损耗小很多。

在某一负载下运行时，变压器的全部损耗为

$$\Delta P = \Delta P_{\mathrm{L}} + \Delta P_0 = K_{\mathrm{L}}^2 \Delta P_{\mathrm{K}} + \Delta P_0$$

变压器的效率 η，是指变压器输出功率 P_2 和输入功率 P_1 之比，通常用百分数来表示。

$$\eta = \frac{P_2}{P_1} \times 100\% = \frac{P_2}{P_2 + \Delta P_0 + \Delta P_{\mathrm{L}}} \times 100\%$$

如图 4-2-12 所示为变压器的效率曲线。由图可见变压器效率 η 随输出功率 P_2 的变化而变化，并且在变压器运行中，负载损耗 ΔP_{L} 和空载损耗 ΔP_0 相等的时候达到最大值。变压器的效率是比较高的，大型变压器的效率可达 99% 以上，由于电力变压器不可能一直在满载下运行，因此在设计时通常是最大效率出现在 70% 额定负载左右，并使变压器的空载损耗 ΔP_0（铁损 P_{Fe}）尽可能小一些。

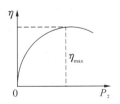

图 4-2-12　变压器效率曲线

8.温升

温升是变压器额定工作条件下,内部主要部位在额定环

境温度(40 ℃)上允许升高的最高温度。取决于所用绝缘材料的等级。如 A 级绝缘的油浸式变压器绕组的最高允许温度为额定环境温度加变压器额定温升,即绕组极限温度为 40 ℃ +65 ℃=105 ℃。常用电力变压器主要部位的温升限值如表 4-2-2 所示。

表 4-2-2　电力变压器主要部位的温升阻值

序　号	变压器形式	型式部位及等比	温度限值/℃
1	油浸式	绕组:绝缘等级 A 顶层油铁芯本体 油箱及结构件表面	65(电阻法测量值) 55(温度计测量值) 使相邻材料不受损伤的温度 80
2	干式	绕组:绝缘等级: A、E、B、H、F、C 铁芯及其他部分	60、75、80、100、125、150 使相邻材料不受损伤的温度

9.空载电流 I_0

当变压器二次侧开路,一次侧加额定电压时,流过一次侧的电流为空载电流,用百分数表示为

$$I_0\% = \frac{I_0}{I_{1N}} \times 100\%$$

式中:I_0 为变压器空载电流;I_{1N} 为变压器一次侧额定电流。空载电流一般为额定电流的 1%~3%。

10.励磁涌流

当变压器空载合闸时,由于铁芯饱和而产生的励磁电流,称为励磁涌流。励磁涌流远大于变压器额定电流,其至可达额定电流的 5 倍以上。

11.联结方式与联结组别号

用时钟数(0~11)表示的不同绕组间电压的相位差。具体规定为:高压绕组线电压相量取作 0 点位置,中、低压绕组线电压相量所指的小时数就是联结组别。双绕组变压器常用联结组别有:单相变压器的 $I i_0$、$I i_6$ 两个组别号;三相变压器有 Yyn0、Yd11、Y_Nd11、Y_Ny0、Yy0 等 5 个联结组别号。其中,前三种最为常用,Yyn0 为小容量三相三柱式铁芯的配电变压器,低压侧可引出中性线,构成三相四线制,可兼供动力和照明不对称负载;Yd11 为中性点不接地,低压侧电压超过 400 V 的配电变压器;Y_Nd11 主要用于高压侧中性点接地的高压输电线路。

应该注意的是,变压器的额定值不一定同时达到。例如二次侧电压为额定值时二次侧电流为零(空载运行),二次侧电流为额定电流时,二次侧电压不为额定电压(负载运行)。

三、变压器输出特性分析

从变压器负载运行等效电路分析可知,当变压器一次绕组输入电压 U_1 不变时,负载电流 I_2 发生变化时,变压器二次绕组输出电压 U_2 将随之改变。

变压器外特性是指当一次绕组电压 U_1 为额定值时。二次绕组电压 U_2 随着输出电流 I_2 变化的规律,即 $U_2 = f(I_2)$ 的变化曲线。

分析表明,当负载 Z_L 为阻性负载,输出电压 U_2 随输出电流 I_2 的增加而略有下降;当负

Z_L 为感性负载时,输出电压 U_2 随输出电流 I_2 增加而下降的程度较阻性负载更多;当负载 Z_L 为容性负载时,输出电压 U_2 随输出电流 I_2 增加反而略有上升,如图 4-2-13 所示。图中 $\cos\varphi$ 是负载功率因数,其中 φ 是输出电压 $\dot{U}_2$ 与输出电流 $\dot{I}_2$ 的相位差,也即是负载 Z_L 的阻抗角。

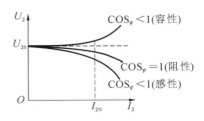

图 4-2-13　变压器负载运行外特性

由于电力变压器的漏阻抗很小,因此,输出电压 U_2 随输出电流 I_2 变化的范围不大,一般为 $3\%\sim5\%$。电力变压器一般用电压变化率 ΔU 来描述其变化的程度,电压变化率 ΔU 计算表达式为

$$\Delta U = \frac{U_{20}-U_2}{U_{20}} \times 100\%$$

其中,U_{20} 和 U_2 是变压器空载和额定负载运行时的输出电压。

四、典型例题

例 4-2-1　已知某三相电力变压器,额定容量 $S_N=315\ \text{kVA}$,电压比为 $10/0.4\ \text{kV}$,阻抗电压 $\Delta U_K=4\%$。试求:(1) 高、低压侧的额定电流? (2) 当低压侧发生相间短路时,高、低压的短路电流?

解:(1) 高、低压侧的额定电流分别为

$$I_{N1} = \frac{S_N}{\sqrt{3}\,U_{N1}} = \frac{315 \times 10^3}{\sqrt{3} \times 10 \times 10^3}\ \text{A} = 18.2\ \text{A}$$

$$I_{N2} = \frac{S_N}{\sqrt{3}\,U_{N2}} = \frac{315 \times 10^3}{\sqrt{3} \times 0.4 \times 10^3}\ \text{A} = 454.7\ \text{A}$$

(2) 当低压侧发生相间短路时,高、低压的短路电流分别为

$$I_{K1} = \frac{100\,I_{N1}}{\Delta U_K} = \frac{100 \times 18.2}{4}\ \text{A} = 455\ \text{A}$$

$$I_{K2} = \frac{100\,I_{N2}}{\Delta U_K} = \frac{100 \times 454.7}{4}\ \text{A} = 11367\ \text{A}$$

例 4-2-2　已知某三相电力变压器,额定容量 $S_N=200\ \text{kVA}$,额定负载损耗 $\Delta P_K=2495\ \text{W}$,空载损耗 $\Delta P_0=460\ \text{W}$,试求当所带负载容量 $S=150\ \text{kVA}$ 时的损耗 ΔP 为多少?

解:当所带负载容量 $S=150\ \text{kVA}$ 时的负载系数为

$$K_L = \frac{S}{S_N} = \frac{150 \times 10^3}{150 \times 10^3} = 0.75$$

此时,负载损耗为

$$\Delta P_L = K_L^2 \Delta P_K = 0.75^2 \times 2495\ \text{W} = 1403.4\ \text{W}$$

变压器全部损耗为

$$\Delta P = \Delta P_L + \Delta P_0 = 1403.4 + 460\ \text{W} = 1863.4\ \text{W}$$

例 4-2-3　已知有一容量为 $5\ \text{kVA}$ 的单相变压器,$U_1=220\ \text{V}$,$f=50\ \text{Hz}$。空载时 $U_{20}=110\ \text{V}$,$I_0=1\ \text{A}$,一次绕组输入功率 $P_0=55\ \text{W}$。二次绕组接电阻负载时,$I_1=16.5\ \text{A}$,$I_2=32\ \text{A}$,$U_2=106\ \text{V}$,一次绕组输入功率 $P_1=3760\ \text{W}$。试求:变压器的变比 k;变压器电压变化率 $\Delta U\%$;变压器效率 η,铁损 P_{Fe} 和铜损 P_{Cu}。

解：变压器变比 k 为

$$k = \frac{U_1}{U_{20}} = \frac{220}{110} = 2$$

变压器电压变化率 $\Delta U\%$ 为

$$\Delta U\% = \frac{U_{20} - U_2}{U_{20}} \times 100\% = \frac{110 - 106}{110} \times 100\% = 3.6\%$$

变压器效率 η 为

$$\eta = \frac{P_2}{P_1} \times 100\% = \frac{106 \times 32}{3760} = 90\%$$

变压器铁损 P_{Fe} 为

$$P_{\text{Fe}} \approx P_0 = 55 \text{ W}$$

变压器铜损 P_{Cu} 为

$$P_{\text{Cu}} = P_1 - P_2 - P_{\text{Fe}} = (3760 - 106 \times 32 - 55) \text{ W} = 313 \text{ W}$$

4.2.2　三相变压器（组）与自耦变压器

一、三相变压器（组）

由于交流电能的产生与输送都是采用三相制，因此电力系统在输、配电及某些应用场合（如三相整流、三相电炉、三相交流异步电动机调速时），通常都需要采用三相变压器（组）对三相电压进行变化。

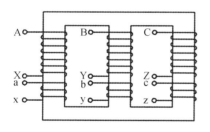

图 4-2-14　三相变压器示意图

对于大容量三相交流电压的变换通常采用三台完全相同的单相变压器组合而成的三相变压器组；中、小容量的三相交流电压变换则采用三相变压器。如图 4-2-14 所示，三相变压器有三个铁芯柱，三个铁芯柱上各装有一套高压绕组和一套低压绕组，每个铁芯柱上及其的高、低压绕组相当于一台单相变压器。通常三相高、压绕组的首、尾端分别用大写字母 A、B、C 和 X、Y、Z 表示，三相低压绕组的首、尾端分别用小写字母 a、b、c 和 x、y、z 表示。

三相变压器（组），按其高、低压绕组连接成星形（Y 形）或三角形（D 形）的组合，可以有 4 种连接形式：Yy、Yd、Dd、Dy。其中大写字母表示三相高压绕组的连接形式，小写字母表示三相低压绕组的连接形式。如星形（Y 形）连接的时候有"中性线"引出，则用符号 Y_N 或 Y_0 表示。

绕组星形（Y 形）连接时，绕组相电流等于线电流，绕组两端的相电压为线电压的 $1/\sqrt{3}$。这可以降低绕组的绝缘电压要求，因此，星形连接形式常用于变压器的高压侧；绕组三角形（△形）连接时，绕组相电流等于线电流 $1/\sqrt{3}$，绕组两端的相电压为线电压的。这样在传输大电流的时候，可以降低导线的线径，以节省材料，因此，三角形（△形）连接形式常用于变压器的低压侧（低压侧的电流的大）。

三相变压器的连接方法通常标明在它的铭牌上。目前，三相电力变压器通常采用的有三种连接形式。"Yyn0"连接法用在低压三相四线制配电系统中，可同时给动力负载和照明负载供电。通常其高压不超过 35 kV，低压为 400 V；"Yd11"接法用在三相三线制系统中，通常高压不超过 60 kV,低压为 3~10 kV;"Y_Nd11"接法主要用在高压输电系统中,使高压绕组的中性点接地。

三相变压器(组)的电压变比k'是指高、低压侧线电压之比,与高、低压绕组的匝数及高、低压绕组的接法有关。

当高、低压绕组均为星形(Yy)连接的时

$$k' = \frac{U_{l1}}{U_{l2}} = \frac{\sqrt{3}\, U_{p1}}{\sqrt{3}\, U_{p2}} = \frac{N_1}{N_2} = k$$

当高压绕组为星形,低压绕组为三角形(Yd)时

$$k' = \frac{U_{l1}}{U_{l2}} = \frac{\sqrt{3}\, U_{p1}}{U_{p2}} = \sqrt{3}\, \frac{N_1}{N_2} = \sqrt{3}\,k$$

二、自耦变压器

一般常用变压器的一、二次压绕组是相互绝缘且绕制在同一个铁芯上,称为双绕组或多绕组变压器。如果变压器只具有一个绕组,从一次绕组的中间抽头构成二次绕组,这种变压器称为自耦变压器。

自耦变压器具有材料少、成本低,损耗小、效益高,便于运输和安装,以及变压器极限制造容量大等优点。同时,也具有使电力系统短路电流增加,调压困难,以及绕组过电压保护复杂等缺点。因此使用时必须根据实际情况加以选择。

如图 4-2-15 所示为自耦变压器结构原理示意图。从结构上讲自耦变压器一、二次绕组之间,不但有磁的联系,也有电的联系。使用时有一次侧高压被引入二次低压绕组侧的危险。因此,耦变压器变比 k 一般不大,仅在 1.5~2 之间。

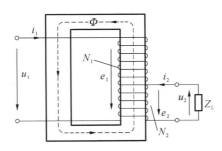

图 4-2-15 自耦变压器原理

自耦变压器的工作原理和普通变压器相同。空载时,当一次绕组加上电压u_1时,铁芯中中就产生主磁通 $\varPhi$,于是一次绕组和二次绕组中产生成产生感应电势e_1和e_2。如果忽略绕组阻抗电压,则有

$$\frac{\dot{U}_1}{\dot{U}_2} \approx \frac{\dot{E}_1}{\dot{E}_2} = \frac{N_1}{N_2} = k$$

当负载运行时,磁动势平衡方程式为

$$\dot{I}_1(N_1 - N_2) + (\dot{I}_1 + \dot{I}_2)N_2 = I_0 N_1$$

即

$$\dot{I}_1 N_1 + \dot{I}_2 N_2 = I_0 N_1$$

如忽略空载电流I_0,则有

$$\dot{I}_1 \approx -\frac{N_2}{N_1}\dot{I}_2 = -\frac{1}{k}\dot{I}_2$$

由此可见,自耦变压器二次绕组(匝数为N_2的部分绕组)中电流为

$$\dot{I}_1 + \dot{I}_2 = -\frac{1}{k}\dot{I}_2 + \dot{I}_2 = (1-\frac{1}{k})\dot{I}_2$$

当自耦变压器的变比k接近于1时。电流$\dot{I}_1 + \dot{I}_2$的值很小。因此,二次绕组可采用截面较小的导线制成,以节省用材料。如果不减少导线截面则变压器的铜损P_{Cu}比双绕组要小许多,从而提高变压器的效率η。

如图4-2-16所示为三相抽头式自耦变压器,通常一次三相绕组接成星形。可用于三相异步电动机的降压启动。如图4-2-17所示为实验室常用的单相交流调压器,可以平滑调节输出电压u_2。

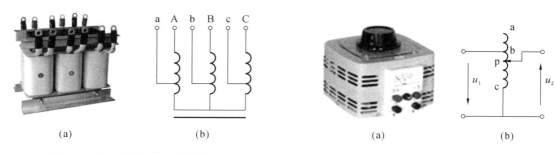

图4-2-16　三相自耦变压器图　　　　　图4-2-17　单相调压器

使用调压器时:

(1)应先将滑动触头p旋到零位,然后接通一次绕组电压u_1,一次绕组电源接通后再慢慢去转动手柄,将输出电压u_2调至所需大小。

(2)调压器一、二次绕组不可对调使用。如电源电压u_1加载二次侧时,当滑动触头p位于b点下方时会有较大的励磁电流;当滑动触头p位于c点时,则造成电源短路。

(3)使用自耦变压器时,必须是变压器一、二次绕组的公共端接电源零线,如图4-2-18(a)所示。如错误的将一次绕组的输入端接地,如图4-2-18(b)所示,二次绕组输出电压看似很低,其实输出端对地电压为高电压,当人体触及二次绕组的任一端时都将造成触电事故。

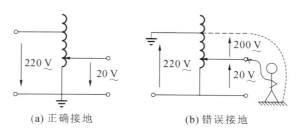

(a)正确接地　　　　　(b)错误接地

图4-2-18　自耦变压器接地

(4)根据电气工程安装操作规程规定自耦变压器不得作为安全变压器使用,安全变压器必须是一、二次绕组隔离的双绕组变压器。

三、典型例题

例 4-2-4 三相交流电压器额定容量 $S_N = 80$ kVA,高压绕组额定电压 $U_{1N} = 10$ kV,低压绕组额定电压 $U_{2N} = 400$ V,铁损耗 $P_{Fe} = 529$ W,额定负载时 $P_{Cu} = 1650$ W。试求

(1) 负载运行时,高、低压侧的额定电流 I_{1N}、I_{2N};

(2) 当额定负载运行,且负载功率因数 $\cos\varphi = 0.9$(感性负载)时,变压器的效率 η。

解:(1) 三相变压器的容量

$$S_N = \sqrt{3}\, U_{2N}\, I_{2N}$$

所以,变压器低压绕组额定电流

$$I_{2N} = \frac{S_N}{\sqrt{3}\, U_{2N}} = \frac{80 \times 10^3}{\sqrt{3} \times 400} \text{ A} = 115.5 \text{ A}$$

三相变压器容量也可近似认为

$$S_N \approx \sqrt{3}\, U_{1N}\, I_{1N}$$

所以,变压器高压绕组额定电流

$$I_{1N} \approx \frac{S_N}{\sqrt{3}\, U_{1N}} = \frac{80 \times 10^3}{\sqrt{3} \times 10 \times 10^3} \text{A} = 4.62 \text{ A}$$

(2) 当额定负载运行时,负载电流 $I_2 = I_{2N}$,负载电压 U_2 略小于额定电压 U_{2N}。当忽略低压绕组漏阻抗时,$U_2 \approx U_{2N}$。

于是变压器输出功率 P_2 为

$$P_2 = \sqrt{3}\, U_2\, I_2 \cos\varphi \approx \sqrt{3}\, U_{2N}\, I_{2N} \cos\varphi = S_N \cos\varphi = 80 \times 10^3 \times 0.9 \text{ kVA} = 72 \text{ kVA}$$

所以,此时变压器的效率 η 为

$$\eta = \frac{P_2}{P_2 + P_{Fe} + P_{Cu}} \times 100\% = \frac{72 \times 10^3}{72 \times 10^3 + 592 + 1850} \times 100\% = 96.7\%$$

4.2.3 变压器绕组的极性与连接

一、变压器绕组的同极性端

与耦合线圈相类似,由于变压器工作时一、二次绕组的输入、输出电压都是交流电压。其瞬时极性均在不停变化,也即是一、二次绕组的输入、输出电压的相位不断发生改变。电工上把变压器一、二次绕组相位变化相同的端子称为同极性端,又称同名端,有时也称绕组的首、尾端。同互感耦合线圈一样,通常在同名端旁边用"·"号或"＊"号表示。若要正确使用变压器,很多时候都必须确定高低压绕组的相位关系,并按绕组连接形式正确连接绕组。如三相电力变压器绕组作星形或三角形连接时,需要考虑同极性端;又如变压器反馈的 LC 正弦波振荡电路中,只有当变压器的反馈绕组极性连接正确时,才能形成正反馈从而产生自激振荡。如图 4-2-19(a)所示,变压器一、二次绕组 AX、ax 在变压器铁芯上的绕向相同,当铁芯中磁通 $\varPhi$ 变化在一、二次绕组中产生感应电势时,A 与 a(或 X 与 x)的电压瞬时极性相同,所以 A、a(或 X、x)为同极性端。

如图 4-2-19(b),所示变压器一、二次绕组 AX、ax 在变压器铁芯上的绕向相反,当铁芯中磁通 $\varPhi$ 变化在一、二次绕组中产生感应电势时,A 与 x(或 X 与 a)的电压瞬时极性相同,则 A、x(或 X、a)为同极性端。

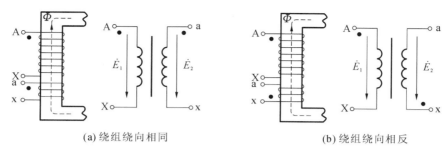

(a) 绕组绕向相同   (b) 绕组绕向相反

图 4-2-19   变压器绕组同级极性端与表示方法。

二、单相变压器绕组的极性与连接

有些小容量单相变压器有多个绕组,有时需要将多个绕组进行不同的串、并联,这时就需要考虑变压器绕组的同极性端。单相变压器绕组的连接主要有以下几种形式。

1. 单相变压器绕组的串联

单相变压器绕组的串联,有正向串联和反向串联两种形式。如图 4-2-20(a)所示,变压器绕组正向串联,也称首尾相连,即把两个绕组的异名端连接在一起。正向串联时,两绕组的电势相位相同。绕组总电动势有效值为两个绕组电势相加,总电动势会越串越大,即 $E = E_1 + E_2$。

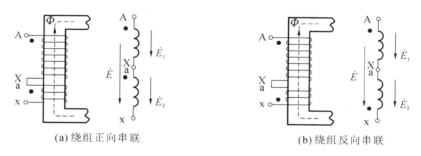

(a) 绕组正向串联   (b) 绕组反向串联

图 4-2-20   单相变压器绕组的连接

如图 4-2-20(b)所示,变压器反向串联。也称为尾尾相连(或首首相连),即把两绕组的同名端连接在一起。反相串联时,两绕组感应电势相位相反。绕组总电势有效值为两绕组的电动势相减,总电势会越串越小,即 $E = E_1 - E_2$。

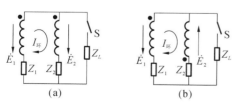

(a)   (b)

图 4-2-21   单相变压器绕组的并联

2. 单相变压器绕组的并联

单相变压器绕组的并联,分同极性并联和异极性并联两种,如图 4-2-21(a)、(b)所示。同极性并联时,若绕组感应电势 $\dot{E}_1$、$\dot{E}_2$ 相等,则绕组回路总感应电势 $\dot{E} = 0$,内部环流 $\dot{I}_环 = 0$;当两组感应电势 $\dot{E}_1$、$\dot{E}_2$ 不相等时,绕组回路总感应电势 $\dot{E} = \dot{E}_1$

$- \dot{E}_2 \neq 0$,此时空载也会产生一定的环流。较大环会能增加变压器的损耗和发热量,降低变压器绕组的绝缘性能和使用寿命,严重时会烧坏的变压器绕组。

反极性并联时,绕组内部回路总感应电势最大 $\dot{E}_{max} = \dot{E}_1 + \dot{E}_2$,为两绕组感应电势 $\dot{E}_1$、$\dot{E}_2$

之和。此时,绕组内部将会出现极大的环流,甚至会短时间内烧坏绕组。因此,单相变压器绕组并联时应该避免出现这种错误的接法。

所以,单相变压器绕组的并联时,应使绕组感应电势$\dot{E}_1$、$\dot{E}_2$相等,并采用同极性并联的方式。

三、三相变压器绕组的极性与连接

三相变压器绕组的连接形式与三相电源的连接形式一样,有星形和三角形连接两种形式,如图 4-2-22(a)、(b)、(c)所示。

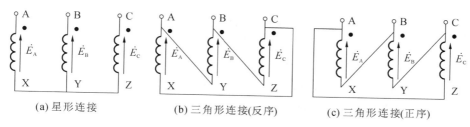

| (a) 星形连接 | (b) 三角形连接(反序) | (c) 三角形连接(正序) |

图 4-2-22　三相变压器绕组连接

1.星形(Y)连接

星形(Y)连接是将三相绕组的尾端连接在一起形成中性点,三相绕组的首端引出连接相线,如图 4-2-22(a)所示。

三相绕组作星形连接时,具有相电压低,主绝缘要求低,节省绝缘材料,适用于输电线路变压器的高压侧;中性点电位偏移较小,有利于装接分接开关;可引出中性线,适用于三相四线制系统,可提供线、相两种输出电压;相电流强度大,导线粗,匝间电容大,能承受较高的冲击电压等优点。但也存在不能滤除三次谐波;负载严重不平衡时,中点电位位于偏移较大,对系统安全造成严重影响;单相对地故障电流较大等缺点。

2.三角形(△)连接

三角形(△)连接是把三相绕组的各相首、尾相连构成一个闭合回路,从三个首端引出相线。根据首、尾端连接的顺序不同又有正序和反序两种接法。如图4-2-22(b)、(c)所示。

三角形(△)连接时,具有抑制单相对地短路故障电流;滤除三次谐波等优点。但存在主绝缘要求高;变压器一个绕组发生内部故障将影响两条相线的缺点。

变压器三相绕组无论作星形(Y)连接或三角形(△)连接,如果一次侧某相绕组首、尾端接反,会导致铁芯磁通不对称,从而导致变压器空载电流急剧增加(三角形(△)连接比星形(Y)连接更严重),增加变压器的固定损耗。因此,三相变压器绕组连接时不应出现绕组极性接反的情况。

四、三相变压器的并联运行

变压器的并联运行,是将两台或两台以上的变压器一次绕组接到同一电源高压母线,二次绕组接到同一低压母线上,给共同负载供电,如图 4-2-23 所示。

由于以下几方面的因素,对于装机容量特别大的电力供电系统,通常采用多台变压器并联运行的方式。其一,电力系统可以根据负荷的大小,调整并联运行变压器的台数以提高运行效率;期二,在电力系统建设过程中,随着装机容量的增加,分期安装变压器,可以减少备用设备的初投资金;其三,并联运行时,每台变压器容量小于电力系统总容量,可以减少备用

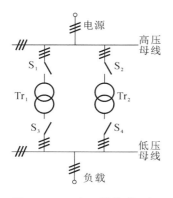

图 4-2-23　变压器并联运行

变压器的容量;其四,当电力系统中某台变压器发生故障需要检修时,可以将其从电网切出,并接入备用变压器,电网仍可继续供电,提高供电的可靠性。

当然并联运行的变压器台数不宜过多。因为单台大容量变压器比总容量相同的几台小容量变压器造价低,安装面积更小。

1.变压器并联运行的理想状态

(1)空载运行时,各变压变压器绕组间无环流。

(2)负载运行时,各变压器负载电流与其容量成正比。防止某台变压器过载或欠载,充分利用各并联变压器的容量。

(3)负载运行时,各变压器负载电流与系统总的负载电流相位相同。当总负载电流一定时,各变压器负载电流最小,或各负载变压器的电流一定时,系统总负载电流最大。

2.变压器并联运行的条件

要使变压器并联运行时,接近上述理想状态。必须满足以下条件:

(1)并联运行的变压器变比 k 相等,否则变压器二次绕组接会产生环流。空载运行时,较大的环流会增加变压器的空载损耗;负载运行时,可能出现二次绕组感应电势高(变比 k 小)的变压器出现过载,而感应电势较低(变比 k 大)的变压器轻载运行。因此,有关变压器标准规范规定,并联运行变压器变比偏差 Δk 不超过 $\pm 5\%$。即

$$\Delta k = \frac{k_1 - k_1}{\sqrt{k_1\,k_1}} \times 100\%$$

(2)并联运行变压器的连接组别相同。如只是变压器变比 k 相同,而连接组别不同,则各变压器二次侧额定电压大小相等,但相位不同,则变压器二次侧绕组间电压存在相位差,这样仍将在变压器一、二次绕组间产生较大的环流,从而烧毁变压器。

(3)并联运行变压器的阻抗电压 ΔU_K 相同。当各变压器阻抗电压 ΔU_K 相等,负载运行时各变压器负载与各自的额定容量成正比。若两台变压器的阻抗电压 ΔU_K 不相等,并联运行时阻抗电压 ΔU_K 较小的变压器的负荷大,阻抗电压 ΔU_K 较大的变压器的负荷小。要求并联运行变压器短路电压相对值之差不超过其平均值的 10%。

(4)为使并联运行变压器尽可能充分利用设备总容量,要大、小变压器容量之比不超过 $3:1$,且希望容量大的变压器短路电压相对值较小,以先达到满载,充分利用大变压器的容量。

3.变压器并联运行的定相试验

变压器并联运行时应进行定相试验。如图 4-2-24 所示,定相试验的方法是:变压器的高压侧 A、B、C,接入同一三相电源,在低压侧分别接入三个电压表 V_1、V_2、V_3,分别测量 $a_1 \sim a_2$、$b_1 \sim b_2$、$c_1 \sim c_2$ 之间的电压,当三个电压都为零时表示两台变压器所标相序相同。

五、变压器绕组同极性端的检测

由前述可知,变压器绕组的同极性端对变压器绕组的连接非常重要。在变压器绕组同极性端不确定时,有必要对变压器绕组的同极性进行检测。变压器绕组同极性端的检测方法一般有直观法、直流电流法和交流电流法。

变压器绕组的极性是由绕组的相对位置与绕制方向决定的,所以可以通过观察其绕组

的绕制方向判断绕组同极性端。但是变压器绕组一般又密封在变压器内部,无法从外部直观的观察到绕组的绕制方向。因此,更多的时候需要借助电工仪表,交、直流电源检测变压器同极性端。其检测原理与耦合线圈同名端的检测原理相同。

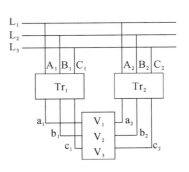

图 4-2-24　定相试验

1. 单相变压器绕组同极性端检测

1) 直流电流法

如图 4-2-25 所示,一次绕组所接电源 U_S 为直流电压源。一次绕组测 S 合闸瞬间,如果直流电压表 V 正向偏转,则接在电源"+"极的 A 点和电压表 V "+"端的 a 点是同极性端,反之为异极性端。

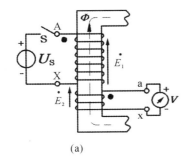
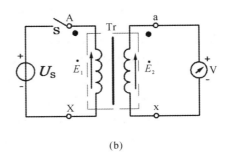

(a)　　　　　　　　　　　　　　　(b)

图 4-2-25　单相变压器绕组极性直流检测法

当然直流电流法中,也可以用电流计替代电压表。检测及判断方法与上述相同。使用检流计时为省电和保护检流计,一般将检流计接高压侧。也可用直流毫安表代替检流计,直流毫安表的量程由大自小试用,直至反应明显为止。

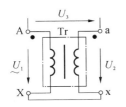

图 4-2-26　单相变压器绕组极性
交流电流检测法

2) 交流电流法

如图 4-2-26 所示,将变压器一、二次绕组串联。一次绕组外加交流电压 U_1,测量二次绕组两端交流电压 U_2 及串联绕组的总电压 U_3。

若 $U_3 = U_1 + U_2$,则变压器一、二次绕组为顺向串联,则绕组 A 点和 a 点为异极性端。

若 $U_3 = U_1 - U_2$,则变压器一、二次绕组为反向串联,则绕组 A 点和 a 点为同极性端。

2. 三相变压器绕组同极性端检测

由前述已知,三相变压器磁路对称,三相总磁通为零。实际应用中,三相变压器每相绕组同极性端的检测方法与单相变压器相同,而不同相高、低压绕组的同极性端检测方法略有不同,但同样有直流电流和交流电流法。

1) 直流电流法

如图 4-2-27 所示,为三相芯式变压器绕组同极性端检测的电路连接示意图,具体检测步骤为:首先分相设定绕组连接端标记。其次,按图 4-2-27 所示连接电路。最后,如果合闸 S 时,两表同时正向偏转,则与直流电压表 V_1、V_2(或检流计、直流毫安表等)"+"端相连的绕组端子是该绕组的"尾端",而与电压表"－"端相连的绕组端是该绕组的"首端"。即绕组 AX 和绕组 CZ 中与电压表"＋"端相连的 X、Z 端为"尾端",与电压表"-"端相连的 A、C 端为"首端"。

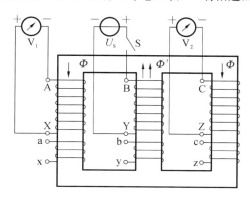

图 4-2-27　三相变压器绕组极性直流检测法

　　用同样的方法,给变压器绕组 AX 加交流电压,绕组楼主 BY 和 CZ 外接检测电压表。可以检测出绕组 BY 和 CZ 的首、尾端。从而确定出三相变压器高压侧三相绕组的首、尾端。

　　需要注意的是,三相变压器绕组 AX、CZ 首、尾端与所连接的电压表的极性与绕组 BY 首、尾端所连接电源的极性正好相反。是因为绕组位于变压器的不同铁芯柱上,通过绕组 AX、CZ 磁通 Φ 与绕组 BY 的磁通 Φ' 方向正好相反。

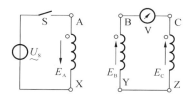

图 4-2-28　三相变压器绕组极性
交流检测法

2）交流电流法

　　如图 4-2-28 所示,将三相变压器高压侧各相绕组连接端设定标记,分别用 AX、BY、CZ 表示。按图 4-2-28 所示方式接线,在 AX 绕组两端外接交流电源 U_S,并将 BY、CZ 两绕组 Y、Z 两端相串联。用交流电压表分别测量电压 U_{BC}、U_{BY}、U_{CZ}。

　　若 $U_{BC}=U_{BY}-U_{CZ}$,则说明 BY、CZ 两绕组为反向串联,Y、Z 两端同为各自绕组首端或尾端(即同极性端)。

　　若 $U_{BC}=U_{BY}+U_{CZ}$,则说明 BY、CZ 两绕组为顺向串联,Y、Z 两端为 BY、CZ 两绕首、尾端(即异极性端)。

　　同样的方法,将 B、C 两项中任意一相外加电压,另外两相相串联,即可检测三相变压器各相绕组的首、尾端。

4.2.4　交流异步电动机结构认知与工作原理

一、三相笼型交流异步电动机

　　电动机是一种将电能转换成机械能的动力设备。电动机分为直流电动机、交流电动机和控制电动机等多种类型。交流电动机分为三相交流电动机和单相交流电动机,三相笼型交流异步电动机由于结构简单、维修维护方便、成本低,运行性能优异等特点,在工农业生产中有着广泛的应用。

　　1.三相笼型交流异步电动机的构造

　　如图 4-2-29 所示,三相笼型异步电动机主要由定子和转子两个部分组成,此外还有机座、外壳、端盖、风叶、和接线盒等零部件。

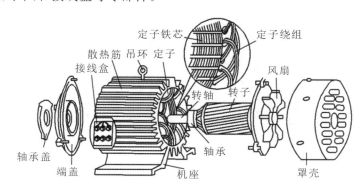

图 4-2-29　三相异步电动机构成

1）定子

定子是电动机的静止不动部分，它由定子铁芯、定子绕组和机座三部分组成。定子铁芯是电动机磁路的一部分。由厚度为 0.35～0.5 mm 的硅钢片叠压而成。硅钢片内圆周的边缘冲有槽孔，用来嵌放定子绕组。

定子绕组是电动机电路的一部分，由三个在空间互隔 120°电角度、对称排列的结构完全相同的三相绕组连接而成。中、小型三相笼型异步电动机的定子绕组大多采用铜芯漆包线绕制，有三相六个出线端（抽头），即 U_1、V_1、W_1 和 U_2、V_2、W_2，并将其接至机座接线盒中与外部三相电源相连。电动机定子绕组有联结和△联结两种，通入三相交流电，即可产生旋转磁场。如图 4-2-30 所示为三相异步电动机定子绕组模型、定子铁芯及冲片示意图。

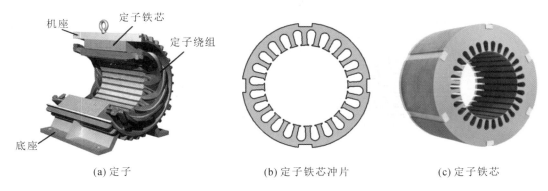

(a) 定子　　　　　　　　(b) 定子铁芯冲片　　　　　　　　(c) 定子铁芯

图 4-2-30　三相异步电动机定子及定子铁芯

2）转子

转子是电动机的转动部分，其作用是产生电磁转矩，并从转轴上输出机械能。转子主要由转子铁芯、转子绕组和转轴三部分组成。转子铁芯也是电动机磁路的一部分，并放置转子绕组。一般用 0.5 毫米厚的硅钢片冲制、叠压而成，硅钢片外圆冲有均匀分布的孔，用来安置转子绕组。如图 4-2-31 所示。

三相异步电动机转子绕组结构不同分为绕线式如图 4-2-32（a）所示和笼型转子如图 4-2-32（b）所示。绕线转子绕组与定子绕组相似，也是由彼此绝缘的导体按一定的规律连接成三相对称绕组，极数与定子绕组的极数相同，嵌放在转子铁芯槽中。

笼型转子绕组是由嵌放在转子铁芯槽内的铜条组成，铜条两端与铜环焊接起来（也可用

(a)转子铁芯冲片

(b)转子铁芯

图 4-2-31　转子铁芯及冲片

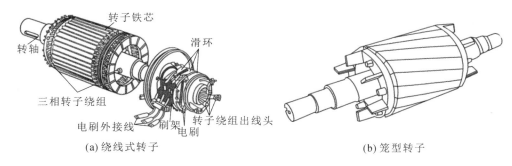

(a)绕线式转子

(b)笼型转子

图 4-2-32　三相异步电动机转子

铸铝,将铝条、铝环铸在一起),形成一闭合回路,如图 4-2-33(a)、(b)所示。中、小型笼型电动机的转子大部分是在转子槽中用铝条和转子铁芯浇铸成一体的笼型转子。

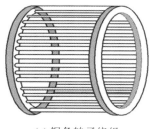
(a)铜条转子绕组

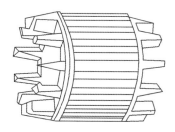
(b)铸铝式转子绕组

图 4-2-33　笼型转子绕组

2.三相笼型交流异步电动机的工作原理

1)旋转磁场的产生

三相异步电动机的定子绕组接成星形或三角形,形成三相对称三相负载,三相绕组结构相同,空间相差 $120°$ 电度角,并通入对称正弦三相交流电流。如图 4-2-34 所示,三相电源的相序为 U—V—W,三相电流 i_U、i_V、i_W 之间的相位差是 $120°$。

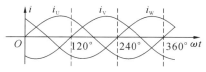

图 4-2-34　对称三相正弦交流电波形图

当正弦电流流过三相绕组时,根据电流的磁效应可知,每个绕组都要产生一个按正弦规律变化的磁场。为确定某一瞬时绕组中的电流方向及所产生的磁场方向,规定三相交流电为,电流由绕组的首端流向末端,图中由首端流进纸面(用"×"表示),由末端流出纸面(用"·"表示);负半周时

（电流为负值）电流由末端流向首端。

（1）如图 4-2-35(a)所示，当 $\omega t = 0$ 时，$i_U = 0$，U 相绕组中电流为零而不产生磁场；$i_V < 0$，V 相绕组中的电流由末端V_2流向首端V_1，$i_W > 0$，W 相绕组中的电流由首端W_1流向末端W_2，由右手螺旋定则可以确定磁场方向由右指向左（右边 N 极，左边 S 极）。

（2）如图 4-2-35(b)所示，当 $\omega t = 120°$（三分之一周期）时，$i_U > 0$，U 相绕组中的电流由首端U_1流向末端U_2；$i_V = 0$，V 相绕组中电流为零；$i_W < 0$，W 相绕组中的电流由末端W_2流向首端W_1。由右手螺旋定则确定的合成磁场方向在空间顺时针旋转了 120°。

（3）如图 4-2-35(c)所示，当 $\omega t = 240°$（三分二周期）时，用同样的方法分析可知，合成磁场的方向又顺时针旋转了 240°。

（4）如图 4-2-35(d)所示，当 $\omega t = 360°$（一个周期）时，合成磁场的方向又顺时针旋转了 360°，回到初始的位置。

由上述分析可知，当正弦电流的电角度变化 360°时，旋转磁场在空间也正好旋转 360°。即，三相定子绕组中通入对称三相正弦电流时，产生一个同正弦电流电角度同步变化的旋转磁场，磁场有一对磁极（N 极、S 极）如图 4-2-36 所示。

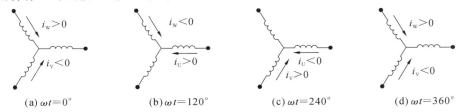

图 4-2-35　三相定子绕组中绕组中电流方向

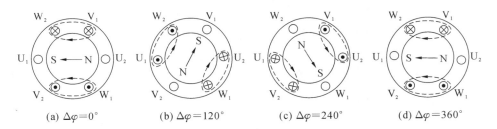

图 4-2-36　三相异步电动机旋转磁场

2）旋转磁场的转速

旋转磁场的转速，又称为同步转速。当三相绕组每相只有一个绕组元件时，旋转磁场磁极对数 $P = 1$，此时，旋转磁场与正弦电流同步变化。即对 50 Hz 的正弦交流电来说，旋转磁场的空间转速为 50 转/秒（r/s）。以转每分（r/min）为单位，旋转磁场转速为 3000 r/min。增加三相绕组的绕组元件数量或改变连接方式，可生产出不同磁极对数的三相异步电动机。当磁极对数 $P = 2$ 时（四极电动机），交流电变化一周，旋转磁场只转动 25 转，旋转磁场转速下降一半。由此类推出旋转磁场同步转速表达式。

$$n_1 = \frac{60f}{P}$$

式中：n_1 为旋转磁场的转速，单位是转每分，符号为 r/min；f 为三相交流电源的频率，单位是赫兹，符号为 Hz；P 为旋转磁场的磁极对数。

当三相电源的频率为 50 Hz 时,不同磁极对数的异步电动机的旋转磁场同步转速值如表 4-2-3 所示。

表 4-2-3　异步电动机不同磁极对数的旋转磁场的转速

P	1	2	3	4	5	6
n_1	3000	1500	1000	750	600	500

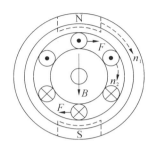

图 4-2-37　三相异步电动机内电磁转矩

3）转子绕组中感应电流的产生

当三相异步电动机的定子绕组接入三相对称交流电时,在定子空间中产生旋转磁场。假定旋转磁场按顺时针方向旋转,则转子与旋转磁场之间就发生了相对运动,旋转磁场将切割转子导体条。也可以认转子相对于磁场作逆时针切割磁力线的旋转运动,如图 4-2-37 所示。

转子导体作切割磁力线运动时产生感应电动势和感应电流,根据右手定则可以判定,转子上半部导体的感应电流的方向是穿出纸面的,下半部导体的感应电流的方向是进入纸面的。

4）转子电磁转矩的产生

转子导体中的感应电流在磁场中受到电磁场力 F 的作用。根据左手定则可以判定,转子上半部分导体所受磁场力方向向右,下半部分导体所受磁场力向左,两力对转轴形成与旋转磁场旋转方向相同电磁转矩 M,使转子随旋转磁场的转向转动。

通过以上分析可知,异步电动机的转动方向与旋转磁场的转动方向是一致,如果三相交流电相序改变,旋转磁场的方向变化,转子的转动方向也随之改变。

由上述分析可知,转子转速(异步转速 n_2)应小于旋转磁场转速(同步转速 n_1),如果转子转速 n_2 等于磁场同步转速 n_1,则转子导体和旋转磁场之间无相对运动,转子导体不能切割磁感线,转子导体也就不存在感应电动势 E、转子电流 I 和电磁转矩 M,转子不能继续维持转动。在负载一定的条件下,如果转子转速 n_2 变慢时,转子与旋转磁场间的相对运动加强,使转子受的电磁转矩 M 加大,使转子转动加快。因此转子转速 n_2 总是与同步转速 n_1 保持一定转速差,即保持着异步关系,所以这类电动机叫异步电动机,又其是应用电磁感应原理制成并运行的,所以,也叫感应异步电动机。

5）转差率

异步电动机的同步转速 n_1 与转子转速 n_2 之差,称为转差,用 Δn 表示,转差 Δn 与同步转速 n_1 之比叫做异步电动机的转差率,用 s 表示,即

$$s = \frac{n_1 - n_2}{n_1}$$

转差率 s 是电动机的一个重要参数,一般在 $0.02 \sim 0.06$ 之间。在电动机起动瞬间,旋转磁场已经产生,但转子还没有转动,这时转差率 $s=1$,当转子转速 n_2 接近同步转速 n_1 时,即 s 趋近于,但不能等于零。

二、单相异步电动机

单相交流电源供电的异步电动机叫做单相异步电动机,单相异步电动机的功率比较小,一般在 2500 W 以下,由于只需单相正弦交流电源供电,因此在日常生活中应用广泛,

家电如电风扇、洗衣机、家用电冰箱、电动器具如手电钻和一些医疗器械中都用单相异步电动机。

单相异步电动机由机定子、转子和其它附件组成。电动机有两个定子绕组：即主绕组（运行绕组也叫工作绕组）和副绕组（起动绕组），转子为笼型与三相笼型异步电动机的结构相似。

1. 单相异步电动机的工作原理

单相异步电动机的定子绕组接通的是单相交流电，定子所产生的磁场是一个交变的脉动磁场，磁场的强度和方向按正弦规律变化，当电流为正半周时，磁场方向垂直向上，如图4-2-38(a)所示；当电流为负半周时，磁场方向垂直向下，如图 4-2-38（b）所示。

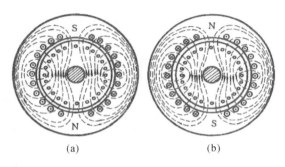

图 4-2-38　单相交流电的脉动磁场

交变的脉动磁场可以认为是由两个大小相等、转速相同但转向相反的旋转磁场所合成的磁场。当转子静止时，两个旋转磁场作用在转子上所产生的合力矩为零，所以转子静止不动，单相异步电动机不能自行起动。

实验证明，如果用外力使转子沿顺时针方向转动一下，使转子与两个旋转磁场间的相对速度发生变化，结果顺时针方向力矩大于逆时针方向力矩，电动机将继续沿顺时针方向运动下去。反之，电动机将沿逆时针方向转动。

通过上述分析可知，单相异步电动机转动的关键是产生一个起动转矩，各种不同类型的单相异步电动机产生起动转矩的方法也不同。

2. 单相电容式异步电动机

单相电容式异步电动机的定子有两个绕组（主、副绕组），主、副绕组在定子铁芯的空间上相差 $90°$，在起动绕组（副绕组）上串联一个适当容量的电容器，其电路如图 4-2-39 所示。图 4-2-39(a)为电容运转式异步电动机；图 4-2-39(b)为电容起动式异步电动机。

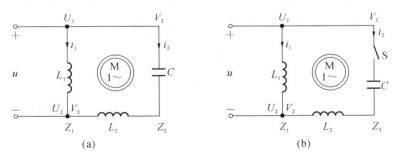

图 4-2-39　单相异步电动机电容启动电路

由同一个单相电源向两个绕组供电，由于起动绕组中串联了一个电容器，使运行绕组中的电流i_1和起动绕组中的电流i_2产生了一个相位差，适当选择电容 C 的容量，使起动绕组电路为容性电路，使两绕组电流之间的相位差接近于 $90°$。

电容运转式异步电动机，起动绕组不仅在起动时起作用，在电动机运转时也处于工作状态，实际是一个两相电动机。电容起动式异步电动机，当电动机转速升高到额定转速的

75%～80%时,离心开关 S 动作,切断起动绕组。

用类似三相旋转磁场的分析方法,如图 4-2-40、图 4-2-41 所示分别为运行与起动电流 i_1 和 i_2 的波形图及所产生旋转磁场示意图。在旋转磁场的作用下,单相异步电动机笼型转子得到起动转矩而转动。

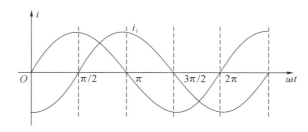

图 4-2-40　单相电动机运行起动绕组电流波形图

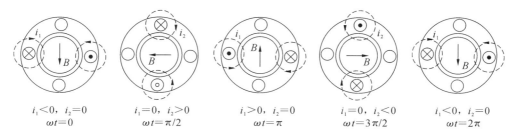

图 4-2-41　单相电动机旋转磁场

单相异步电动机的转向与旋转磁场的旋转方向相同,转速也略低于旋转磁场的转速。改变电动机定子绕组接线的顺序,可以改变旋转磁场的方向,电动机转动方向随之改变。

4.2.5　三相异步电动机铭牌参数与选择

一、三相异步电动机的铭牌及主要参数

三相异步电动机的铭牌如图 4-2-42 所示。铭牌上标明了三相异步电动机的主要技术参数,是选择、安装、使用和维修三相异步电动机的重要依据。

三相异步电动机			
型号 Y2-132S-4		功率 5.5 kW	电流 11.7 A
频率 50 Hz	电压 380 V	接法△	转速 1440 r/min
防护等级 IP44	质量 68 kg	工作制 SI	F级绝缘
×××电机厂			

图 4-2-42　三相异步电动机铭牌

1. 型号

为了适应不同用途和不同工作环境的需要,电动机制成不同的系列,国产中小型三相异步电动机型号的系列为 Y 系列,是按国际电工委员会 IEC 标准设计生产的三相异步电动机,以电动机中心高度为依据编制型号的。如 Y2—132S—4,Y—异步电动机(YR—绕线式);2—设计序号(第二次设计);132—中心高度(mm);S—机座类型(L 长机座、M 中机座、S 短机座);4—磁级数。该三相异步电动机为第二次设计中心高度为 132 mm 短机座四级电机。

2. 额定功率 P_N

额定功率 P_N 是指在满载运行时电动机转轴上输出的额定机械功率,常用单位为 kW。

3. 额定电流 I_N

额定电流 I_N 是指电动机在额定电源电压 V_N 下,电动机在额定工作时,流入定子绕组的线电流,常用单位为 A。

额定电流也是电动机允许通过的最大安全电流。对于确定电动机的安全运行,以及判断电动机的故障十分重要。在运行时如实际工作电流较长时间超过额的电流,电动机就会过热导致电动机绕组绝缘破坏,烧毁电动机。

若铭牌上标有两个电流,如"26/15 A"时,表示电源线电压为 220 V 时,额定电流为 26 A,电源线电压为 380 V 时,额定电流为 15 A。

4. 额定电压 U_N

额定电压 U_N 是指电动机在输出额定功率 P_N 时所需的绕组上的线电压,常用单位为 V。三相异步电动机实际工作电压变动不超过额定电压的 $\pm 5\%$,实际工作电压过高或过低都易烧毁电动机。

若铭牌上标有两个电压,如"220/380V"时,表示电源线电压为 220 V 时,电动机三相绕组接成 Y 形,电源线电压为 380 V 时,电动机三相绕组接成 $\triangle$ 形。

5. 额定频率 f_N

额定频率 f_N 是指电动机所需交流电源的频率。我国交流电源的标准频率为 50 Hz。

6. 额定转速 n_N

额定转速 n_N 是指电动机在额定工作条件下的运行的每分钟转速,用 r/min 表示。

7. 额定功率因数 $\cos\varphi_N$

电动机额定工作状态时,定子回路的功率因数,一般为 0.8~0.9,空载时功率因数更低,为 0.1 以下。

8. 额定效率 η_N

电动机额定运行时的效率,一般为 74%~94%。

9. 额定转矩 T_N

电动机额定负载时,转轴上输出的转矩,单位为 N.m。电动机的转矩与电压的平方成正比($T \propto f(U^2)$),当电源电压降低到额定电压的 70% 时,则转矩大约只有原来的 1/2,因此,电源电压的降低可能造成电动机不能启动或不能正常运转。

对于三相异步电动机,额定参数间存在以下关系:

$$P_N = \eta_N P_1 = \eta_N \sqrt{3} U_N I_N \cos\varphi_N$$

$$T_N = 9550 \frac{P_N}{n_N}$$

10. 绝缘等级

绝缘等级是指电动机绝缘材料的耐热能力,它表示电动机工作允许的最高温度。每个等级对应相应的最高温度如表 4-2-4 所示。F 级表示最高允许温度为 150 ℃。

表 4-2-4　电动机绝缘等级与最高温度表

绝缘等级	A	E	B	F	H	C
最高允许温度/℃	105	120	130	150	180	180 以上
绕组温升限值/K	60	70	80	100	125	
性能参考温度/℃	80	95	100	125	145	

温升是表示电动机工作时允许高出环境温度的数值。额定温升是最高工作温度与额定环境温度(一般为 35 ℃的差值。若一台电动机绕组允许温升为 60 ℃,使用时绕组的最高温度为 76 ℃,当室内环境温度为 30 ℃时,那么绕组的实际温升 46 ℃,属于正常的范围内可以继续运行。

电动机最容易受热损坏的部分是绕组,所以铭牌上标明的温升,一般指绕组允许的温升。如 F 级绝缘的定子绕组温升为 100 ℃。

11. 工 作 制 S1

工作制 S1 又称工作定额,是电动机承受负载情况,包括启动、制动、空载、断电停转以及这些阶段的持续时间和先后顺序的说明。工作方式是设计和选择电动机的基础,通常工作方式分为三种,即 S1—连续;S2—短时;S3—断续周期。

连续工作方式 S1:又称长期工作方式,电动机工作时间较长,温升可以达到恒定值。通风机、水泵等连续工作的生产机械所用的电动机应采用 S1 工作制电动机。

短时工作方式 S2:电动机工作时间较短,停歇时间较长,工作时温升达不到稳定值,而停歇降温直至环境温度。我国规定短时工作方式的标准工作时间有 15 min、30 min、60 min、90 min 等几种。如短时工作的水闸闸门启闭电动机应采用 S2 工作制电动机。

断续工作方式 S3:简称断续工作制,电动机工作时间比较短,工作时温升达不到稳定值,停歇时温升又降不到零。国家标准规定每个工作 t_w 与停歇 t_{st} 的周期 $T = (t_w + t_{st}) \leqslant$ 10 min。每个周期内工作时间 t_w 占的百分比例称为负载持续率,又称暂载率,国家规定标准暂载率有 15%、25%、40%、60% 等 4 种。采用断续工作制的电动机,因频繁启动、制动,要求其具有过载能力强、转动惯量小、机械强度高等性能。如起重机,电梯等机械应使用此种工作方式的电动机。

由工作方式的定义可知,功率相同时,连续工作方式可作为断续周期工作方式电动机使用;断续周期工作制方式可作为短时工作方式的电动机工作。反之,则不行。

12. 防 护 等 级

防护等级是指电动机外壳的防护等级,IP 是国际防护的缩写字母,IP 后面的第 1 位数字表示产品外壳防止固体异物进入内部,防止人体触及内部带电部分或运动部分的防护等级,共有 6 级;第 2 位数字表示电机对水侵害(滴水、淋水、溅水、喷水、浸水及潜水)等防护等级,共分 8 级,数字越大表示防护等级越高。IP 防护等级含义如表 4-2-5 所示。

如 IP44,第一个 4 表示能防直径或厚度大于 1 mm 的固体进入电动机壳内,第二个 4 表示能承受任何方向的溅水。

表 4-2-5　电动机防护等级数据表

防固体异物						
0	1	2	3	4	5	6
无防护	>50 mm	>12 mm	>2.5 mm	>1 mm	防尘	完全防尘

续表

防水浸害							
0	1	2	3	4	5	6	7
无防护	防滴	15°防滴	防淋	防溅	防喷	防浸	防潜

13. 接法

接法是指定子三相绕组(U_1U_2、V_1V_2、W_1W_2)的接法。如果U_1、V_1、W_1分别为三相绕组的始端(头),则U_2、V_2、W_2是相应的末端(尾)。三相异步电动机的接线盒中有三相绕组的6个引出线端,连接方法有星形(Y)连接和三角形(△)连接两种,如图4-2-43所示。通常3 kW以下的三相异步电动机连成星形,4 kW及以上的连成三角形。

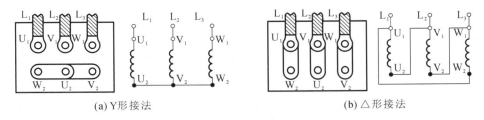

(a) Y形接法　　　　　　　　　　　　(b) △形接法

图 4-2-43　三相异步电动机接法

二、三相异步电动机绝缘性能与绕组极性检测

1. 三相异步电动机绝缘性能检测

电动机连接时,应检测电动机的绝缘性能。电动机的绝缘项目有绕组与地(铁芯)之间的绝缘,绕组与绕组之间的绝缘,绕组匝间绝缘等。实际工作中,常常检测电动机的绝缘电阻,用来衡量电动机绕组的绝缘情况是否符合规定的要求。有关规程中规定,低压电动机的最低绝缘电阻为在75 ℃时不低于0.5 MΩ。

当用绝缘电阻表在常温下测得的绝缘电阻值后,应将其换算成75 ℃的值,才能确定电动机的标准温度下的绝缘电阻值是否符合要求。其换算公式为

$$R_{75} = \frac{R_t}{2^{\frac{75-t}{10}}}$$

2. 三相异步电动机绕组极性检测

若电动机没有铭牌或绕组首尾端标志不清,连接时还应检测各相绕组的首尾端。若绕组首尾端接反,电动机启动时,三相电流严重不平衡,引起电动机振动,发出噪声,转速降低,过热。造成电动机不转,熔丝烧断,降低电动机寿命,甚至烧毁电动机。工作中常采用以下几种方法检测三相绕组的首尾端。

1) 交流电压法

如图4-2-44所示,一相绕组接通36 V低压交流电源(小容量电动机可直接220 V电源),另外两相绕组串联起来,并接上交流电压表。

若交流电压表指示较大,说明两串联绕组首、尾端顺向串联,首、尾端连接正确;若电压表无指示或指示较小,说明两串联绕组首、尾端反向串联,首、尾端连接错误。改用另外一相绕组接36 V低压电源,剩下两相绕组串联起来与电压表相连,重复上述操作。综合两次结果,即可判断三相绕组的首、尾端。

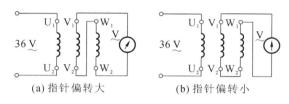

图 4-2-44 交流电压法

2) 直流电流（压）法

如图 4-2-45 所示，将一相绕组接干电池，直流毫安表分别测量另两相绕组的感应电压，在合上 S 的瞬间，若直流毫安表同向偏转，说明接直流毫安表"＋"端的两相绕组的两个端头同为首端或尾端；然后可判别其余两相的首尾端。综合两次结果，即可检测出三相绕组的首、尾端。

3) 剩磁法

如图 4-2-46 所示，将电动机三相绕组并联后与毫安表相连，也可用万用表的毫安挡，转动转子，由于电动机铁芯中有剩磁，在三相绕组中感应出三相对称感应电势，若毫安表指示为零，说明三相绕组为同向并联，并联的三个端点同为绕组的首端或尾端；若毫安表左右偏转，说明三相绕组有一相绕组接反，分别改接其中一相绕组，直至毫安表指示为零，即可确定三相绕组的首、尾端。

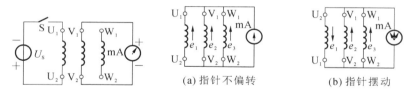

图 4-2-45 直流电流（压）法   图 4-2-46 剩磁法

三、三相异步电动机的选用

选用电动机时，应从额定功率、额定电压、额定转速、种类和形式几方面综合考虑，做到安全、经济又合理。选用电动机时应遵循以下基本原则。

（1）电动机性能是否完全满足生产机械在机械特性方面的要求，如所需要的工作速度、调速指标、加速以及启动、制动时间等。

（2）电动机功率能被充分利用，温升是否满足标准规定的要求。

（3）电动机的结构形式是否应适应工作环境的条件，如防止外界异物侵害、防止水侵害等方面的要求。

具体选用三相异步电动机时，可从以下几方面考虑。

（1）三相异步电动机转子型式选择。一般选用笼型转子三相异步电动机，只有在启动、制动比较频繁，启动、制动转矩较大，且有一定调速要求的生产机械上，如桥式起重机、矿井提升机等，可以优先选用绕线式转子异步电动机。

（2）电动机额定功率的选择。正确合理地选择电动机的功率是很重要的。如果电动机的功率选得很小，电动机将过载运行，使温度超过允许值，会缩短电动机的使用寿命甚至烧坏电动机；如果选得过大，机械设备虽能正常工作，但电动机处于欠载运行，电动机的容量得不到充分利用，此外，设备投资大，运行费用高，造成电力和资金浪费。

对于连续工作方式负载长期恒定或变化很小的生产机械,只要电动机的额定功率P_N等于或略大于生产机械所需要的功率P_L即可;对于负载变化较大的生产机械,电动机功率一般是按恒定负载工作选用,但必须进行发热校验。

对于短期工作生产机械,电动机的额定功率P_N只要不小于负载功率P_L即可。如吊桥、水闸、车床的夹紧装置等电动机。

对于周期性断续工作制电动机功率的选择方法和连续工作制变化负载下的功率选择类似。但当负载持续率不大于10%时,按短期工作制选择;当负载持续率不小于70%时,可按长期工作制选择。如很多起重设备以及某些金属切削机床电动机。

(3)电动机额定电压的选择。电动机额定电压与现场供电电网电压等级相符。否则,因电动机的额定电压低于供电电源电压时,电动机工作电流过大而被烧毁;因电动机额定电压高于供电电源电压时,电动机有可能不能启动,或虽能启动,但因工作电流过大而减小其使用寿命甚至被烧毁。一般中、小型交流电动机的额定电压一般为380 V,大型交流电动机的额定电压一般为3 kV、6 kV等。

(4)电动机额定转速的选择。电动机额定转速选择行合理与否,将直接影响到电动机的价格、能量损耗及生产机械的生产率等各项技术和经济指标。许多生产机械的工作速度一定且较低(30~900 r/min),在电动机性能满足生产机械要求的前提下,电动机的额定转速选在750~1500 r/min比较合适。

(5)电动机防护型式选择。电动机防护形式分为开启武、防护式、封闭式和防爆式四种。电动机必须根据不同环境选择适当的防护形式。

开启式电动机只用于干燥、清洁的环境中。防护式电动机只能用于比较干燥、灰尘不多、无腐蚀性气体和爆炸性气体的环境。封闭自扇冷式、他扇冷式电动机用于潮湿、尘土多、有腐蚀性气体、易引起火灾和易受风雨侵蚀的环境中,如纺织厂、水泥厂等;封闭密闭式电动机则用于浸入水中的机械,如潜水泵电动机;防爆式电动机在易燃、易爆气体的危险环境中选用,如煤气站、油库及矿井等场所。

(6)电动机安装形式的选择。电动机有为卧式和立式安装两种型式。一般情况下应选用卧式电动机。当需要简化传动装置时,如深井水泵和钻床等,才使用立式电动机。

◆ 4.2.6 小型单相变压器认知与测试

一、实训任务
(1)测量小型变压器的绝缘参数。
(2)用交流法判断高、低压绕组的同极性端。
(3)通过空载和短路试验测量小型变压器的变比和参数。
(4)通过负载运行测量小型变压器的运行特性。

二、实训器材
(1)实训用小型变压器一台。
(2)绝缘电阻表、功率因数表、交流电压表、交流电流表、万用表各一只。
(3)自耦调压器一台。
(4)白炽灯若干只。

三、实训步骤

1.测量变压器高、低压绕组的直流电阻

用万用表的直流电阻挡变压器绕组连接端的直流电阻。直流电阻比较大（$R_1(t)$）的两个连接端是高压绕组的连接端；直流电阻较小$R_2(t)$的两个连接端是低压绕组的连接端。并将高、低压绕组的直流电阻值记录到表 4-2-10 中。并根据下式将电阻折算到变压器出厂试验温度 75 ℃时的阻值。

$$R(75\ ℃) = \frac{R(t) \times (234.5 + 75)}{(234.5 + t)}$$

式中：铜导线的常数为 234.5，若用铝导线常数为 228。

2.测量变压器的绝缘电阻

检测变压器绝缘电阻是判断绕组绝缘状况比较简单而有效的方法啊，绝缘电阻通常与变压器的容量、电压等级及绝缘受潮情况等多种因素有关。电力变压器出厂试验温度一般为 75 ℃，通常所测结果不低于前次测量数值的 70%，即认为合格。对于容量小于 1 kVA，电压 500 V 以下的小型变压器其绕组绝缘电阻不低于 0.5 MΩ。

检测变压器绕组的绝缘电阻应测量，高压绕组对低压绕组及地、低压绕组对高压绕组及地、高压绕组对低压绕组等三个项目。这里的"地"实际上指的是变压器的外壳。检测变压器绝缘电阻的接线方法如图 4-2-47 所示。

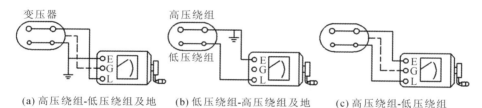

(a) 高压绕组-低压绕组及地　　　(b) 低压绕组-高压绕组及地　　　(c) 高压绕组-低压绕组

图 4-2-47　变压器绝缘电阻检测接线图

绝缘电阻表的 L(线路)、E(接地)、G(屏蔽)即三个接线柱与变压器绕组、外壳和地接线如表 4-2-6 所示。

表 4-2-6　绝缘电阻接线方法

序号	检测项目	接线方法		
		接线柱"L"	接线柱"E"	接线柱"G"
1	高压绕组-低压绕组及地	接高压绕组	接低压绕组和外壳	高压绝缘子或外壳
2	低压绕组-高压绕组及地	接低压绕组	接高压绕组和外壳	低压绝缘子或外壳
3	高压绕组-低压绕组	接高压绕组	接低压绕组	接外壳

其中绝缘电阻表接线柱"G"的接线，是为了防止变压器外壳表面和绝缘子受潮影响读数，测量时可用金属导线在绝缘子下部缠着几圈，再接到绝缘电阻表的"G"端上；测量高压绕组对低压绕组的绝缘电阻时，将导线从"G"端接到变压器的外壳，这样可以消除表面泄漏电流，测得的绝缘电阻更为准确。接线方法如图 4-2-47 中的虚线所示。

依照以上方法测量变压器各绝缘电阻三次，并将测量值记录到表 4-2-7 中。

3.交流法判断高低压绕组的同名端

如图 4-2-48 所示,将高、低压两个绕组 N_1 和 N_2 的任意两端(如 2、4 端)联在一起,将调压器先逆时针旋转到底,使其输出为零,接通电路后,逐渐顺时针转动增加输出电压,直至在高压绕组 N_1 两端加一个 36V 交流低压电压,低压绕组 N_2 开路,用交流电压表分别测出端电压 U_{13}、U_{12} 和 U_{34}。若 $U_{13}=U_{12}-$

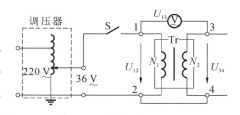

图 4-2-48　交流法检测同极性端接线图

U_{34},即是高、低绕组端压之差,则 1、3 是同名端;若 $U_{13}=U_{12}+U_{34}$,即是高、低组端电压之和,则 1、4 是同名端。

依照上述方法连接电路,并测量 U_{12}、U_{13} 和 U_{34} 电压值,将测量数据记录到表 4-2-7 中,并判断高、低压绕组的同名端。

4.测量变压器变压比

(1)测出变压器高、低压绕组同名端后,将高、低压绕组连接端分别用 A、X,a、x 标记,其中 A、a 或 X、x 为同名端。

(2)按照图 4-2-49 所示连接电路,注意本次实训,为满足负载工作时,负载工作电压为 220 V,将变压器低压绕组 a、x 接交流电源,高压绕组 A、X 接负载,即将变压器当做升压变压器使用。此时,高压绕组 A、X 空载。

(3)将调压器调节到输出为"0"的位置,接通电源,调节调压器使变压器高压侧空载电压 $U_{10}=1.2\,U_{1N}$,然后逐次降低电源电压,使高压侧空载电压 U_{10} 在 $1.2\,U_{1N}\sim0.2\,U_{1N}$ 范围内变化,分别测量变压器低压侧电压 U_{20}、I_0、P_0。

(4)在 $1.2\,U_{1N}\sim0.2\,U_{1N}$ 范围内共取 5 点($U_{10}=U_{1N}$ 必测),测量高压侧电压的测量低压测数据,记录到表 4-2-7 中,并分别计算各次高、低压侧电压变比、取其平均值作为变压器变压比 k。

5.测试变压器外特性

(1)关闭电源,按照图 4-2-50 所示连接电路。将高压绕组接电源,当开关 S 闭合时,低压绕组负载。负载由 4～5 只 25 W 白炽灯并联构成。

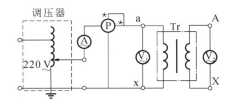

图 4-2-49　变压器变压比测量电路连接

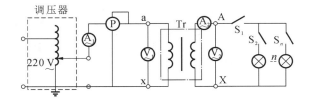

图 4-2-50　变压器外侧外特性测试接线图

(2)将调压器调节到输出为"0"的位置,接通电源,在保持低压侧电压 $U_1=36$ V 不变时,逐次增加灯泡负载(每只灯为 25 W),测定 U_1、U_2、I_1、I_2 和 P_1,并将数据记录到表 4-2-7 中。

表 4-2-7　小型单相变压器检测数据表。

1.测量高、低压绕组直流电阻　　温度 t _____ ℃			
万用表挡位	$R_1(t)$	$R_1(75\ ℃)$	$R_2(t)$	$R_2(75\ ℃)$

2.测量变压器绝缘电阻

序号	高压绕组-低压绕组及地	低压绕组-高压绕组及地	高压绕组-低压绕组
1			
2			
3			

绝缘电阻表型号	

3.高、低压绕组同名端检测

交流电压表量程	U_{13}	U_{12}	U_{34}	同名端编号

4.测量变压器变压比

序号	U_{10}/V	I_0/A	P_0/W	U_{20}/V	k_n	$\bar{k}$
1						
2						
3						
4						
5						

5.测试变压器外特性

序号	U_1/V	I_1/A	P_1/W	U_2/V	I_2/A
1					
2					
3					
4					
5					

6.参数计算

Z_{ax}	Z_{AX}	P_Δ	P_{cu1}	P_{cu2}	P_{Fe}	P_2	$\cos\Phi_1$	η

（3）绘出变压器的外特性，即负载特性曲线 $U_2 = f(I_2)$。

（4）根据以下公式计算变压器相关参数，并将计算结果记录到表 4-2-7 中。

低压侧阻抗

$$Z_{ax} = U_1 / I_1$$

高压侧阻抗

$$Z_{AX} = U_2 / I_2$$

阻抗比

$$k_z^2 = Z_{ax} / Z_{AX}$$

负载功率

$$P_2 = U_2 \, I_2 \cos\Phi_2$$

损耗功率

$$P_\Delta = P_1 - P_2$$

低压功率因数

$$\cos\Phi_1 = P_1 / U_1 \, I_1$$

低压绕组铜损

$$P_{cu1} = I_1{}^2 \, R_1$$

高压绕组铜损

$$P_{cu2} = I_2{}^2 \, R_2$$

铁损

$$P_{Fe} = P_\Delta - P_{cu1} - P_{cu2}$$

电压调整率

$$\Delta u = (1 - u_{20} / u_2) \times 100\%$$

6. 实训注意事项

（1）本实训是将变压器作为升压变压器使用，并用调节调压器提供原边电压U_1，故使用调压器时应首先调至零位，然后才可合上电源。此外，必须用电压表监视调压器的输出电压，防止被测变压器输出过高电压而损坏实训设备，且要注意安全，以防止高压触电。

（2）由负载实训转到空载实训时，要注意及时变更仪表量程。当负载为 4 个及 5 个灯泡时，变压器已处于超载运行状态，很容易烧坏。因此，测试和记录应尽量快，总共不应超过 2 分钟。实训时，可先将 5 只灯泡并联安装好，断开控制每个灯泡的相应开关，通电且电压调至规定值后，再逐一打开各个灯的开关，并记录仪表读数。待开 5 灯的数据记录完毕后，立即用S_1开关断开各灯。

（3）遇异常情况，应立即断开电源，待处理好故障后，再继续实训。

四、分析与思考

（1）为什么本实训将低压绕组作为原边进行通电实训？在实训过程中应注意什么问题？

（2）为什么变压器的励磁参数一定是在空载实训加额定电压的情况下求出？

（3）试计算变压器的电压调整率 Δu 为多大？

（4）根据实训数据，自制坐标并绘制变压器的外特性曲线。

4.2.7 三相异步电动机结构认知与测试

一、实训任务

（1）三相异步电动机铭牌参数认识。

（2）三相异步电动机的定子绕组直流电阻、绝缘性能检测。

（3）三相异步电动机定子绕组的同极性端检测。

（4）三相异步电动机正、反转，Y/△空载运行参数测试。

二、实训器材

（1）三相异步电动机，电压 380/220 V（Y/△）。

（2）直流电桥、绝缘电阻表、万用表、钳形电流表等。

（3）直流稳压电源或电池、三相交流电源。

（4）剥线钳、尖嘴钳、螺丝刀等电工工具。

三、实训步骤

1.三相异步电动机铭牌参数认识

观察并理解实训用三相异步电动机的铭牌，并将铭牌上的相关信息及参数记录入下表4-2-9中。

2.三相异步电动机定子绕组直流电阻检测

通过测量三相异步交流电动机绕组的直流电阻，可以检测出电动机绕组导体的焊接质量、引线与绕组的焊接质量、与接线柱的连接质量；从三相电阻的平衡性可以判断出绕组是否有开路（包括并联支路的开路）和短路（包括匝间短路）。

三相异步电动机定子绕组直流电阻通常采用直流电桥测量，绕组电阻大于 $1\ \Omega$，常采用单臂电桥；小于 $1\ \Omega$ 时，应使用双臂电桥，每个绕组至少测量三次，取平均值作为实际值。正常情况下三相绕组的不平衡度小于5%。常用380 V铜线绕组三相电动机的直流电阻范围，如表4-2-8所示。

表4-2-8　380 V三相异步电动机绕组直流电阻参考值

电动机额定容量/kW	10 以下	10～100	100 以上
绕组直流电阻/Ω	10～1.0	1.0～0.05	0.1～0.001
三相不平衡度	小于 5%		

绕组直流电阻检测步骤：

（1）对绕组接线端编号（①～⑥），用万用表的电阻挡，分别找出三相定子绕组中各相绕组的两个接线端。

（2）用直流电桥分别测量三相定子绕组的直流电阻三次。并将测量数据记录到表4-2-9中。

3.三相异步电动机绝缘电阻检测

电动机的绝缘项目包括绕组与铁芯、绕组与外壳及各绕组之间绝缘。检测绕组的绝缘电阻就是检测绕组绝缘的受潮，脏污的情况，是衡量电动机是否安全运行的一个重要参数。

对于380 V以下的电动机，应选择额定电压为500 V绝缘电阻表。所测绝缘电阻不得低于0.5 MΩ，特殊情况下达到0.2 MΩ也可投入运行，应注意监测其运行状态。

用绝缘电阻表分别测量三相异步电动机绝缘项目的绝缘电阻。并将测量数据记录到表4-2-9中。

4.三相异步电动机绕组极性检测

如果三相异步电动机的定子绕组首、尾不清楚，接入电源时若某项绕组接反，使定子绕组三相电流严重不平衡，电动机转速也达不到额定转速。因此测定绕组的极性（即绕组的首、尾端）是电动机运转前必须的检测工作。

电动机三相绕组的极性检测方法有交流电压法、剩磁法、直流电（压）流法。直流电流法简单快捷。如图4-2-51所示接好电路后。当闭合S接通电源瞬间，若万用表的指针正偏，直流电源正（＋）极所接线端与万用表负（一）端所接线端为两绕组的首端或尾端；若指针反向偏转，则直流电源正（＋）极所接线端与万用表正（＋）端接线端同为两绕组的首端或尾端。再将万用表接到另一相绕组上进行试验，便可确定三相绕组的首、尾端。

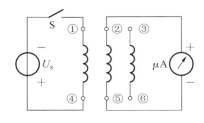

图 4-2-51　直流电流法检测绕组极性

用直流电流法，检测出三相绕组的极性，并将检测结果记录入表 4-2-9 中。

5.定子绕组相序检测与正反转试运行

三相异步电动机如果分不清定子三相绕组的相序，在要求电动机只能沿某一方向旋转的设备中，就不能够准确的接入三相电源。当三相电源的接入相序错误时，三相异步电动机旋转方向错误会引起设备运行故障，严重时甚至坏设备。

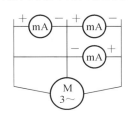

图 4-2-52　相序测定

1）定子绕组的相序测检测

确定的电动机定子三相绕组的首、尾端以后，按要求把三相绕组接成星形或三角形。再按图 4-2-52 所示，接入三只直流毫安表。用手沿电动机要求的方向慢慢旋转转子，此时三只毫安表正、反交替偏转，其步调不一致，但可以看出三只毫安表指针达到最大值时有一个顺序，这个顺序就是所要测定的定子绕组的相序。只要接入电源的相序与绕组的相序相同电动机就将沿着要求的方向旋转。

2）电动机正反转试运行

将三相交流电源按测定的定子绕组相序接入三相异步电动机，观察电动机是否按要求的方向旋转；然后，交换任意两相电源，观察电动机是否反转。

将三相异步电动机定子绕组相序测定结果以及电动机正、反转试运行结果记录到表4-2-9 中。

6.三相异步电动机空载运行参数测试

电动机不带工作机械或工作机械不带负载时，电动机在正常电源情况下运行称为空载运行，空载运行时的电流称为空载电流。

在正常情况下空载电流一般为额定电流的 $20\%\sim60\%$，在电源电压平衡的情况下，三相空载电流的不平衡度不应超过 $5\%\sim10\%$。如果空载电流偏大，注意检查空气隙是否偏大，是否存在匝间短路，转轴是否有轴向移动等故障。

分别将三相异步电动机绕组接成星形和三角形。接通电源，使电动机启动并保持电动机在额定电压下空载运行两分钟左右，使电动机机械损耗达到稳定后再进行测试。分别测量三相异步电动机空载运行时各相绕组的线电压，空载运行时的线电流，每项数据各测三组。并将测试结果记录到表 4-2-9 中。

四、分析与思考

（1）若忽略电动机空载运行时的功率损耗，试计算此时电动机的功率因数。

（2）试根据电动机铭牌参数。估算该电动机的额定转矩 T_N（$T_N = 9550\,P_N/n$）。

表 4-2-9　三相异步电动机认知与检测数据表

1.三相异步电动机铭牌

型号_____		功率_____	电流_____
频率_____	电压_____	接法_____	转速_____
防护等级_____	重量_____	工作制_____	级绝缘
_____电机厂			

2.三相异步电动机定子绕组直流电阻

相名	U 相		V 相		W 相
编号					
相名	R_1/Ω	R_2/Ω	R_3/Ω	平均值$/\Omega$	平衡度
U					
V					
W					

3.三相异步电动机定子绕组绝缘电阻

绝缘项目	R_1/Ω	R_2/Ω	R_3/Ω	平均值$/\Omega$
绕组 U - 外壳				
绕组 V - 外壳				
绕组 W - 外壳				
绕组 U-绕组 V				
绕组 V-绕组 W				
绕组 W-绕组 U				

4.三相异步电动机定子绕组极性

绕组端子	三相绕组首端	三相绕组尾端
编　号		

5.三相异步电动机定子绕组相序与正反转运行

绕组端子	U_1U_2	V_1V_2	W_1W_2
编　号			
电源相序	旋转方向	交换两相	旋转方向

6.三相异步电动机空载运行参数测试

电源电压	U_{UV}/V	U_{VW}/V	U_{WU}/V

续表

接法	相名	I_1/A	I_2/A	I_3/A	平均值/A	平衡度
Y	U					
	V					
	W					
△	U					
	V					
	W					
Y		I_{kY}/I_{NY}		△		$I_{k\triangle}/I_{N\triangle}$

习 题

一、单选题

1. 下列材料中,相对磁导率 $\mu_r \ll 1$ 是( )。

A. 铁   B. 空气   C. 铜   D. 镍

2. 真空的磁导率 μ_0 大小为( )。

A. $4\pi \times 10^{-7}$ B. $2\pi \times 10^{-7}$ C. $4\pi \times 10^{-5}$ D. $8\pi \times 10^{-6}$

3. 穿过垂直于磁场强度方向的某一截面的磁力线的条数称为( )。

A. 磁场强度 H B. 磁通 Φ C. 磁阻 R_m D. 磁压 U_m

4. 铁质材料除具有高磁导率的性质外,还具有( )。

A. 磁场非线性   B. 抗磁性   C. 磁饱和性   D. 磁阻性

5. 制造变压器和交流异步电动机的铁芯时,应选择的材料是( )。

A. 抗磁材料   B. 软磁材料   C. 硬磁材料   D. 矩磁材料

6. 电路中循环的是电流 I,而磁路中循环的是( )。

A. 磁感应强度 B B. 磁场强度 H C. 磁链 Ψ D. 磁通 Φ

7. 关于磁路中磁阻 R_m,下列表达式正确的是( )。

A. $\dfrac{l}{\mu S}$ B. $\dfrac{U_m}{I}$ C. μH D. NI

8. 在某线圈中放入铁磁性材料,该线圈的自感系数将( )。

A. 不变   B. 显著增加   C. 显著减小   D. 稍有改变

9. 若两互感线圈的匝数 $N_1 > N_2$,则两互感线圈的互感系数 M_1、M_2 的关系为( )。

A. $M_1 = M_2$ B. $M_1 < M_2$ C. $M_1 > M_2$ D. $M_1 \neq M_2$

10. 两互感耦合线圈同向并联时,其去耦合化等效电感量为( )。

A. $\dfrac{L_1 L_2}{(L_1 + L_2)}$ B. $\dfrac{(L_1 L_2 - M^2)}{(L_1 + L_2 - 2M)}$

C. $\dfrac{(L_1 L_2 + M^2)}{(L_1 + L_2 - 2M)}$ D. $\dfrac{(L_1 L_2 - M^2)}{(L_1 + L_2 + 2M)}$

11. 一个理想变压器一、二次绕组的匝数比是 100∶1，能正常地向二次侧 20 V、100 W 负载供电。则变压器输入电压 U_1 与输出电流 I_2 分别是（　　）。

　A. 2 kV、0.05 A　　B. 200 V、0.5 A　　C. 2 kV、5 A　　D. 20 V、0.5 A

12. 变压器降压使用时能输出较大的（　　）。

　A. 有功功率　　　　B. 电流　　　　　C. 电能　　　　　D. 无功功率

13. 额定容量为 80 kV·A 的变压器，其工作时输出视在功率应（　　）。

　A. 等于 80 kV·A　　B. 小于 80 kV·A　　C. 大于 80 kV·A　　D. 不确定

14. 变压器连接组别是绕组按一定连接方式连接时，确定一、二次绕组电压或电流关系的是（　　）。

　A. 频率　　　　　　B. 幅值　　　　　C. 相位　　　　　D. 有效值

15. 并联运行变压器的变比，误差不允许超过（　　）。

　A. ±0.1%　　　　　B. ±0.5%　　　　C. ±1%　　　　　D. ±5%

16. 关于三相交流异步电动机的定子绕组的说法正确的是（　　）。

　A. 结构相同，空间位置相差 90°电角度　　B. 结构不同，空间位置相差 120°电角度

　C. 结构相同，空间位置相差 120°电角度　　D. 结构不同，空间位置相差 180°电角度

17. 在三相异步交流电动机的定子绕组中通入对称三相交流电，在定子与转子的气隙间产生的磁场是（　　）。

　A. 恒定磁场　　　　B. 脉动磁场　　　　C. 零序磁场　　　　D. 旋转磁场

18. 三相异步电动机接电后电动机不能启动，造成故障的可能原因是（　　）。

　A. 电源电压过高或过低　　　　　　　B. 转子不平衡

　C. 笼型转子断条　　　　　　　　　　D. 定子绕组接线错误

19. 三相笼式异步电动机直接从全压启动时启动电流过大，一般可达额定电流的（　　）。

　A. 2～3 倍　　　　　B. 3～4 倍　　　　C. 4～7 倍　　　　D. 10～12 倍

20. 反接制动时旋转磁场反向旋转，制动电磁转矩与电动机运行时电磁转矩的方向（　　）。

　A. 相同　　　　　　B. 相反　　　　　C. 相同或相反　　　　D. 不确定

二、多选题

1. 下列单位中不是磁路磁阻 R_m 单位的是（　　）。

　A. T　　　　　　　B. 1/H　　　　　　C. Wb　　　　　　D. A/m

2. 下列说法中，正确的是（　　）。

　A. 从 $B=0$ 开始测量绘出曲线称为初始磁化曲线

　B. 连接各条磁滞回线的顶点，所得到的一条曲线称为基本磁化曲线

　C. 迟滞回线的形状与铁芯的铁磁物质无关

　D. 铁磁物质的剩磁越大，所需矫顽力越大

3. 铁磁物质的磁性能除了高导磁性外还具有（　　）。

　A. 磁导率非线性　　B. 磁饱和性　　　　C. 剩磁性　　　　　D. 绝缘性

4. 下列关于磁路和电路的区别说法正确的是（　　）。

　A. 磁路和电路，数学形式上相似

　B. 磁路和电路，本质上是两种相同的物理现象

　C. 电路有断路时，电流为 0；而磁路铁芯断路时，也有磁通

　D. 电路有电动势，不一定有电流；磁路有磁动势，一定有磁通

5. 下列关于互感线圈耦合程度大小的说法，正确的是（　　）。

　A. 与线圈的匝数有关　　　　　　　　B. 与线圈的相对位置有关

　C. 与线圈的材料有关　　　　　　　　D. 与线圈的结构和尺寸有关

6.两台电力变压器,并联运行的条件包括(　　)。

A.并联运行变压器的变压比 k 相等

B.并联运行的变压器连接组号相同

C.并联运行变压器的阻抗电压相同

D.并联运行的变压器短路阻抗比值相等

7.变压器除具有基本的电压变换作用外还具有(　　)。

A.电流变换作用　　　　　　　　　B.阻抗变换作用

C.相位变换作用　　　　　　　　　D.频率变换作用

8.三相交流异步电动机,降压启动的方法有(　　)。

A.串电阻降压启动　　　　　　　　B.星形连接降压启动

C.三相自耦变压器降压启动　　　　D.延边三角形降压启动

9.三相交流异步电动机的常用调速方式包括(　　)。

A.调频调速　　　　　　　　　　　B.变极调速

C.调转差率调速　　　　　　　　　D.调相调速

10.下列关于变压器和异步电动机铁芯硅钢片的说法,正确的是(　　)。

A.硅钢片是软磁材料

B.硅钢片中掺入少量的硅,是为了提高电阻率

C.硅钢片的表面一般是不绝缘的

D.硅钢片沿顺磁方向叠装,可以减小铁芯涡流损耗

三、判断题

1.(　　)在磁场中,任意点磁感应强度 B 的大小与空间材料的性质 μ 无关。

2.(　　)铁磁物质的磁导率 μ 与真空磁导率 μ_0 的比值 μ_r 是随磁场强度 H 的大小而变化的。

3.(　　)铁磁材料在反复磁化的过程中,磁感应强度 B 的变化总是滞后于磁场强度 H 的变化,这一现象称为磁化现象。

4.(　　)软磁材料的特点是磁导率 μ 很大,剩磁 B_r 和矫顽力 H_C 都很小,容易磁化也容易退磁,因而磁滞损耗较小,可用于变压器和交流电动机的铁芯。

5.(　　)硬磁材料必须用较强的外磁场才能使其磁化,一旦磁化取消外磁场后,磁性不易消失,具有很强的剩磁和矫顽力。主要用来制造永磁铁和扬声器磁钢。

6.(　　)矩磁材料因磁滞回线呈矩形而得名。特点是在很小的外磁场作用下就能被磁化并达到饱和,去掉外磁场后,磁性仍保持与饱和时一样。主要用来作计算机和远程控制设备的记忆元件。

7.(　　)自感和互感都是电磁感应,自感是流过线圈本身的电流变化引起的电磁感应,互感则是一个线圈中电流变化在另一线圈中引起的电磁感应。

8.(　　)同名端就是两个线圈中绕向一致,感应电势极性相同的线圈端。

9.(　　)两个线圈串联使用时,应将其一对异名端相连接;并联使用时,应将其两对同名端相并接。

10.(　　)交流电磁铁在使用时,一旦发现衔铁被卡住,气隙不能闭合,应立即切断电源。

11.(　　)当变压器二次侧电流 I_2 增大时,一次侧电流 I_1 也会相应增大。

12.(　　)当变压器一次侧电流 I_1 增大时。铁芯中的主磁通 Φ_m 也会相应增大。

13.(　　)当变压器二次侧电流 I_2 增大时。二次侧电压 U_2 一定会下降。

14.(　　)变压器所带负载的功率因数 $\cos\varphi$ 越低,从空载到满载二次侧电压 U_2 下降越多。

15.(　　)变压器空载运行时,一次侧输入功率约等于铁芯损耗功率。

16.(　　)变压器短路运行时,二次侧输出电阻功率约等于变压器的铜损功率。

17.(　　)三相异步电动机工作时转子转速 n,不可能大于其同步转速 n_0。

18.（　）三相异步电动机的转速 n，取决于电源频率 f 和磁极对数 p，而与转差率 S 无关。

19.（　）三相异步电动机的转速 n 越低，电动机的转差率 S 越大，转子电动势的角频率 ω 越高。

20.（　）三相异步电动机的常见故障，有电动机过热、三相电压不平衡、电动机启动后转速低、转矩小等。

四、计算题

1.一个线圈密绕在闭合均匀铁芯上，线圈匝数为 300 匝，铁芯中的磁感应强度为 0.9T，磁路的平均长度为 0.5 m。试求：若闭合铁芯材料为硅钢片时（$H＝260$ A/m），线圈中的电流 I。

2.一直流电磁铁接通电源后，在铁芯与衔铁的气隙间产生的磁感应强度 $B_0＝1.6$T，衔铁和磁极相对的有效面积为 10 cm^2，求电磁吸引力。

3.机床上的低压照明变压器 $U_1＝220$ V，二次绕组接 $U_2＝36$ V，$P_2＝36$ W 的白炽灯一盏，求电流 I_1 和 I_2。

4.信号源交流电动势 $U_S＝3$ V，内阻 $R_0＝750$ Ω，通过变压器使信号源与负载完全匹配，若要使负载电阻电流 $I_L＝5$ mA，则负载电阻为多大？

5.某三相异步电动机，$P_N＝22$ kW，$U_N＝380$ V，$\cos\varphi＝0.86$，$\eta＝91.5\%$，四磁极，转速 $n＝1440$ r/min。试求电动机的转差率 S、额定电流 I_N 和额定转速 T_N。

情境五

电动升降卷闸门控制电路设计安装与调试

【资讯目标】

● 能复述三相异步电动机控制电路负荷电流、电压、功率、功率因数等参数计算；

● 能复述刀开关、熔断器、断路器等低压电器结构、控制功能与工作原理；

● 能复述按钮、行程开关等主令低压电器结构、控制功能；

● 能复述交流接触器、中间继电器、时间继电器、热继电器等低压电器结构、控制功能与工作原理；

● 能识读控制电路电气原理图、接线图和安装图等电气图；

● 能复述低压电器选择，安装与安全操作规范；

● 能分析描述"电动升降卷闸门控制电路"等控制线路的控制过程；

● 能分析电动机电气控制电路故障原因及位置，能复述用试电笔、电压法、电阻法检测控制电路方法。

【实施目标】

● 能分析计算三相异步电动机控制电路负荷电流、电压、功率、功率因数等参数；

● 能复述刀开关、熔断器、断路器等低压电器主要参数，并根据电路负荷选择电器型号、整定参数；

● 能复述按钮、行程开关等主令低压电器主要参数，并根据电路负荷选择电器型号、整定参数；

● 能复述接触器、中间继电器、时间继电器、热继电器等低压电器主要参数，并根据电路负荷选择电器型号、整定参数；

● 能选择并安装三相有功电能表、三相无功电能表等电工仪表；

● 能用万用表检测刀开关、熔断器、断路器、按钮、行程开关、交流接触器、热继电器、时间继电器等低压电器的触头、线圈的好坏；

● 能用绝缘电阻表检测低压设备、控制线路的绝缘性能；

● 能根据电动机控制电路电气原理图，安装并调试"电动升降卷闸门控制电路"；

● 能根据电动机电气控制线路控制功能与控制过程分析电气故障原因与位置；

● 能用试电笔、电压法、电阻法检测控制电路故障位置，并排除电路故障。

5.1 继电器控制低压电器

电器是对电能的生产、输送、分配和使用起控制、调节、检测、转换及保护作用的电工器件。它可以根据外界施加的信号手动或自动接通、分段电路,断续或连续实现电路参数的改变。低压电器指工作于交流 50 Hz 制定电压 1000 V 以下、直流额定电压 1200 V 以下的电路中起通断、保护、控制或调解作用的电器设备。

常用低压电器有开关类电器、断路器、漏电保护器、熔断器、按钮、行程开关、交流接触器、热继电器、中间继电器、时间继电器、电压继电器、电流继电器等。

一、低压开关

1. 胶盖闸刀开关

胶盖闸刀开关又称开启式负荷开关,如图 5-1-1(a)、(b)、(c)所示,分别为胶盖瓷底闸刀开关的实物外形、结构和电气符号。其结构简单,主要由胶盖、动触头、静触头及瓷质底座构成。胶盖具有灭弧功能,使闸刀可靠的接通、分断电流,并防止电弧烧伤操作人员。常用型号有 HK 系列,如 HK2-3/20,HK 为系列编号,2 为设计序号,3 为三极刀开关,20 为额定电流。

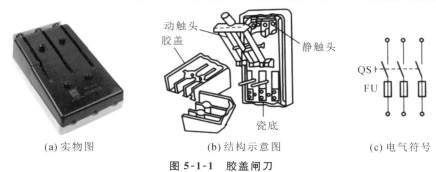

(a) 实物图　　　　(b) 结构示意图　　　　(c) 电气符号

图 5-1-1　胶盖闸刀

闸刀开关一般不宜在带负载下切断电源,在继电器控制电路中只用作电源隔离开关,以便对负载和电路进行检查或维修。也可用于不频繁接通小容量(5.5 kW 及以下)电动机或局部照明电路的负荷控制开关。

胶盖闸刀开关主要依据电压和极数、额定电流、负载性质等因素进行选择。

(1)刀开关的额定电压要大于或等于电路实际的最高电压。控制三相负载时,应选用 500 V 三极式刀开关。

(2)用作隔离开关时,刀开关的额定电流要等于或稍大于电路实际的工作电流;用作控制小容量电动机启动、停止的负荷开关时,其额定电流应大于电动机额定电流 3 倍。

(3)在控制电动机及其他感性负载电路中,保护熔体的额定电流应为最大一台电动机额定电流的 2.5 倍。更换熔丝时,应先拉闸断电,后按原规格更换熔丝。

(4)安装时瓷底与地面垂直,以手柄上推合闸,下拉分闸为正装方向,电源线从上端静触头进,下端静触头出。不得倒装或横装以免造成灭弧困难,烧坏动、静触头;同时避免因动触头自重或震动造成闸刀误合闸。

(5)闸刀合闸、拉闸操作应迅速、沉稳,以便迅速灭弧。

2. 组合开关

组合开关又称转换开关,靠动触片的左右旋转来代替闸刀开关的推合与拉断。主要用于电源引入、电路连接方式转换。如图 5-1-2 所示为 HZ5-30/3 组合开关,其中图 5-1-2(a)为组合开关实物与外形,图 5-1-2(b)为组合开关结构图,图 5-1-2(c)三极组合开关电气符号。

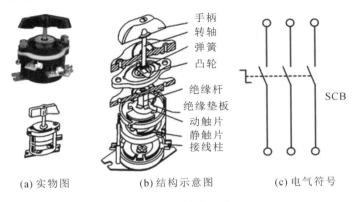

手柄
转轴
弹簧
凸轮
绝缘杆
绝缘垫板
动触片
静触片
接线柱

SCB

(a) 实物图　　　　(b)结构示意图　　　　(c) 电气符号

图 5-1-2　转换开关

以型号为 HZ5-30S/3 的组合开关为例,HZ 系列组合开关型号含义如下:字母"HZ"表示开关类型为组合开关;数字"5"表示设计序号;数字"30"表示额定电流为 30 A;字母"S"表示三路切换,"P"表示两路切换;数字"3"表示开关的极数为三极。

常用的组合开关主要技术参数有额定电压和额定电流等,选用、安装及使用组合开关时:

(1) 应根据电源种类,电压等级所需图投诉及电动机的容量进行选择。

(2) 若组合开关用作设备电源引入的隔离开关,控制一般的照明和电热电路时,其额定电流应大于或等于被控电路负载电流的总和;用于控制电动机电路时,开关额定电流一般取电动机额定电流的 1.5～2 倍。

(3) 若用作直接控制电动机的负荷开关时,额定电流一般取电动机额定电流的 2～3 倍。当负载功率因数较低时,其额定电流应降低使用以免损坏触头。

(4) 组合开关安装时,其手柄与安装面保持平行,手柄伸出控制箱的前面或侧面,且保证手柄在水平位置时为断开状态;若需在控制箱内操作时,开关最好装在箱内右上方,当在其上方有其他低压电器时,必须采取隔离措或绝缘措施。

(5) 组合开关通断能力较低,不能分断故障电流,开关用于控制电动机的正反转时,必须在电机完全停转之后再进行相反方向的控制操作。

3. 低压断路器(动力保护型)

低压断路器被称为自动开关,它相当于刀开关、熔断器、热继电器的组合,是一种既有手动开关作用又能自动进行短路、严重过载保护的低压电器。国产低压断路器按结构分为框架式(万能式 DW 系列)和塑料外壳式(装置式 DZ 系列)。除此之外,还有引进德国制造技术生产的 ME 系列;用美国技术生产的 H 系列;引进日本技术生产的 TG 系列等。

如图 5-1-3 所示,电动机控制电路用"动力保护—D 型"低压断路与照明电路中所用"配电保护—C 型"低压断路器的型号格式、工作原理、电气符号相同。

动力保护型
D63

图 5-1-3　D 型低压断路器

C 型与 D 型低压断路器的过载保护是相同的,区别在于短路瞬时脱扣电流的不同。C 型电磁脱扣电流为 $5\sim10\,I_N$,就是说当电流 10 倍额定电流时跳闸,动作时间小于等于 0.1 秒。适用于保护常规负载和照明线路(家用都是用 C 型的多);D 型电磁脱扣电流为 $10\sim20\,I_N$,即当电流 20 倍额定电流时跳闸,动作时间小于等于 0.1 秒。适用于保护具有很高冲击电流的设备,启动电流较大的负载,如直接启动的电机之类的。

选择电动机动力保护型低压断路器时,应考虑电动机的启动电流,不应使其动作。

(1)断路器的额定电压应大于或等于所控制电路或设备的额定电压,配电电路应注意的是电源端保护,还是负载保护。因为电源端电压比负载端电压要高出 5%。

(2)用于分断和接通负载时,热脱扣器的整定电流应与所控制电动机的额定电流一致;电磁脱扣器的瞬时动作整定电流应大于电动机正常工作时的最大电流。

对于单台电动机,DZ 系列断路器电磁脱扣器的瞬时动作整定电流 I_Z 为 $1.5\sim1.7$ 倍的电动机启动电流 I_q,即

$$I_Z \geqslant (1.5\sim1.7)\,I_q$$

对于多台电动机,DZ 系列断路器电磁脱扣器的瞬时动作整定电流 I_Z 为 $1.5\sim1.7$ 倍的最大容量电动机启动电流 I_{qmax},再加上电路中其他电动机额定电流的总和 $\sum I_N$,即

$$I_Z \geqslant (1.5\sim1.7)I_{qmax} + \sum I_N$$

(3)用于分断或接通电源时,其额定电流和热脱扣器的整定电流均应等于或大于电路中负载额定电流的两倍。

(4)断路器在类型、规格和等级方面要配合上下级开关的保护特性进行选择,不允许因后级故障保护而导致上级跳闸,扩大停电范围。

低压断路器安装和使用时应注意:

(1)安装前应将低压断路器脱扣器工作面的防锈油脂擦除干净。各脱扣器的动作值一经整定定不允许随意变动。

(2)低压断路器安装时,应垂直于配电板安装。电源线由上端引入,负载线应从下端引出。

(3)低压断路器,用于接通、分断电源或电动机负载时,在断路器之前必须加装熔断器或刀开关,以使电路检修时形成明显的断路点。

(4)低压断路器运行中,应保证灭弧罩完好无损,严禁无灭弧罩使用或使用破损的灭弧罩。

(5)定期清除运行中的低压断路器上的积灰,并定期检查各脱扣器动作值,除小容量塑壳式断路器外,运行一段时间(1~2 年)后,应给操作机构加注合适的润滑油。

(6)断路器分断电流分为负荷电流和短路电流。在分断短路电流后,应切断上一级电源,及时检查角头,必要时,可用干布擦去触头表面的电灼痕迹,用沙子或细锉小心修整毛刺,注意一般不允许用锉刀修理毛刺。

(7)断路器分断短路电流或较长时间使用之后,因清除灭弧室内壁和栅片上的金属颗粒和黑烟灰。严禁使用灭弧室已破损的断路器。

二、熔断器

熔断器是一种结构简单、使用维护方便的短路保护电器,主要用于照明电路中的过载和

短路保护及电动机电路中的短路保护。熔断器由熔体(熔丝或熔片)和安装熔体的外壳(熔壳)两部分组成,起保护作用的是熔体,外壳在熔体熔断时起快速灭弧的作用。低压熔断器按形状可分为管式、插入式、螺旋式和羊角保险式等;按结构可分为半封闭插入式、无填料封闭管式和有填料封闭管式等。常用熔断器的用途、特点如表 5-1-1 所示。

表 5-1-1　熔断器类别、特点及参数表

名　　称	类　　别	特点及用途	主要技术数据
瓷插式	RC	结构简单、价格低廉。常用于照明和小容量电动机短路保护	额定电流上从 5～200 A 分 7 种规格
螺旋式	RL	熔丝周围的石英砂可熄灭电弧,熔断管上端红点随熔丝熔断而自动脱落。多用于机床电气设备中	RL1 系列额定电流有 4 种规格:15 A、60 A、IOOA、100 A
无填料封闭 管式	RM	在熔体中人为引入窄薄熔片,提高断流能力。用于低压电力网络和成套配电装置中的短路保护	RM-10 系列额定电流从 15～1000 A,分 7 种规格
有填料封闭 管式	RTO	分断能力强,使用安全,特性稳定,有明显指示器。广泛用于短路电流较大的电力网或配电装置中	RTO 系列额定电流从 50～1000 A,分 6 种规格
快速熔断式	RLS	用于小容量硅整流元件的短路保护和某些过载保护	0.2～0.02 s 熔断
	RSO	用于大容量硅整流元件的短路保护	0.02 s 内熔断
	RS3	用于晶闸管元件短路保护	

熔断器串入被保护电路中时,正常情况下,熔体相当于一根导线,通过正常工作电流不影响电路工作。当负载发生过载或短路时,电路电流增大,超过熔体规定电流并达到额定电流的 1.3～2 倍时,因电流的热效应,经一定时间后将熔体熔断,断开电路,从而起到保护电路和负载设备的作用。

低压熔断器的主要参数如下:① 熔断器的额定电流 I_{ge} 表示熔断器的规格。② 熔体的额定电流 I_{Te} 表示熔体在正常工作时不熔断的工作电流。③ 熔体的熔断电流 I_b 表示使熔体开始熔断的电流,$I_b > (1.3～2.1)I_{Te}$。④ 熔断器的断流能力 I_d 表示熔断器所能切断的最大电流。

如果线路电流大于熔断器的断流能力,熔丝熔断时电弧不能熄灭,可能引起爆炸或其他事故。低压熔断器的几个主要参数之间的关系为 $I_d > I_b > I_{ge} > I_{Te}$。

如图 5-1-4 所示为电动机保护用螺旋式熔断器的结构与电气符号。以型号为"RL1-60"熔断器为例,各文字符号的含义为:"R"表示低压电器类型为"熔断器";"L"表示"螺旋式"熔断器(C-瓷插式,M-无填料封闭式,T-有填料封闭式,S-快速熔断式);"1"表示"设计序号";"60"表示熔断器"额定电流"为 60 A,可装配熔断电流分别为 20 A、25 A、30 A、35 A、40 A、50 A、60 A 的熔体。

熔断器的选用主要是选择熔断器的形式、额定电流、额定电压以及熔体额定电流。熔体额定电流的选择是熔断器选择的核心。

1. 选型

主要根据负载的过载特性和短路电流的大小选择熔断器的类型。通常电动机保护选用

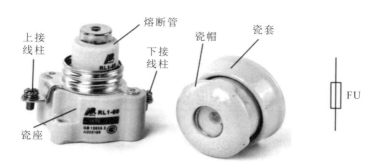

图 5-1-4　螺旋式熔断器结构与电气符号

螺旋式 RL1 系列熔断器。其他如照明电路一般选用瓷插式 RC1 系列熔断器,电网配电保护一般选用管式熔断器,半导体器件保护一般选用快速熔断式。

2. 额定电压选择

熔断器额定电压应适应线路电压等级,且必须高于或等于熔断器工作点电压。

3. 熔体额定电流选择

熔断器的额定电流是根据电路及负载设备的额定电流选择的,而熔体额定电流应小于等于熔断器额定电流。对电动机而言,要求熔断器熔体在电动机启动及短时低过负荷电流时不能熔断,在短路或长期允许过负荷电流时能可靠熔断,起到保护作用。因此,为保证电路及设备正常运行,应根据负载性质合理选择熔体额定电流。对于各类电动机可依据如下规则选择熔体额定电流。

(1)单台直接启动电动机:熔体额定电流 I_{Te} 为电动机额定电流 I_N 的 1.5～2.5 倍。

(2)多台直接启动电动机:熔体额定电流 I_{Te} 为各电动机额定电流 I_N 之和的 1.5～2.5 倍。

(3)降压启动电动机:熔体额定电流 I_{Te} 为电动机额定电流 I_N 的 1.5～2 倍。

(4)绕线式异步电动机:熔体额定电流 I_{Te} 为电动机额定电流 I_N 的 1.2～1.5 倍。

4. 熔断器的级间配合

对于"三级配电,两级保护"系统,为使上、下级保护配合良好,两级熔体额定电流之比不应小于 1.6∶1,或上级熔断器熔体熔断时间至少是下级熔断器熔体熔断时间的 3 倍。因此,应使上级熔断器熔体熔额定电流比下级熔断器熔体大 1～2 级。以免出现超级熔断,人为扩大保护范围。

熔断器安装、使用时应符合如下事项:

(1)装配熔断器前应检查其各项参数是否符合电路要求。

(2)安装熔体时,熔丝应顺时针绞弯,压在垫圈下,以保证接触良好。并不能使熔体有机械损伤,以免使其因截面积减小而错误熔断。

(3)螺旋式熔断器安装时,电源进线由下接线端引入,出线由与螺纹壳相连的下接线端引出。安装位置与间距应便于更换熔体。

(4)熔断器安装完成后,应用万用表电阻档检测其安装是否良好。

(5)熔断器使用时应经常清除熔断器表面的灰尘。检修设备时,若发现熔断器损坏应及时更换。

(6)熔断器熔断后,需先查明原因,排除故障后,才能更换熔体。熔体熔断的原因除因受氧化而在运行中温度过高导致熔体熔断及熔体机械损伤因截面积减小熔断之外。更多主要原因是电路或负载短路、过载而被熔断。若熔体熔断时熔体熔爆或熔断部位较长,变截面熔体大截面部位被融化,则多为短路保护熔断;若熔断器熔断时,响声小,熔丝熔断部位较短,熔管内没有烧焦的痕迹,管壁上并无大量熔体蒸发物附着,且变截面熔体在截面倾斜处熔断,则多为过载保护熔断。

（7）更换熔体时,必须切断电源,防止触电,并按原规格更换,不能随意加大熔体截面或用其他导体代替熔体。安装熔丝时不能碰伤熔丝,也不能拧得太紧。

三、主令电器

主令电器是一种专门用于"发号施令"的低压电器。主要用来接通、分断和切换控制电路,即用它来控制接触器、继电器等电器电磁线圈的得电与失电,从而控制电动机的启动与停止,以及改变系统的工作状态。主令电器应用广泛,种类繁多,常用的主令电器有按钮、旋钮、行程开关等。

1. 按钮

按钮是一种结构简单、广泛应用的主令电器。一般并不直接控制主电路的通断,而是通过控制接触器、继电器等电器,进而控制主电路通断。如图 5-1-5 所示为按钮开关的实物图与结构示意图。

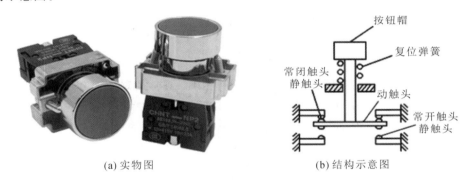

(a) 实物图　　　　　　　　　(b) 结构示意图

图 5-1-5　按钮开关实物及结构

常开(NO)按钮,又称动合按钮,未按下时,触头是断开的,按下按钮帽时触头闭合接通;当松开后,按钮开关在复位弹簧的作用下复位断开;常闭(NC)按钮,又称动断按钮,动作状态与常开按钮相反,未按下时,触头是闭合的,按下时触头断开,当手松开后,按钮在复位弹簧作用下复位闭合。在一个按钮既有一对常开触头又有一对常闭触头的按钮叫复合按钮,按下按钮帽时常闭触点首先断开,继而常开触点闭合;当松开按钮帽后,按钮在复位弹簧的作用下,首先将常开触点断开,继而将常闭触点闭合,这种设计主要用于控制电路机械互锁。

在工程实践中,绿色按钮常用作启动,红色按钮常用作停止按钮,不能弄反。按钮的文字符号为 SB 或 sb,电气图符号如图 5-1-6 所示。

常用的控制按钮有 LA4、LA10、LA18、LA19、LA20 和 LA25 等系列。如按钮型号为"LA4-3H"各数字字母表示含义分别是:字母"LA"表示电器类型为按钮;数字"4"表示设计序号;数字"3"表示常开触头为 3 对;字母"H"表示结构类型为保护式(其他字母分别表示:"K"表示开启式、"X"表示旋钮式、"J"表示紧急式。无标识为平钮式)。

由于控制按钮主要用于 50 Hz,交流电压 380 V,直流电压 440 V 及以下,且额定电流不超过 5 A 的控制电路中。所以按钮选用比较简单,首先,根据工作线路选择其额定电压和额

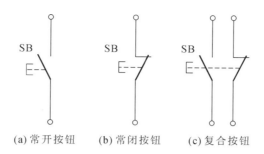

(a) 常开按钮　(b) 常闭按钮　(c) 复合按钮

图 5-1-6　按钮电气符号图

定电流;然后,根据不同使用场所、不同用途、不同控制需求及工作状态指示等要求,选择不同种类、形式、按钮数目和按钮帽或指示灯的颜色。如按钮种类可选开启式、保护式、防水式、防腐式等;按钮形式可选旋钮式、钥匙式、紧急式。带指示灯式等种类和形式;按钮数目可选单钮、双钮、三钮或多钮组合等;按钮帽及指示灯颜色可选红色、绿色、黑色、黄色及蓝色等。

按钮安装时应安装牢固,布局合理,排列整齐。常根据生产设备的启动、运行、停车等工作顺序,从上到下或从左到右依次排列;同时将其不同的工作状态,如上下、左右、前后、松紧等每组相反状态的按钮安装在一起;如按钮较多时,应在显眼且便于操作处安装红色蘑菇头紧急急停按钮,以应对紧急情况。

2.行程开关

行程开关又叫位置开关或限位开关,其作用与按钮相同,是对控制电路发出接通或断开等指令的。不同的是行程开关触头的动作不是靠手动来完成,而是利用生产机械某些运动部件的碰撞其操作关,使内部触头动作接通或断开控制电路,从而达到控制要求。为适应各种条件下的碰撞,常应用在一定行程自动停车、反转或变速、循环等自动控制电路中。

各种系列位置开关的基本结构相同,都是由操作头、传动机构、触头系统和外壳组成,区别仅在于使行程开关动作操作头和传动装置不同。其实物图和电路图符号如图 5-1-7 所示,其文字符号为 SQ。

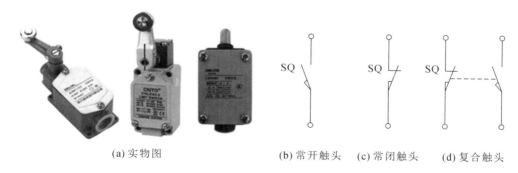

(a) 实物图　　　　(b) 常开触头　(c) 常闭触头　(d) 复合触头

图 5-1-7　行程开关实物与电气符号

常用的行程开关有 LX19 系列和 JLXK1 系列。行程开关型号格式为"LX□-□□□"。

其中,第一、二位字母"LX"表示行程开关主令电器;第三位数字"□"为设计序号;第四位数字"□"为滚轮数目("0"为无滚轮,"1"为单滚轮,"2"为双滚轮);第五位数字"□"为滚轮位置("0"为直动式,"1"为滚轮在传动杆内侧,"2"滚轮在传动杆外侧,"3"为滚轮在传动杆凹槽内或内外各一);第六位数字"□"为复位形式("1"为自动复位、"2"为不能自动复位)。

例如,型号为"LX19-001"的含义为"LX19"系列"无滚轮直动式自动复位"的行程开关。

行程开关常用于交流 50 Hz,交流电压 500 V 及以下,直流电压600 V及以下,电流 10 A 及以下的控制电路中。选用时:

(1)根据控制电路的额定电压和额定电流选择行程开关的系列;

(2)根据机械设备与行程开关间的传动与位移的关系,选择合适的操作头形式;

(3)根据控制电路的特点、需求和所需触头数量,根据安装环境选择如开启式、防护式等不同结构形式;

(4)根据应用场所及控制对象选择,一般用途行程开关和起重设备用行程开关。

行程开关安装时位置要准确牢固,若在运动部件上安装,接线应有套管保护。使用时应定期检查,防止接触不良或接线松脱造成误动作。

3.接近开关

接近开关又称无触点位置开关。接近开关的用途除行程控制和限位保护外,还可作为检测金属体的存在、高速计数、测速、定位、变换运动方向、检测零件尺寸、液面控制及用作无触点按钮等。它具有工作可靠、寿命长、无噪声、动作灵敏、体积小、耐振动、操作频率高等特点。如图 5-1-8 所示为接近开关及电气符号,文字符号仍为 SQ。

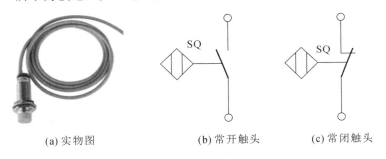

(a)实物图　　　　　(b)常开触头　　　　(c)常闭触头

图 5-1-8　接近开关实物及电气符号

接近开关以高频振荡型(电感型)最常用,占全部接近开关产量的 80% 以上,分 PNP 型和 NPN 型。其电路形式多样,但一般由振荡、检测及晶体管输出等部分组成。其工作基础是高频振荡电路状态的变化,当金属物体进入以一定频率稳定振荡的线圈磁场时,由于该物体内部产生涡流损耗,使振荡回路电阻增大,能量损耗增加,以致振荡减弱直至终止。振荡器变化的振荡信号经后级放大电路处理并转换成开关信号,控制信号去控制继电器,以达到非接触检测控制的目的。

四、交流接触器

交流接触器属于控制类电器,是一种适用于远距离频繁接通、分断交流主电路和控制电路的自动控制电器。其主要控制对象是电动机,也可用于其他电力负载。交流触器具有欠压保护、零压保护、控制容量大、工作可靠、寿命长等优点,它是自动控制系统中应用最多的一种电器。

交流接触器由电磁系统、触头系统、灭弧系统、复位弹簧等几部分构成,如图 5-1-9 所示。电磁系统包括线圈、静铁芯和动铁芯(衔铁);触头系统包括用于接通、切断主电路的主触头和用于控制电路的辅助触头;辅助触头又分常开辅助触头(NO)和常闭辅助触头(NC);

灭弧装置用于迅速切断主触点断开时产生的电弧,以免使主触头烧毁。如图 5-1-9 所示为 CJT1-20型交流接触器外形及组成部件示意图。

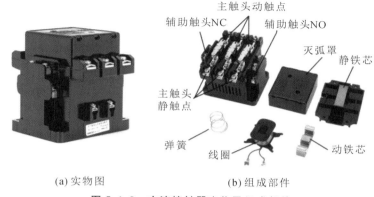

(a) 实物图   (b) 组成部件

图 5-1-9　交流接触器实物及组成部件

如图 5-1-10 所示,交流接触器的工作原理是利用电磁铁吸力及弹簧反作用力配合动作,使触头接通或断开。当线圈通电时,铁芯被磁化,吸引衔铁向下运动,使得常闭触头断开,常开触头闭合;当吸圈断电时,磁力消失,在反力弹簧的作用下,衔铁回到原来位置,也就使触点恢复到原来状态。交流接触器电气符号如图所示,文字符号为 KM。

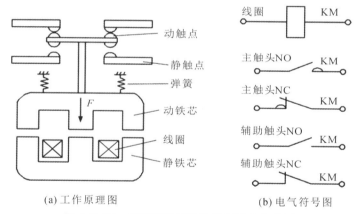

(a) 工作原理图   (b) 电气符号图

图 5-1-10　交流接触器工作原理及电气符号

目前常用的国产空气电磁式交流接触器有 CJO、CJ10、CJ12、CJ20、CJ21、CJ26、CJ29、CJ35、CJ40 系列和 CJX 系列等。其型号格式为"CJ□-□/□"。

其中,第一位字母"C"表示接触器;第二位字母"J"表示接触器类型为交流接触器("Z"表示类型为直流接触器);第三位数字"□"为设计序号;第四位数字"□"为主触头额定电流;第五位数字"□"为主触头数目。

例如,型号为"CJT1-20"的含义为主头额定电流为 20 A 的交流接触器(其中,"T"是新型铜基银触头)。

交流接触器的基本技术参数包括主触头额定电压、主触头额定电流、线圈的额定电压、额定操作频率等。选择交流接触器时应注意:

(1) 主触头的额定电压大于等于负载额定电压。

(2) 主触头的额定电流大于等于 1.3 倍负载额定电流。通断电流较大并通断频率超过规定数值时,应选用额定电流大一级的交流接触器型号,否则会使触点严重发热,甚至熔焊在一起,造成电路故障。

(3)线圈额定电压有 220 V、380 V、127 V 、110 V、36 V,在选择时根据电路复杂程度进行选择,简单电路选 220 V、380 V,复杂电路选 127 V 、110 V、36 V。

(4)触点数量、种类应满足控制线路要求。

五、继电器

继电器是一种由某种输入信号的变化驱动的特殊开关,用于接通或断开控制电路,实现控制目的的电器。继电器的输入信号可以是电量信号,如电流、电压等,也可以是非电量信号,如温度、速度、时间、压力等,而输出通常是触头的接通或断开。继电器是通过控制接触器或其他电器对主电路进行控制。常用控制继电器有热继电器、时间继电器、中间继电器、速度继电器、电压继电器、电流继电器等。

1. 热继电器

热继电器一般作为电动机的过载、断相及电流不平衡运行保护。热继电器有由两个热元件组成的两相结构式和三个热元件组成的三相结构式两种类型。热继电器主要由发热元件、热双金属片、触头系统、电流整定装置、复位机构和温度补偿元件等部分组成。如图所示为热继电器的外形、结构及电路图符号下如图 5-1-11 所示。

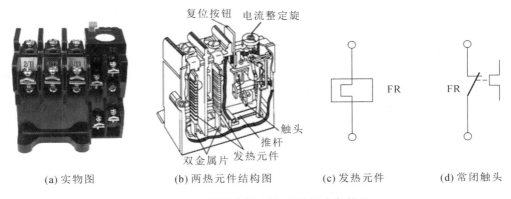

复位按钮　电流整定旋
触头
推杆
发热元件
双金属片
FR　FR

(a) 实物图　　(b) 两热元件结构图　　(c) 发热元件　　(d) 常闭触头

图 5-1-11　热继电器实物、结构及电气符号

热继电器的工作原理如图 5-1-12 所示。发热元件是接收过载信号的元件,是电阻值不大的电阻丝,串接在电动机的主电路中检测电动机工作电流是否过载。发热元件对双金属片的加热方式有直接加热、间接加热和复式加热三种方式。热双金属片是由两种不同热膨胀系数的金属复合而成,电动机过载时,流过发热元件的电流增大,发热元件产生的热量使热双金属片向上弯曲。经过一定时间后,弯曲位移增大,使热双金属片与脱口分离,在弹簧的拉力作用下,将常闭触头断开。因常闭触头是串接在电动机的控制电路中的,所以控制电路开路使接触器的线圈失电,从而断开电动机的主电路,起到保护电动机的作用。

若要使热继电器复位,则需等双金属片冷却后,按下复位按钮即可。因此,热继电器就是利用电流的热效应原理,当电动机出现过载时切断电动机电源,是为电动机提供过载保护的保护电器。

由于热继电器主双金属片受热膨胀的热惯性及动作机构传递信号的惰性原因,热继电器从电动机过载到触点动作需要一定的时间,因此,热继电器不能作短路保护。但也正是这

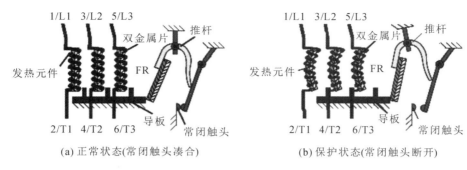

(a) 正常状态(常闭触头凑合)　　　　(b) 保护状态(常闭触头断开)

图 5-1-12　热继电器工作原理

个热惯性和机械惰性,保证了热继电器在电动机起动或短时过载时不会动作,从而满足了电动机的运行要求。

继电器的参数包括额定电压、额定电流、热元件规格用电流值、热继电器的整定电流等。

(1) 额定电流:是指允许装入的热元件的最大额定电流值。

(2) 热元件规格用电流值:是指热元件允许长时间通过的最大电流值。

(3) 热继电器的整定电流:是指热继电器长期不动作的最大电流,工作电流超过此值即开始动作。

热继电器动作电流的整定主要根据电动机的额定电流、工作方式等因素来确定。热继电器的整定电流通常与电动机的额定电流相等,或是额定电流的 0.95～1.05 倍;但如果电动机拖动的是冲击性负载或电动机的启动时间较长时,热继电器整定电流要比电动机额定电流高一些,整定电流为额定电流的 1.1～1.15 倍;对于过载能力较差的电动机,则热继电器的整定电流应适当小些,整定电流为额定电流的 0.6～0.8 倍;对于重复短时工作制的电动机,如起重电动机等,由于电动机不断重复升温,热热继电器双金属片的温升跟不上电动机绕组温升的变化,因此不宜采用双金属片式热继电器作过载保护。

目前,常用的热继电器有 JR2O 和 JRS1 等系列。其型号格式为"JR□-□/□D"。

其中,第一位字母"J"表示继电器;第二位字母"R"表示类型为热继电器;第三位数字"□"为设计序号;第四位数字"□"为热元件额定电流;第五位数字"□"为极数;第六位字母"D"表示具有断相保护功能。

例如,型号为"JR16-20/3D"的含义为额定电流为 20 A 的具有断相保护功能的三相热继电器。

热继电器型号的选用应根据电动机的接法和工作环境决定。

(1) 当采用星形接法时,选择通用的热继电器即可;如果为三角形接法,则应选用带断相保护装置的热继电器。

(2) 在一般情况下,可选用两相结构的热继电器;在电网电压的均衡性较差、工作环境恶劣或维护较少的场所,可选用三相结构的热继电器。

(3) 热继电器额定电压大于或等于主触头所在电路的额定电压;额定电流大于或等于被保护电动机的额定电流。

(4) 热元件规格用电流值一般要求小于或等于热继电器的额定电流。

热继电器安装时应注意:

(1) 安装前,应清除触头表面的污垢,检测发热元件电阻值、触头的通断是否符合要求,检测传动机构是否灵敏可靠。

（2）热继电器周围介质的温度应与电动机周围介质的温度相同,安装的方向正确,并安装在其它电器的下方,以免其动作特性受到其他发热电器的影响。

（3）热继电器的连接线不宜过细或过粗。如连接导线过细时,轴向导热性变差,热继电器可能提前动作。反之,连接导线太粗,轴向导热快,热继电器可能滞后动作。影响电动机的正常工作。

2.时间继电器

时间继电器是电路中控制动作时间的继电器,具有延时吸合和延时释放两种控制功能,按其动作原理与结构的不同可分为电子式、电动式、空气阻尼式等类型。时间继电器有通电延时和断电延时两种类型。通电延时型时间继电器的动作原理是:线圈通电时使触点延时动作,线圈断电时使触点瞬时复位。断电延时型时间继电器的动作原理是:线圈通电时使触点瞬时动作,线圈断电时使触点延时复位。

空气阻尼式时间继电器是利用空气的阻尼作用获得延时的。此类继电器结构简单,但是准确度低,延时误差大(±20%),因此,在现代控制系统中已经很少使用。电子式时间继电器按结构可分为 RC 晶体管式时间继电器和数字式时间继电器。时间继电器的图形符号如图 5-1-13 所示,文字符号用 KT 表示。

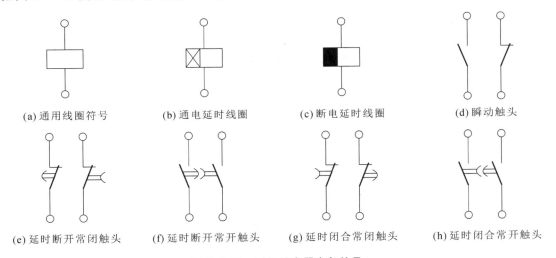

(a) 通用线圈符号　　(b) 通电延时线圈　　(c) 断电延时线圈　　(d) 瞬动触头

(e) 延时断开常闭触头　(f) 延时断开常开触头　(g) 延时闭合常闭触头　(h) 延时闭合常开触头

图 5-1-13　时间继电器电气符号

RC 晶体管式时间继电器利用电容的充放电原理来达到延时的目的,具有延时长、线路简单、延时调节方便、性能稳定、延时误差小、触点容量较大等优点。常用型号 JS14 系列,延时范围有 $0.1\sim180$ s,$0.1\sim300$ s,$0.1\sim3600$ s 三种,电器寿命达 10 万次,适用于交流 50 Hz、电压 380 V 及以下或直流 110 V 及以下的控制电路中。如图 5-1-14 所示为晶体管式时间继电器的实物图和接线图。

数字式时间继电器采用先进的微电子电路及单片机等新延时技术,具有更多优点及延时时间长,精度更高,延时类型多,各种工作状态可直观显示等特点,其性能指标得到大幅的提高。其延时范围最高可为 0.01 s~999 h,并任意可调。常用型号 JS14S 系列与 JS14、JSP、JS20 系列的时间继电器兼容,取代方便。如图 5-1-15 所示为数字式时间继电器的实物图和接线图。

时间继电器型号格式为"JS□-□□/□"。

(a) 实物图

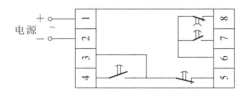

(b) 接线图

图 5-1-14　晶体管时间继电器实物与接线图

(a) 实物图

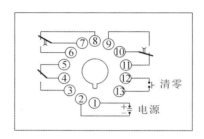

(b) 接线图

图 5-1-15　数字式时间继电器实物与接线图

其中,第一、二位字母"JS"表示时间继电器;第三部分数字加字母组合"□"为设计序号;第四位数字"□"为特征代号(A、P、C或空缺);第五位"□"为延时规格;第六位"□"表示额定控制电源电压。

例如,型号为"JS14S-A"的含义为设计序号为14S,特征代号A型(11脚面板式多档延时型,有清零暂停功能)的时间继电器。

时间继电器选用时应注意:

(1) 应根据控制线路的要求选择时间继电器为通电延时和断电延时的延时方式。

(2) 根据控制线路电压,选择时间继电器的控制电源(线圈)的电压类型(交流或直流)和额定电压。

3. 中间继电器

中间继电器实质上是电压继电器,其触头数量多,容量大,可在继电保护装置中作为辅助继电器。其作用有两个:一个是当电压和电流继电器的触头容量不够时,借助中间继电器接通较大容量的执行回路;二是当需要控制几条独立电路时,可用它增加触头数量。中间继电器有通用型、电子式小型通用继电器、接触器、电磁式中间继电器等,其中电磁式中间继电器应用较为常用,其结构和工作原理与CJ10交流接触器相同,只是它的触头没有主触头和辅助触头之分,其额定电流一般小于5 A。文字符号KA,中间继电器实物与电气图符号如图5-1-16所示。

选用中间继电器,主要依据控制电路的电压等级,同时还要考虑所需触头数量。其安装与使用注意事项与前述接触器相类似。

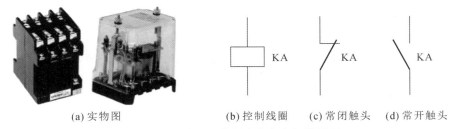

(a) 实物图　　　　　　(b) 控制线圈　　(c) 常闭触头　　(d) 常开触头

图 5-1-16　中间继电器实物与电气符号图

5.2　电气控制电路电气识图

三相异步交流电动机的应用很广,占到用电设备的 75% 以上,机电设备的电气系统是由三相异步电动机基础控制等组合而成,只要我们掌握三相异步电动机的基础控制技术,就能对机电设备的电气系统进行安装、调试以及维修维护。

要设计、安装、调试以及维修维护机电设备电气系统,必须首先了解电气图即电路原理图、电器位置布置图和接线图等。

一、电路图

电路图也称电路原理图,有的也叫线路图,机电设备电气系统电路图一般包括主电路和控制电路。主电路是电动机的驱动电路,在控制电路的控制下,根据控制要求由电源向用电动机供电。控制电路由接触器和继电器线圈以及各种控制电器的动合、动断触头组合构成控制逻辑,实现所需要的控制功能。主电路、控制电路和其他的辅助电路等一起构成电气控制系统。

电路图中的电路有水平布置(卧式),也有垂直布置(立式)。水平布置时,电源线垂直画,其他电路水平画,控制电路中的耗能元件安排在电路的最右端;垂直布置时,电源线水平画,其他电路垂直画,控制电路中的耗能元件安排在电路的最下端。电路图中的所有电器元件一般不是实际的外形图,而采用国家标准规定的图形符号和文字符号表示,同一电器的各个部件可根据需要出现在不同的地方,但必须用相同的文字符号标注。电路图中所有电器元件的可动部分通常表示电器不工作的状态和位置。如图 5-2-1 所示为三相异步电动机正反转控制电路图。

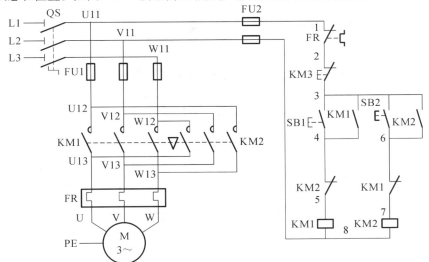

图 5-2-1　电气原理图

二、电器位置布置图

如图 5-2-2 所示电器位置布置图主要是表明机电设备上所有电气设备和电器元件的实际位置,是电气控制设备设计、安装和维修维护必不可少的技术文件资料。如下图为三相异步电动机正反转控制电器位置布置图。

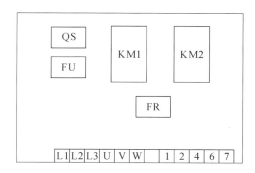

图 5-2-2　电气布置图

三、接线图

如图 5-2-3 所示接线图主要用于安装接线、线路检查、线路维修和故障处理。它表示了设备电控系统各单元和各元器件间的接线关系,并标注出所需数据,如接线端子号、连接导线参数等,实际应用中通常与电路图、电器元件布置图一起使用。

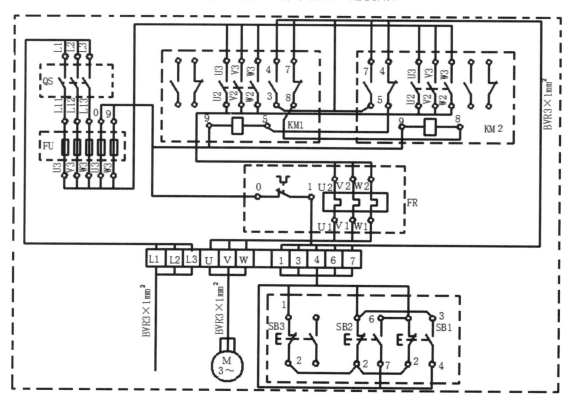

图 5-2-3　电气接线图

四、工程电路图

如图 5-2-4 所示工程电路图通常采用电路根据功能分区,以便于阅读查找,工程电路图常采用在图的下方沿横向划分成若干图区,并用数字标明图区,同时在图的上方沿横向划区,分别标明该区电路的功能。

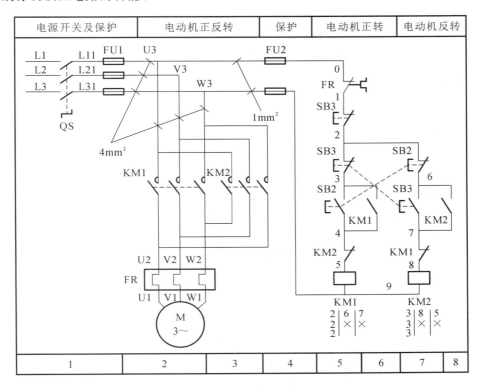

图 5-2-4　工程电路图

5.3　三相异步电动机启动控制

三相异步电动机的启动电流是运行电流的 5～7 倍,电动机启动时,电流很大,而此时电动机的转速慢,大部分电能没有转换为动能,而是以热能的形式消耗掉,同时大电流又会使线路电压降变大,使在同一电路上的其他负载工作电压不足而受影响,在实际三相异步电动机的启动控制有两种方法,一种是全压启动(直接启动),另一种是降压启动,全压启动只使用于功率小于 5 kW(有的认为应小于 3 kW)的电动机启,较大功率电动机采用降压启动方法。

一、三相异步电动机降压启动

降压启动时利用启动设备将电动机启动电压适当降低,待电动机启动完毕后再恢复额定值全电压运行。大中型异步电动机启动时,都采用降压启动的方式把启动电流 I_{st} 限制在 $(2\sim2.5)$ 额定运行电流 I_N 范围内。适用于轻载或空载起动。三相异步电动机常用降压启动方法有:笼型转子电动机有定子绕组串电阻降压启动;Y-△降压启动;自耦变压器降压启;延边三角形降压启动。绕线型转子电动机有转子绕组串电阻、转子绕组串频敏电阻起动。

1. 笼型转子三相异步电动机降压启动方法

如图 5-3-1 所示为定子绕组"串电阻降压"启动方法。其中 R_{st} 为降压电阻,启动时串入启动电路,降低电动机启动电压,启动完成后,接触器 KM 吸合,切除启动电阻R_{st},电动机全压运行。

如图 5-3-2 所示为"自耦变压器降压"启动方法。电动机启动时,开关 S 置于"起动"位置,电动机定子绕组与自耦变压器中心抽头端相连,电动机降压启动,启动完成后,开关 S 置于"运行"位置,电动机定子绕组与自耦变压器全绕组端相连,电动机全压运行。

如图 5-3-3 所示为"Y-△降压"启动方法。电动机启动时,开关 S 置于"起动"位置,电动机定子绕组U_2、V_2、W_2三个尾端相连,电动机定子绕组接成"Y"形,电动机在相电压下降压启动,启动完成后,开关 S 置于"运行"位置,电动机定子绕组首尾端相连,接成"△"形,电动机在线电压下全压运行。

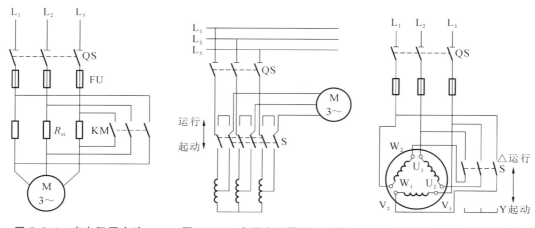

图 5-3-1　串电阻压启动　　　图 5-3-2　自耦变压器降压启动　　　图 5-3-3　Y-△降压启动

如图 5-3-4 所示为"延边三角形降压"启动方法。启动时电源端 U、V、W 分别与电动机定子绕组的 1、2、3 端相连,降低电动机启动电压,启动完成后,电源端 U、V、W 分别与电动机定子绕组的 6、4、5 端相连,电动机电动机全压运行。

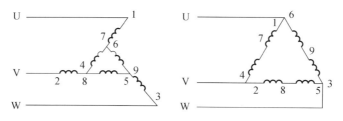

图 5-3-4　延边三角形降压启动

2.绕线型转子电动机降压起动方法

如图 5-3-5、图 5-3-6 所示为电动机转子绕组"串电阻形降压"启动方法。启动时电阻器控制开关逐级短接或没去减小启动电阻,直至启动完成时全部短接切除,进入全压运行状态。

这种启动方法具有减少启动电流,且能使启动转矩保持较大范围等优点,但也存在启动设备较多,启动电阻能量大,启动级数较少,不能平滑起动,且起动过程中存在电流冲击和机械冲击等缺点。在需要重载启动的设备中,如桥式起重机、卷扬机、龙门吊车等场合被广泛采用。

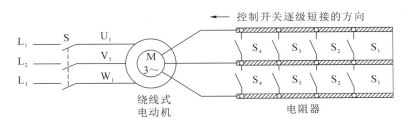

图 5-3-5　转子串电阻降压启动（大容量）

如图 5-3-7 所示为转子"串频敏电阻"降压启动方法。频敏变阻器实际上是一个特殊的三相铁芯电抗器，其有一个三柱铁芯，每个柱上有一个绕组，三相绕组一般接成星形。频敏变阻器的阻抗随着电流频率的变化而有明显的变化电流频率高时，阻抗值也高，电流频率低时，阻抗值也低。

频敏变阻器的这一频率特性非常适合于控制异步电动机的启动过程。

启动时，转子电流频率 f_z 最大。频敏变阻器电阻 R_f 与感抗 X_d 最大，电动机启动电流小，并可以获得较大起动转矩。启动后，随着转速的提高转子电流频率 f_z 逐渐降低，电阻 R_f 与感抗 X_d 都自动减小，所以电动机可以近似地得到恒转矩特性，实现了电动机的无级启动。启动完毕后，将频敏变阻器短路切除即可。

频敏变阻器具有结构较简单，成本较低，维护方便，平滑启动等优点，但也存在电感，功率因数 $\cos\varphi$ 较低，启动转矩并不很大等缺点，适于绕线式电动机轻载启动。

二、三相异步电动机单向全压自锁启动控制

许多机电设备中的三相异步电动机采用单向全压自锁启动控制，机床的主轴电动机，水泵电动机等的启动控制。单向是指电动机启动后只朝一个规定的单一方向旋转，自锁是指按下按钮后，电动机启动并保持运行，也就是松开按钮后电动机继续保持运行，要停止电动机运行必须按下停止按钮。

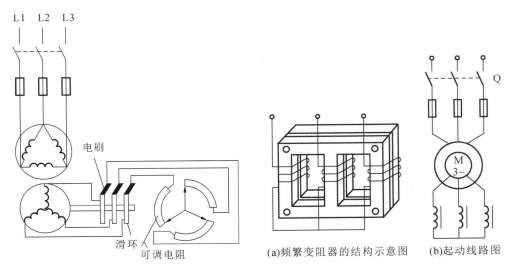

图 5-3-6　转子串电阻启动（小容量）　　图 5-3-7　转子串频敏电阻启动

如图 5-3-8 所示为三相异步电动机单向全压自锁启动控制电路的工作过程：
接通电源：合上 QS 开关，接通电源。

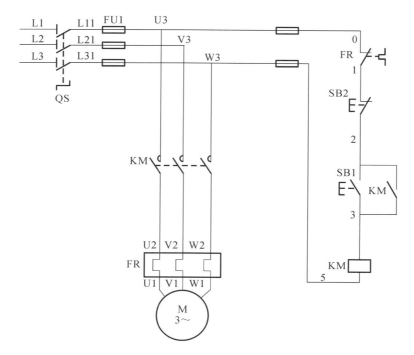

图 5-3-8　单向自锁控制电路图

启动:按下 SB1,KM 线圈得电动作,KM 主触头和常开辅助触头闭合,KM 主触头闭合,三相异步电动机定子绕组接通三相电源,电动机启动运行,同时 KM 常开辅助触头闭合,把 SB1 两端并联接通,实现 KM 线圈电流的保持,也就是自锁。即可解释为用 KM 自己的常开辅助触头闭合来锁住 KM 线圈电流,让 KM 线圈一直保持得电,电动机连续保持单向运行。

停止:当需要电动机停止工作时,按下 SB2,KM 线圈失电动作,KM 主触头弹开(断开),电动机定子绕组断电停止运行,同时 KM 常开辅助触头也弹开(断开),使 SB1 两端并联分支线路断开而解除自锁,达到使 KM 线圈一直断电的目的。

短路保护:由 FU 熔断器实现。

过载保护:当电动机过载时,FR 热继电器动断触头动作断开(与按下停止按钮 SB2 的作用一样),KM 线圈失电,KM 主触头断开,电动机定子绕组断电达到保护电动机的目的。

三、星三角降压启动控制

星三角降压启动是三相异步电动机常用的一种降压启动方法,在启动时电动机定子绕组采用星形接法,其启动电压为 220 V,启动后运行时采用三角形接法,其工作电压恢复到 380 V,这样来降低启动电流的方法为星三角降压启动。

1.三相异步电动机星三角降压启动控制电路图

如图 5-3-9 所示为三相异步电动机自动延时星三角降压启动控制电路图。

2.工作原理

(1)接通电源:合上 QF 电压开关,接通电源。

(2)启动:按下 SB1 按钮,时间继电器 KT 通电定时开始,同时 KMY 线圈得电,KMY 常开主触头和常开辅助触头闭合,U2、V2、W2 接成中性点,KM 线圈得电使 KM 主触头和常开辅助触头闭合,电动机 U1、V1、W1 接通三相正弦交流电,电动机开始星形启动,同时

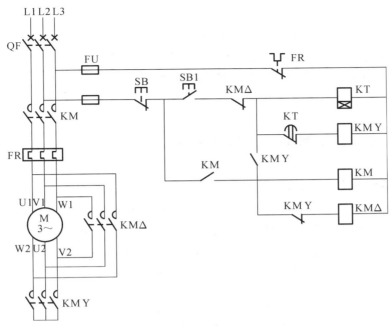

图 5-3-9　Y-△降压启动电路图

KM 常开辅助触头锁住 KT、KMY、KM 线圈，KMY 常闭辅助触头断开互锁 KM△线圈失电，避免 KMY、KM△线圈同时得电而造成电源相间短路故障。

（3）运行：启动预定时间一到，KT 常闭触头断开，KMY 线圈失电，KMY 主触头断开，U2、V2、W2 接成中性点解除，KMY 常开辅助触头断开，KMY 常闭辅助触头闭合，KM△线圈得电，KM△主触头闭合，使三相异步电动机绕组接成三角形，进入全压运行状态，同时 KM△常闭辅助触头断开，互锁 KT，KMY 失电。

四、串电阻降压启动控制

1. 串电阻降压启动控制电路

如图 5-3-10 所示为笼型转子电动机定子绕组串电阻降压启动控制电路。

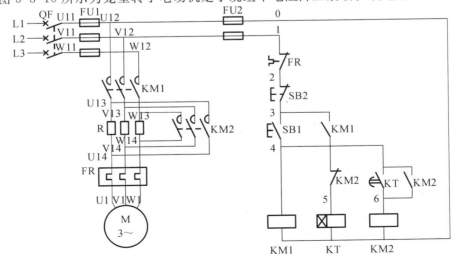

图 5-3-10　串电阻降压启动电路图

2.工作原理

启动时,KM1得电使主触头闭合,电动机绕组串接电阻 R 后接通三相正弦交流电,电源电压有一部分被电阻 R 分得,使电动机绕组启动电压降低进行降压启动,启动完成后,KM2线圈得电,主触头闭合,这时电阻 R 被短接,使电源的电压全部加在电动机绕组上进行全压运行。

5.4　三相异步电动机的正反转与限位控制

一、三相异步电动机的正反转控制

在生产实际中,许多设备需要两个方向运行控制,如机床工作台的前进、后退控制、主轴的正反,电动门的开关等控制,这些控制可以通过三相异步电动机的正反转来实现,三相异步电动机的正反转是通过改变电动机的三相电源相线中的任意两相来实现的,俗称电源换相。如图 5-4-1 所示是三相异步电动机电气互锁的正反转控制电路图。

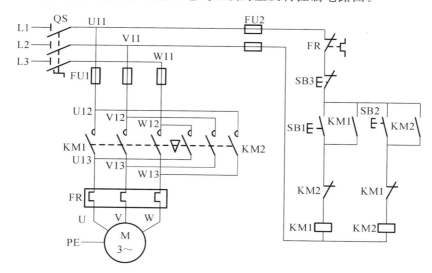

图 5-4-1　电气互锁正反转电路图

三相异步电动机电气互锁控制电路工作过程如下:

(1) 接通电源:合上 QS 开关,接通电源。

(2) 正转控制。

启动:按下 SB1,KM1 线圈得电动作,KM1 主触头和常开辅助触头闭合,电动机定子绕组按"L1—U,L2—V,L3—W"接通电源,电动机正转启动并自锁连续运行。

互锁:同时 KM1 常闭辅助触头断开,使 KM2 线圈不能得电,即 KM1 线圈得电并保持自锁时,KM2 线圈电路一直处于断电状态,实现对 KM2 电气互锁。

停止:按下 SB3,KM1 线圈失电,KM 主触头辅助弹开(断开),电动机定子绕组"L1—U,L2—V,L3—W"断电,电动机停止运行,同时 KM1 常开辅助触头断开和 KM1 常闭辅助触头闭合,达到解除 KM1 线圈自锁和 KM2 线圈的互锁。

(3) 反转控制。

启动:按下 SB2,KM2 线圈得电动作,KM2 主触头和常开辅助触头闭合,电动机定子绕

组按"L1—W,L2—V,L3—U"接通电源,电动机反转启动并自锁连续运行。

互锁:同时 KM2 常闭辅助触头断开,使 KM1 线圈不能得电,即 KM2 线圈得电并保持自锁时,KM1 线圈电路一直处于断电状态,实现对 KM1 电气互锁。

停止:按下 SB3,KM1 线圈失电,KM2 主触头弹开(断开),电动机定子绕组"L1—W,L2—V,L3—U"断电,电动机停止运行,同时 KM2 常开辅助触头断开和 KM2 常闭辅助触头闭合,达到解除 KM2 线圈自锁和 KM1 线圈的互锁。

(4)短路保护:由 FU1 实现主电路短路保护,FU2 实现控制电路短路保护。

(5)过载保护:当电动机过载时,FR 动断触头断开,达到让 KM1 或 KM2 线圈失电(与按下 SB3)效果一样,从而达到过载保护的目的。

该电路在操作时不能在正转时直接按 SB2 启动反转,必须先按停止按钮 SB3 后才按SB2,在反转时也一样不能直接按 SB1 启动正转,也必须先按停止按钮 SB3 后才按 SB1。即必须按"正转—停机—反转—停机—正转"操作程序操作,若直接进行正、反转切换操作,会因 KM1、KM2 线圈同时得电而出现电源相间短路,引起电源断路器"跳闸"。在实际正反转控制电路中常采用双重互锁来实现直接正反转控制。双重互锁正反转控制电路如图 5-4-2所示。

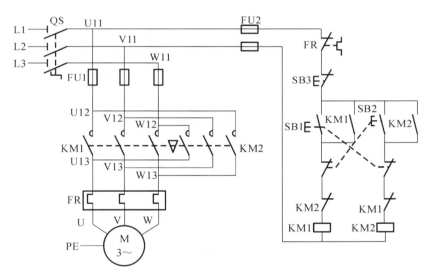

图 5-4-2　双重联锁正反转电路图

当按下 SB1 正转启动按钮时,SB1 常闭触头先断开,断开反转接触器 KM2 线圈电路,使反转无法启动运行,按下 SB2 反转按钮时,SB2 常闭触头先断开,断开反转接触器 KM1 线圈电路,使正转无法启动运行,这样通过按钮常闭触头来断开另一控制电路的互锁称为"机械互锁",常用这种控制正反转,可以直接随意控制正反转,但若频繁直接正反转操作,对电动机损害较大。

二、三相异步电动机往复及限位控制电路

自动往复控制又叫自动循环控制,是利用行程开关按设备运动部件的位置或机件的位置变化来进行的控制,也称行程控制。龙门刨床、来回自动装料卸料设备等的电气控制都自动往复控制。其控制电路如图 5-4-3 所示。

控制电路中,SQ1、SQ2 位限位开关,分别置于工作台预定行程的两端;SQ3、SQ4 为限

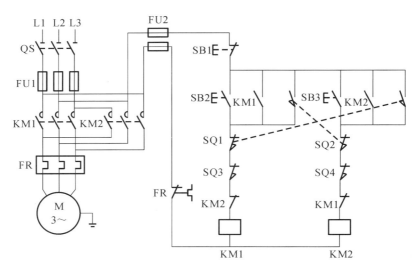

图 5-4-3 往复及限位控制电路图

位保护开关,安装于设备运行行程的极限位置,起超程保护。

工作原理:合上 QS 开关,接通电源;按下 SB2,KM1 线圈得电,KM1 主触头和常开辅助触头闭合,电动机定子绕组得电正转启动,同时 KM1 线圈自锁保持得电使电动机正转保持运行带动工作台前行,当工作台到达 SQ1 位置时,碰撞 SQ1,SQ1 常闭触头断开,KM1 线圈失电,KM1 主触头和常开辅助触头复位断开,电动机定子绕组失电正动电动机停止正转运行而使工作台停止前行,SQ1 常开触头闭合,KM2 线圈得电,KM2 主触头和常开辅助触头闭合,电动机定子绕组得电反转启动,同时 KM2 线圈自锁保持得电使电动机反转保持运行带动工作台向后运行,当工作台到达 SQ2 位置时,碰撞 SQ2,SQ2 常闭触头断开,KM2 线圈失电,KM2 主触头和常开辅助触头复位断开,电动机定子绕组失电,,动电动机停止反转运行而使工作台停止运行,SQ2 常开触头闭合,KM1 线圈得电,KM1 主触头和常开辅助触头闭合,电动机定子绕组得电正转启动,同时 KM1 线圈自锁保持得电使电动机正转保持运行带动工作台前行,这样电动机带动工作台在 SQ1 和 SQ2 间自动往复运行,只有按下 SB1 停止按钮时,不管工作台是向前或向后运行,KM1 或 KM2 线圈失电而使电动机停止运行。

5.5 三相异步电动机的调速与制动控制

一、三相异步电动机的调速原理

由电动机原理可知:

$$n = (1-s)n_0 = (1-s)\frac{60f}{p}$$

式中:n 为电动机异步转速;s 为转差率;n_0 为同步转速;f 为电源频率;p 为磁极对数。

改变电动机转差率 s、极对数 p 和改变电源频率 f 均可改变电动机的转速 n。

1. 改变转差率调速

(1)变阻调速:在绕线式异步电动机转子串入附加电阻,使电动机的转差率加大,电动机在较低的转速下运行。串入的电阻越大,电动机的转速越低。此方法设备简单,控制方便,但转差功率以发热的形式消耗在电阻上。属有级调速,机械特性较软。

（2）改变定子电压调速:当改变电动机的定子电压时,可以得到一组不同的机械特性曲线,从而获得不同转速。由于电动机的转矩与电压平方成正比,因此最大转矩下降很多,其调速范围较小,使一般笼型电动机难以应用。

为了扩大调速范围,调压调速应用于转子电阻值大的笼型电动机,如专供调压调速用的力矩电动机,或者在绕线式电动机上串联频敏电阻。为了扩大稳定运行范围,当调速在 2:1 以上的场合应采用反馈控制以达到自动调节转速目的。

2. 变频调速

变频调速是改变电动机定子电源的频率,从而改变其同步转速的调速方法。变频调速系统主要设备是提供变频电源的变频器,变频器可分成交流-直流-交流变频器和交流-交流变频器两大类,目前国内大都使用交-直-交变频器。其特点是效率高,调速过程中没有附加损耗,应用范围广,调速范围大,调速平稳,特性硬,精度高;可远程控制,与 PLC 或 DCS 组成自动控制系统。缺点是现在依然是成本高,结构复杂,适用于要求精度高、调速性能较好场合。如液氧泵,高低压煤浆泵、合成冷却器风机等设备可以采用变频调速。

3. 变极调速

多速电动机就是通过改变电动机定子绕组的接线方式而得到不同的极对数,从而达到调速的目的,通常叫变极调速。多速电动机能代替笨重的齿轮变速箱,满足特定的转速需要,且由于其成本低,控制简单,在实际中应用较为普遍。双速、三速电动机是变极调速中最常用的两种形式。这里只介绍变极调速中的双速电动机。

如图 5-5-1 所示,双速电动机定子绕组的连接方式常用的有两种:一种是绕阻从"单 Y"改成"双 Y"连接形式;另一种是绕阻从"△"改成"双 Y"。这两种接法都能使电动机产生的磁极对数减少一半,即使电机的转速提高一倍。这里只介绍从"△形"改接成"双 Y"的双速控制电路。

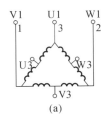
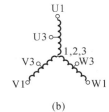
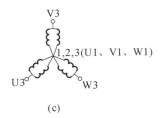

图 5-5-1　双速电动机绕组连接形式

二、双速电动机控制电路

1. 双速电动机控制电路

如图 5-5-2 所示为双速电动机控制电路图。

2. 工作原理

（1）合上 QS 电源开关,接通电源。

（2）低速控制:按下 SB1,SB1 常闭触头断开首先机械互锁高速控制 KM2 和 KM3,紧接着 SB1 常闭触头闭合,KM1 线圈得电,KM1 主触头和常开辅助触头闭合,电动机绕组 U1、V1、W1 通入三相交流电,绕组成"△"形或"单 Y"形连接,电动机低速启动运行,同时 KM1

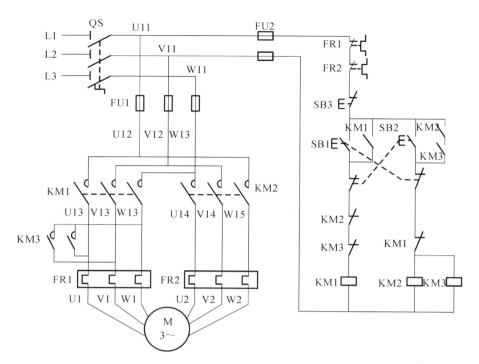

图 5-5-2　双速电动机控制电路图

常闭辅助触头断开互锁快速控制 KM2 和 KM3。

（3）快速控制：按下 SB2，SB2 常闭触头断开，首先机械互锁低速控制 KM1，让 KM1 线圈失电，把三相交流电源与 U1、V1、W1 断开，低速停止，紧接着 SB2 常开触头闭合，KM2、KM3 线圈得电，KM2、KM3 主触头和常开辅助触头闭合，电动机绕组 U1、V1、W1 接成一个中性点，U2、V2、W2 与三相交流电源接通形成双星连接，电动机高速启动运行，同时 KM2、KM3 常闭辅助触头断开互锁低速控制 KM1。

三、三相异步电动机的制动控制方法

电动机启动和停止由于惯性都有一个较长的时间过程，当按下停止指令时，电动机还要运行一段时间，在电动机的拖动过程中，有的需要制动控制，即需要停止时，电动机能克服惯性快速停机，如卷扬机、提升机、塔吊等机电设备都需要制动控制。

电动机的制动控制有机械制动和电磁制动。电磁制动又包括反接制动（反转制动）、能耗制动和回馈制动等方法。

1. 机械制动

如图 5-5-3 所示，电磁抱闸由制动电磁铁和闸瓦制动器两部分组成，制动电磁铁又由线圈、衔铁、铁芯三部分构成，闸瓦制动器又由闸轮、闸瓦、弹簧三部分构成。闸轮装在电机的转轴上。当电机通电时，电磁抱闸线圈也得电，在电磁吸力的作用下衔铁吸合，闸轮和闸瓦分开，电机正常运行。电机断电时，电磁抱闸线圈也失电，衔铁在弹簧的拉力作用下与铁芯分开，闸瓦紧紧抱住闸轮，电机迅速停止转动。

2. 电磁制动

电磁制动是在电动机需要制动时采取措施在电动机内产生与定子旋转磁场方向相反的电磁转矩，达到快速制动的目的。

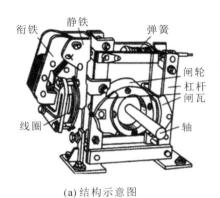

(a) 结构示意图

(b) 实物图

图 5-5-3　电磁抱闸

1) 能耗制动

当源断开后,把直流电通入两相绕组,产生固定不变的磁场。电动机由于惯性仍在运转,转子导体切割固定磁场产生感应电流。载流导体在磁场中又会受到与转子惯性方向相反的电磁力作用,由此使电动机迅速停转。

能耗制动常用于生产机械中的各种机床制动。

2) 反接制动

把三根火线中的任意两根对调,使旋转磁场改变方向,从而产生制动转矩的方法。在电动机的定子绕组中通入对称三相交流电,电动机顺时针转动。改变通入定子绕组中电流的相序,旋转磁场反向,转子受到与惯性旋转方向相反的电磁力,使电机迅速停转。反接制动适用于中型车床和铣床的主轴制动。

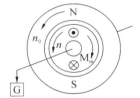

3) 回馈制动

如图 5-5-4 所示,起重机快速下放重物,使重物拖动转子出现 $s>1$(即 $n>n_0$)情况时,电动机处于发电状态,此时在转子导体中

图 5-5-4　回馈制动

感应电流,感应电流的方向与原电流方向相反,因此产生的电磁转矩方向也相反,这种制动称为再生发电制动,又因其将制动时产生的电能回馈给了电源,所以又称回馈制动。

下面介绍三相异步电动机的反接制动和能耗制动控制电路及工作原理。

四、三相异步电动机反接制动控制电路

三相异步电动机反接制动是改变三相异步电动机定子绕组中二相电源的相序,实现反接制动。

1. 三相异步电动机反接制动控制电路

如图 5-5-5 所示为三相异步电动机反接制动控制电路图。

2. 工作原理

当电动机正常运行需制动时,将三相电源相序切换,然后在电动机转速接近零时将电源及时断开。控制电路是采用速度继电器来判断电动机的零速点并及时切断三相电源的。速度继电器 KS 的转子与电动机的轴相连,当电动机正常运行时,速度继电器的动合触点闭合;当电动机停止运行,转速接近零时,动合触点打开(断开),切断接触器 KM2 的线圈电路,反转制动时惯性很大,电路中的电流很大,为了降低对电动机的影响,在反接换相电路中串接电阻用于消耗反转制动时的部分电能,这里也可以认为是串电阻降压反转控制。

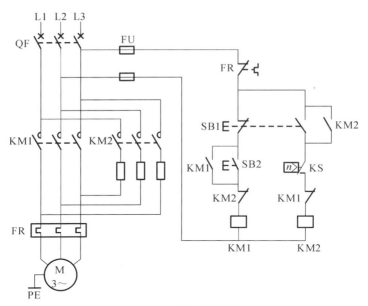

图 5-5-5　反接制动电路图

五、能耗制动

能耗制动是在定子绕组断开三相交流电源的同时，在三相绕组中通入直流电，产生制动转矩，对于 10 kW 以下小容量电动机，且对制动要求不高的场合，常采用半波整流能耗制动。对于 10 kW 以上容量较大的电动机，多采用有变压器全波整流能耗制动的控制电路。这里只介绍半波整流能耗制动。

1. 半波整流能耗制动电路图

半波整流能耗制动电路图如图 5-5-6 所示。

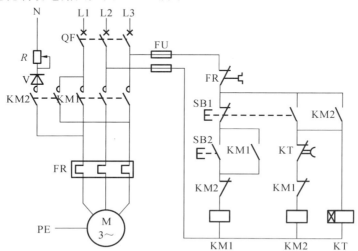

图 5-5-6　半波能耗制动电路图

2. 工作原理

如图 5-5-6 所示，半波整流能耗制动电路有两个交流接触器，其中 KM1 用来控制电动机的启动和停止，而 KM2 则用来接通直流电使电动机制动。能耗制动的原理如下：当按下启动按钮 SB2 时，KM1 线圈得电，交流接触器 KM1 主触点闭合，电动机定子绕组接通三相交流电,电动机开始运行;在电动机运行过程中,当按下制动按钮 SB1 时,KM1 线圈失电,交流接触器 KM1 主触点断开,切断三相交流电源,与此同时,交流接触器 KM2 主触点闭合,将经过二极管 VD 整流后的直流电通入定子绕组,使电动机制动,此时电动机绕组 V1V2 和绕组 W1W2 并联后与绕组 U1U2 串联。

5.6 电气系统维护及电控线路故障分析与检测

电气设备的电气系统在运行过程中有可能出现故障,致使设备停止运行而影响生产,严重的还会造成人身或设备事故。引起电气设备故障的原因,除部分是由于电器元件的自然老化引起的外,还有相当部分的故障是因为忽视了对电气设备的日常维护和保养,以致使小毛病发展成大事故。还有些故障则是由于电气维修人员在处理电气故障时的操作方法不当或因误判断、误测量而扩大了事故范围所造成的。

一、机电设备电气系统维护

机电设备电气系统的日常维护对象有电动机、控制电器、保护电器及电气线路本身。维护内容如下:

1. 检查电动机

定期检查电动机各相绕组之间、绕组对地之间的绝缘电阻;电动机自身转动是否灵活;空载电流与负载电流是否正常;运行中的温升和响声是否在限度之内;传动装置是否配合恰当;轴承是否磨损、缺油或油质不良;电动机外壳是否清洁。

2. 检查电器设备

检查触点系统吸合是否良好,触点接触面有无烧蚀、毛刺和穴坑;各种弹簧是否疲劳、卡住;电磁线圈是否过热;灭弧装置是否损坏;电器的有关整定值是否正确。

3. 检查电气线路

检查电气线路接头与端子板、电器的接线柱接触是否牢靠,有无断落、松动,腐蚀、严重氧化;线路绝缘是否良好;线路上是否有油污或脏物。

二、电控线路的故障分析与检测

控制线路是多种多样的,它们的故障又往往和机械、液压、气动系统交错在一起,较难分辨。一般的检修方法及步骤如下:

1. 检修前的故障调查

(1) 问:首先向设备的操作者了解故障发生的前后情况,故障是首次发生还是经常发生;是否有烟雾、跳火、异常声音和气味出现;有何失常和误动;是否经历过维护、检修或改动线路等。

(2) 看:观察熔断器的熔体是否熔断;电器元件有无发热、烧毁、触点熔焊、接线松动、脱落及断线等。

(3) 听:倾听电动机、变压器和电器元件运行时的声音是否正常。

(4) 摸:电动机、变压器和电磁线圈等发生故障时,温度是否显著上升,有无局部过热现象。

(5) 查维修记录:调阅维修档案,了解该设备之前的维修记录。

2. 根据设备的电气系统结构及工作原理直观查找故障范围

弄清楚被检修电路结构和工作原理,是循序渐进、避免盲目检修的前提。检查故障时,先从主电路入手,看拖动该设备的几个电动机是否正常。然后逆着电流方向检查主电路的触点系统、热元件、熔断器、隔离开关及线路本身是否有故障。接着根据主电路与二次电路之间的控制关系,检查控制回路的线路接头、自锁或联锁触点、电磁线圈是否正常,检查制动装置、传动机构中工作不正常的范围,从而找出故障部位。如能通过直观检查发现故障点,如线头脱落,触点、线圈烧毁等,则检修速度更快。

3. 从控制电路动作顺序检查故障范围

通过直接观察无法找到故障点时,在不会造成损失的前提下,切断主电路,让电动机停转。然后通电检查控制电路的动作顺序,观察各元件的动作情况。如某元件该动作时不动作,不该动作时乱动作,动作不正常、行程不到位、虽能吸合但接触电阻过大,或有异响等,故障点很可能就在该元件中。当认定控制电路工作正常后,再接通主电路,检查控制电路对主电路的控制效果。最后检查主电路的供电环节是否有问题。

4. 仪表测量检查

利用各种电工仪表测量电路中的电阻、电流、电压等参数,可进行故障判断。

三、仪表测量检查方法

1. 电阻测量

(1)分阶电阻测量法:如图 5-6-1 所示,按起动按钮 SB2,若接触器 KM1 不吸合,说明电气回路有故障。检查时,先断开电源,按下 SB2 不放,用万用表电阻档测量 1-7 两点电阻。如果电阻无穷大,说明电路断路;然后逐段测量 1-2、1-3、1-4、1-5、1-6 各点的电阻值。若测量某点的电阻突然增大,说明表棒跨接的触点或连接线接触不良或断路。

(2)分段电阻测量法:如图 5-6-2 所示,检查时切断电源,按下 SB2,逐段测量 1-2、2-3、3-4、4-5、5-6 两点间的电阻。如测得某两点间电阻很大,说明该触点接触不良或导线断路。

2. 电压测量法

电压测量法是根据电压值来判断电器元件和电路的故障所在,检查时把万用表旋到交流电压与被测电流电压合适的挡位上。它有分阶测量、分段测量、对地测量三种方法。

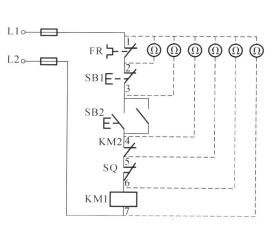

图 5-6-1　分阶电阻测量法

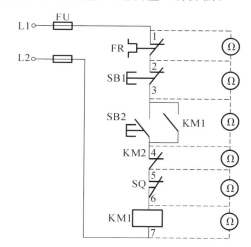

图 5-6-2　分段电阻测量法

1)分阶电压测量法

如图 5-6-3 所示,若按下起动按钮 SB2,接触器 KM1 不吸合,说明电路有故障,检修时,首先用万用表测量 1、7 两点电压,若电路正常,应为 380 V。然后按下起动按钮 SB2 不放,同时将黑色表棒接到 7 点,红色表棒依次接 6、5、4、3、2 点,分别测到 7-6、7-5、7-4、7-3、7-2 各阶电压。电路正常时,各阶电压应为 380 V。如测到 7-6 之间无电压,说明是断路故障,可将红色表棒前移。当移到某点电压正常时,说明该点以后的触点或接线断路,一般是此点后第一个触点或连线断路。

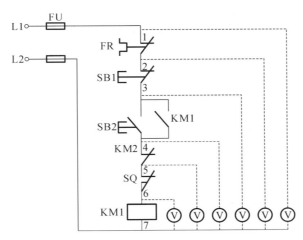

图 5-6-3　分阶电压测量法

2）分段电压测量法

分段测试如图 5-6-4 所示，即先用万用表测试 1-7 两点电压，电压为 380 V，说明电源电压正常。然后逐段测量相邻两点 1-2、2-3、3-4、4-5、5-6、6-7 的电压。如电路正常，除 6-7 两点电压等于 380 V 外，其他任意相邻两点间的电压都应为零。如测量某相邻两点电压为 380 V，说明该两点所包括的触点及其连接导线接触不良或断路。

3）对地测量法

设备电气控制线路接在 220 V 电压且零线直接接在机床床身时，可采用对地测量法来检查电路的故障。如图 5-6-5 所示，用万用表的黑表棒逐点测试 1、2、3、4、5、6 等各点，根据各点对地电压来检查线路的电气故障。

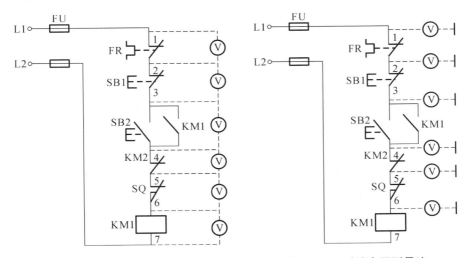

图 5-6-4　分段电压测量法　　　　　图 5-6-5　对地电压测量法

3.短接法

短接法即用一根绝缘良好的导线将推测的断路部位短接。有局部短接法和长短接法两种。

（1）局部短接法：如图 5-6-6 所示为局部短接法，用一绝缘导线分别短接 1-2、2-3、3-4、

4-5、5-6两点,当短接到某两点时,接触器KM1吸合,则断路故障就在这里。

　　(2)长短接法:如图5-6-7所示为长短接法,它一次短接两个或多个触点,与局部短接法配合使用,可缩小故障范围,迅速排除故障。如当FR、SB1的触点同时接触不良时,仅测1-2两点电阻会造成判断失误。而用长短接法将1-6短接,如果KM1吸合,说明1-6这段电路有故障;然后再用局部短接法找出故障点。

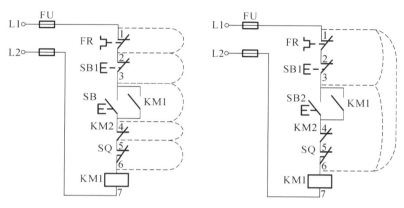

图 5-6-6　局部短接检查法　　　　　图 5-6-7　长短接检查法

5.7　电动卷闸门控制电路设计安装与调试

一、调查了解

　　由三相异步电动机驱动的卷闸门的控制要求,有条件的可实地调查,无条件的可以通过查阅资料进行了解电动卷闸门的控制过程及安全措施。并将控制要求与安全措施填入表5-7-1相应栏目中。

二、设计并绘制

　　设计并绘制电路图、接线图、电路元件布置图(由于是模拟控制实训,元件布置可以与实际不同)。并将电路图手工绘制于表5-7-1相应栏目中。

　　电动卷闸门控制电路与三相异步电动机往复运动及正反转控制电路相似,请同学们根据自己的前期相关知识掌握的情况选择以下一种控制要求设计。

　　(1)电动卷闸门的升降采用点动控制,设上限和下限保护。

　　(2)电动卷闸门的升和降采用手动启动,自动停止控制,要考虑上限和下限超程保护控制。

　　(3)在(2)的控制基础上,为了电动卷闸门升降到位停止平稳,加入制动控制要求。

三、元器件的准备

　　(1)通过分析识读电路理出实训设备和工具材料清单,照此清单准备材料及工具。

　　(2)检测各元件及设备。并将元件及设备检测数据填入表5-7-1相应栏目中。

四、布线

　　装接电路应遵循"先主后控,先串后并;从上到下,从左到右;上进下出,左进右出"的原则进行接线。其意思是接线时应先接主电路,后接控制电路,先接串联电路,后接并联电路;并且按照从上到下,从左到右的顺序逐根连接;对于电器元件的进线和出线,则必须按照上面为进线,下面为出线,左边为进线,右边为出线的原则接线,以免造成元件被短接或接错。

装接电路的工艺要求:"横平竖直,弯成直角;少用导线少交叉,多线并拢一起走。"其意思是横线要水平,竖线要垂直,转弯要是直角,不能有斜线;接线时,尽量用最少的导线,并避免导线交叉,如果一个方向有多条导线,要并在一起,以免接成"蜘蛛网"。

五、电动机的连接

安照电动机铭牌上的接线方法,正确连接接线端子,特别注意电动机的保护接地。

六、自检

(1)对比电路图肉眼检查部线是否正确;有无错接、漏接、接触不良等情况;有无接线不规范情况等。

(2)仪表检查:用万用表电阻档检查主电路和控制电路,分别判断电路是通路、短路、断路那种状态,如检查结果为短路或断路时,应查找原因,排除故障。检查的顺序可参考:上升运行控制—上升行程控制—上升极限控制;下降运行控制—下降行程控制—下降极限控制顺序进行。并将检测结果填入表 5-7-1 相应栏目中。

七、通电试验

通电试验包括空载试验(空操试验)和带负载试验,由于是模拟实训就只进行空操试验,学生自检无误并通过指导教师确认后,在指导教师的监护下通电,由学生操作并介绍该电路的工作过程,完整演示电动卷闸门的升降空操控制过程。并将通电试验结果填入表 5-7-1 相应栏目中。

表 5-7-1 电动卷闸门任务实施数据表

一、控制要求与安全措施	
1. 控制要求	
2. 安全措施	
二、绘制电路原理图	

三、元件清单

序号	文字符号	元件名称	型　号	主要参数	质　量
1		三相电动机			
2		导线（常温明敷）			
3		主回路熔断器			
4		交流接触器			
5		热继电器			
6		控制按钮			
7		行程开关			

四、元件检测

1. 电动机（3M～）测试参数

绕组电阻	$R_U =$ ____ Ω	$R_V =$ ____ Ω	$R_W =$ ____ Ω
绕组间绝缘电阻	$R_{UV} =$ ____ Ω	$R_{VW} =$ ____ Ω	$R_{WU} =$ ____ Ω
绕组与外壳间绝缘电阻	$R_{UN} =$ ____ Ω	$R_{VN} =$ ____ Ω	$R_{WN} =$ ____ Ω

2. 交流接触器测试参数

主触头检测（用 R×1 挡）	电磁线圈失电	1L1～2T1		3L2～4T2		5L3～6T3	
		□通　□断		□通　□断		□通　□断	
	电磁线圈有电	1L1～2T1		3L2～4T2		5L3～6T3	
		□通　□断		□通　□断		□通　□断	
辅助触头检测（用 R×1 挡）	电磁线圈失电	常开（NO）1	常开（NO）2	常闭（NC）1		常闭（NC）2	
		□通　□断	□通　□断	□通　□断		□通　□断	
	电磁线圈有电	常开（NO）1	常开（NO）2	常闭（NC）1		常闭（NC）2	
		□通　□断	□通　□断	□通　□断		□通　□断	

电磁线圈电阻（用 R×1k 挡）	$R =$ ____ kΩ

3. 热继电器测试参数

各相热敏元件电阻（用 R×1 挡）		$R_{1L1～2T1} =$ ____ Ω	$R_{3L2～4T2} =$ ____ Ω	$R_{5L3～6T3} =$ ____ Ω
动作触头检测（用 R×1 挡）	触　头	常闭（95～96）	常开（97～98）	
	常态	□通　□断	□通　□断	
	保护状态	□通　□断	□通　□断	
备注	$R = \infty$ 说明触头间开路；$R = 0$ 说明触头间短路；$R \neq \infty$ 且 $R \neq 0$ 说明两点间有电阻			

4.行程开关测试参数			
动作触头检测 （用 R×1 档）	触 头	常闭	常开
	常 态	□通　□断	□通　□断
	限位状态	□通　□断	□通　□断

五、电路调试与检测

调试步骤	操作	正常否	故障现象与排除
1.通电前相间短路检查	合闸 QF,按住 KM1,测量电源 U、V、W 间电阻	$R_{UV}=$ ____ Ω $R_{VW}=$ ____ Ω $R_{WU}=$ ____ Ω	
	合闸 QF,按住 KM2,测量电源 U、V、W 间电阻	$R_{UV}=$ ____ Ω $R_{VW}=$ ____ Ω $R_{WU}=$ ____ Ω	
2.通电前通路检测	合闸 QF,按住 KM1,测量电源 L1、L2、L3 分别与电动机 U1、V1、W1 间通断	$R_{L1U1}=$ ____ Ω $R_{L2V1}=$ ____ Ω $R_{L3W1}=$ ____ Ω	
	合闸 QF,按住 KM2,测量电源 L1、L2、L3 分别与电动机 W1、V1、U1 间通断	$R_{L1W1}=$ ____ Ω $R_{L2V1}=$ ____ Ω $R_{L3U1}=$ ____ Ω	
3.通电前控制电路检测	合闸 QF，按住 SB1（SB2）按钮,测量控制电路两电源端间电阻	$R_1=$ ____ Ω $R_2=$ ____ Ω	

4.第一次通电试车	上升运行控制	上升行程控制	上升极限控制
	□正常　□不正常	□正常　□不正常	□正常　□不正常
	下降运行控制	下降行程控制	下降极限控制
	□正常　□不正常	□正常　□不正常	□正常　□不正常
5.第二次通电试车	上升运行控制	上升行程控制	上升极限控制
	□正常　□不正常	□正常　□不正常	□正常　□不正常
	下降运行控制	下降行程控制	下降极限控制
	□正常　□不正常	□正常　□不正常	□正常　□不正常
6.故障及排除			

六、运行参数测试

电压/V	$U_{UV}=$ ____ V	$U_{VW}=$ ____ V	$U_{WU}=$ ____ V	仪表与量程：
电流/A	$I_U=$ ____ A	$I_V=$ ____ A	$I_W=$ ____ A	仪表与量程：
	$I_{UV}=$ ____ A	$I_{VW}=$ ____ A	$I_{WU}=$ ____ A	
		$I_{UVW}=$ ____ A		
备注	仪表与量程中填写所用仪表名称、型号、档位与量程			

（1）上升行程控制试验。

（2）上升极限及限位保护试验。

（3）下降行程控制试验。

（4）下降极限及限位保护试验。

八、故障排除

如在通电试验过程中出现故障，一般建议断电检查，找出故障并排除后继续通电试验，在有老师在场并同意的情况下也可带电检查。

九、完成实训报告

按指导教师的要求完成实训报告。

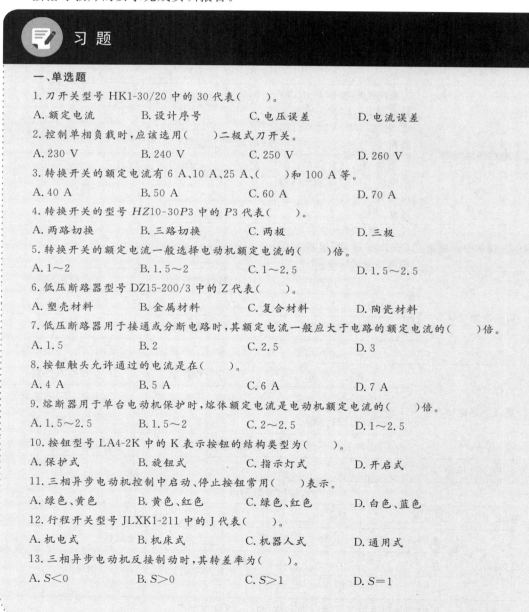

习题

一、单选题

1. 刀开关型号 HK1-30/20 中的 30 代表（　　）。

　A. 额定电流　　　B. 设计序号　　　C. 电压误差　　　D. 电流误差

2. 控制单相负载时，应该选用（　　）二极式刀开关。

　A. 230 V　　　B. 240 V　　　C. 250 V　　　D. 260 V

3. 转换开关的额定电流有 6 A、10 A、25 A、（　　）和 100 A 等。

　A. 40 A　　　B. 50 A　　　C. 60 A　　　D. 70 A

4. 转换开关的型号 HZ10-30P3 中的 P3 代表（　　）。

　A. 两路切换　　　B. 三路切换　　　C. 两极　　　D. 三极

5. 转换开关的额定电流一般选择电动机额定电流的（　　）倍。

　A. 1～2　　　B. 1.5～2　　　C. 1～2.5　　　D. 1.5～2.5

6. 低压断路器型号 DZ15-200/3 中的 Z 代表（　　）。

　A. 塑壳材料　　　B. 金属材料　　　C. 复合材料　　　D. 陶瓷材料

7. 低压断路器用于接通或分断电路时，其额定电流一般应大于电路的额定电流的（　　）倍。

　A. 1.5　　　B. 2　　　C. 2.5　　　D. 3

8. 按钮触头允许通过的电流是在（　　）。

　A. 4 A　　　B. 5 A　　　C. 6 A　　　D. 7 A

9. 熔断器用于单台电动机保护时，熔体额定电流是电动机额定电流的（　　）倍。

　A. 1.5～2.5　　　B. 1.5～2　　　C. 2～2.5　　　D. 1～2.5

10. 按钮型号 LA4-2K 中的 K 表示按钮的结构类型为（　　）。

　A. 保护式　　　B. 旋钮式　　　C. 指示灯式　　　D. 开启式

11. 三相异步电动机控制中启动、停止按钮常用（　　）表示。

　A. 绿色、黄色　　　B. 黄色、红色　　　C. 绿色、红色　　　D. 白色、蓝色

12. 行程开关型号 JLXK1-211 中的 J 代表（　　）。

　A. 机电式　　　B. 机床式　　　C. 机器人式　　　D. 通用式

13. 三相异步电动机反接制动时，其转差率为（　　）。

　A. $S<0$　　　B. $S>0$　　　C. $S>1$　　　D. $S=1$

14. 在电动机 Y-△ 电气控制线路中,若 Y 接时 KM2 动断触头粘连,则按下启动按钮后将出现(　　)现象。

　　A. 电动机始终以 Y 接状态低速运行　　　　B. 将出现短路状态

　　C. 仍以由低速变高速　　　　　　　　　　D. 将出现停机状态

15. 为了使电气控制电路具有欠压保护功能,一般情况下可以实现的做法是(　　)。

　　A. 利用闸刀开关　　　　　　　　　　　　B. 有接触器就有欠压保护功能

　　C. 有热继电器就有欠压保护功能　　　　　D. 有行程开关就有欠压保护功能

16. 如果需要在多处对电动机进行控制,可在控制电路中(　　)。

　　A. 并联启动按钮,串联停止按钮　　　　　B. 串联启动按钮,并联停止按钮

　　C. 并联启动按钮,并联停止按钮　　　　　D. 串联启动按钮,串联停止按钮

17. 具有自锁功能的三相笼型异步电动机控制电路的特点是(　　)。

　　A. 启动控制与动合辅助主点串联　　　　　B. 启动按钮与动合辅助触点并联

　　C. 启动按钮与动断辅助触点串联　　　　　D. 启动按钮与动断辅助触点并联

18. 三相异步电动机直接启动造成的危害主要指(　　)。

　　A. 启动电流大,使电动机绕组烧坏

　　B. 启动时在线路上引起较大的电压降,使同一线路的其他负载无法工作

　　C. 启动时功率因数较低,造成很大的浪费

　　D. 起动转矩较低,无法带动负载启动

19. "Y"型接法的三相异步电动机空载运行时,若定子绕组一相突然开路,则电动机(　　)。

　　A. 必然会停止转动　　　　　　　　　　　B. 有可能连续运行

　　C. 肯定会连续运行　　　　　　　　　　　D. 无法确定

20. 下列几种电气制动方法中,经济性最好即能产生电能的一种制动方法是(　　)。

　　A. 能耗制动　　　　B. 回馈制动　　　　C. 电源反接制动　　　　D. 倒拉反接制动

二、多选题

1. 三相异步电动机电磁制动方式有(　　)。

　　A. 电磁抱闸制动　　B. 反接制动　　　　C. 能耗制动　　　　　D. 回馈制动

2. 下列属三相异步电动机常用调速方法的是(　　)。

　　A. 变频调速　　　　B. 变电抗调速　　　C. 变转差率调速　　　D. 变磁极对数调速

3. 下列关于衡量三相异步电动机起动性能好坏的主要因素说法正确的是(　　)。

　　A. 起动转矩尽量大　　　　　　　　　　　B. 起动电流尽可能小

　　C. 负载转矩尽可能大　　　　　　　　　　D. 起动设备简单经济、操作方便

4. 下列属于笼型三相异步电动机降压起动方式的是(　　)。

　　A. 星形/三角形起动　　　　　　　　　　B. 自耦变压器降压起动

　　C. 定子绕组串电阻起动　　　　　　　　　D. 延边三角形起动

5. 具有行程与极限控制的行程开关又称为(　　)。

　　A. 位置开关　　　　B. 限位开关　　　　C. 接近开关　　　　　D. 按钮开关

6. 关于接触电阻,下列说法正确的是(　　)。

　　A. 由于接触电阻的存在,会导致电压损失

　　B. 由于接触电阻的存在,触点的温度会降低

　　C. 由于接触电阻的存在,触点容易产生熔焊现象

　　D. 由于接触电阻的存在,触点工作不可靠

7.电压继电器的线圈与电流继电器的线圈相比较,具有的特点是(   )。

A.电压继电器的线圈与被测电路并联

B.电流继电器的线圈与被测电路并联

C.电压继电器线圈匝数多、线径细、电阻大

D.电流继电器线圈匝数少、线径粗、电阻小

8.关于通电延时型时间继电器延时触点的动作情况,下列说法错误的是(   )。

A.线圈通电时触点延时动作,断电时触点瞬时断开

B.线圈通电时触点瞬时动作,断电时触点延时动作

C.线圈通电时触点不动作,断电时触点瞬时动作

D.线圈通电时触点不动作,断电时触点延时动作

9.下列电器中能够实现短路保护的有(   )。

A.熔断器   B.热继电器

C.过电流继电器   D.低压断路器

10.下列关于甲、乙两个接触器实现互锁控制的说法错误的是(   )。

A.只在甲接触器的线圈电路中串入乙接触器的辅助动断触头

B.只在乙接触器的线圈电路中串入甲接触器的辅助动断触头

C.在甲、乙两个接触器线圈电路中互串对方的辅助动断触头

D.在甲、乙两个接触器线圈电路中互并对方的辅助动断触头

三、判断题

1.(   )在电磁机构的组成中,线圈和静铁芯是不动的,只有衔铁是可动的。

2.(   )熔断器在电动机电路中既能实现短路保护,又能实现过载保护。

3.(   )额定电压为 220 V 的交流接触器在 220 V 交流电源和 220 V 直流电源上均可使用。

4.(   )交流接触器通电后,如果铁芯吸合受阻,将导致线圈烧毁。

5.(   )交流接触器铁芯端面的短路铜环的作用是保证静铁芯吸合严密,不产生振动与噪声。

6.(   )热继电器的额定电流就是其触点的额定电流。

7.(   )无断相保护装置的热继电器不能对电动机的断相提供保护。

8.(   )三相笼型异步电动机的电气控制线路中,如果使用热电器作为过载保护,就不必再装设熔断器作短路保护。

9.(   )现有两个按钮,若使他们都能控制接触器 KM 线圈的通电,则它们的动合触点应串联到接触器 KM 的线圈电路中。

10.(   )在笼型异步电动机的变频调速装置中,多采用脉冲换流式逆变器。

11.(   )低压配电装置中应装设短路保护、过负荷保护和接地故障保护。

12.(   )RL1-10 型号中的 R 表示熔断器,L 表示为螺旋式的结构形式,10 表示熔断器的额定电流为 10 A。

13.(   )各种熔断器熔体都有一最小熔断电流,一般情况下,熔体最小熔断电流与熔体的额定电流之比为 1.25。也就是说,额定电流为 10 A 的熔体在电流为 12.5 A 以下时不会熔断。

14.(   )一般情况下检查熔断的熔体呈熔焊状态,大多是长时间的过电流而熔断;如果熔体一段一段断得很整齐,大多是短路的大电流而形成。

15.(   )热继电器的整定电流调节范围是指对热继电器的壳架电流而言。

16.(   )热继电器的热元件串联在被保护电动机的主电路中,一般接在主接触器主触头负荷侧,有三相(三极)保护和两相(两极)保护之分。

17.（　　）对于禁止自行启动的设备，应选用带有欠压脱扣器的断路器的控制或采用交流接触器与之配合使用。

18.（　　）交流接触器可以用来实现远距离控制，或频繁的接通、断开主电路。

四、设计题

1.请设计一个控制双速电动机的能耗制动控制电路，需要满足以下要求：

（1）按下启动按钮，电动机低速运行；5 s后自动切换到高速运行；

（2）按下停止按钮，电动机停止，同时能进行能耗制动；

（3）具有必要的短路、过载保护环节。

2.试设计一个控制一台电动机的电路，要求：

（1）可正反转；

（2）可正反向点动；

（3）具有必要的短路、过载保护环节。

3.试设计一个工作台的自动往返控制电路，要求如下：

（1）按下启动按钮，工作台自左往右运行，碰到右限位，自动往左运行，碰到左限位，自动往右运行，以此自动往返左右两地；

（2）能够在不同两地进行启动和停止控制；

（3）具有短路、过载及超限保护。